寇文化　主编

UG NX8.0 数控铣多轴加工工艺与编程

化学工业出版社

·北京·

图书在版编目（CIP）数据

UG NX8.0 数控铣多轴加工工艺与编程/寇文化主编. —北京：化学工业出版社，2015.9（2023.3 重印）
ISBN 978-7-122-24332-4

Ⅰ.①U… Ⅱ.①寇… Ⅲ.①数控机床-加工-计算机辅助设计-应用软件 Ⅳ.①TG659-39

中国版本图书馆 CIP 数据核字（2015）第 156764 号

责任编辑：王 烨　　文字编辑：谢蓉蓉
责任校对：宋 玮　　装帧设计：刘丽华

出版发行：化学工业出版社（北京市东城区青年湖南街 13 号　邮政编码 100011）
印　　装：北京七彩京通数码快印有限公司
787mm×1092mm　1/16　印张 14½　字数 412 千字　2023 年 3 月北京第 1 版第 11 次印刷

购书咨询：010-64518888　　售后服务：010-64518899
网　　址：http://www.cip.com.cn
凡购买本书，如有缺损质量问题，本社销售中心负责调换。

定　　价：59.00 元

编写目的

UG NX8.0 是西门子公司开发研制的历史悠久的专业 CAD/CAM 软件，在多轴数控加工方面因为其技术稳定成熟,经受住了广大用户在应用实践中的考验,深受高端用户的青睐。在我国，多轴加工技术刚刚进入民用领域,应用它进行多轴数控编程的公司也越来越多。

对于多轴机床，特别是五轴联动数控机床，因其系统复杂、机床制造难度大且价格昂贵，如果出现加工事故，将给企业带来很大的经济损失，因此，制定合理的加工工艺及编制好高效的五轴数控程序就成为高效利用这些多轴机床的关键。社会上急需培训出一大批既会编多轴数控程序，又会熟练操作多轴机床的工程技术人员。

本书主要以实际零件加工的具体流程为主线，从多轴加工工艺的编排、应用 UG NX8.0 进行数控编程、多轴后处理、VERICUT 虚拟仿真以及现场问题处理等方面进行讲解。希望能带领读者领略五轴加工的全过程。

书中虽然主要是以五轴加工方式为例进行讲解，但却覆盖多轴加工的重要技术要领、工作流程和编程步骤。读者可以根据本书的思路灵活解决其他多轴加工的问题。

为了适应全国数控大赛及职业学院对学生进行技能考试培训的需要，还特意介绍了 VERICUT 数控仿真软件的机床模型构建、刀库制作以及五轴后处理器的制作。读者能够利用书中知识对于至少一种类型的五轴数控程序进行后处理及仿真，增强五轴编程内容的实用性。

本书总结作者多年来应用软件的经验及五轴机床操作加工的经验，精选了工厂实践案例进行讲解，希望能帮助有志从事数控编程的人士掌握真本领，从而尽快走向本行业的工作岗位，实现人生的目标。

主要内容

全书共分 8 章。

第 1 章　多轴数控铣工艺概述。重点介绍多轴数控编程工艺的基本概念、多轴机床的应用、加工工艺的实施方法等。帮助读者对数控编程工作有一定的了解。

第 2 章　底座零件定位加工。通过对底座零件采用五轴定位加工进行数控编程。这是多轴加工中最重要、最常用的方式。

第 3 章　优胜奖杯变轴轮廓铣加工。重点将对优胜杯零件进行数控加工编程及仿真，着重说明五轴联动方式编程及加工的方法步骤。

第 4 章　印章变轴多工位加工。本章重点学习类似印章零件进行多工位数控加工编程及仿真。

第 5 章　轴流式叶轮多轴加工。重点学习如何用 UG 软件对轴流式叶轮零件进行数控加工编程，着重介绍非自动化编程和自动化编程的灵活运用，高效解决类似零件编程问题。

第 6 章　涡轮式叶轮多轴自动编程。重点学习如何用 UG 软件对具有分流叶片的涡轮式叶轮零件进行数控加工编程。着重介绍自动化编程的灵活运用，高效解决类似零件编程问题。

第 7 章　UG 五轴后处理器制作。主要讲述如何利用 Post Builder 制作五轴加工中心的后处理器。五轴后处理的优劣决定五轴数控程序的效率，好的后处理是解决五轴加工问题的关键。

第 8 章　VERICUT 刀路仿真。讲述如何利用 VERICUT 软件对事先编好的五轴数控程序进行仿真检验。学好本章可以将撞机等严重事故仅仅发生在虚拟世界里，提高数控程序的可行性。

为了帮助读者学习，书中安排了“本章要点和学习方法”，“思考练习及答案”，以及“知识拓展”、“小提示”、“要注意”等特色段落。“知识拓展”：对当前的操作方法介绍另外一些方法，以开拓思路。“小提示”：对当前操作中的难点进行进一步补充讲解。“要注意”： 对当前操作中可能出现的错误进行提醒。文中长度单位除指明外默认为毫米。

另外，为了帮助读者理解操作，本书配带的光盘里有经过精心录制的讲课视频，这些文件是 EXE 文件，可以直接双击打开。播放过程中可以随时暂停、快进或者倒退，可以一边看书、一边看视频，同时一边跟着练习，提高学习效果。

如何学习

为学好本书内容，建议读者先学习如下知识:

1．能用 UG 软件或者其他软件进行基本的 3D 绘图和数控编程。

2．机械加工工艺的基本知识。

3．能应用 Office 办公软件及 Windows 操作系统的基本操作。

本书是以解决实际数控编程问题为主线，书中介绍的加工方案是适合双转台五轴联动数控铣床的加工程序。读者学习后可以根据本书的思路，在实际工作中再结合自己工厂的机床设备的特点适当调整加工参数和对应的后处理，做出灵活变通，以发挥设备的最大性能，力争使所编程序符合高效加工原则和目的。

读者对象

1．对 UG NX8.0 数控编程及 VERICUT 仿真软件的实际应用有兴趣的初学者。

2．现在或者即将从事多轴数控编程的工程技术人员。

3．大中专或职业学校数控专业的师生。

4．其他 UG NX8.0 软件及 VERICUT 软件的爱好者。

本书由陕西华拓科技有限责任公司高级工程师寇文化主编，陕西理工学院张军峰、重庆三峡职业技术学院易良培副主编，安徽工程大学王静平、李俊萍，陕西理工学院王燕燕参加编写，西安理工大学王荪馨老师主审。

由于编者水平有限，欠妥之处在所难免，恳请读者批评指正。为了便于和朋友们沟通，读者如果在学习中遇到问题，除了可以给编者发电子邮件到 k8029_1@163.com 邮箱之外，对于典型性的解答在对读者个人信息适当处理后还在答疑博客里发表，有兴趣的读者可以浏览参考，博客为 http://blog.sina.com.cn/cadcambook。

寇文化

2015 年 3 月于西安

CONTENTS 目录

第1章 多轴数控铣工艺概述

第2章 底座零件定位加工

第3章 优胜奖杯变轴轮廓铣加工

第 8 章 VERICUT 刀路仿真

第1章　多轴数控铣工艺概述

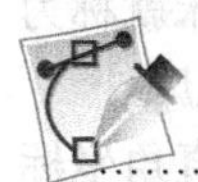

1.1　本章要点和学习方法

本章重点介绍多轴数控加工工艺的基本概念、多轴机床的应用、加工工艺的实施方法等，帮助读者对数控编程工作有一定的了解。

本章是基础，希望初学者对五坐标轴的定义有一个正确理解。

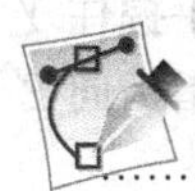

1.2　多轴铣机床

所谓“工艺”是指将原材料或半成品加工成产品的方法、技术等。机床是工艺的基础，要了解多轴数控铣工艺首先就要了解数控机床，尤其是要了解多轴数控机床。

1.2.1　认识多轴铣机床

自从20世纪50年代，美国麻省理工学院研制了世界第一台试验性数控系统机床以来，数控铣机床发展至今已经有60多年的历史了。因为这种设备解决了机械加工中的很多难题，人们利用它可以制造出很多结构复杂的产品，随着人类生产需求的日益增长，促进了数控机床技术得到很快的发展。

根据数控机床系统同时控制联动轴的个数可以分为以下几种。

（1）二轴半联动机床

可以同时控制2个轴。这个机床所能识别的数控程序的特征是：其中一段数控程序的*X*、*Y*、*Z*三个数值不能同时出现。至今有些数控编程系统软件（如Cimatron、Mastercam等）里的刀路类型仍有这个功能。执行开粗程序时，由于机床不能执行螺旋下刀命令，需要事先在毛坯上钻孔，刀具就是从这个进刀孔下刀进行分层铣削。这种机床已经停产。

（2）三轴联动机床

可以同时控制3个轴，这是目前普遍使用的数控机床。这种机床使用的数控程序特征是：在一段程序里可以同时出现*X*、*Y*、*Z*三个数值。开粗时可以顺利地执行螺旋下刀指令，而不必在毛坯上钻孔。

（3）四轴联动机床

可以同时控制4个轴，在一段数控程序里可以同时出现如*X*、*Y*、*Z*、*A*这样的指令。工作情况一般是：工件一边在绕*X*轴旋转（即*A*旋转轴），刀具一边可以沿着*X*、*Y*、*Z*三个坐标数值在移动。这种机床结构特点是：在传统三轴机床的工作台上另外安装一个旋转工作台（当然还可以是*XYZB*型）。

（4）五轴联动机床

可以同时控制5个轴。在一段数控程序里，除了可以同时出现*X*、*Y*、*Z*三个数值外，另外还

可以出现 *A*、*B*、*C* 三个中的两个旋转指令。

常见典型的结构是双转台式五轴联动数控铣床。这种简易机床结构特点是：在传统三轴机床的工作台上，另外安装一个摇篮式双转旋转工作台。有些就用摇篮式双转旋转工作台替代三轴工作台。

这种机床工作情况一般是：工件一边在绕 *X* 轴旋转（即 *A* 旋转轴）及 *Z* 轴旋转（即 *C* 旋转轴），刀具一边可以沿着 *X*、*Y*、*Z* 三个坐标数值在移动。

随着科学技术的发展，五轴以上的虚轴机床也已经出现了，这种机床一般是通过连杆运动实现了主轴的多自由度运动。

1.2.2 坐标轴定义

多轴数控铣机床是在传统的三轴铣机床已经具备的 *X*、*Y*、*Z* 三个线性轴基础之上再增加了至少一个绕线性轴旋转的轴（如 *A* 轴、*B* 轴或者 *C* 轴）的数控机床。如果有了第 4 轴的机床就称为四轴机床，如果有第 4 轴和第 5 轴的机床就称为五轴机床，这两种类型机床统称为多轴机床。

根据 ISO 标准，数控机床坐标系统采用右手直角笛卡儿坐标系进行定义，线性轴用直角坐标系 *X*、*Y*、*Z* 表示，其正方向遵循右手定则来判定。而旋转轴用 *A*、*B*、*C* 分别表示绕 *X*、*Y*、*Z* 的旋转轴，其方向用右螺旋法则判定。

通俗地讲，对于立式机床来说，观察者面向机床而站，观察主轴上安装的刀具运动的方向，向上移动的方向就是 *Z* 正方向，向右移动就是 *X* 正方向，离开观察者向里移动就是 *Y* 正方向。

用右手握住 *X* 轴，大拇指指向 *X* 正方向，则四指环绕的方向就是 *A* 轴正方向。用右手握住 *Y* 轴，大拇指指向 *Y* 正方向，则四指环绕的方向就是 *B* 轴正方向。用右手握住 *Z* 轴，大拇指指向 *Z* 正方向，则四指环绕的方向就是 *C* 轴正方向。

对于双转台五轴联动机床来说，刀具方向始终是互相平行的，工作台实际旋转的正方向与此规定正好相反。沿着 *X* 轴正向朝负方向看，顺时针旋转方向就是 *A* 轴的正方向。沿着 *Y* 轴正向朝负方向看，顺时针转动的方向就是 *B* 轴的正方向。沿着 *Z* 轴正向朝负方向看，顺时针旋转的方向就是 *C* 轴的正方向。

1.2.3 五轴联动机床常用类型

根据常用五轴联动机床的结构特点，可以分为以下方式。

按照结构形式，典型的机床结构有：

① 双转台型，如 *XYZAC* 型机床；

② 一转台和一摆臂，如 *XYZBC* 型；

③ 双摆臂，如 *XYZAB* 型。

其他类型的多轴机床还有：

① 非正交结构，如 Deckel-Maho 公司出的一种机床，其 *B* 轴中心线与 *XY* 平面夹角为 45°；

② 在三轴机床工作台上附加旋转工作台成为五轴铣床。如果这种机床没有联动功能，也称“3+2”型机床。

五轴机床如果装有刀库就称为五轴加工中心，可以加工出一些三轴机床无法加工或者很困难才能加工出的零件，如：①核潜艇上的整体叶轮、发动机涡轮叶片；②飞机发动机上的复杂结构件需要一次性加工的零件；③具有倒扣结构的模具类零件。

机床是否具有联动功能将直接影响着机床的性能和价格，有时相差会很大，企业应该根据所生产零件产品的特点和实际需要，慎重选购这种类型的机床。一般来说，如果产品的倒扣曲面和正常曲面之间的过渡要求很精确地连接，则五轴联动机床就达到满意的加工效果，而非联动机床（如“3+2”型）就会差一些。当然不管哪种类型的机床，都需要使用企业定期对机床进行精度调整和校正，时时刻刻使机床处于“健康”状态，才真正可以精确加工出合格的产品，发挥机床的效能。

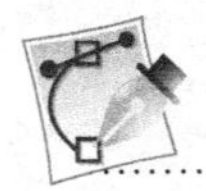

1.3 多轴铣加工工艺

多轴数控工艺就是将原材料或半成品装夹在多轴铣机床的工作台上，进行铣削或者钻削等加工，成为预期产品的方法和技术。它是整体零件加工工艺的一部分工序。多轴加工工艺要服务于零件的整体加工工艺，最终目的是高效地加工出合格产品。

由于多轴铣机床昂贵、维护成本高、工时成本费用高，这就决定了编排多轴铣工艺时，一定考虑要在确保产品质量、生产安全的前提下，尽可能节约多轴铣加工工时、降低产品制造成本。具体来说，能用三轴的情况下尽量用三轴加工，如果用三轴不能完成或者完成有困难的工作，才用多轴铣来完成。这样可以尽量保护旋转台的精度和提高设备利用效率。

但是，以下情况下应该考虑使用多轴铣工序。

① 如果用三轴加工会存在严重的缺陷。例如长深零件，加工底部时，装刀很长，刀具容易发生弹性变形，加工时切削量不能太大，加工工时长。如果用多轴铣，只需要将刀具轴线沿着周边倾斜一个角度，使刀具的装刀长度缩短，切削参数可以加大，加工工时可以缩短，效果会大大改善。

② 双斜面加工，传统三轴会选用球头刀进行很密的多行距加工，表面粗糙度难以保证图纸要求，而且工时很长。应该考虑用多轴铣工艺，将刀具旋转使刀具轴线垂直于加工平面，这样就可以使用平底刀定位加工，只需要像普通三轴铣加工水平面一样，会大大缩短加工工时，提高加工效率。

③ 倒扣零件难以加工。传统的三轴方式，需要多次翻转装夹，甚至倾斜装夹，这些对于操作员技术水平要求较高，多次装夹误差大，操作复杂，出错率高，产品质量很难保证，这时就可以考虑用多轴铣一次装夹，自动翻转加工不同方向的面，以消除对刀校正误差。

④ 用球头刀加工接近水平的平缓曲面时，由于球头刀底部的切削速度接近零，底部切削效果很差。如果用多轴铣只需要将刀具倾斜一个角度，使用刀具的侧刃进行切削，加工效果会大大改善。另外，还可以用平底刀或者锥度刀的侧刃对直纹面进行加工，刀具和工件的切削接触面积增大了，只需要较大的步距就可以达到很好的效果，工时可以大大缩短。

⑤ 对于整体涡轮、整体叶轮、飞机机翼等航空零件，三轴铣几乎不能实现，多轴铣就成为唯一的选择。

1.4 多轴铣工艺的基本原则

工序是由工步组成的，数控程序就是加工工步。如果某个零件整体加工工艺已经确定用多轴铣工序，那么就需要从以下几方面考虑如何编排多轴铣工序。

① 多轴加工工艺总体原则：尽可能保护机床、减少机床故障率和停机时间。尽可能减少多轴联动加工的切削工作量、尽可能减少旋转轴担任切削工作、避免和杜绝旋转轴担任重切削工作。

② 尽量用车、铣、刨、磨、钳等传统切削方式来加工初始毛坯。

③ 尽可能采用固定轴的定向方式进行粗加工及半精加工。万不得已，尽可能不用联动方式开粗。如果必须采取联动方式进行开粗，切削量不能太大。

④ 倒扣曲面与周围曲面之间要求过渡自然，如果要求精度较高，精铣加工就要考虑使用联动方式。例如，整体涡轮的叶片精加工时，如果不采取五轴联动而采取多次定向加工，叶片的叶盆和叶背曲面就很难保证自然过渡连接。

⑤ 多轴加工时要确保加工安全，特别要预防回刀时刀具撞坏旋转工件及工作台。

⑥ 多轴铣的加工效果一定要满足零件的整体装配需要，不但切削时间要短，而且精度要达到图纸公差要求。

在本书后续章节的实例里将依据这些原则进行数控编程。

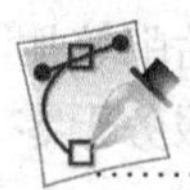

1.5 多轴铣工艺实施步骤

多轴铣工艺实施的基本步骤概括起来有以下要点。

（1）根据2D图纸绘制3D图，即建立CAD/CAM模型

读懂图纸，严格依据图纸绘制3D图。绘制图形后，必须将2D图纸中的全部尺寸进行检查，建立尺寸检查记录表。如果客户已经提供了3D图，这一步就可以省略。但是必须对接受的3D图模型进行全面的检查，检查内容有：

① 图形单位英制还是公制，如果是英制，转化为公制，图形实际大小不能改变；

② 如果原图是其他软件绘制的，尽可能采用IGS、X_T或者STP格式转化，确保图形特征完整，必要时把中间绘制的曲面和曲线也一起转化，有时会给编程做辅助线带来方便；

③ 分析有无掉面或者图形有破孔等情况，如果存在这些缺陷，就必须补全图形。

（2）图纸分析、工艺分析

制定整个零件的加工工艺，明确多轴切削工序承担的加工内容及要求。

在大型正规企业，零件加工的整体工艺是由专职的工艺员制定的。工艺员所制定的加工工艺必须符合本企业的实际情况，充分利用现有的人力、物力和财力。本企业不具备条件的，才可以考虑与其他企业合作，进行外发加工。

作为多轴铣数控编程工程师需要了解零件的整体加工工艺，尤其了解数控加工工序的任务，要准确绘制出CNC加工时初始毛坯的3D图，CNC所需要的基准是否齐备，如果基准不全就需要和工艺员沟通协商确定这些基准到底由哪个工序加工。另外，对加工材料的牌号和硬度必须要清楚，以便确定合理的切削参数。

（3）确定多轴加工的装夹方案

对于多轴加工，这一步十分重要。根据CNC的加工内容结合零件形状要预先指定合理的装夹方案。一般来说需要 *C* 轴旋转的、类似旋转零件的可以考虑有三爪夹盘。超出三爪卡盘范围的，可以考虑在圆柱毛坯上车出凹槽，在机床的 *C* 轴旋转台上用压板装夹。必要时要专门设计出专用夹具，用专用夹具来装夹。

不管采取哪一种装夹方案，必须在编程图形里绘制出相应的3D实体图，再转化2D工程图。2D图发给相关部门加工，3D实体图转化为STL文件以便在VERICUT仿真时调用。绘制3D夹具图的目的是，确定刀具偏摆的极限位置，防止刀具运动时超出极限位置而碰伤夹具和工作台。

（4）编制数控编程及制定加工工步（即数控程序文件）

这是数控编程的核心内容，就是说在正式编程前，事先初步规划需要哪几个数控程序，给每一个数控程序安排其加工内容和加工目的、所用刀具及夹头的规格、加工余量等粗略步骤。多轴铣加工和三轴铣加工加工方法类似，也应该遵守开粗、清角、半精加工、精加工的编程步骤。

以上第（1）～（4）步骤完成以后再进行数控编程就会做到胸有成竹。

（5）定义几何体、刀具及夹头

进入UG的加工模块，切换到几何视图，先定义加工坐标系，这时需注意：如果采用双转台 *XYZAC* 型机床加工时，编程用的加工坐标系的原点应该与机床的旋转轴 *A* 和 *C* 的轴线交点重合；再定义加工零件体、毛坯体。

切换到机床视图，初步定义编程所用的刀具和夹头。

（6）定义程序组，创建各个刀路的轨迹线条

必要时在编程图形里创建辅助面、辅助线，恰当选用加工策略，编制各个刀路。

尽可能采取固定轴定向加工的方式进行大切削量的粗加工、清角和半精加工，精加工才采用联动的方式加工。要时刻确保不要使旋转工作台在旋转时承担过大的重切削工作。

（7）UG 内部刀路模拟仿真

多轴铣刀路由于刀具沿着空间偏摆运动复杂，数控编程工程师要力争在编程阶段排除刀具及夹头与周围的曲面产生过切或者干涉。为此，编程时要特别重视对刀路进行检查。发现问题及时纠正。初步进行后处理生成加工代码 NC 文件。

（8）VERICUT 刀路仿真

对于多轴铣编程来说，最大的困惑就是，在 UG 环境里检查刀路并未发现错误，而实际切削时可能就会出现一些意想不到的错误。这是由于 UG 模拟的刀路里 G00 指令和实际机床加工有差别，另外各个操作刀路之间的过渡和实际机床运行有差别，导致 UG 的仿真与实际有差别。这一点应该引起特别注意。

而 VERICUT 可以依据数控编程 NC 文件里的 G 代码指令、刀具模型，根据事先定义的机床模型、夹具模型、零件模型可以很逼真地进行仿真，最后还可以分析出加工结果模型和零件模型的差别，有无过切和干涉，一目了然。

（9）填写数控程序 CNC 工艺单

这是数控编程工程师的成果性文件，必须要清楚地告诉操作员以下内容：预定的装夹方案、零点位置、对刀方法；数控程序的名称、所用的刀具及夹头规格、装刀长度等。要求操作员严格执行。

（10）在机床上安装零件

如果操作员按照 CNC 工艺单实施确有困难，需要变更装夹方案或者装刀方案的，要及时反馈给编程工程师。不能自行处理，否则可能会带来重大的加工事故。

根据 CNC 工艺单，在机床上建立加工坐标系，记录零件的编程旋转中心相对于机床的 *A* 轴及 *C* 轴旋转中心的偏移数值，将这些数值反馈给编程工程师。

（11）加工现场信息处理

编程工程师根据操作员的反馈信息，修改或者检查数控程序，设置后处理参数，最后进行后处理，将最终的数控 NC 文件及 CNC 工艺单正式分发给数控操作员进行加工。

（12）现场加工

操作员正式执行数控程序加工零件。作为操作员主要职责是正确装夹工件和刀具、安全运行数控程序，避免操作时出现加工事故。

操作员先要浏览数控程序，从字符文字方面检查有无不合理的机床代码；其次要适当修改程序开头的下刀指令和程序结尾的回刀指令，使刀具在开始时从安全位置缓慢接近工件，加工完成时在合理的位置提刀到安全位置。五轴联动式的提刀要确保正确。

一般情况下，应该快速运行所有的数控程序、观察主轴及旋转台运动，没有问题以后就可以正式切削零件，加工时适当调整转速和进给速度倍率开关，完成后先初步测量，没有错误就可以拆下准备下一件的加工。

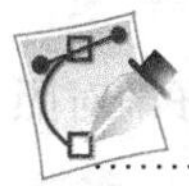

1.6 UG 多轴铣编程功能

UG NX8.0 在多轴铣方面有很多成熟的编程功能，概括起来有以下几种。

（1）多轴铣定位加工

通过重新定义刀轴方向而进行的固定轴铣削，包括所有全部传统的三轴编程方法，如平面铣、面铣、钻孔、型腔铣、等高铣以及固定轴曲面轮廓铣。与传统三轴加工方式不同的是：要专门定义刀具轴线的方向。

刀具轴线的正方向是指从刀尖出发指向刀具末端的连线的矢量方向。

传统三轴铣削的默认刀具轴方向是+*ZM*，而采用多轴铣定位加工时，要先分析出不倒扣的方位，根据视角平面创建基准平面，然后依据这个平面的垂直方向（也称法向）来定义刀具轴的方向。为了保护机床尽可能采取这种加工方式来加工零件的倒扣位置。

（2）变轴曲面轮廓铣

通过灵活控制刀轴及设置驱动方法而进行的变轴曲面轮廓铣（包括流线铣和侧刃铣）。使用要点是：先确定驱动方法及投影矢量，以便能顺利地将驱动面上的刀位点投影到加工零件上；然后根据不产生倒扣的原则定义刀轴矢量；最后依据这些条件生成多轴铣刀路。这是UG的主要多轴铣功能，也是学习的重点。

（3）变轴等高铣

和普通的三轴等高铣不同之处在于，其可以定义刀轴沿着加工路线进行侧向倾斜，以便防止刀柄对工件产生过切或者碰撞。它仍然是平面的等高铣，只适合用球头刀进行计算。

（4）顺序铣

可以对角落进行手动清角，用户可以分步控制刀路。

（5）涡轮专用编程模块

对于涡轮这样复杂且有着共同相似结构的零件，可以使用涡轮专用模块进行数控编程。编程时要事先绘制叶片的包裹曲面，然后可以先在几何视图里定义叶毂曲面、包裹曲面、其中一个叶片曲面的侧曲面和圆角曲面，如果有分流叶片，再另外定义分流叶片的侧曲面和圆角曲面。

后续章节通过具体的实例编程训练，可以体会和理解到UG的多轴铣编程功能，实现最优化的加工工艺。最优化的加工工艺的衡量指标是：能充分发挥和利用现有五轴机床设备（本书以双转台*XYZAC*型机床为例）的性能，安全高效地完整加工出实例零件。力争用最少的刀具损耗、最短的加工时间加工出符合用户要求的零件产品。

当然五轴加工内容广泛深奥，书中的例子也不可能面面俱到，希望本书提供的例子能起到以点带面的作用。读者应该把本书的编程思路灵活运用到具体的加工实践之中，目的是使加工工艺可行和高效。

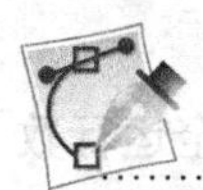

1.7 本章总结及思考练习

本章重点介绍多轴数控编程工艺的基本概念，帮助读者对多轴加工及编程过程有所了解，为后续学习打好基础。

后续章节学习请注意以下问题。

① 学习软件操作类型书的时候，最好一边看书一边打开电脑，启动相应的软件，先严格按照书上的步骤操作，时间允许的话，不妨多练习几遍，直到脱离书本，能自己独立完成为止。

② 学好3D绘图，会补面和补辅助线，然后进行数控编程。

③ 尽可能使加工程序符合加工要求，可以根据本书的思路，结合自己工厂的实际加工条件灵活变通，力争使所编程序符合高效加工原则。

④ 如果按照书上步骤进行练习，仍未到达预期目的的情况下，可以观看讲课视频，仔细对照自己的做法，力争将难点克服。

思考练习

1. 什么是多轴数控加工工艺？
2. 如果在加工中出现断刀现象，作为操作员应该如何处理？
3. 对于双转台型五轴联动机床来说，如何进行回零操作？

参考答案

1. 答：多轴数控工艺就是将原材料或半成品装夹在多轴铣机床的工作台上，进行铣削或者钻削等加工，成为预期产品的方法和技术。它是整体零件加工工艺的一部分工序。多轴加工工艺要服务于零件的整体加工工艺。最终目的是高效地加工出合格产品。

2. 答：(1) 首先分析刀长是否合理，在确保安全的前提下尽可能把刀长缩短来安装。(2) 检查程序是否切削量过大，如形状简单，可用手动的方式清角。(3) 测量断刀位置，将数控程序里已经执行的语句删除，修改剩下程序的开头语句，重新加工。

3. 答：先进行 Z 轴回零，将刀具提到最高安全位置；再进行 X 轴回零、Y 轴回零、A 轴轴回零、C 轴回零。对于已经安装好工件的情况下，回零顺序要确保不要碰伤机床和零件。

第 2 章　底座零件定位加工

2.1　本章要点和学习方法

本章通过对底座零件采用五轴定位加工进行数控编程，注意以下问题：

① 多轴加工坐标系的定义；
② 多轴编程工艺规划；
③ 多轴编程工艺实施；
④ 多轴加工轴线的定义方法；
⑤ 多轴定位加工的切削范围定义；
⑥ 多轴加工切削深度的定义方法；
⑦ VERICUT 仿真。

应该重点学会常用轴线定义的几种方法，完整地学习底座零件编程的全过程。

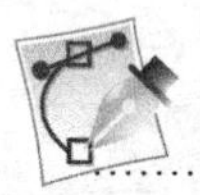

2.2　多轴定位加工概述

多轴定位加工也可以称为“固定轴铣削加工”，是指刀具轴线在空间旋转一定的角度，然后刀具就对零件进行加工，这时刀具和工件的相对方向保持不变，刀具轴线不一定是+*ZM* 轴正方向，可能是机床能够实现的任意方向。这种加工方式可以对传统三轴不能加工的倒扣位置进行加工。虽然加工过程中刀具轴线相对固定，在一个方位进行加工时，部分位置可能仍然会加工不到，但是可以多创建几个方位来对工件进行加工，从理论上讲，仅用此种方式就可以实现对大多数倒扣零件的加工。

多轴定位加工是传统三轴铣加工的延伸，使用的关键是：刀具轴线的定义。刀具轴线的正方向是指从带有切削刃的刀尖点出发，指向刀具夹持位刀具末端圆心的连线的矢量方向。

一般来说，对于工件中加工区域的底面为平面的部分，可以定义垂直于底面的方向，即【垂直第一个面】，就是刀具轴线方向；对于复杂型面，可以将图形摆放在不倒扣的位置，然后利用【视图方向】矢量来定义基准面，进而定义刀具轴线方向。如图 2-1 所示。

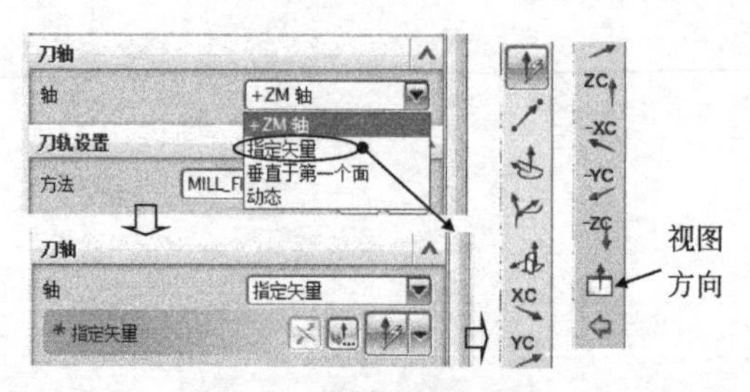

图 2-1　刀轴定义方法

多轴定位是重新定义刀轴方向的固定轴铣削，包括所有全部传统的三轴加工方式，如平面铣、面铣、钻孔、型腔铣、等高铣以及固定轴曲面轮廓铣。

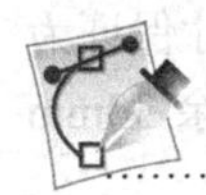

2.3　底座多轴加工编程

本节任务：根据如图 2-2 所示的底座零件 3D 图形进行数控编程，后处理生成数控程序，然后在 VERICUT 软件里，采用用五轴加工中心机床模型进行加工仿真，目的是能够在五轴机床上将其加工出来。

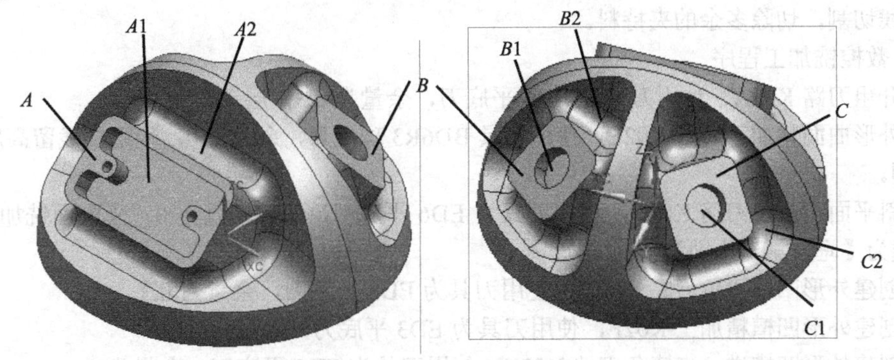

图 2-2　底座零件

为了叙述方便，下文提到的加工部位标识都是以图 2-2 所示的标示为准的，请阅读时留意。

2.3.1　工艺分析

先在 D：根目录建立文件夹 D：\ch02，然后将随书光盘里的文件夹 ch02\01-sample 里的 3 个文件夹及其文件复制到该文件夹里来。

（1）图纸分析

打开图形文件 ch02\prt\nx8book-02-01.prt，在界面上方执行【开始】|【制图】命令，进入 2D 工程图纸界面，零件图纸如图 2-3 所示。

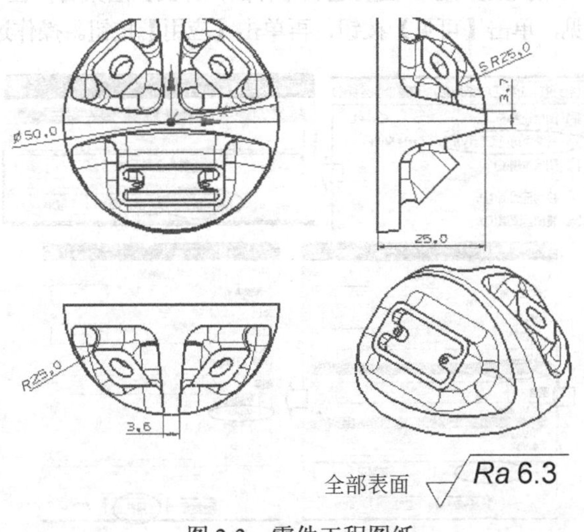

图 2-3　零件工程图纸

该零件材料为铝，外围表面粗糙度为 *Ra*6.3μm、全部尺寸的公差为±0.02mm。

（2）加工工艺

① 开料：毛料大小为ϕ55×65 的棒料，其中比图纸多留出一些材料。

② 车削：先车一端面及外圆，然后掉头，夹持另外一端，车削外圆及另外端面，尺寸保证为ϕ50×61。其中比图纸多出的部分：顶部留 1mm 余量，25mm 为需要加工的有效型面，其余 30mm 长度部分为夹持位。

③ 数控铣：加工外形曲面。夹持位为ϕ50×35 的圆柱，采取具有自动定心功能的三爪卡盘进行装夹。先粗铣，再清角、半精加工，最后为精加工。其中各个斜面、斜孔及凹槽采用五轴加工中心来进行加工。

④ 线切割，切除多余的夹持料。

（3）数控铣加工程序

① 开粗刀路 K02A，使用刀具为 ED6 平底刀，余量为 0.3，层深为 1.5。

② 外形曲面精加工刀路 K02B，使用刀具 BD6R3 球头刀，余量为 0，步距按残留高度 0.01 来计算得到。

③ 斜平面精加工刀路 K02C，使用刀具为 ED6 平底刀，底部余量为 0，采取面铣加工方式，刀具轴线为【垂直第一个面】方式。

④ 创建外形凹槽清角刀路 K02D，使用刀具为 ED3 平底刀，余量为 0.3 。

⑤ 创建外形凹槽精加工 K02E，使用刀具为 ED3 平底刀，余量为 0 。

⑥ 创建外形凹槽进一步清角刀路 K02F，使用刀具为 ED2 平底刀，余量为 0。

⑦ 创建斜面钻孔刀路 K02G，使用钻头为 DR1.5。

⑧ 创建斜面凹槽精加工 K02H，使用刀具为 BD3R1.5 球头刀， 余量为 0。

2.3.2 图形处理

因为本例图形有很多孔位及凹槽，为了使开粗刀路顺畅，有必要把这些部分进行补面。在 UG NX8.0 系统的【建模】模块里多采用曲面功能，也可以用及曲面裁剪功能。为了简化操作步骤本例已经创建了补面。

确保打开图形文件 nx8book-01-01.prt，在界面上方执行【开始】|【建模】命令，进入建模界面。释放层，显示出所补的曲面。

在主菜单里执行【格式】|【视图中可见图层】命令，在系统弹出【视图中可见图层】对话框，单击【确定】按钮，在该对话框里的【过滤器】栏里选取【补面：补面】层集合，在【图层】栏里自动选取了第2层，目前状态为不可见，单击【可见】按钮，再单击【应用】按钮。操作过程如图 2-4 所示。

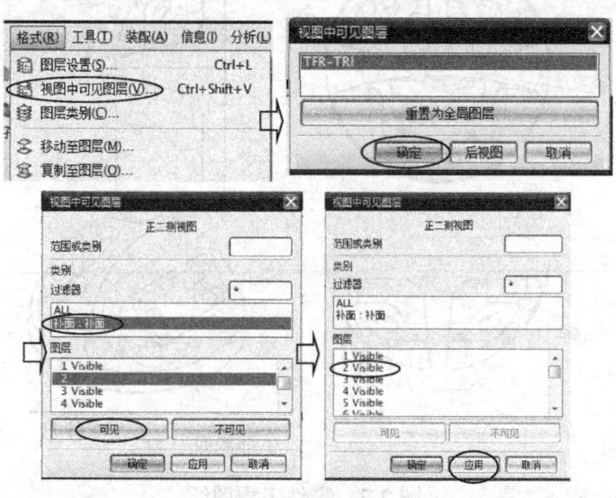

图 2-4 图层操作

在图 2-4 所示的【视图中可见图层】对话框里单击【取消】按钮，显示图形如图 2-5 所示。

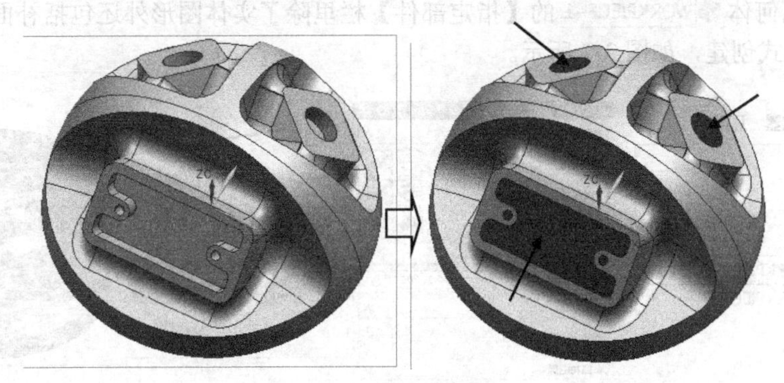

图 2-5 显示补面

2.3.3 编程准备

UG NX8.0 系统在数控编程前必须进行必要的参数设置为正式编程提供参数链接。在工具条中选【开始】|【加工】，进入工模块 加工(N)。如果是初次进入加工模块时，系统会弹出【加工环境】对话框，选择 mill_multi-axis 多轴铣削模板。为了简化操作本例已经进行了设置，要点如下。

（1）在 几何视图 里，创建加工坐标系、安全高度、毛坯体 1 及毛坯 2

本例加工坐标系暂时为建模时的坐标系，安全距离为“10”，其余参数设置如图 2-6 所示。

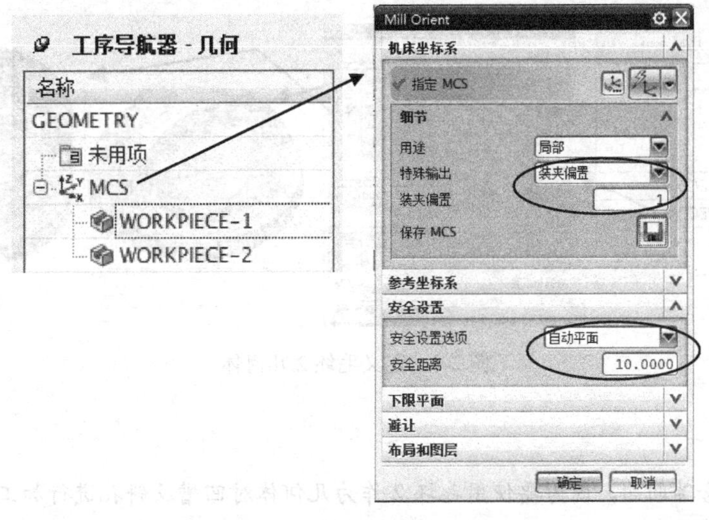

图 2-6 设置加工坐标系

小提示

图 2-6 所示的右侧对话框里的“机床坐标系”应该理解为“编程时确定的加工坐标系”，也是用户在机床加工时在操作面板设置 G54 的坐标系，注意和机床机械坐标系（零点是固定的）的区别。最初的编程加工坐标系选取原则是：应该有利于操作员进行对刀，一般选在毛坯上便于测量的加工基准位置。

对于 *XYZAC* 型五轴机床来说，在后处理时，要对坐标系进行必要的移动，使零点放置在 *A* 轴和 *C* 轴的旋转轴线的交点位置，本书将采取这种方法。

另外的方法是：根据零点在 *C* 转盘和 *A* 转盘的位置来修改后处理器的偏移参数，用临时创建的后处理器 pui 进行后处理。

（2）定义毛坯1几何体

在毛坯1几何体 WORKPIECE-1 的【指定部件】栏里除了实体图形外还包括补面，【指定毛坯】采用 包容圆柱体 方式创建，如图2-7所示。

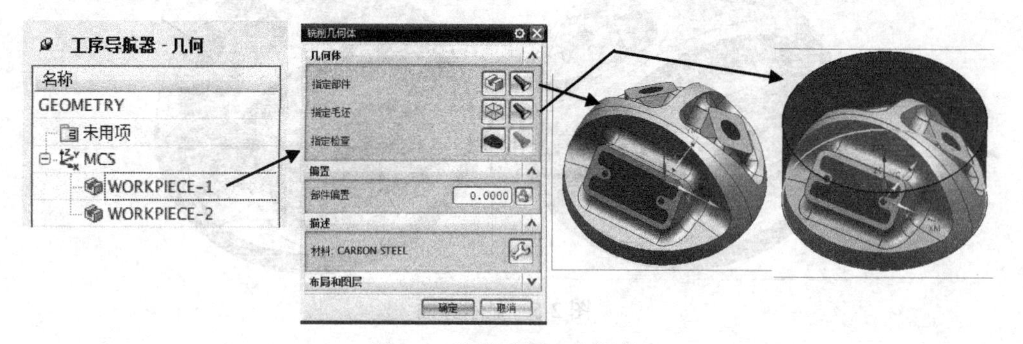

图2-7 定义毛坯1几何体

小提示

如果图形的辅助面要作为加工面就需要在定义【指定部件】时将这些面一起选上。

（3）定义毛坯2几何体

在毛坯2几何体 WORKPIECE-2 的【指定部件】栏仅选取实体图形，【指定毛坯】仍采用 包容圆柱体 方式创建，如图2-8所示。

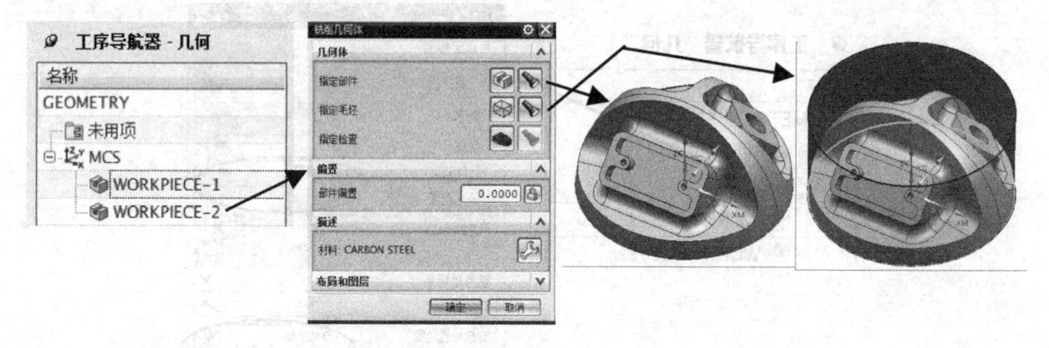

图2-8 定义毛坯2几何体

要注意

毛坯2不包含辅助面，因为要使用毛坯2作为几何体对凹槽及斜孔进行加工。

（4）创建刀具

在 机床视图 里，通过从光盘提供的刀库文件nx8book-tool.prt调取所需要的刀具，结果如图2-9所示。

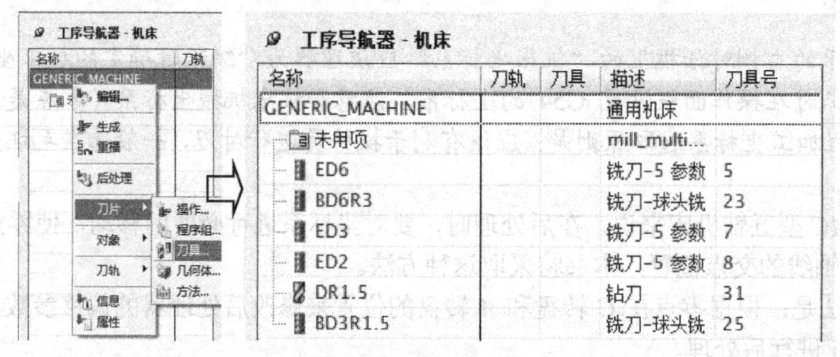

图2-9 创建刀具

要注意

对于多轴编程加工来说由于有旋转盘的转动，切削运动十分复杂，但从刀路线条上看很难发现错误。为了防止刀具对旋转盘、夹具等的碰撞，有必要专门定义刀柄参数，并且要确定最短的装刀距离。本例已经定义好了，有兴趣的读者可以分析各个刀柄参数，实际加工时要结合车间的实际情况，拿着初步装好的刀具和刀柄，放在工件上的切削位置进行修正。

（5）创建空白程序组

在程序顺序视图里，通过复制现有的程序组然后修改名称的方法来创建，结果如图 2-10 所示。

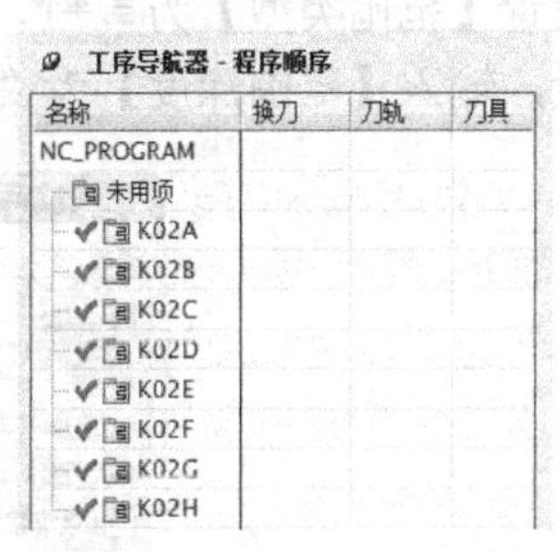

图 2-10　创建空白程序组

本节讲课视频

以上操作视频文件为：\ch02\03-video\01-编程准备.exe.

2.3.4　创建开粗刀路 K02A

本节任务：创建一个普通三轴型腔铣操作，刀轴方向为 *ZM* 正方向。

（1）设置工序参数

在主工具栏里单击创建工序按钮，系统弹出【创建工序】对话框，在【类型】选 mill_contour，【工序子类型】选型腔铣按钮，【位置】中参数按图 2-11 所示设置。

图 2-11　设置工序参数

（2）检查几何体及刀轴参数

在图 2-11 所示对话框里单击【确定】按钮，系统进入【型腔铣】对话框，单击几何体栏的按钮，检查各参数，其中部件已经包含了辅助曲面，检查【工具】为 ED6 (铣刀-5 参 平底刀，【刀轴】方向为 +ZM 轴 。

（3）设置切削模式

在【型腔铣】对话框里，设置【切削模式】为 跟随周边，如图 2-12 所示。

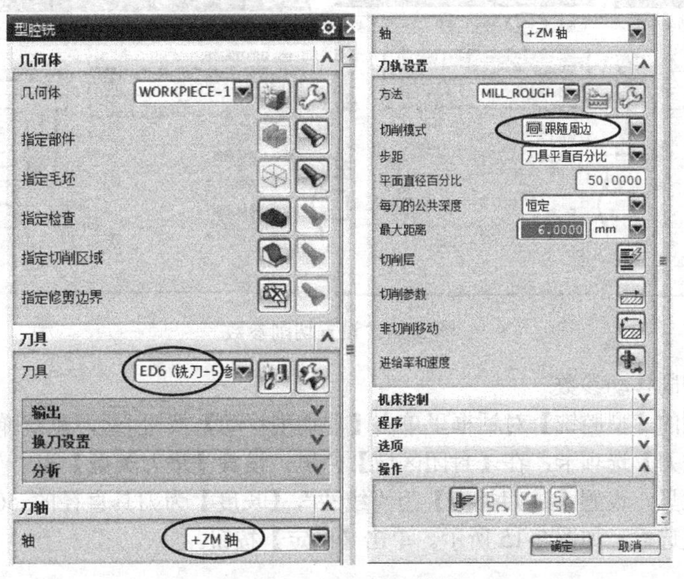

图 2-12　设置切削模式

（4）设置切削层参数

在图2-12所示的【型腔铣】对话框里单击【切削层】按钮，系统弹出【切削层】对话框，设置【范围类型】为单个，设置【最大距离】为“0.8”按回车键，系统自动选取了【范围定义】栏，输入【范围深度】为“19.7”，单击【确定】按钮，如图2-13所示。

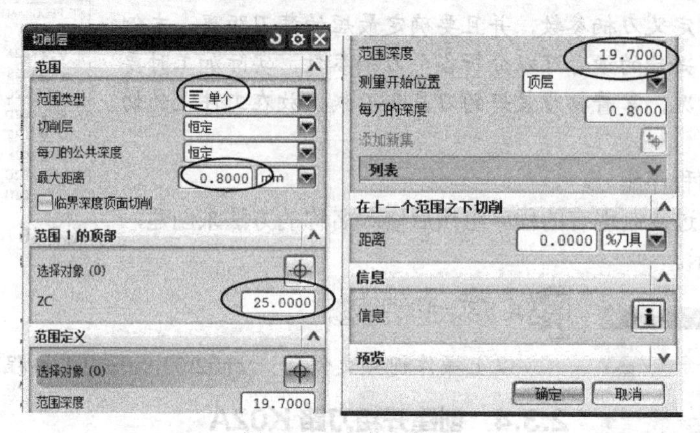

图2-13 定义切削层

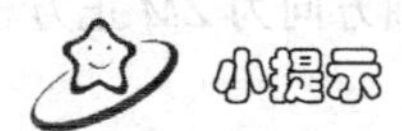

此处【范围1的顶部】默认为工件的最高位置，【范围定义】为对切削层的底部进行定义，先在图形上选取水平台阶面的一点，在系统显示出的【范围深度】数值为“20”，考虑底部留有0.3余量，所以此处修改为19.7，目的是减少底部多余的刀路线条。

（5）设置切削参数

在系统返回到的【型腔铣】对话框里单击【切削参数】按钮，系统弹出【切削参数】对话框，选取【策略】选项卡，设置【刀路方向】为“向内”。

在【余量】选项卡，选取【使底部余量与侧面余量一致】复选框，设置【部件侧面余量】为“0.3”，如图2-14所示。

在【拐角】选项卡，设置【光顺】为“所有刀路”，半径为“0.5”，单击【确定】按钮。

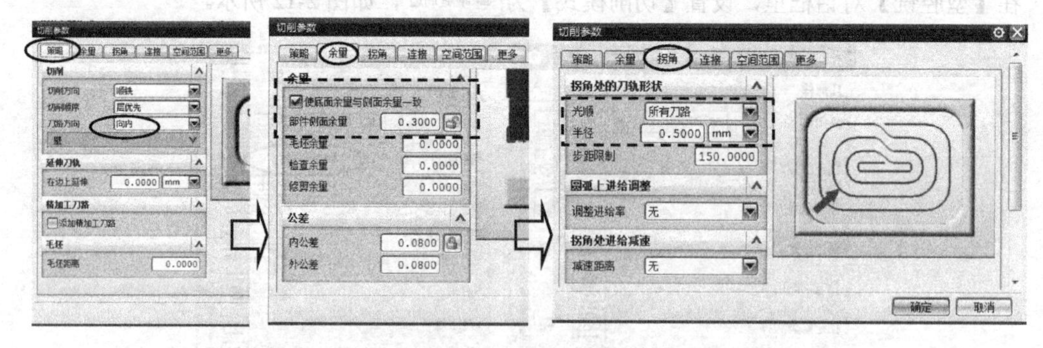

图2-14 设置切削参数

（6）设置非切削移动参数

在系统返回到的【型腔铣】对话框里单击【非切削移动】按钮，系统弹出【非切削移动】对话框，选取【进刀】选项卡，在【封闭区域】栏里，设置【进刀类型】为“与开放区域相同”，在【开放区域】栏里，设置【进刀类型】为“线性”，【长度】为刀具直径的50%，选取【修剪至最小安全距离】复选框，如图2-15所示。单击【确定】按钮。

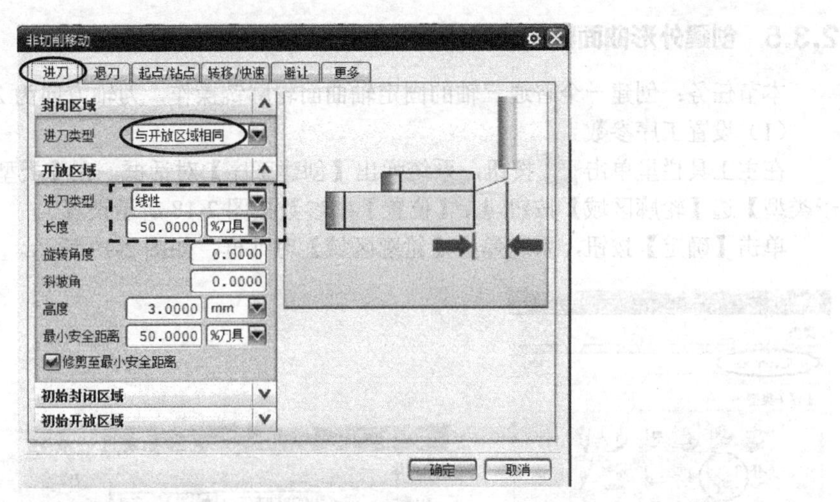

图 2-15　定义进刀参数

小提示

因为此图形的形状为中间凸起而周边低，可以采取从料外下刀的方式进刀。

（7）设置进给率和转速参数

在【型腔铣】对话框里单击【进给率和速度】按钮，系统弹出【进给率和速度】对话框，设置【主轴速度（rpm)】为“2000”,【进给率】的【切削】为“1500”。单击计算按钮，如图 2-16 所示。单击【确定】按钮。

（8）生成刀路

在系统返回到的【型腔铣】对话框里单击【生成】按钮，系统计算出刀路，如图 2-17 所示。单击【确定】按钮。

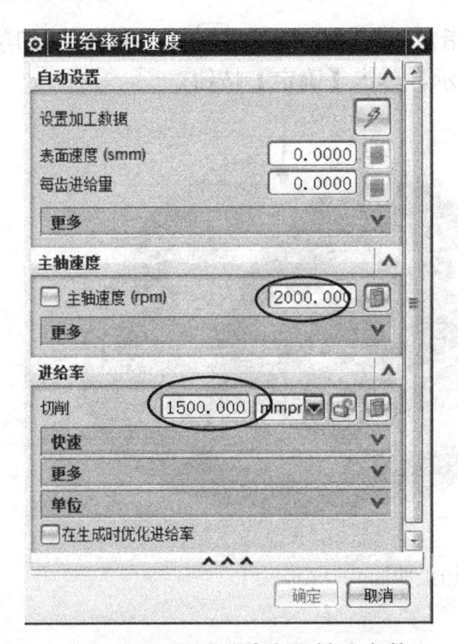

图 2-16　设置进给率和转速参数

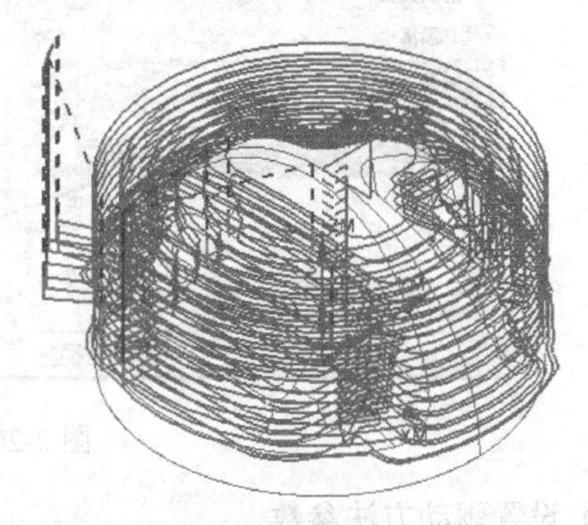

图 2-17　生成开粗刀路

以上操作视频文件为：\ch02\03-video\02-创建开粗刀路 K02A.exe。

2.3.5 创建外形曲面精加工刀路 K02B

本节任务：创建一个普通三轴的固定轴曲面轮廓铣操作，刀轴方向为 *ZM* 正方向。

（1）设置工序参数

在主工具栏里单击创建工序按钮，系统弹出【创建工序】对话框，在【类型】选 mill_contour，【工序子类型】选【轮廓区域】按钮，【位置】中参数按图 2-18 所示设置。

单击【确定】按钮，系统弹出【轮廓区域】对话框，如图 2-19 所示。

图 2-18 创建曲面加工工序

图 2-19 轮廓区域对话框

（2）选取加工曲面

在图 2-19 所示的【轮廓区域】对话框里单击【指定切削区域】按钮，系统弹出【切削区域】对话框，在图形上选取外形圆弧曲面，如图 2-20 所示。单击【确定】按钮。

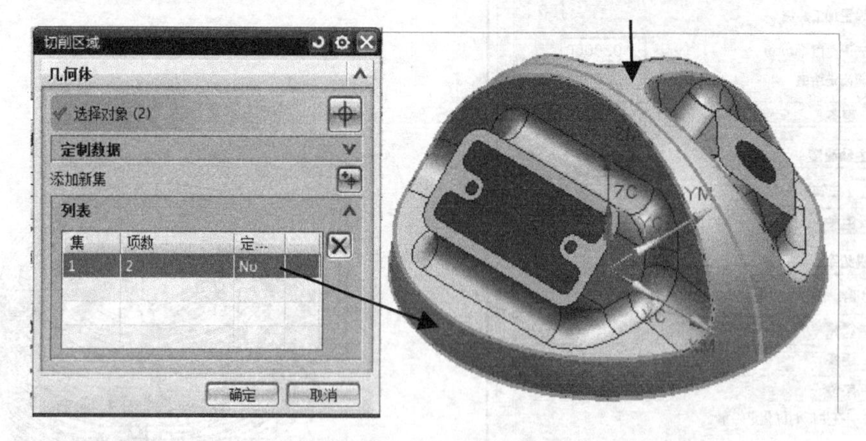

图 2-20 选取加工曲面

（3）设置驱动方法参数

系统返回到【轮廓区域】对话框，检查【区域方法】栏里系统已经自动设置【方法】为“区域铣削”，单击【编辑】按钮，系统弹出【区域铣削驱动方法】对话框，设置【切削模式】为 跟随周边，设置【刀路方向】为“向外”，【切削方向】为“顺铣”，【步距】为“残余高度”，【最大残余高度】设置为“0.01”，【步距已应用】设置为“在部件上”。如图 2-21 所示。这样设置参数的目的是生成的刀路是3D等距方式，可以使曲面加工均匀。单击【确定】按钮。

（4）设置切削参数

在图2-19所示的【轮廓区域】对话框里，先检查【刀轴】方向为“+ZM”方向。单击切削参数按钮，系统弹出【切削参数】对话框，在【余量】选项卡，设置【部件余量】为“0”，【内公差】为“0.01”，【外公差】为“0.01”，如图2-22所示。单击【确定】按钮。

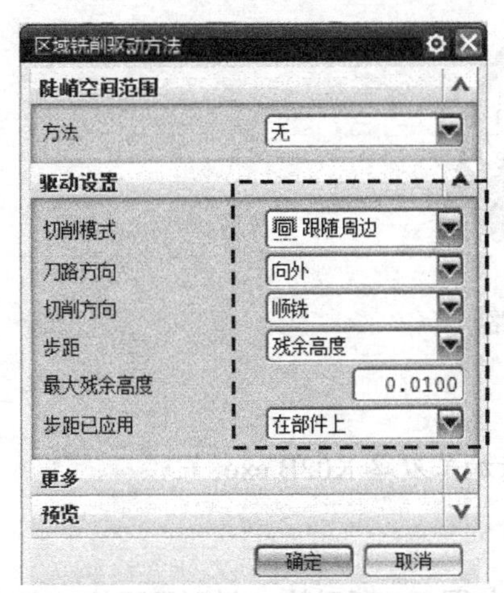

图2-21 设置切削驱动方法参数

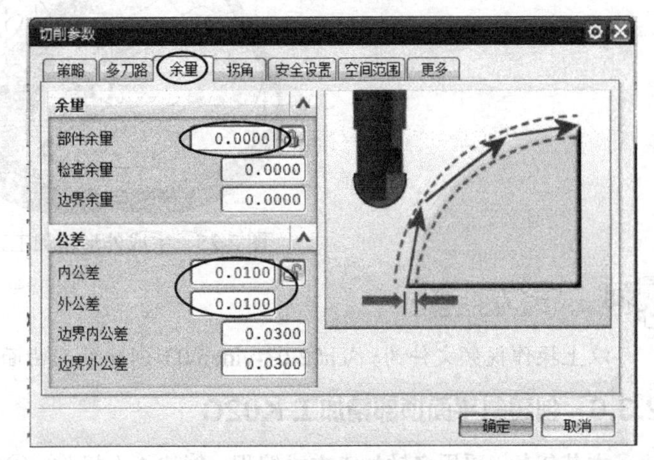

图2-22 设置切削参数

（5）设置非切削参数

在系统弹出的【轮廓区域】对话框里，单击【非切削移动】按钮，系统弹出【非切削移动】对话框，在【进刀】选项卡里，设置【开放区域】的【进刀类型】为“圆弧-平行于刀轴”，【圆弧角度】为45°，如图2-23所示。单击【确定】按钮。

（6）设置进给率和转速参数

在系统返回到的【轮廓区域】对话框里单击【进给率和速度】按钮，系统弹出【进给率和速度】对话框，设置【主轴速度（rpm）】为“3500”，【进给率】的【切削】为“1500”。单击计算按钮，如图2-24所示。单击【确定】按钮。

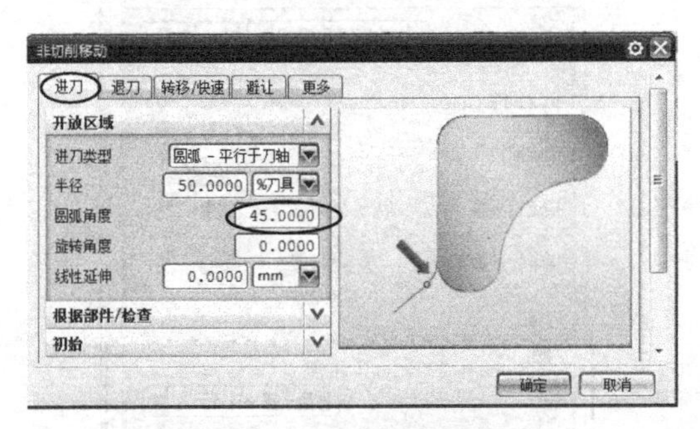

图2-23 设置非切削移动参数

图2-24 设置转速和进给率

（7）生成刀路

在系统返回到的【轮廓区域】对话框里单击【生成】按钮，系统计算出刀路，如图2-25所示。单击【确定】按钮。

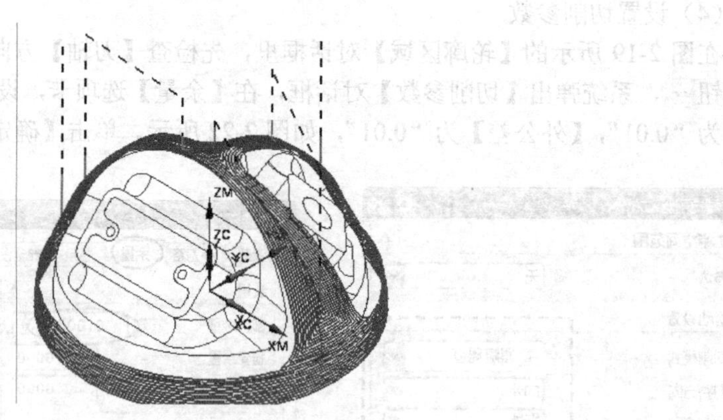

图2-25 生成外形精加工刀路

本节讲课视频

以上操作视频文件为：\ch02\03-video\03-创建外形曲面精加工刀路K02B.exe。

2.3.6 创建斜平面顶部精加工K02C

本节任务：采用多轴加工方式编程，创建3个操作：①对如图2-2所示的*A*斜面用面铣的方法进行精加工；②在对如图2-2所示的*B*处平面进行精加工；③对*C*处的平面进行精加工。

（1）创建*A*处斜面铣精加工操作刀路

① 设置工序参数 在主菜单里执行【格式】|【视图中可见图层】命令，在系统弹出【视图中可见图层】对话框单击【确定】按钮，在该对话框里的【过滤器】栏里选取【补面：补面】层集合，在【图层】栏里自动选取了第2层，目前状态为可见，单击【不可见】按钮，再单击【应用】按钮。这时实体图形显示，而曲面隐藏。

在操作导航器中选取程序组 K02C，右击鼠标在弹出的快捷菜单里选【刀片】（此菜单翻译不够准确应该是“插入”）|【工序】命令，系统进入【创建工序】对话框，在【类型】选mill_planar，【工序子类型】选【FACE_MILL（面铣）】按钮，【位置】中参数按如图2-26所示设置。

② 指定边界几何 在图2-26所示的对话框里单击【确定】按钮，系统弹出【面铣】对话框，如图2-27所示。检查【刀轴】的【轴】方向应该为“垂直第一个面”。

图2-26 输入工序参数

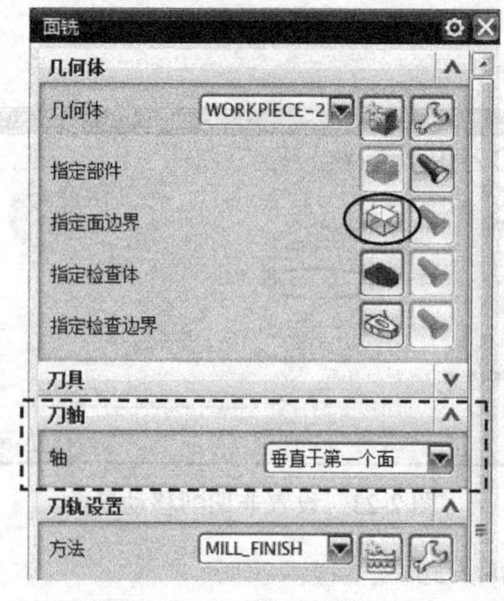

图2-27 面铣对话框

本例将选取 *A* 处斜面作为加工边界。

在图 2-27 所示的对话框里单击【指定面边界】按钮，系统弹出【指定面几何体】对话框，在【过滤类型】栏里选取【面边界】按钮，再注意选取“忽略孔”复选框，然后在图形上选取 *A* 处斜平面，单击【确定】按钮，如图 2-28 所示。

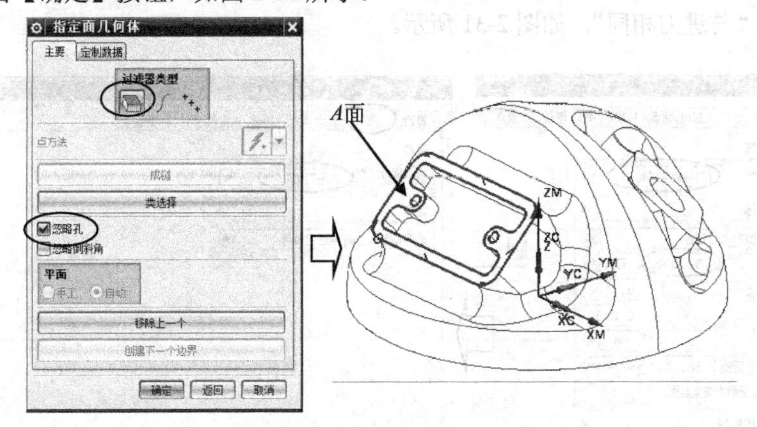

图 2-28　选取 *A* 处斜平面

③ 设置切削模式　在面铣对话框里，设置【切削模式】为跟随周边，修改步距参数【平面直径百分比】为“50”，如图 2-29 所示。

图 2-29　设置切削模式

④ 设置切削参数　在【面铣】对话框里单击【切削参数】按钮，系统弹出【切削参数】对话框，选取【策略】选项卡，设置【刀路方向】为“向内”，取消【添加精加工刀路】复选框，【刀具延展量】为刀具直径的 50%。在【余量】选项卡，设置【最终底部余量】为“0”，如图 2-30 所示。单击【确定】按钮。

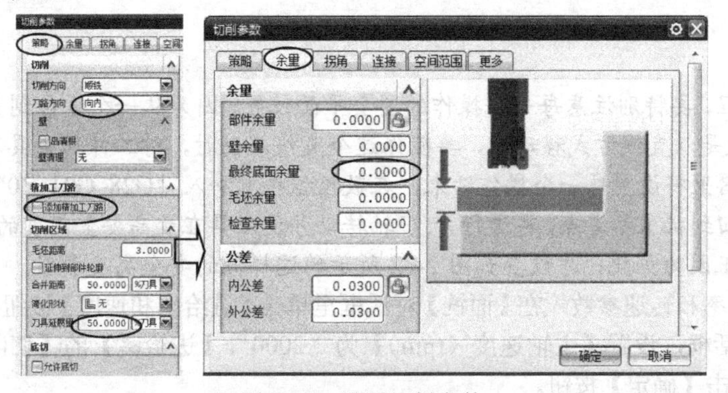

图 2-30　设置切削参数

⑤ 设置非切削移动参数

a. 设置进刀退刀参数：在系统返回到的【面铣】对话框里单击【非切削移动】按钮，系统弹出【非切削移动】对话框，选取【进刀】选项卡，设置【封闭区域】为“与开放区域相同”，【开放区域】的【进刀类型】为“线性”，设置【长度】为刀具直径的50%。切换到【退刀】选项卡，【退刀类型】为“与进刀相同”，如图2-31所示。

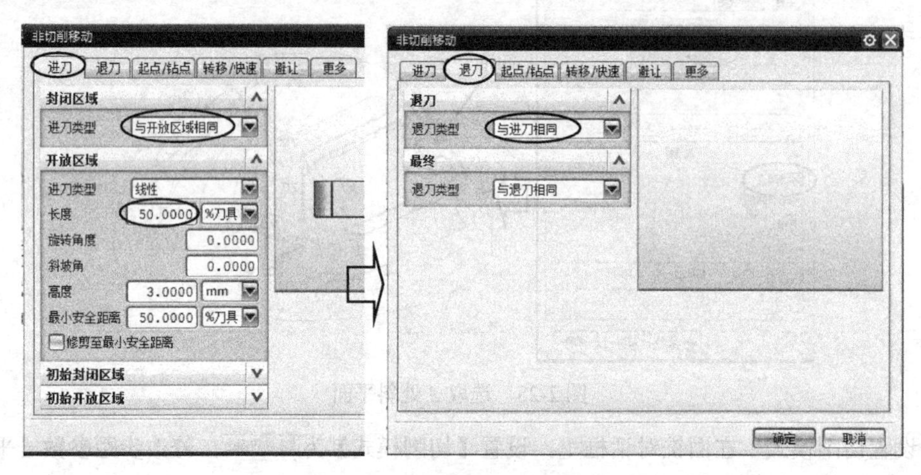

图2-31 设置非切削移动参数

b. 设置转移参数：切换到【转移/快速】选项卡，检查在【安全设置】栏里默认设置【安全设置选项】为“使用继承的”，单击显示按钮图形显示默认的安全平面为：与*A*处顶部斜平面相距10mm的平面。如图2-32所示的三角形表示安全平面。单击【确定】按钮。

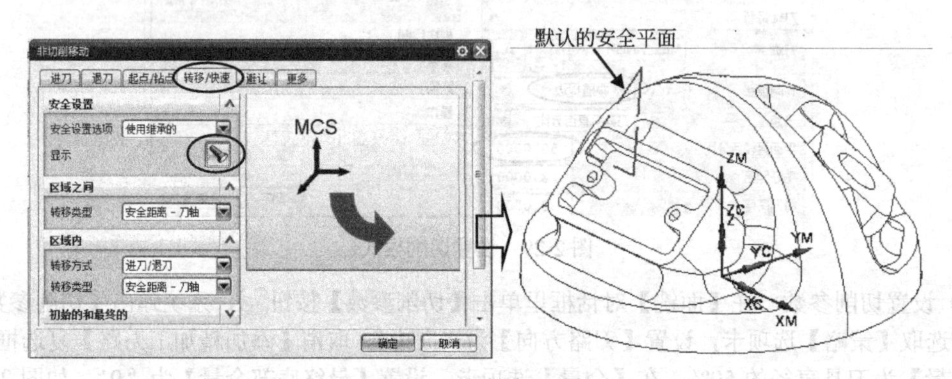

图2-32 检查转移参数

要注意

对于多轴编程，要特别注意每一个操作的安全平面位置，因为从一个方位到另外一个方位转移刀具时，UG一般是以直线方式移动的，要确保这个直线移动时，对工件及夹具不能产生过切。本书介绍的后处理器里将设置每一个操作结束，在数控程序里加入“G28 G91 Z0”这样的语句，这样就强制使刀具回到机床参考点，再进行*A*、*C*轴转动并使刀具在最高安全高度的水平面上的移动，可以确保安全。正因为如此，才设置如图2-32所示的这样低的安全高度参数。

⑥ 设置进给率和转速参数 在【面铣】对话框里单击【进给率和速度】按钮，系统弹出【进给率和速度】对话框，设置【主轴速度（rpm）】为“2000”，【进给率】的【切削】为“150”，如图2-33所示。单击【确定】按钮。

⑦ 生成刀路　在系统返回到的【面铣】对话框里单击【生成】按钮，系统计算出刀路，如图 2-34 所示。单击【确定】按钮。

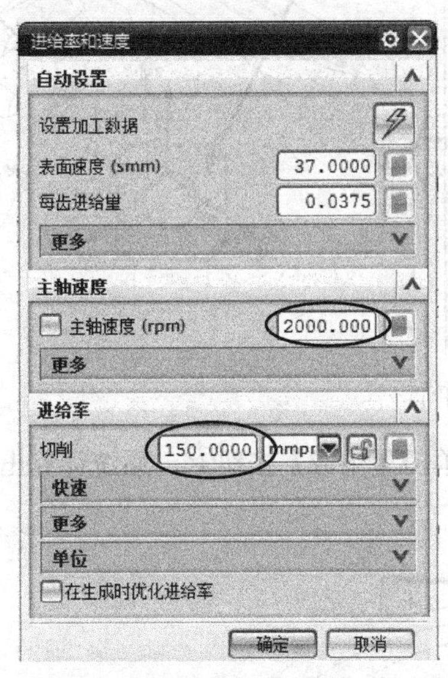

图 2-33　设置进率和速度

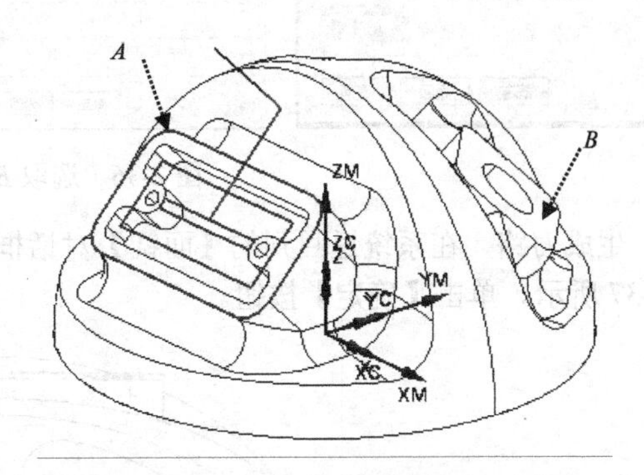

图 2-34　生成 *A* 处顶部斜平面精加工刀路

（2）用面铣创建 *B* 处斜平面精加工刀路

复制刀路然后修改参数得到新的刀路。

① 复制刀路　在导航器里右击刚生成的刀路 FACE_MILLING，在弹出的快捷菜单里选取 复制，再次右击鼠标，在弹出的快捷菜单里选取 粘贴，导航器的 K02C 组生成了新刀路 FACE_MILLING_COPY，如图 2-35 所示。

工序导航器 - 程序顺序

名称	换刀	刀轨	刀具
NC_PROGRAM			
未用项			
K02A			
CAVITY_MILL		✔	ED6
K02B			
CONTOUR_AREA		✔	BD6R3
K02C			
FACE_MILLING		✔	ED6
FACE_MILLING_COPY		✘	ED6
K02D			

图 2-35　复制新刀路

② 修改加工边界　双击刚生成的刀路，系统弹出【面铣】对话框，与如图 2-27 所示相同。检查【刀轴】的【轴】方向应该仍为“垂直第一个面”。

单击【指定面边界】按钮，系统弹出【指定面几何体】对话框，单击【移除】按钮，将之前的边界删除。再单击【附加】按钮，在弹出的新对话框里注意选取【忽略孔】复选框，系统自动选取【面边界】按钮，然后在图形上选取 *B* 处斜平面，单击【确定】按钮 2 次。如图 2-36 所示。

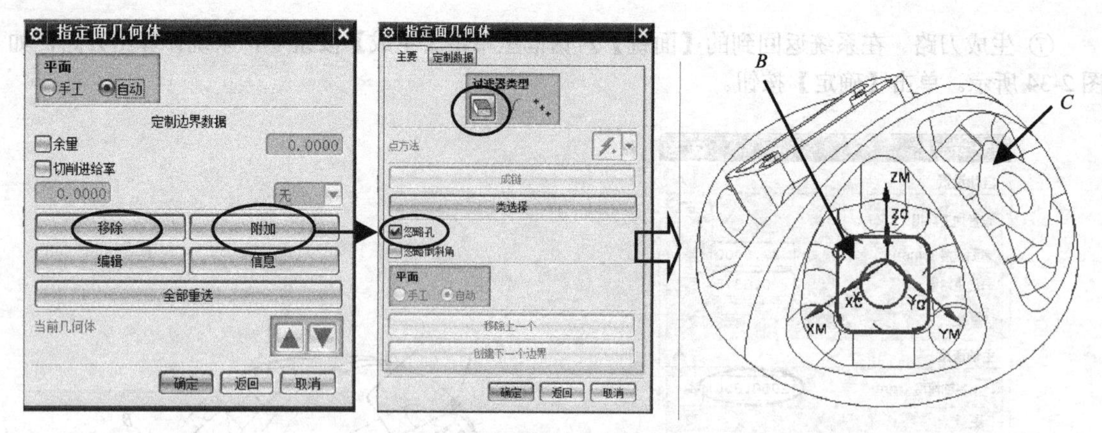

图 2-36　选取 *B* 处斜平面

③ 生成刀路　在系统返回到的【面铣】对话框里，单击【生成】按钮，系统计算出刀路，如图 2-37 所示。单击【确定】按钮。

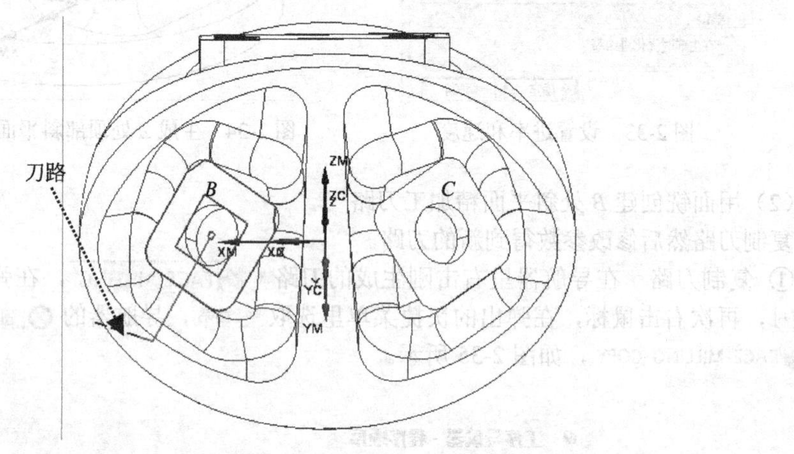

图 2-37　生成 *B* 处刀路

（3）对 *C* 处的平面进行精加工

将第（2）步生成的刀路进行复制并修改参数，生成刀路如 2-38 所示。方法与第（2）步相同。

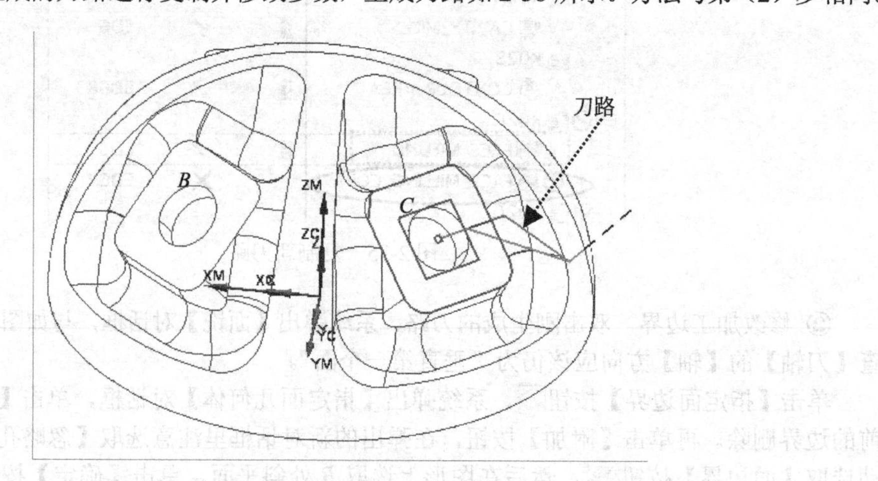

图 2-38　生成 *C* 处刀路

本节讲课视频

以上操作视频文件为：\ch02\03-video\04-创建斜平面顶部精加工 K02C.exe。

2.3.7 创建外形凹槽清角刀路 K02D

本节任务：采用多轴加工方式编程，创建 6 个操作，①对如图 2-2 所示的 *A*1 槽用平面铣的方法进行粗加工；②在 *B*1 圆孔进行开粗；③对 *C*1 处的圆孔进行开粗；④对 *A*2 凹槽用型腔铣的方法进行粗加工；⑤对 *B*2 凹槽开粗；⑥对 *C*2 凹槽开粗。

（1）对 *A*1 槽用平面铣进行开粗

① 设置工序参数　在操作导航器中选取 K02D 程序组，右击鼠标在弹出的快捷菜单里选【刀片】|【工序】命令，系统进入【创建工序】对话框，在【类型】选 mill_planar，【工序子类型】选【平面铣】按钮，【位置】中参数按图 2-39 所示设置。

图 2-39　设置工序参数

在图 2-39 所示的对话框里单击【确定】按钮，系统弹出【平面铣】对话框，如图 2-40 所示。

图 2-40　平面铣对话框

② 指定部件边界几何参数　将选取 *A*1 槽口外形线作为加工线条边界。

在图 2-40 所示的对话框里单击【指定部件边界】按钮，系统弹出【边界几何体】对话框，设置【模式】为“曲线/边...”，这时该对话框内容变为【创建边界】，设置保留材料的参数【材料侧】为“外部”，单击【成链】按钮，然后在图形上选取 *A*1 槽口外形线作为加工线条边界，如图 2-41 所示。2 次单击【确定】按钮。

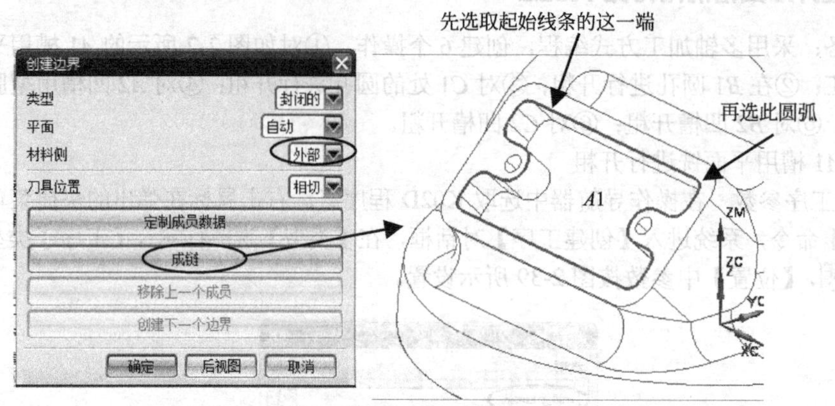

图 2-41 选取边界线

③ 指定加工最低位置 在系统返回到的【平面铣】对话框里单击按钮，在图形上选取 *A*1 槽底部平面为最低平面，如图 2-42 所示。单击【确定】按钮。

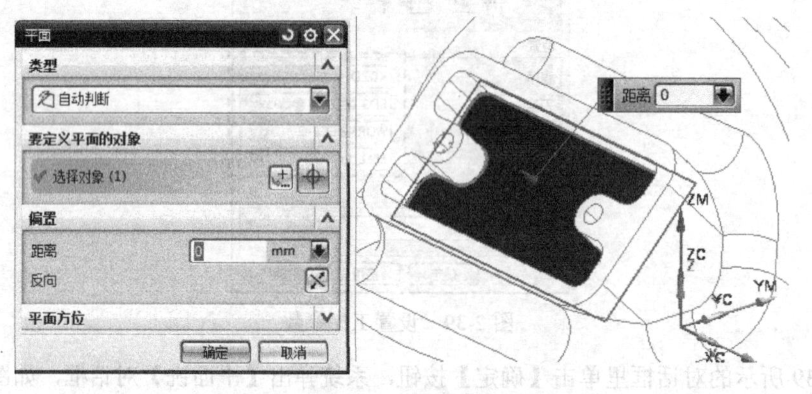

图 2-42 选取底面

④ 设置刀轴方向 在【平面铣】对话框里，单击【刀具】按钮右侧的“更少”按钮展开对话框，设置【刀轴】为“垂直于底面”选项。

⑤ 设置切削层参数 在【平面铣】对话框里单击【切削层】按钮，系统弹出【切削层】对话框，设置【每刀深度】栏的【公共】层深参数为“0.5”，如图 2-43 所示。单击【确定】按钮。

图 2-43 设置切削层参数

⑥ 设置切削参数　在【平面铣】对话框里单击【切削参数】按钮，系统弹出【切削参数】对话框，选取【余量】选项卡，设置【部件余量】为“0.3”，【最终底面余量】为“0.1”，

在【拐角】选项卡里，设置【半径】为 0.5mm。设置这个参数目的是刀路在拐角处加入圆弧过渡，能够使切削更加平稳，如图 2-44 所示。单击【确定】按钮。

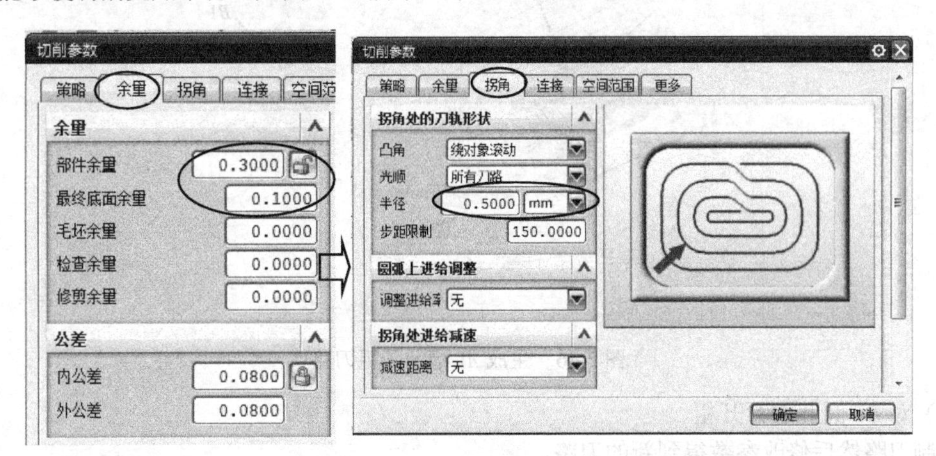

图 2-44　设置切削参数

⑦ 设置非切削移动参数　在【平面铣】对话框里，单击【非切削移动】按钮，系统弹出【非切削移动】对话框，选取【进刀】选项卡，【封闭区域】的【进刀类型】默认为“螺旋”，【斜坡角】为 3°，【高度】由原来的“3”修改为“1”，目的是减少空刀，且能够平稳切削。单击【确定】按钮，如图 2-45 所示。

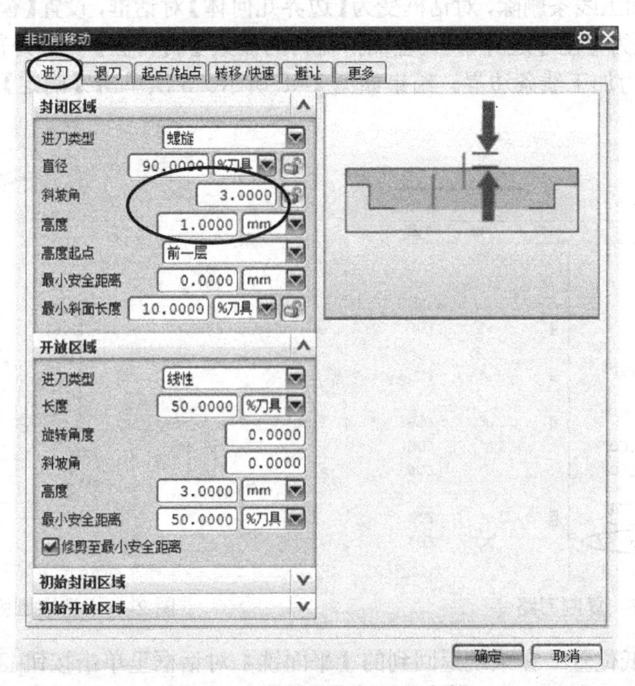

图 2-45　设置非切削移动参数

⑧ 设置进给率和转速参数　在【平面铣】对话框里，单击【进给率和速度】按钮，系统弹出【进给率和速度】对话框，设置【主轴速度（rpm）】为“3500”，【进给率】的【切削】为“1250”。

⑨ 生成刀路　在【平面铣】对话框里单击【生成】按钮，系统计算出刀路，如图 2-46 所示。

单击【确定】按钮。

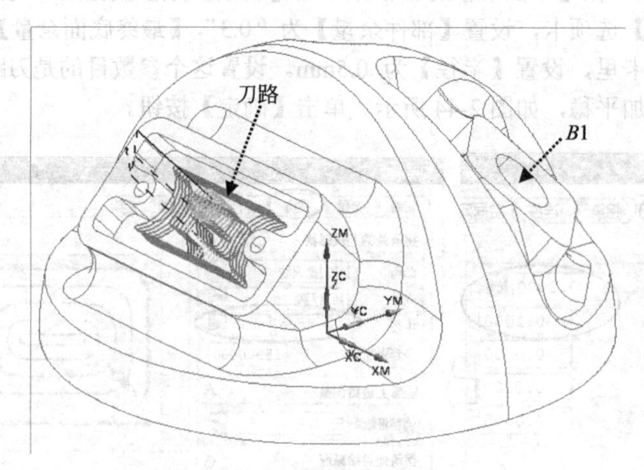

图 2-46 生成 *A*1 槽的开粗刀路

（2）对 *B*1 圆孔进行开粗

复制刀路然后修改参数得到新的刀路。

① 复制刀路 在导航器里右击刚生成的刀路 FACE_MILLING，在弹出的快捷菜单里选取 复制，再次右击鼠标，在弹出的快捷菜单里选取 粘贴，导航器的 K02D 组生成了新刀路 PLANAR_MILL_COPY，如图 2-47 所示。

② 指定部件边界几何参数 将选取 *B*1 圆孔外形线作为加工线条边界。

在【平面铣】对话框里单击【指定部件】按钮，系统弹出【编辑边界】对话框，单击【移除】按钮，将之前的加工线条删除，对话框变为【边界几何体】对话框，设置【模式】为“曲线/边...”，这时该对话框内容变为【创建边界】，设置保留材料的参数【材料侧】为“外部”，然后在图形上选取 *B*1 圆孔外形线作为加工线条边界。结果如图 2-48 所示。3 次单击【确定】按钮。

工序导航器 - 程序顺序

名称	换刀	刀轨	刀具
NC_PROGRAM			
未用项			
K02A			
CAVITY_MILL	▮	✔	ED6
K02B			
CONTOUR_AREA	▮	✔	BD6R
K02C			
FACE_MILLING	▮	✔	ED6
FACE_MILLING_COPY		✔	ED6
FACE_MILLING_COPY...		✔	ED6
K02D			
PLANAR_MILL	▮	✔	ED3
PLANAR_MILL_COPY		✘	ED3
K02E			

图 2-47 复制刀路

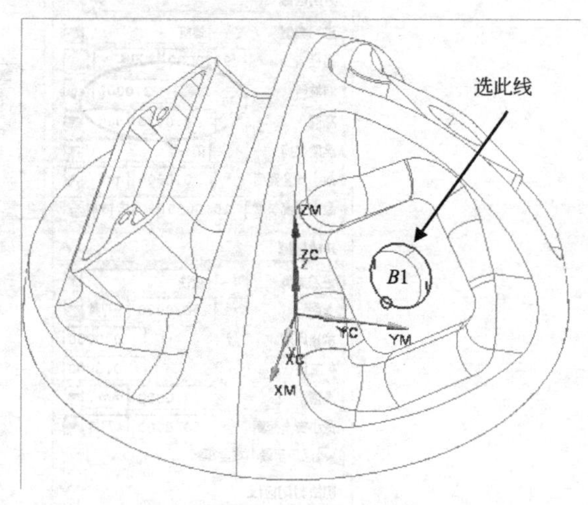

图 2-48 选取圆弧线

③ 指定加工最低位置 在系统返回到的【平面铣】对话框里单击按钮，在图形上选取 *B*1 孔底部平面为最低平面。单击【确定】按钮。

④ 检查刀轴方向 在【平面铣】对话框里，单击【刀具】按钮右侧的“更少”按钮 展开对话框，检查【刀轴】仍为“垂直于底面”选项。

⑤ 设置切削层参数 在【平面铣】对话框里单击【切削层】按钮，系统弹出【切削层】对

话框，设置【类型】为“仅底面”，单击【确定】按钮。

⑥ 设置非切削移动参数　在【平面铣】对话框里，单击【非切削移动】按钮，系统弹出【非切削移动】对话框，选取【进刀】选项卡，【封闭区域】的【进刀类型】设置为“沿形状斜进刀”，【斜坡角】为3°。单击【确定】按钮，如图2-49所示。

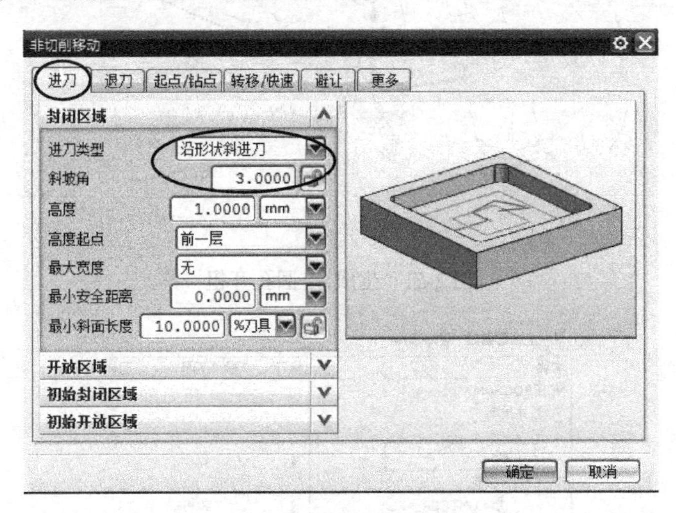

图2-49　设置非切削移动参数

UG NX8.0软件里的“非切削移动参数”可以用来进行切削。本例可以利用它生成螺旋切削刀路。

⑦ 生成刀路　在【平面铣】对话框里单击【生成】按钮，系统计算出刀路，如图2-50所示。单击【确定】按钮。

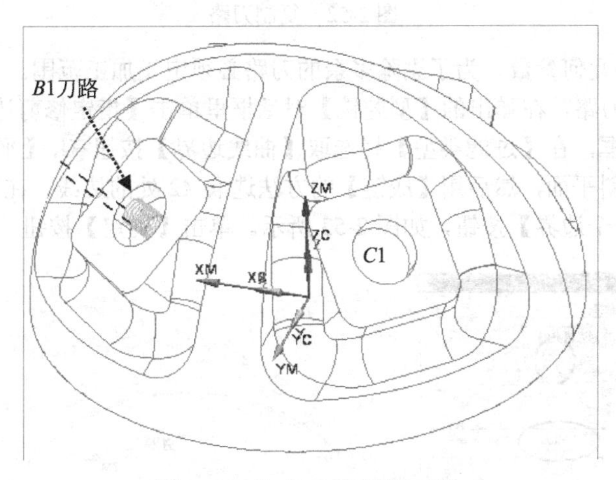

图2-50　生成$B1$孔开粗刀路

（3）对$C1$圆孔进行开粗

复制刀路然后修改参数得到新的刀路，方法与第（2）步相同。刀路如图2-51所示。

（4）对$A2$凹槽用型腔铣的方法进行二次粗加工

复制刀路然后修改参数得到新的刀路。

① 复制刀路　在导航器里右击K02A中的刀路 CAVITY_MILL，在弹出的快捷菜单里选取 复制，再选取K02D程序组，右击鼠标，在弹出的快捷菜单里选取 内部粘贴，于是在导航器的 K02D 组生成了新刀路 CAVITY_MILL_COPY，如图2-52所示。

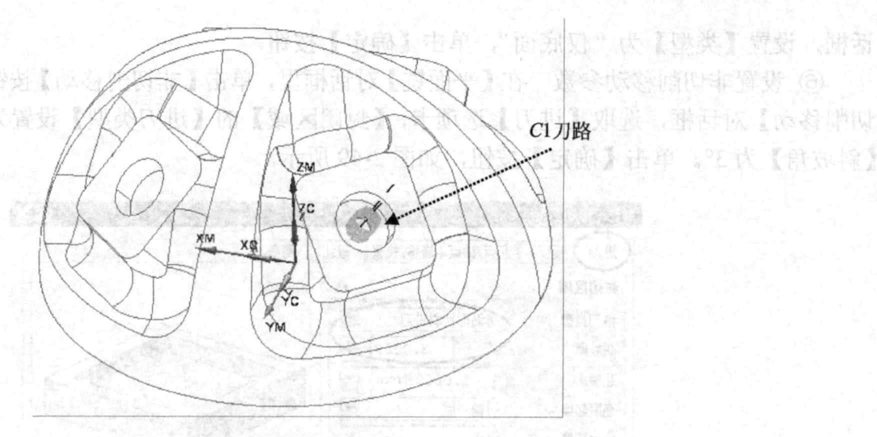

图 2-51 生成 C1 圆孔开粗

工序导航器 - 程序顺序

名称	换刀	刀轨	刀具	刀具
NC_PROGRAM				
未用项				
K02A				
CAVITY_MILL	▮	✔	ED6	5
K02B				
CONTOUR_AREA	▮	✔	BD6R3	23
K02C				
FACE_MILLING	▮	✔	ED6	5
FACE_MILLING_COPY		✔	ED6	5
FACE_MILLING_COPY_COPY		✔	ED6	5
K02D				
PLANAR_MILL	▮	✔	ED3	7
PLANAR_MILL_COPY		✔	ED3	7
PLANAR_MILL_COPY_COPY		✔	ED3	7
CAVITY_MILL_COPY	▮	✘	ED6	5

图 2-52 复制刀路

② 指定部件边界几何参数 为了剔除多余的刀路必须定义加工范围。

双击刚复制出的刀路，在弹出的【型腔铣】对话框里单击【指定修剪边界】按钮，系统弹出【修剪边界】对话框，在【过滤类型】栏选取【曲线边界】按钮，【平面】栏选取“手动”，在图形上选取 A 处的斜平面，然后用【成链】的方法选取 A2 处的边线，在【修剪侧】栏选取“外部”，单击【创建下一个边界】按钮，如图 2-53 所示。单击【确定】按钮。

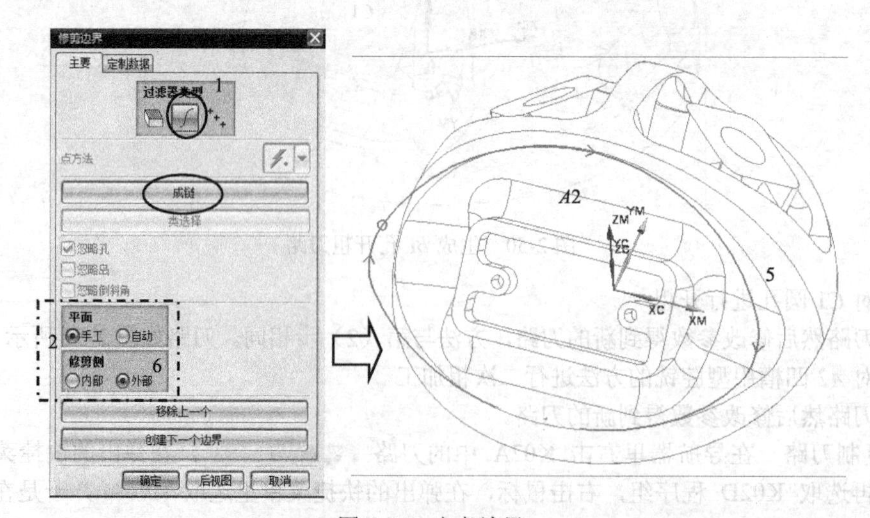

图 2-53 定义边界

③ 修改刀具及刀轴方向 在系统返回的【型腔铣】对话框里，修改刀具为“ED3”。修改【刀轴】为“指定矢量”，在图形上选取 *A* 处的斜面，在弹出的【警告】信息对话框里单击【确定】按钮，注意使刀轴箭头朝向实体外侧，如图 2-54 所示。

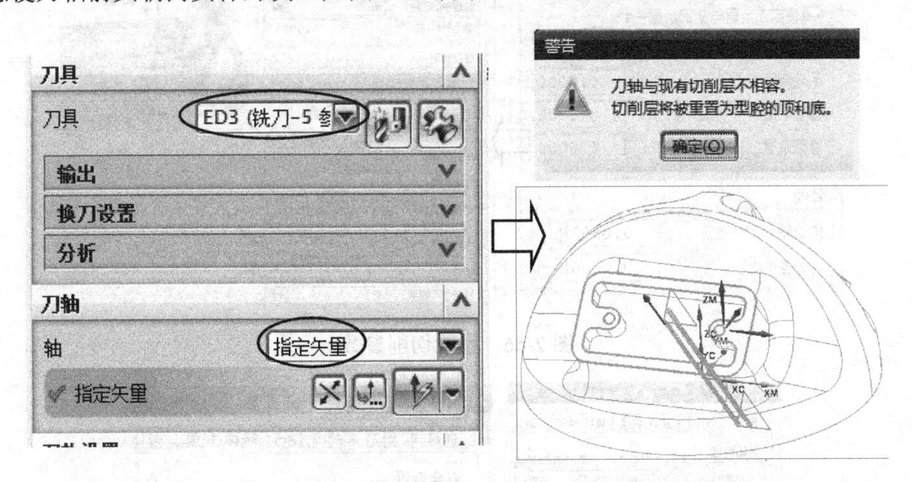

图 2-54 定义刀具及刀轴

④ 设置切削层参数 在【型腔铣】对话框里单击【切削层】按钮，系统弹出【切削层】对话框，检查【范围类型】为单个，设置【最大距离】为“0.3”按回车键，系统自动选取了【范围定义】栏，输入【范围深度】为“12”，单击【确定】按钮，如图 2-55 所示。

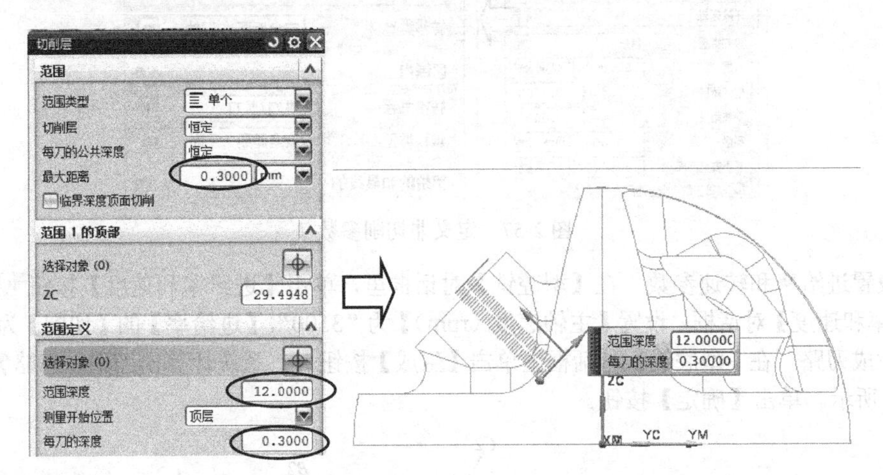

图 2-55 定义切削层

⑤ 设置切削参数 在系统返回到的【型腔铣】对话框里单击【切削参数】按钮，系统弹出【切削参数】对话框。

在【余量】选项卡，选取【使底部余量与侧面余量一致】复选框，设置【部件侧面余量】为“0.35”。

在【空间范围】选项卡里，设置【小封闭区域】为“切削”，【参考刀具】为“ED6”，【重叠距离】为“1”，如图 2-56 所示。

⑥ 设置非切削移动参数 在【型腔铣】对话框里，单击【非切削移动】按钮，系统弹出【非切削移动】对话框，选取【进刀】选项卡，【封闭区域】的【进刀类型】设置为“沿形状斜进刀”，【斜坡角】为 3°。

在【转移/快速】对话框里，设置【安全设置选项】为“自动平面”，【安全距离】为“3”，这样设置参数的目的是为了减少跳刀距离。单击【确定】按钮，如图 2-57 所示。

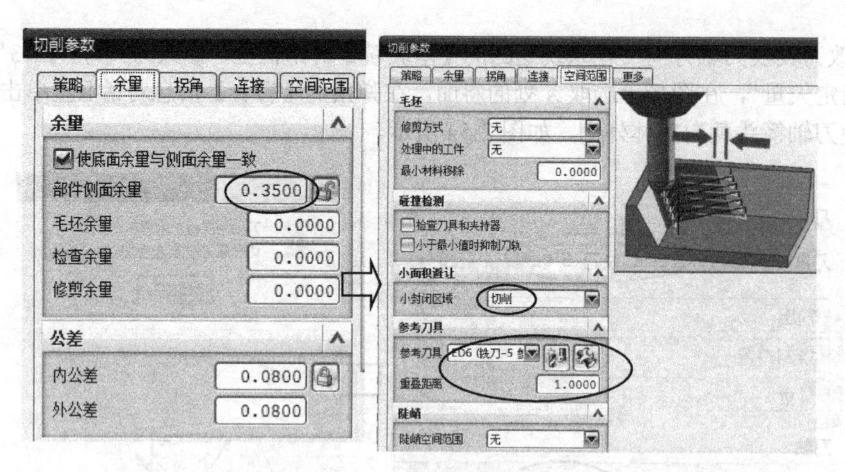

图2-56 设置切削参数

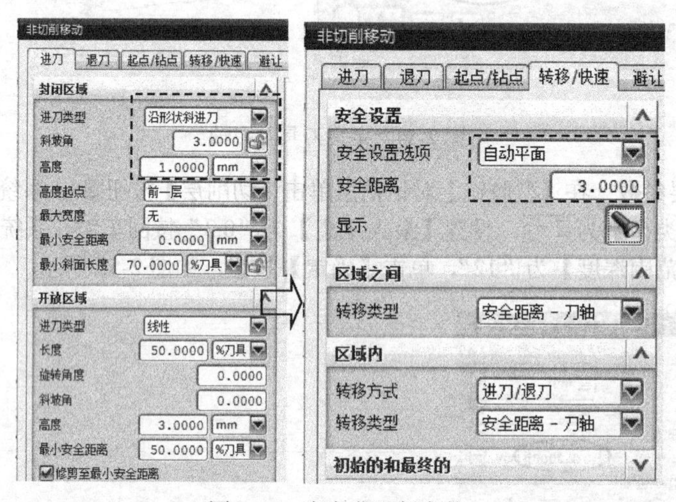

图2-57 定义非切削参数

⑦ 设置进给率和转速参数 在【型腔铣】对话框里，单击【进给率和速度】按钮，系统弹出【进给率和速度】对话框，设置【主轴速度（rpm）】为“3500”，【进给率】的【切削】为“1250”。

⑧ 生成刀路 在【型腔铣】对话框里单击【生成】按钮，系统计算出刀路，忽略警告信息，如图2-58所示。单击【确定】按钮。

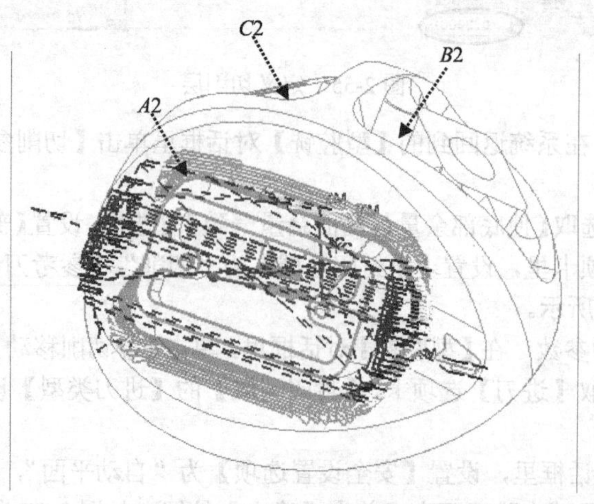

图2-58 生成二次开粗刀路

（5）对 *B*2 凹槽二次开粗

复制刀路然后修改参数得到新的刀路。

① 复制刀路　在导航器里右击 K02D 中刚生成的刀路 CAVITY_MILL_COPY，在弹出的快捷菜单里选取 复制，再选取 K02D 程序组，右击鼠标，在弹出的快捷菜单里选取 内部粘贴，于是在导航器的 K02D 组生成了新刀路，如图 2-59 所示。

工序导航器 - 程序顺序

名称	换刀	刀轨	刀具	刀具
NC_PROGRAM				
未用项				
K02A				
CAVITY_MILL	▮	✔	ED6	5
K02B				
CONTOUR_AREA	▮	✔	BD6R3	23
K02C				
FACE_MILLING	▮	✔	ED6	5
FACE_MILLING_COPY		✔	ED6	5
FACE_MILLING_COPY_COPY		✔	ED6	5
K02D				
PLANAR_MILL	▮	✔	ED3	7
PLANAR_MILL_COPY		✔	ED3	7
PLANAR_MILL_COPY_COPY		✔	ED3	7
CAVITY_MILL_COPY		✔	ED3	7
CAVITY_MILL_COPY_COPY		✘	ED3	7
K02E				

图 2-59　复制刀路

② 指定修剪边界　双击刚复制出的刀路，在弹出的【型腔铣】对话框里单击【指定修剪边界】按钮，系统弹出【修剪边界】对话框，单击【移除】按钮，将之前的边界线删除。单击【确定】按钮。

在返回的【型腔铣】对话框里再次单击【指定修剪边界】按钮，在【过滤类型】栏选取【曲线边界】按钮，【平面】栏选取“手动”，在图形上选取 *B* 处的斜平面，然后用【成链】的方法选取 *B*2 处的边线，在【修剪侧】栏选取“外部”，单击【创建下一边界】按钮，如图 2-60 所示。单击【确定】按钮。

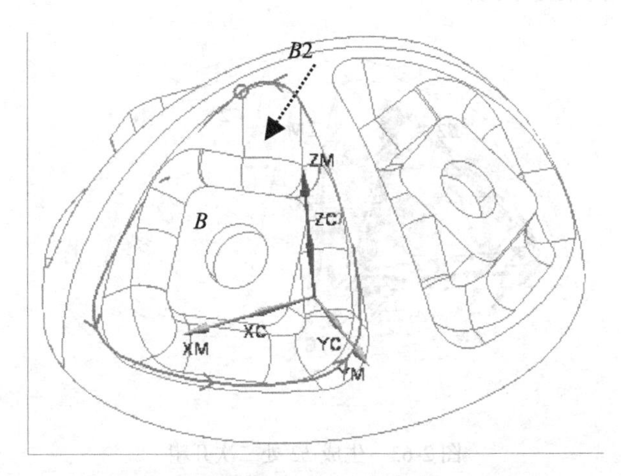

图 2-60　创建边界线

③ 修改刀轴方向　在系统返回的【型腔铣】对话框里，修改【刀轴】为“指定矢量”，在图形上选取 *B* 处的斜面，在弹出的【警告】信息对话框里单击【确定】按钮，注意使刀轴箭头朝向实体外侧。如图 2-61 所示。

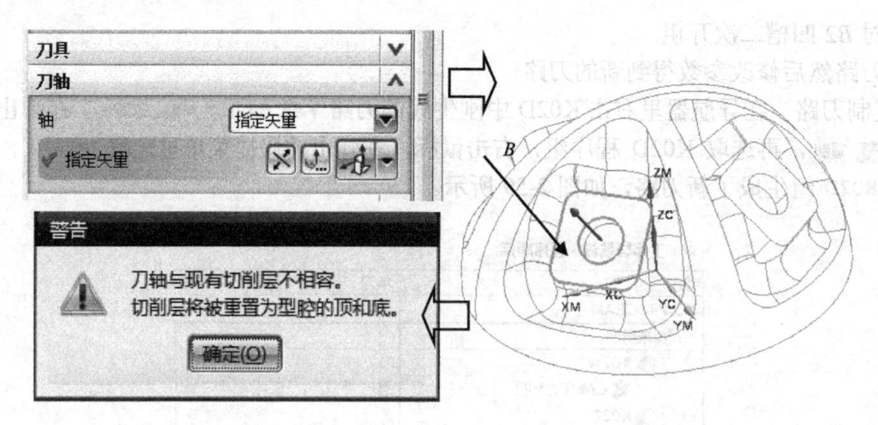

图 2-61 定义刀轴方向

④ 设置切削层参数 在【型腔铣】对话框里单击【切削层】按钮，系统弹出【切削层】对话框，检查【范围类型】为单个，修改【范围深度】为“6.6”，单击【确定】按钮，如图 2-62 所示。

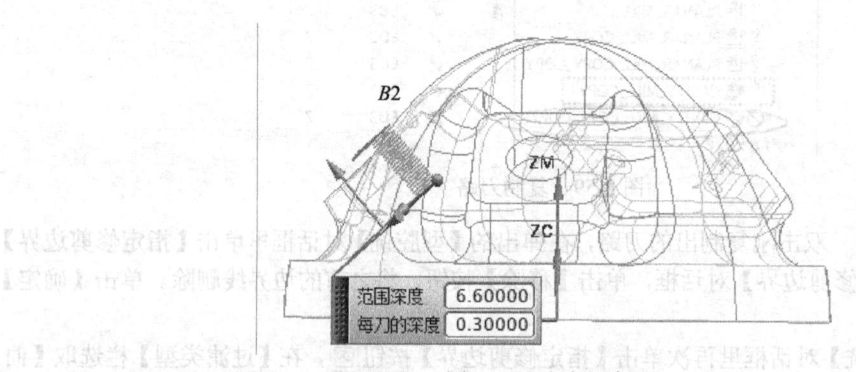

图 2-62 定义切削层

⑤ 生成刀路 在【型腔铣】对话框里单击【生成】按钮，系统计算出刀路，忽略警告信息，如图 2-63 所示。单击【确定】按钮。

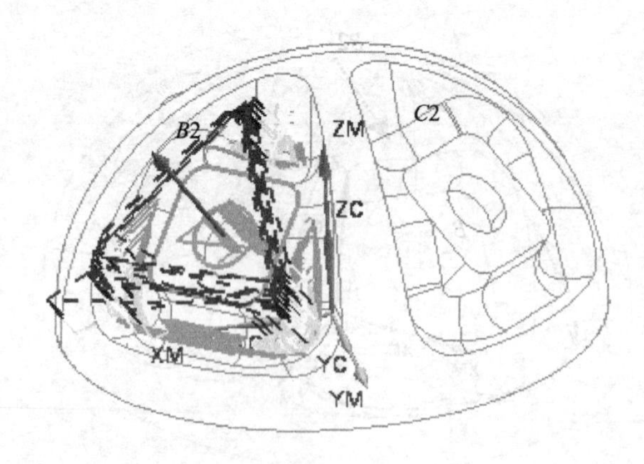

图 2-63 生成 *B2* 处二次开粗

（6）对 *C2* 处的凹槽进行二次开粗

将第（5）步生成的刀路进行复制并修改参数，生成刀路如 2-64 所示。方法与第（5）步相同。

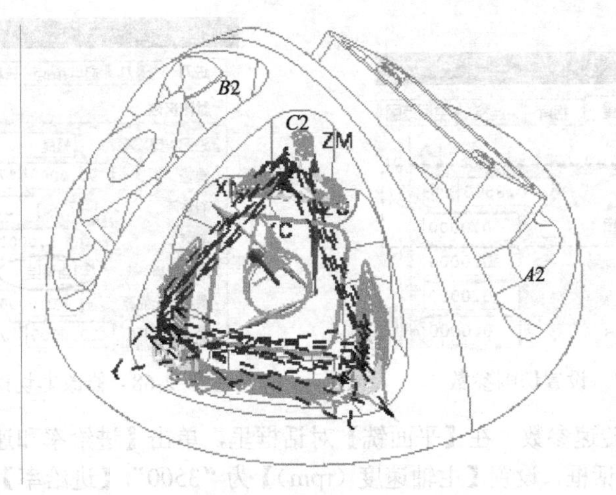

图 2-64 生成 C2 处二次开粗

以上操作视频文件为：\ch02\03-video\05-创建外形凹槽清角刀路 K02D.exe。

2.3.8 创建外形凹槽精加工刀路 K02E

本节任务：采用多轴加工方式编程，创建 4 个操作，①对如图 2-2 所示的 A1 凹槽底部光刀；②对 A1 凹槽侧面用平面铣的方法进行光刀；③对 B1 凹槽光刀；④对 C1 凹槽光刀。

（1）对 A1 槽底部面进行光刀

复制刀路然后修改参数得到新的刀路。

① 复制刀路 在导航器里右击 K02D 中第 1 个刀路 PLANAR_MILL，在弹出的快捷菜单里选取 复制，再选取 K02E 程序组，右击鼠标，在弹出的快捷菜单里选取 内部粘贴，于是在 K02E 中生成了新刀路，如图 2-65 所示。

② 设置切削层参数 双击刚复制出的刀路，在系统弹出的【平面铣】对话框里单击【切削层】按钮，系统弹出【切削层】对话框，设置【类型】参数为“仅底面”，如图 2-66 所示。单击【确定】按钮。

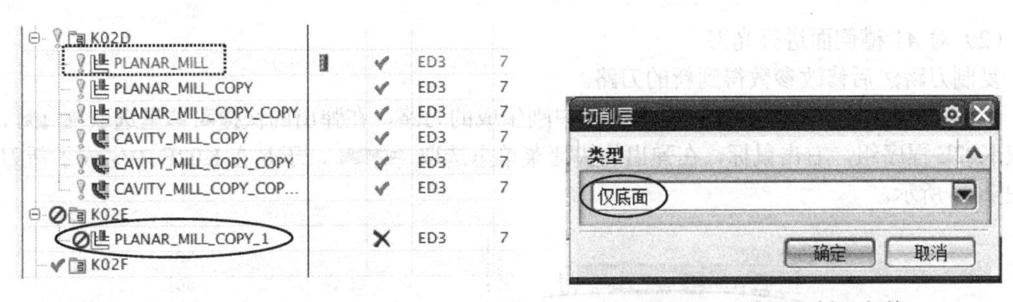

图 2-65 复制刀路　　图 2-66 设置切削层参数

③ 设置切削参数 在【平面铣】对话框里单击【切削参数】按钮，系统弹出【切削参数】对话框，选取【余量】选项卡，设置【部件余量】为“0.35”，【最终底面余量】为“0”，如图 2-67 所示。单击【确定】按钮。

④ 设置非切削移动参数 在【平面铣】对话框里，单击【非切削移动】按钮，系统弹出【非切削移动】对话框，选取【进刀】选项卡，【封闭区域】的【进刀类型】默认为“螺旋”，修改【高度起点】为“当前层”，目的是减少空刀，如图 2-68 所示。单击【确定】按钮。

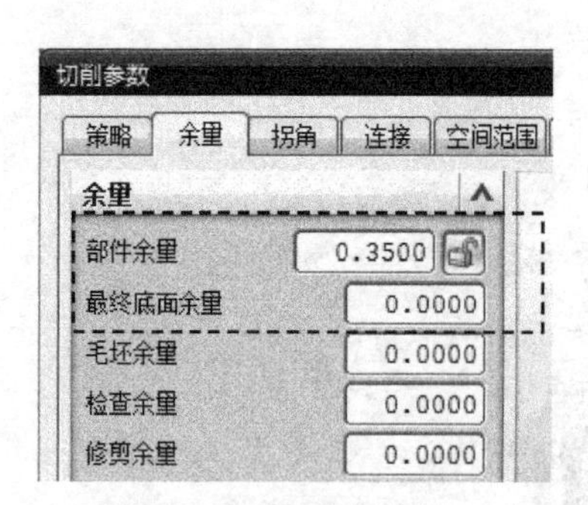

图 2-67 设置切削参数

图 2-68 修改非切削参数

⑤ 设置进给率和转速参数　在【平面铣】对话框里，单击【进给率和速度】按钮，系统弹出【进给率和速度】对话框，设置【主轴速度（rpm）】为“3500”，【进给率】的【切削】为“150”。

⑥ 生成刀路　在【平面铣】对话框里单击【生成】按钮，系统计算出刀路，如图 2-69 所示。单击【确定】按钮。

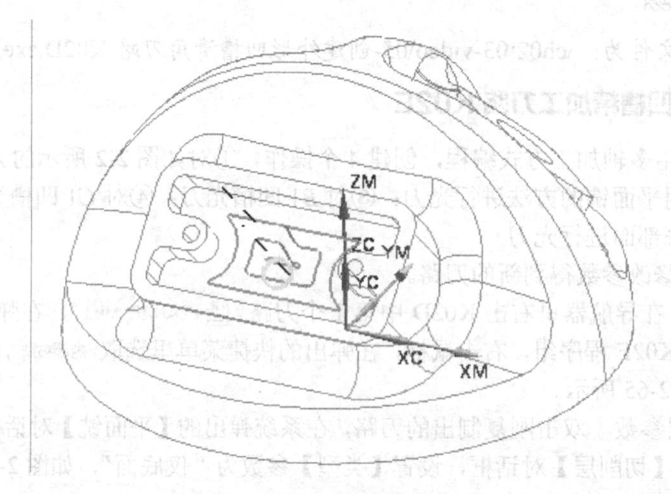

图 2-69 生成 *A*1 凹槽底面光刀

（2）对 *A*1 槽侧面进行光刀

复制刀路然后修改参数得到新的刀路。

① 复制刀路　在导航器里右击 K02E 中刚生成的刀路，在弹出的快捷菜单里选取 复制，再选取 K02E 程序组，右击鼠标，在弹出的快捷菜单里选取 内部粘贴，于是在 K02E 中生成了新刀路，如图 2-70 所示。

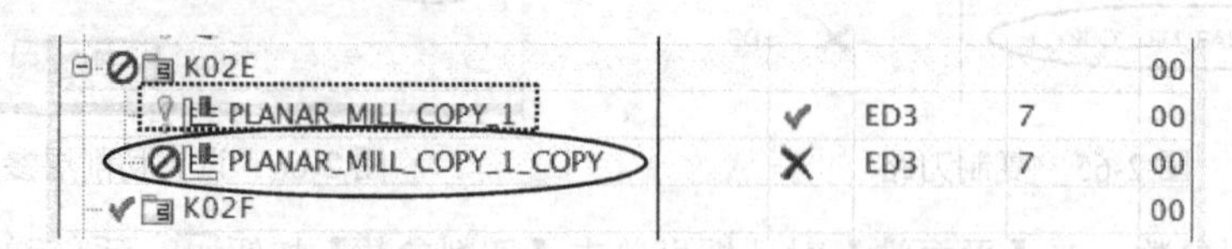

图 2-70 复制刀路

② 设置切削模式参数　双击刚复制出的刀路，在系统弹出的【平面铣】对话框里，设置【切削模式】为 轮廓加工。

③ 设置切削层参数　在【平面铣】对话框里单击【切削层】按钮，系统弹出【切削层】对话框，设置【类型】参数为“恒定”，层深参数【公共】为“0.2”，如图 2-71 所示。单击【确定】按钮。

④ 设置切削参数　在【平面铣】对话框里单击【切削参数】按钮，系统弹出【切削参数】对话框，选取【余量】选项卡，修改【部件余量】为“0.02”，【内公差】为“0.01”，【外公差】为“0.01”。如图 2-72 所示。单击【确定】按钮。

图 2-71　设置切削层参数

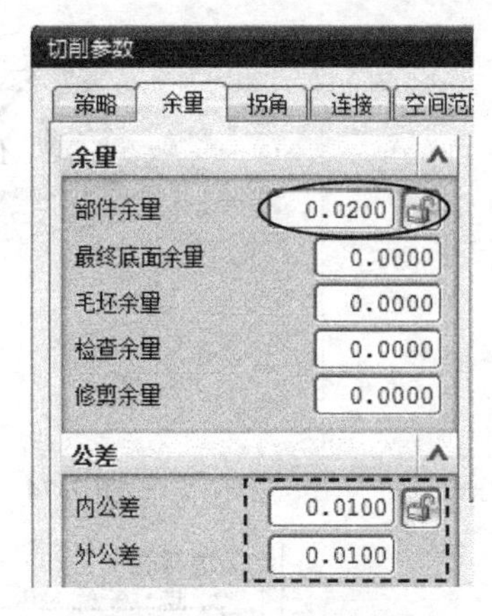

图 2-72　修改切削参数

⑤ 设置非切削移动参数　在【平面铣】对话框里，单击【非切削移动】按钮，系统弹出【非切削移动】对话框，选取【进刀】选项卡，【封闭区域】的【进刀类型】默认为“与开放区域相同”，【开放区域】的【进刀类型】为“圆弧”，【半径】为“2”，【高度】为“0”。

在【起点/钻点】选项卡中，修改【重叠距离】为“0.5”。目的是为了消除接刀痕。

在【转移/快速】选项卡中，修改【区域内】的【转移类型】为“直接”，如图 2-73 所示。单击【确定】按钮。

图 2-73　修改非切削参数

⑥ 设置进给率和转速参数　在【平面铣】对话框里，单击【进给率和速度】按钮，系统弹出【进给率和速度】对话框，设置【主轴速度（rpm）】为“3500”，【进给率】的【切削】为“550”。

⑦ 生成刀路　在【平面铣】对话框里单击【生成】按钮，系统计算出刀路，如图 2-74 所示。单击【确定】按钮。

（3）对 *B*1 槽进行光刀

复制刀路然后修改参数得到新的刀路。

① 复制刀路　在导航器里右击 K02D 中第 2 个刀路，在弹出的快捷菜单里选取 复制，再选取 K02E 程序组，右击鼠标，在弹出的快捷菜单里选取 内部粘贴，于是在 K02E 中生成了新刀路，如图 2-75 所示。

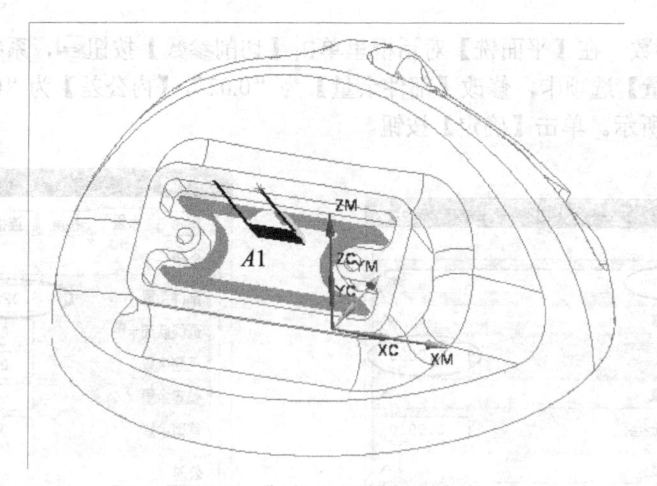

图 2-74 生成 A1 凹槽侧面光刀

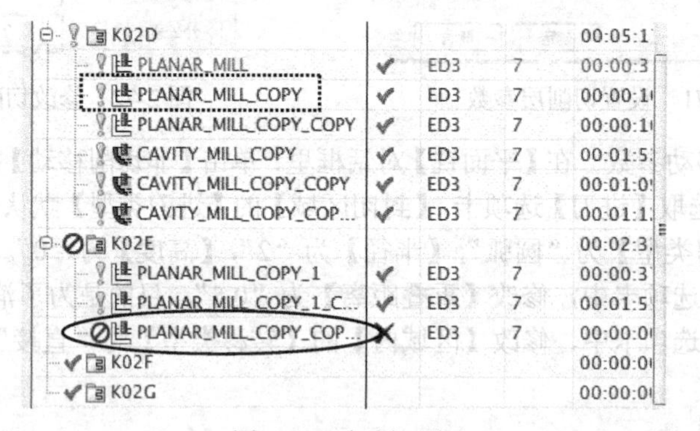

图 2-75 复制刀路

② 设置切削模式参数 双击刚复制出的刀路，在系统弹出的【平面铣】对话框里，设置【切削模式】为轮廓加工，【步距】为“恒定”，【最大距离】为“0.1”，【附加刀路】为“2”，如图 2-76 所示。

③ 设置切削层参数 在【平面铣】对话框里单击【切削层】按钮，系统弹出【切削层】对话框，设置【类型】参数为“仅底面”。单击【确定】按钮。

④ 设置切削参数 在【平面铣】对话框里单击【切削参数】按钮，系统弹出【切削参数】对话框，选取【余量】选项卡，修改【部件余量】为“0”，【内公差】为“0.01”，【外公差】为“0.01”，如图 2-77 所示。单击【确定】按钮。

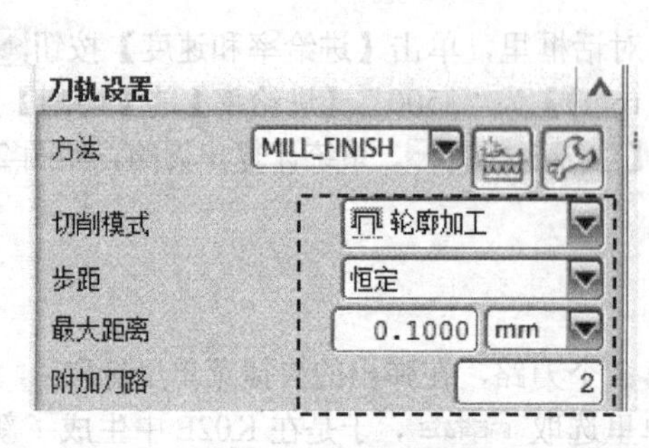

图 2-76 修改刀轨参数

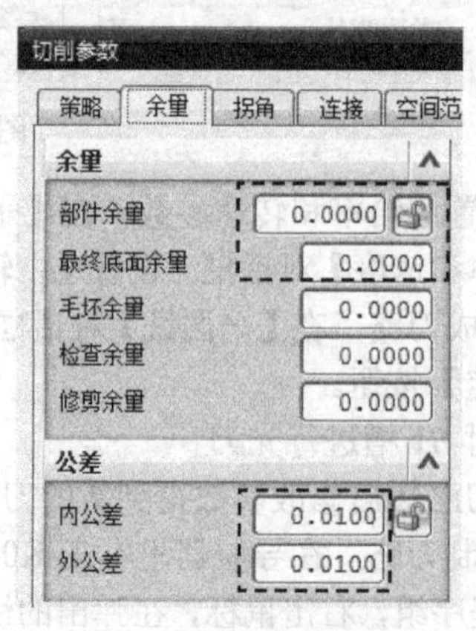

图 2-77 修改切削参数

⑤ 设置非切削移动参数　在【平面铣】对话框里，单击【非切削移动】按钮，系统弹出【非切削移动】对话框，选取【进刀】选项卡，【封闭区域】的【进刀类型】默认为“与开放区域相同”，【开放区域】的【进刀类型】为“圆弧”，【半径】为“0.5”，【高度】为“0”。

在【起点/钻点】选项卡中，修改【重叠距离】为“0.5”。

在【转移/快速】选项卡中，修改【区域内】的【转移类型】为“直接”，如图 2-78 所示。单击【确定】按钮。

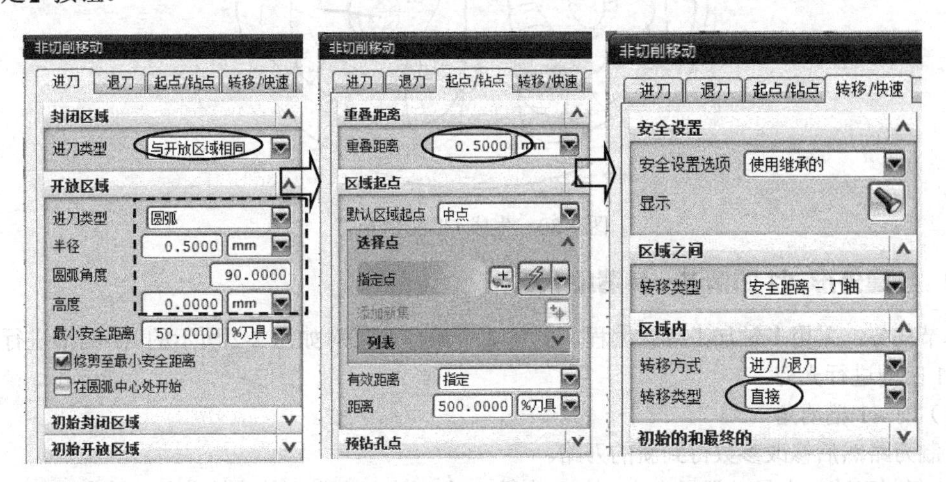

图 2-78　修改非切削参数

⑥ 设置进给率和转速参数　在【平面铣】对话框里，单击【进给率和速度】按钮，系统弹出【进给率和速度】对话框，设置【主轴速度（rpm)】为“3500”，【进给率】的【切削】为“550”。

⑦ 生成刀路　在【平面铣】对话框里单击【生成】按钮，系统计算出刀路，如图 2-79 所示。单击【确定】按钮。

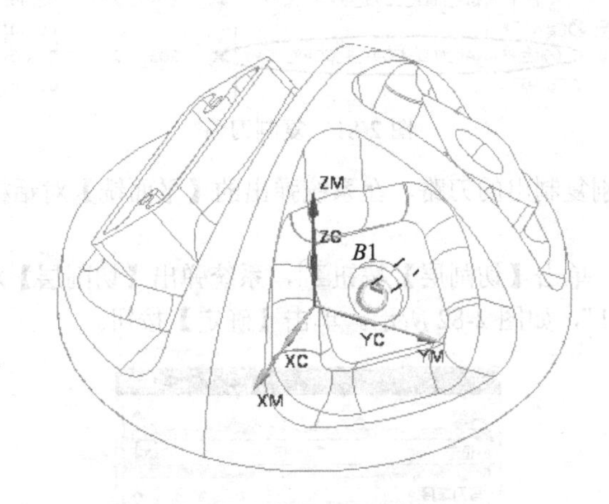

图 2-79　生成 *B*1 凹槽光刀

（4）对 *C*1 凹槽光刀

复制 K02D 中的第 3 个刀路到 K02E 中，修改参数方法与第 3 步相同，生成刀路如图 2-80 所示。

本节讲课视频

以上操作视频文件为：\ch02\03-video\06-创建外形凹槽精加工刀路 K02E.exe。

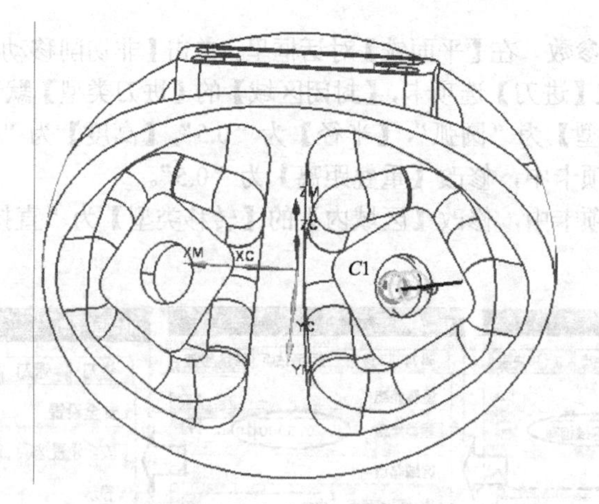

图 2-80 生成 *C*1 凹槽光刀

2.3.9 创建外形 *A*1 凹槽进一步清角 K02F

本节任务：采用多轴加工方式编程，创建 2 个操作，①对如图 2-2 所示的 *A*1 凹槽进行清角；②对 *A*1 凹槽进行光刀。

（1）对 *A*1 槽清角

复制刀路然后修改参数得到新的刀路。

① 复制刀路 在导航器里右击 K02E 中第 2 个刀路，在弹出的快捷菜单里选取 复制，再选取 K02F 程序组，右击鼠标，在弹出的快捷菜单里选取 内部粘贴，于是在 K02F 中生成了新刀路，如图 2-81 所示。

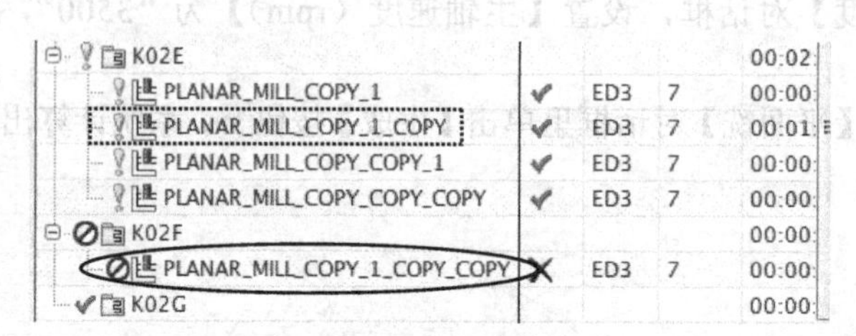

图 2-81 复制刀路

② 修改刀具 双击刚复制出的刀路，在系统弹出的【平面铣】对话框里，展开【刀具】栏，修改刀具为 ED2 (铣刀-5 参。

③ 修改切削层参数 单击【切削层】按钮，系统弹出【切削层】对话框，在【每刀深度】栏里修改【公共】为“0.1”，如图 2-82 所示。单击【确定】按钮。

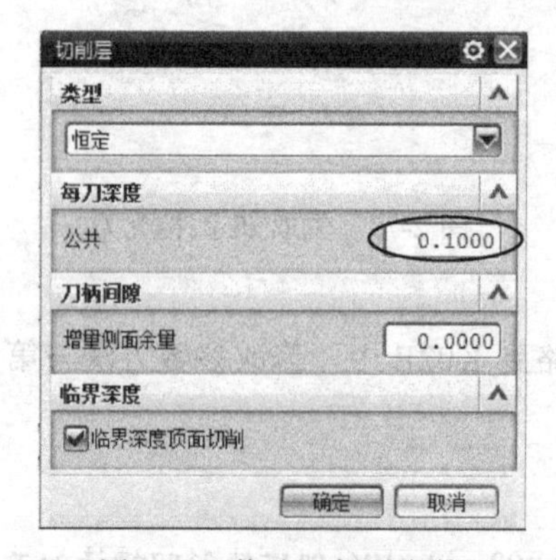

图 2-82 修改切削层参数

④ 修改切削参数　在【平面铣】对话框里单击【切削参数】按钮，系统弹出【切削参数】对话框，在【策略】选项卡里设置【切削顺序】为“深度优先”。

选取【空间范围】选项卡，设置【处理中的工件】为“参考刀具”，【参考刀具】为“ED3”，【重叠距离】为“2”。如图 2-83 所示。单击【确定】按钮。

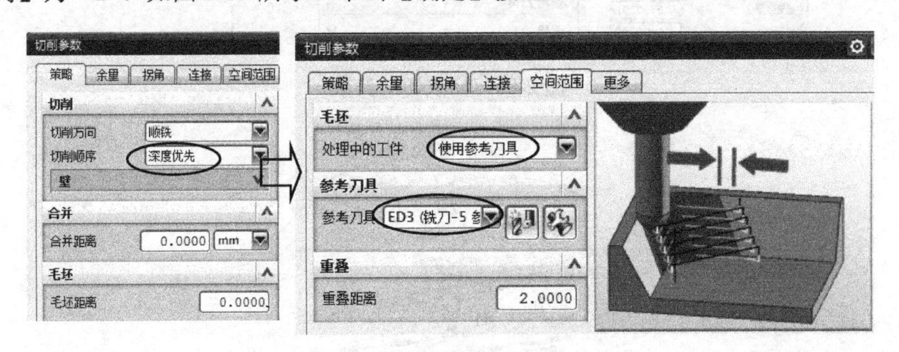

图 2-83　修改切削参数

⑤ 生成刀路　在【平面铣】对话框里单击【生成】按钮，系统计算出刀路，如图 2-84 所示。单击【确定】按钮。

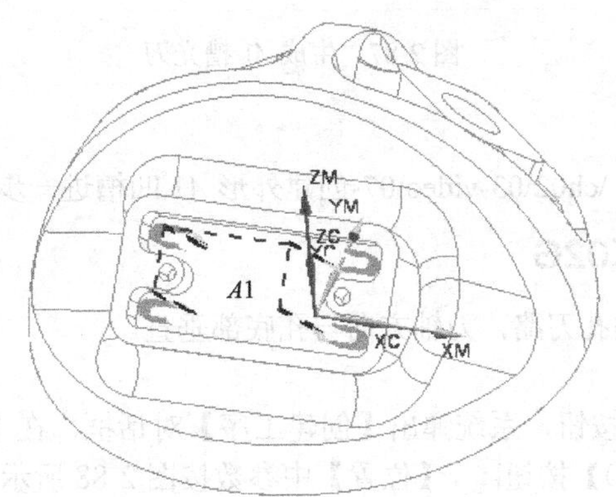

图 2-84　生成 A1 清角刀路

（2）对 A1 槽光刀

复制刀路然后修改参数得到新的刀路。

① 复制刀路　在导航器里右击刚生成的刀路，在弹出的快捷菜单里选取 复制，再选取 K02F 程序组，右击鼠标，在弹出的快捷菜单里选取 内部粘贴，于是在 K02F 中生成了新刀路，如图 2-85 所示。

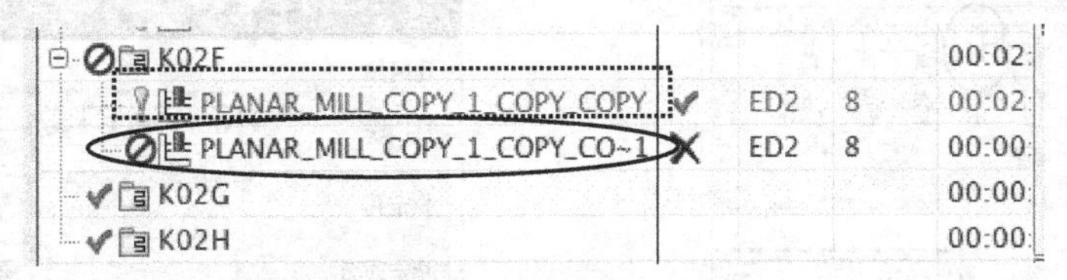

图 2-85　复制刀路

② 修改切削参数　在【平面铣】对话框里单击【切削参数】按钮，系统弹出【切削参数】对话框。在【余量】选项卡里，修改【部件余量】为“0”。选取【空间范围】选项卡，设置【处理中的工件】为“无”，如图 2-86 所示。单击【确定】按钮。

③ 生成刀路　在【平面铣】对话框里单击【生成】按钮，系统计算出刀路，如图 2-87 所示。单击【确定】按钮。

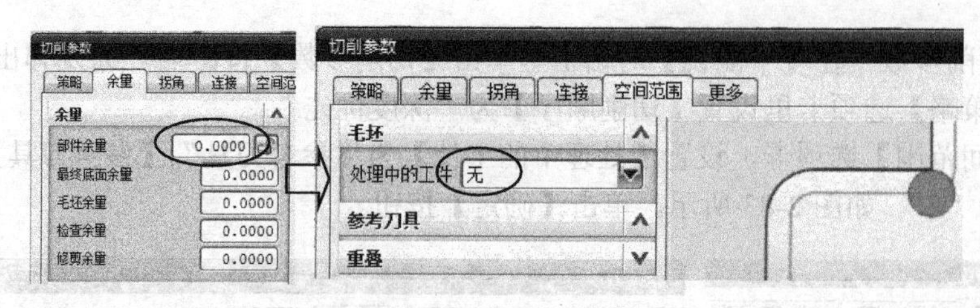

图 2-86 修改切削参数

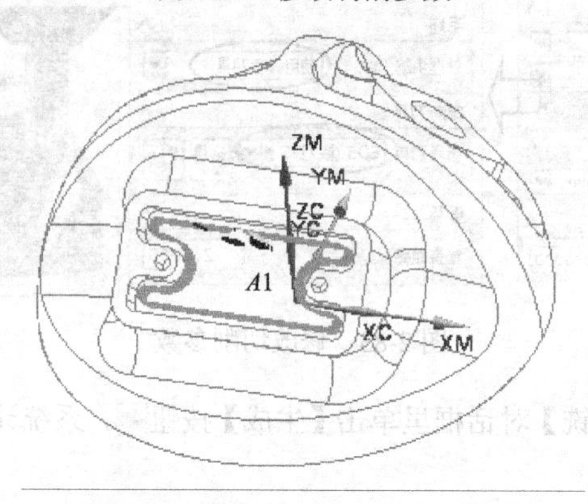

图 2-87 生成 A1 槽光刀

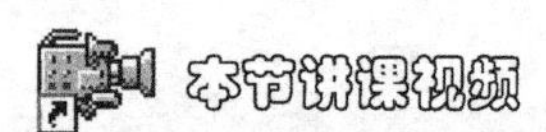

以上操作视频文件为：\ch02\03-video\07-创建外形 A1 凹槽进一步清角 K02F.exe。

2.3.10 创建钻孔刀路 K02G

本节任务：创建一个钻孔刀路，刀轴方向与孔底部垂直。

（1）设置工序参数

在主工具栏里单击 按钮，系统弹出【创建工序】对话框，在【类型】选 drill ，【工序子类型】选【DRILLING（钻孔）】按钮，【位置】中参数按图 2-88 所示设置。

（2）设置刀轴参数

在图 2-88 所示对话框里单击【确定】按钮，系统弹出【钻】对话框，展开【刀轴】栏，设置【轴】为“垂直于部件表面”，如图 2-89 所示。

图 2-88 设置工序参数

图 2-89 设置刀轴参数

（3）选取孔几何体

在【钻】对话框里，单击【指定孔】按钮，系统弹出【点到点几何体】对话框，选取【选择】按钮，在弹出的【名称】对话框里选取【面上所有孔】按钮，然后在图形上选取 *A*1 处斜面，如图 2-90 所示。单击 3 次【确定】按钮。

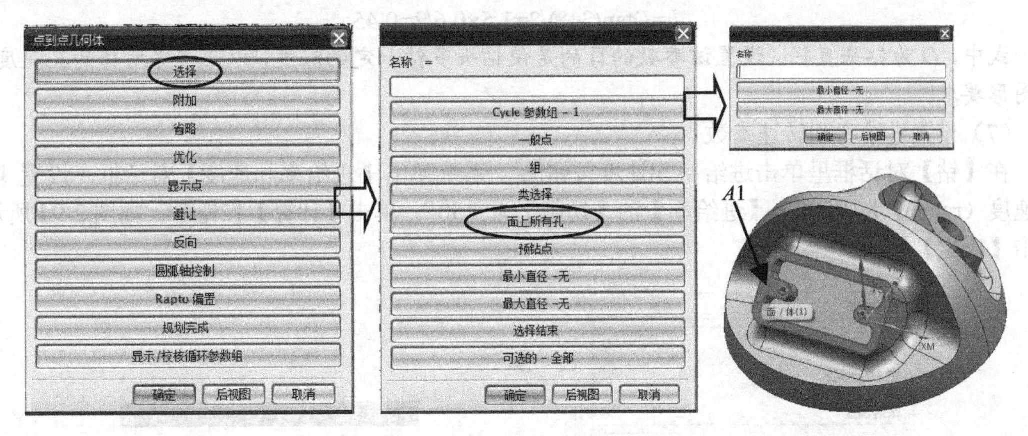

图 2-90　选取孔

（4）选取孔顶面

在返回到的【钻】对话框里，单击【指定顶面】按钮，系统弹出【顶面】对话框，选取【底面选项】为，然后在图形上选取 *A*1 处斜面，如图 2-91 所示。单击【确定】按钮。

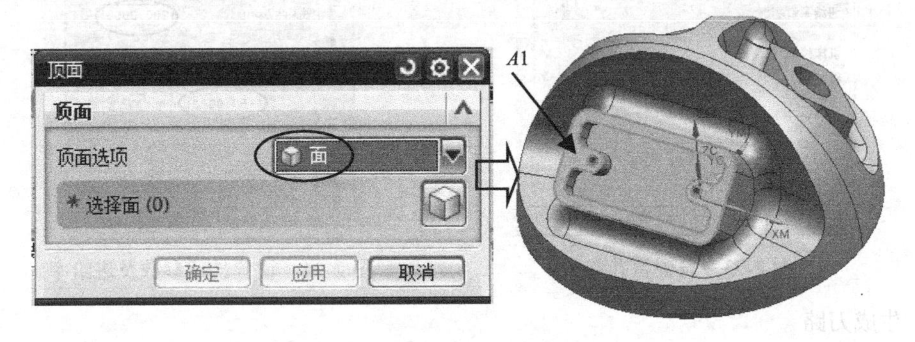

图 2-91　选取孔顶面

（5）选取孔底面

在返回到的【钻】对话框里，单击【指定底面】按钮，系统弹出【底面】对话框，选取【底面选项】为，然后在图形上选取 *A*1 孔底部斜面，如图 2-92 所示。单击【确定】按钮。

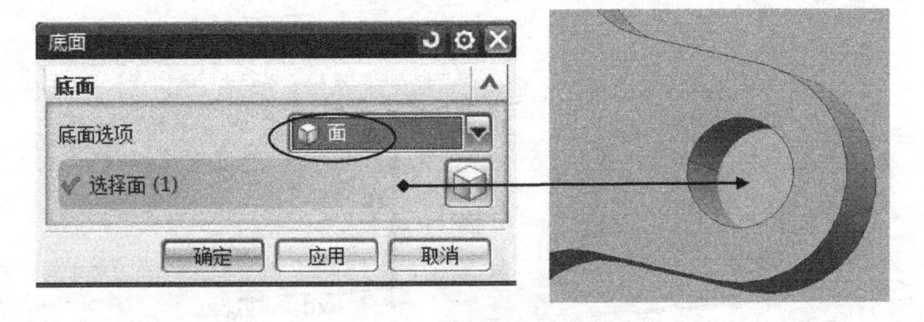

图 2-92　选取孔底部面

（6）设置盲孔参数

在返回到的【钻】对话框里，检查【最小安全距离】为“3”，设置【盲孔余量】为“–0.45”，如图2-93所示。

此处【盲孔余量】的计算公式是：

$$h=D\tan(31°)/2=1.5\times0.6/2=0.45$$

式中，D为钻头直径。设置该参数的目的是使钻头多钻一定的深度，以此确保所转的孔深度符合图形要求。

（7）设置进给率和转速参数

在【钻】对话框里单击进给率和速度按钮，系统弹出【进给率和速度】对话框，设置【主轴速度（rpm）】为“200”，【进给率】的【切削】为“50”。单击【计算】按钮，如图2-94所示。单击【确定】按钮。

图2-93 设置盲孔参数

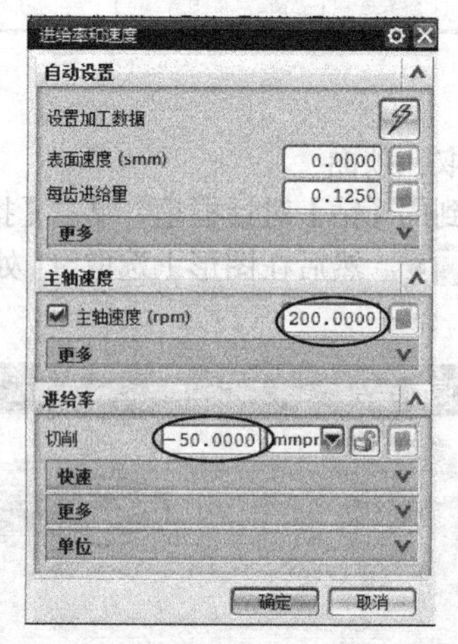

图2-94 设置转速参数及进给率

（8）生成刀路

在【钻】对话框里单击【生成】按钮，系统计算出刀路，如图2-95所示。单击【确定】按钮。

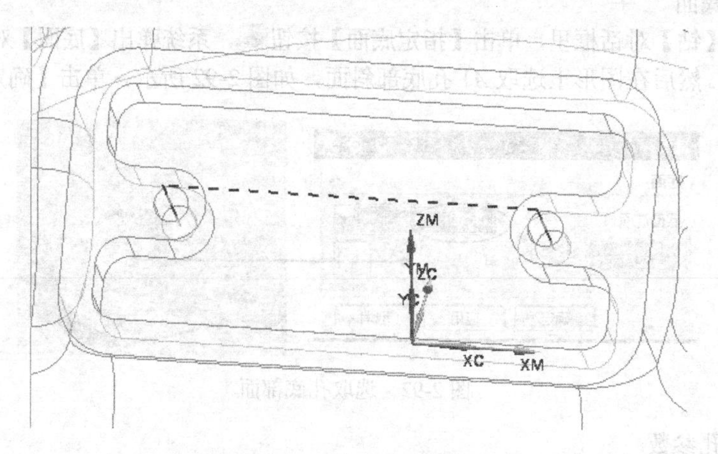

图2-95 生成钻孔程序

以上操作视频文件为：\ch02\03-video\08-创建钻孔刀路 K02G.exe。

2.3.11 创建凹槽曲面精加工路 K02H

本节任务：创建 3 个多轴曲面加工刀路，①精加工 *A* 处凹曲面；②精加工 *B* 处凹曲面；③精加工 *C* 处凹形曲面。

（1）对 *A* 处凹曲面精加工

采用复制曲面轮廓铣刀路，然后修改刀轴方向为垂直于 *A* 处斜面。

① 复制刀路　在导航器里右击 K02B 中的刀路 CONTOUR_AREA，在弹出的快捷菜单里选取 复制，再选取 K02H 程序组，右击鼠标，在弹出的快捷菜单里选取 内部粘贴，于是在 K02H 中生成了新刀路，如图 2-96 所示。

工序导航器 - 程序顺序

名称	换刀	刀轨	刀具	刀具号	时间
NC_PROGRAM					00:30:27
未用项					00:00:00
K02A					00:09:36
K02B					00:03:04
CONTOUR_AREA	▮	✔	BD6R3	23	00:02:52
K02C					00:02:47
K02D					00:05:17
K02E					00:02:43
K02F					00:06:21
K02G					00:00:28
K02H					00:00:12
CONTOUR_AREA_COPY	▮	✗	BD6R3	23	00:00:00

图 2-96　复制刀路

② 选取加工曲面　双击刚复制的刀路，在系统弹出【轮廓区域】对话框里单击【指定切削区域】按钮，系统弹出【切削区域】对话框，单击【移除】按钮将之前的曲面删除，然后在图形上选取 *A* 处的凹形曲面，如图 2-97 所示。单击【确定】按钮。

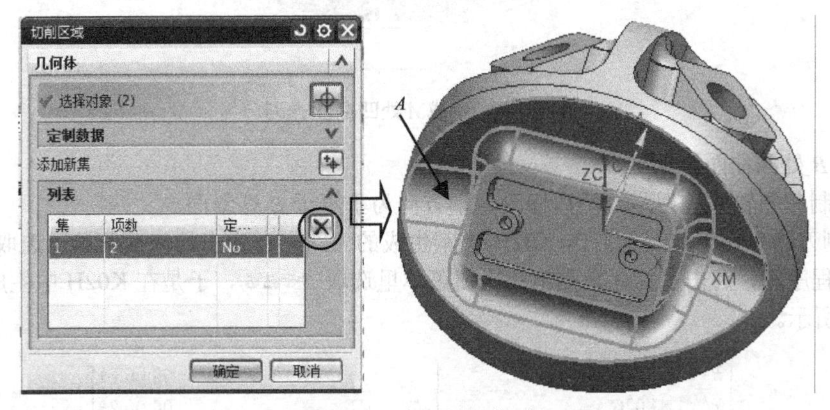

图 2-97　选取加工曲面

因为此图形的加工曲面之间是相切关系，可以采取在主工具栏上的选择过滤器里设置 相切面 的选择方式，然后在图形上选取其中的一个曲面，与此相切的周围曲面就被选取上了。也可以在图形上先选取一个曲面，在图形显示出符号，单击其中的下三角符号，在弹出的快捷菜单里选取

相切面，于是所有相切曲面也就被选取上了。

③ 修改刀具及刀轴参数　在【轮廓区域】对话框里，展开【刀具】栏，修改【刀具】为BD3R1.5 (铣刀)。展开【刀轴】栏，修改【轴】为“指定矢量”，然后选取图形上A1斜面，如图2-98所示。单击【确定】按钮。

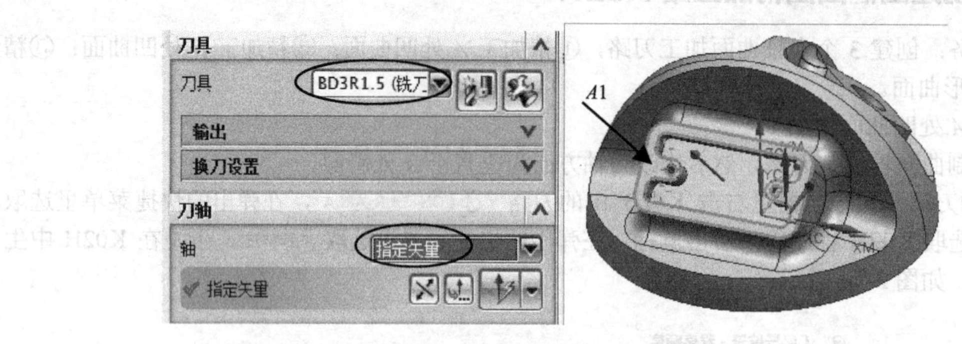

图2-98　修改刀具及刀轴参数

④ 设置进给率和转速参数　在系统返回到的【轮廓区域】对话框里单击【进给率和速度】按钮，系统弹出【进给率和速度】对话框，修改【进给率】的【切削】为“1000”。单击【计算】按钮。单击【确定】按钮。

⑤ 生成刀路　在系统返回到的【轮廓区域】对话框里单击【生成】按钮，系统计算出刀路，如图2-99所示。单击【确定】按钮。

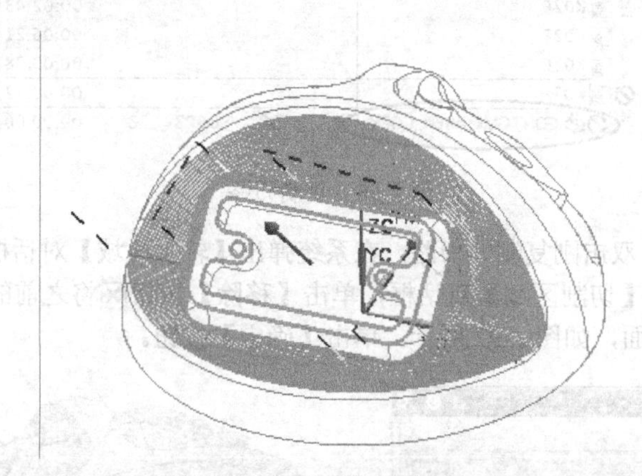

图2-99　生成A处凹曲面光刀

（2）对B处凹曲面精加工

采用复制曲面轮廓铣刀路，然后修改刀轴方向为垂直于B处斜面。

① 复制刀路　在导航器里右击K02H中刚生成的刀路，在弹出的快捷菜单里选取 复制，再选取K02H程序组，右击鼠标，在弹出的快捷菜单里选取 内部粘贴，于是在K02H中生成了新刀路，如图2-100所示。

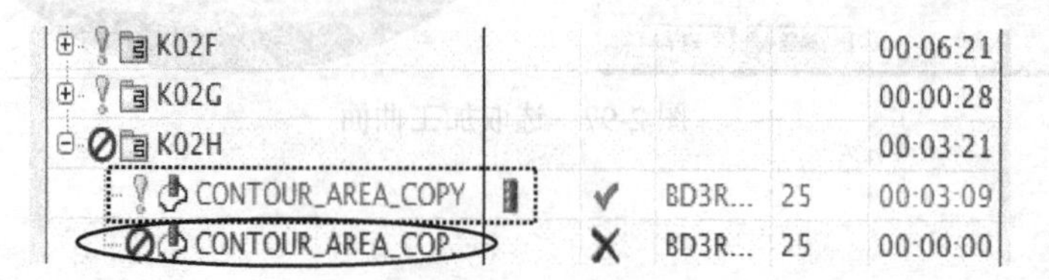

图2-100　复制刀路

② 选取加工曲面 在【轮廓区域】对话框里单击【指定切削区域】按钮，系统弹出【切削区域】对话框，单击【移除】按钮将之前的曲面删除，然后在图形上选取 *B* 处的凹形曲面，如图 2-101 所示。单击【确定】按钮。

③ 修改刀轴参数 在【轮廓区域】对话框里，展开【刀轴】栏，检查【轴】应该为“指定矢量”，然后选取图形上 *B*1 斜面，如图 2-102 所示。单击【确定】按钮。

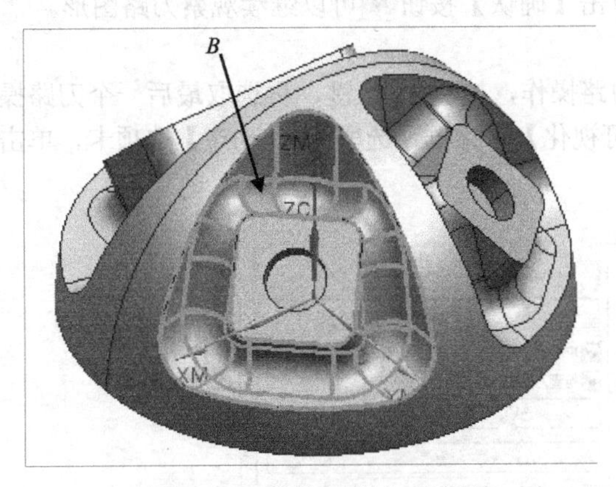

图 2-101 选取 *B* 处加工曲面

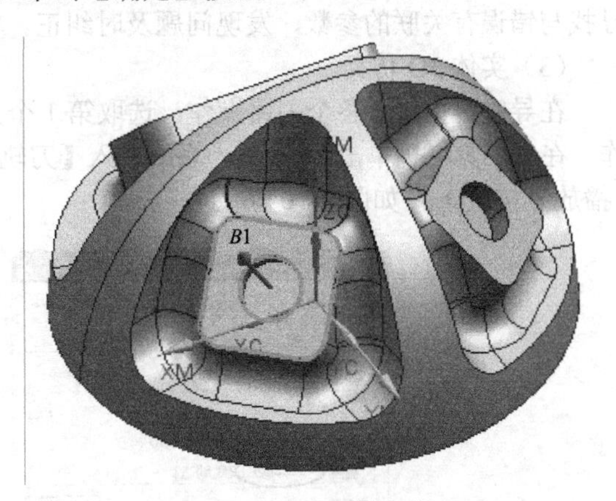

图 2-102 指定刀轴方向

④ 生成刀路 在系统返回到的【轮廓区域】对话框里单击【生成】按钮，系统计算出刀路，如图 2-103 所示。单击【确定】按钮。

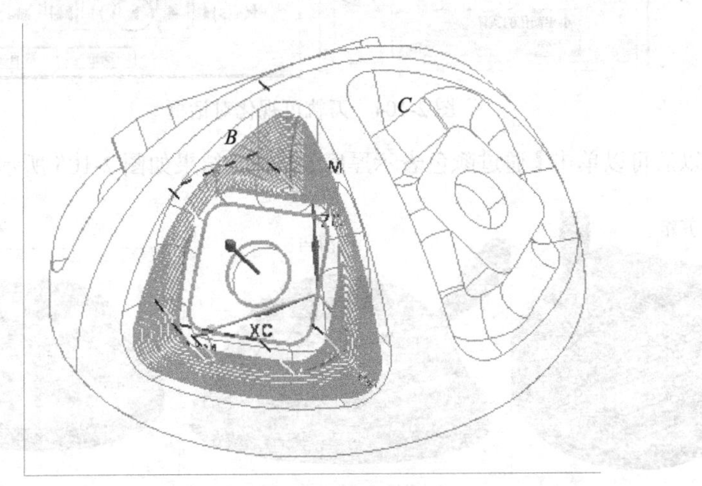

图 2-103 生成 *B* 处凹曲面光刀

（3）对 *C* 处凹曲面精加工

复制 K02H 中的第 2 个刀路到 K02H 中，修改参数方法与第（2）步相同，生成刀路与图 2-102 所示相似。

本节讲课视频

以上操作视频文件为：\ch02\03-video\09-创建凹槽曲面精加工刀路 K02H.exe。

2.3.12 用 UG 软件进行刀路检查

对已经初步完成的刀路必须要在 UG 软件里进行检查，方法如下。

（1）观察检查刀路

在导航器里展开各个刀路操作，选取需要检查的刀路，右击鼠标，在弹出的快捷菜单里选取重播命令，这时刀路就会以线条的形式显示出来，然后把图形放置在各个标准视图或者单击鼠标中键动态旋转图形观察刀路有无异常情况发生。这时基本的观察刀路方法，可以把比较明显的错误寻找出来以便处理。

（2）查看编程参数

如果通过观察刀路发现了错误，就可以在导航器里双击该刀路操作，系统进入编程参数界面，寻找与错误有关联的参数，发现问题及时纠正。单击【确认】按钮可以继续观察刀路图形。

（3）实体 3D 仿真

在导航器里展开各个刀路操作，选取第 1 个刀路操作，按住 Shift 键，再选取最后一个刀路操作。在主工具栏里单击按钮，系统进入【刀轨可视化】对话框，选取【3D 动态】选项卡，单击【播放】按钮，如图 2-104 所示。

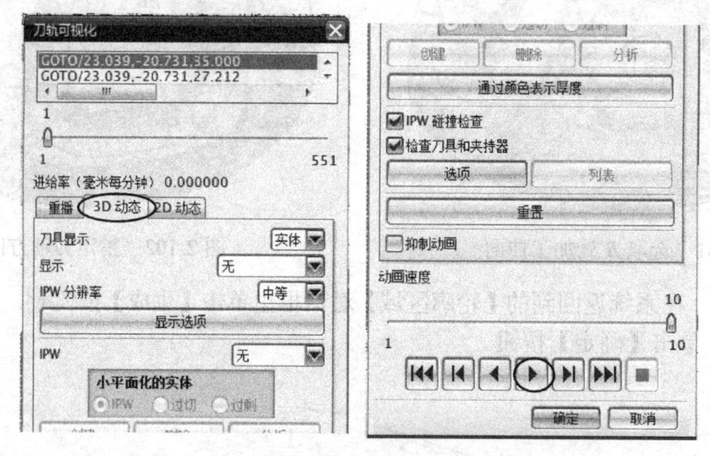

图 2-104 刀轨可视化对话框

模拟完成以后可以单击【通过颜色表示厚度】按钮，结果如图 2-105 所示。单击【确定】按钮。

图 2-105 加工仿真

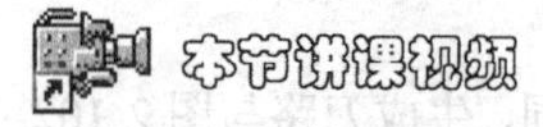

以上操作视频文件为：\ch02\03-video\09-用 UG 软件进行刀路检查.exe。

2.3.13 后处理

后处理的目的是：使电脑计算出的刀路数据转化为机床能够识别的 G 代码文本文件。

首先将本书配书光盘提供的五轴后处理器文件 ugbook5axis.pui、ugbook5axis.def 及 ugbook5axis.tcl 等文件复制到 UG 系统的后处理器目录 C:\Program Files\Siemens\NX 8.0\MACH\resource\postprocessor 里。本例将在 *XYZAC* 双转台型机床进行加工，该机床特点是：零点为 *A* 轴与 *C* 轴的轴线交点，并且在 *C* 转盘上端面。另外考虑加工时是在三爪夹盘上装夹的，所以将原始加工坐标系沿着 *Z* 轴负方向移动 120mm 作为程序输出零点，如图 2-106 所示。

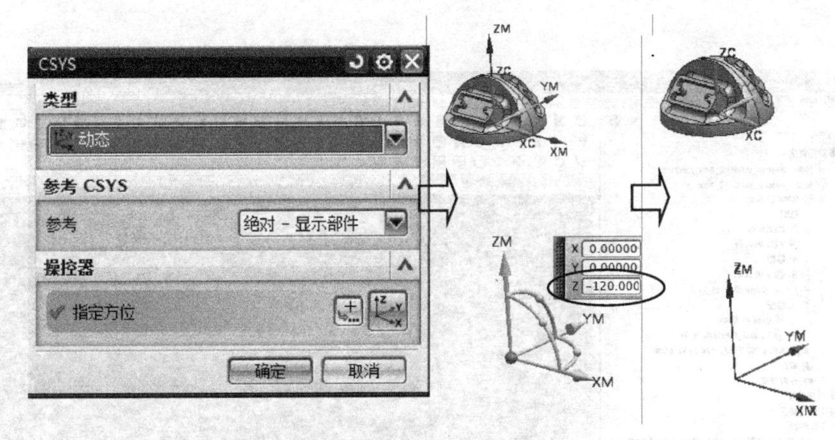

图 2-106 移动加工坐标系

在导航器里选取第 1 个程序组 K02A，在主工具栏里单击 按钮，系统弹出【后处理】对话框，选取后处理器 ugbook5axis，在【文件名】栏里输入“E:\k02a”，单击【应用】按钮，如图 2-107 所示。

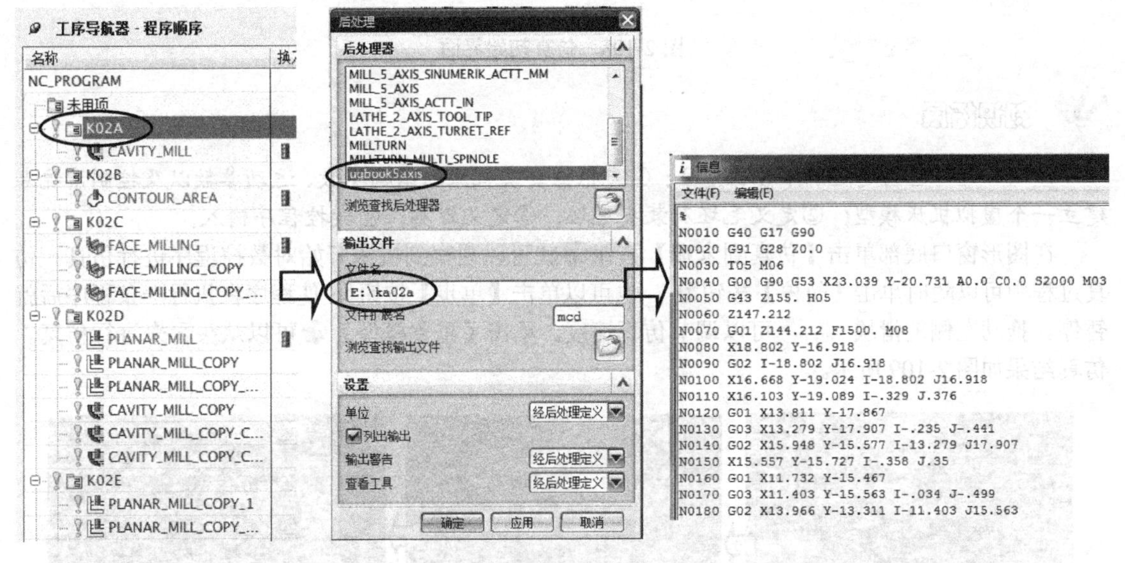

图 2-107 后处理

在导航器里选取 K02B，输入文件名为“E:\k02b”。同理，对其他程序组进行后处理。

本节讲课视频

以上操作视频文件为：\ch02\03-video\10-后处理.exe。

2.3.14 使用 VERICUT 进行加工仿真检查

五轴数控编程完成以后，一般要在 VERICUT 数控仿真软件上进行检查。如果发现错误就要及时分析原因并且纠正，无误后才可以发出程序工作单交由操作员在指定类型的机床上加工工件。

复制配书光盘的目录 ch02\01-sample\mach 等机床文件到本地机 D：\ch02\mach 中，再把上一节已经完成的数控程序文件复制到 D:\ch02\NC 中。

启动 VERICUT V7.1 软件，在主菜单里执行【文件】|【打开】命令，在系统弹出的【打开项目】对话框里，选取 D:\ch02\mach\ nx8book-02-01.vcproject，单击【打开】按钮，如图 2-108

所示。

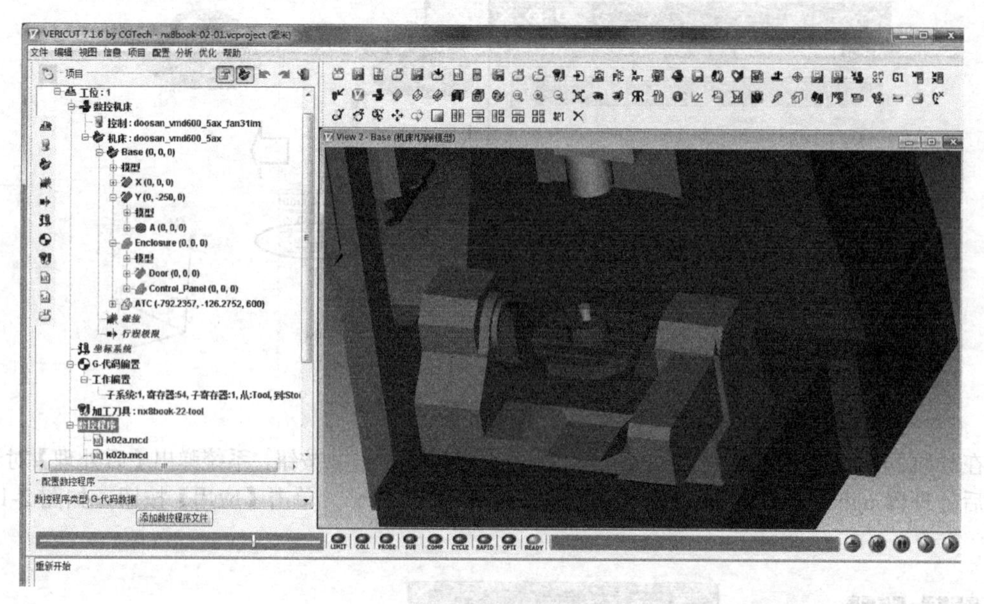

图 2-108　仿真初始界面

知识拓展

该项目文件已经通过以下步骤建立：①先根据真实机床的结构参数、运动参数以及控制系统来建立一个虚拟机床模型；②定义毛坯及装夹毛坯；③定义刀具；④数控程序输入。

在图形窗口底部单击【仿真到末端】按钮就可以观察到机床开始对数控程序进行仿真。仿真过程中可以随时单击【暂停】按钮，也可以单击【单步】按钮使程序在执行一条程序后就暂停。拖动左侧的滑块可以调节仿真速度。单击【重置模型】可以从头再来进行仿真。仿真结果如图 2-109 所示。

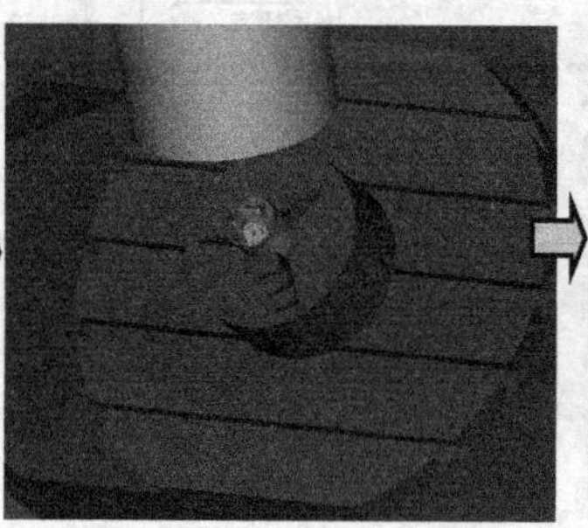

图 2-109　VERICUT 仿真结果

以上操作视频文件为：\ch02\03-video\11-仿真.exe。

2.3.15　填写加工程序单

数控程序编程完成以后必须填写《CNC 加工程序单》，经有关人员审核批准后就可以送交 CNC 车间加工，如图 2-110 所示。

CNC加工程序单

型号		模具名称		工件名称	底座	
编程员		编程日期		操作员		加工日期

装夹方式：将棒料夹在三爪卡盘上留出35mm

对刀方式：设定C盘中心为G54的XYZ零点

图形名：　nx8book-2-1.prt

材料号　铝

材料大小：圆柱棒料 φ55×65

程序名	余量	刀具	装刀最短长	加工内容	加工时间
K02A　.MCD	0.3	ED6	35	开粗	
K02B　.MCD	0	BD6R3	35	光刀外形弧面	
K02C　.MCD	底部0	ED6	35	斜面光刀	
K02D　.MCD	0.3	ED3	35	凹槽清角	
K02E　.MCD	0	ED3	35	凹槽精加工	
K02F　.MCD	0	ED2	15	凹槽进一步清角	
K02G　.MCD	0.3	DR1.5钻头	35	斜面钻孔	
K02H　.MCD	0	BD3R1.5	35	清角	

图 2-110　数控程序单

2.3.16　现场加工问题处理

相当于三轴机床来说，五轴机床的结构更加复杂，五轴数控程序的通用性极差。在电脑上编程时可能考虑的问题未必全面，有时所编的数控程序可能并不能切合工厂实际，为此在机床上运行五轴数控程序时需要注意以下问题。

① 首先，先合理利用数控车间的现有夹具装备，把毛料合理装夹在机床上。本例就需要把 $\phi50\times35$ 的圆柱棒料，采取具有自动定心功能的三爪卡盘进行装夹。

② 然后，实际测量已经在机床上的材料位置。如本例需要测量材料顶部距离 C 旋转盘面的高度。过高会导致撞刀，过低会出现很多空刀。

③ 在 MDI 方式下，在程序加工的范围内，单独旋转 A 轴及 C 轴，然后移动 XYZ 等，以确保执行五轴程序程序运行时不超程。

④ 如果在机床上加工时，发现原先编程未考虑周到的问题，就需要根据实际情况灵活调整程序，确保数控程序顺利运行。

⑤ 要确保装刀长度足够。由于有 A 轴及 C 轴的旋转轴的运动，刀具在各种极限位置时不能碰伤机床的夹具。

总之，数控编程不能是纸上谈兵，必须确保程序运行的安全性及工艺的合理性。本例已经在陕西华拓科技有限责任公司（www.hwatec.com）研制的微型机床上用尼龙料完成了加工，结果如图 2-111 所示。

（a）

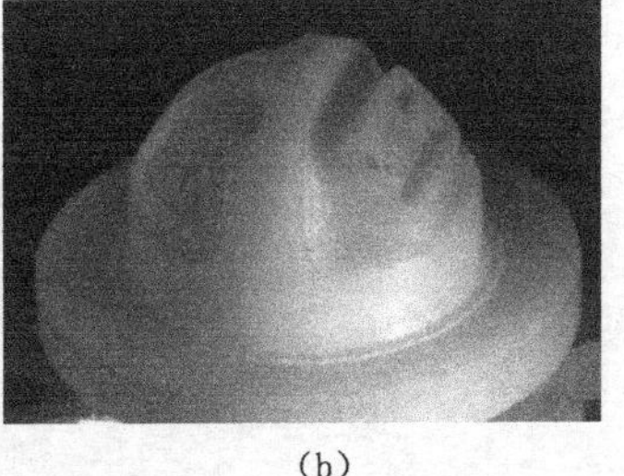

（b）

图 2-111　实际加工

2.4 本章总结及思考练习

本章通过实例着重讲解了多轴加工中非常重要的定位加工方式。应用好定位加工还需要注意以下问题。

① 多轴加工并不神秘，所有之前已经学习过的三轴加工方式，如本例涉及的平面铣、面铣、钻孔、曲面轮廓铣等，均可以成为多轴定位加工。

② 必须灵活设置刀轴方向，才可以成为多轴定位加工。

③ 定位加工必须考虑机床的行程，尤其是 *A* 轴、*C* 轴的有效行程，确保程序在指定的机床顺利运行。

④ 编程前必须周密设计加工工艺，尤其是装夹方式，摒弃“纸上谈兵”式的编程。

思考练习

1. 如果本例在 *C* 转盘上采取压板装夹，装刀应该注意什么问题？
2. UG 软件里所说的刀轴方向是如何定义的？

参考答案

1．答：装刀长度要足够，确保在加工时不碰伤 *C* 转盘。

2．答：UG 软件系统的刀具轴线的正方向是指从带有切削刃的刀尖点出发，指向刀具夹持位刀具末端圆心的连线的矢量方向。

第3章 优胜奖杯变轴轮廓铣加工

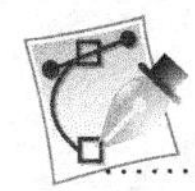

3.1 本章要点和学习方法

本章重点将对优胜奖杯零件进行数控加工编程及仿真，阅读时注意以下问题：

① 变轴轮廓铣的含义；
② 杯形零件加工的工艺规划；
③ 多轴加工的开粗编程方法；
④ 余量统一的半精加工编程方法；
⑤ 采取五轴联动时的精加工编程方法；
⑥ 变轴轮廓铣编程的驱动方法；
⑦ 变轴轮廓铣编程的轴向定义方法。

应该重点体会杯形零件的加工工艺及变轴轮廓铣的驱动方法及轴向定义方法。完整地学习类似优胜奖杯零件的编程。

3.2 变轴轮廓铣概述

变轴轮廓铣，也叫“可变轴曲面轮廓铣”，是相对于“固定轴曲面轮廓铣”而言的，是指加工过程中刀轴的方向线可以连续变化，以实现连续多轴联动的加工。这种加工可以克服定位加工曲面时机床产生的接刀误差，使所加工的曲面连续而且光滑。

UG NX8.0 软件给用户提供了丰富的变轴编程功能。UG NX8.0 软件给用户提供了 8 种驱动方法、8 种驱动点向加工曲面的投影方法、20 种轴线控制方法，其中驱动方法不同，其轴向控制也不尽相同。这么多的方法通过组合，可以演化为上百种刀路的编程方法。大量而丰富的编程方法也给用户带来了方便，但同时也带来了一定的困惑。

实际工作中，用好变轴轮廓铣编程的要点是：要针对具体加工零件，恰当选取驱动方法及轴向控制方法，使刀位点在零件上的分布均匀，旋转轴的摆动角度在机床的允许行程内，并且倾斜轴的摆动旋转角度尽可能小。

作为编程员，不但要熟练掌握 UG 软件的各项相关功能，而且也要熟悉五轴机床的操作过程。尤其要紧密结合加工零件在自己所用的五轴机床上的装夹情况，准确估算出足够合理的装刀长度，防止刀具在变轴加工时碰伤夹具及旋转工作盘。

3.3 优胜奖杯零件编程

本节任务：根据如图 3-1 所示的优胜奖杯 3D 图形进行数控编程，生成合理的刀具路径，然后把数控程序在 VERICUT 软件里的五轴机床模型上进行仿真及优化检查。最后，如果有条件，在五轴加工机床上将其加工出来。

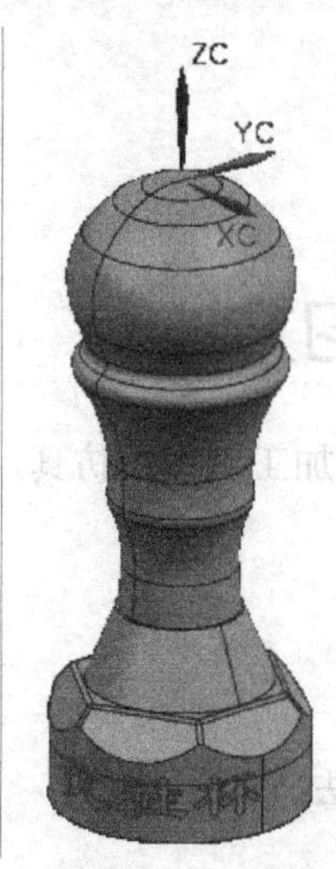

图 3-1 待加工的优胜奖杯模型

3.3.1 工艺分析

先在 D：根目录建立文件夹 D：\ch03，然后将光盘里中 ch03\01-sample 里的 3 个文件夹及其文件复制到该文件夹里来。

（1）图纸分析

打开图形文件 ch03\prt\nx8book-03-01.prt，零件图纸如图 3-2 所示。

该零件材料为铝，外围表面粗糙度为 *Ra*6.3μm、由于该零件是工艺品，所以该零件的全部尺寸的公差为±0.05mm。加工时底部已经考虑多留出 11mm 用于刻字。

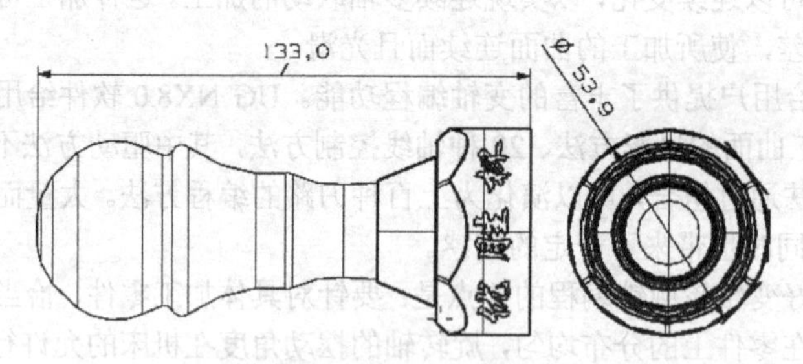

图 3-2 零件工程图纸

（2）加工工艺

① 开料：毛料大小为ϕ60×175 的棒料，其中比图纸多留出一些材料。这些留出的材料分三部分：一为用于刻字“优胜杯”；二为机床加工时的装夹位；三为顶部留出加工余量。

② 车削：先车一端面及外圆，然后掉头，车削外圆及另外端面，尺寸保证为ϕ53.9×169mm，其中比图纸多出的部分，顶部留 0.5mm 余量，133.5mm 为需要加工的有效型面，其余 35mm 长度部分为夹持位。

③ 五轴数控铣：加工外形曲面。夹持位为ϕ53.9×35mm 的圆柱，采取具有自动定心功能的三

爪卡盘进行装夹。先对左右两半部分进行型腔铣定位粗铣加工，再定位进行半精加工，接着进行变轴曲面轮廓铣的精加工，最后用小刀具刻字。

本例是细长杆结构零件，加工时要防止变形，可以通过装夹牢靠、减少开粗及半精加工的切削量等工艺方法实现。

④ 线切割，切除多余的夹持料。

（3）数控铣加工程序

① 开粗刀路 K03A，使用刀具为 ED10 平底刀，余量为 0.3mm，层深为 0.5mm。

② 外形曲面半精加工刀路 K03B，使用刀具为 BD6R3 球头刀，余量为 0.1mm，步距为 0.15mm。

③ 外形曲面精加工刀路 K03C，使用刀具为 BD4R2 球头刀，余量为 0，步距按残留高度 0.01mm 来计算得到。

④ 斜面光刀 K03D，使用刀具为 ED10 平底刀，底部余量为 0。

⑤ 刻字刀路 K03E，使用刀具为 BD1R0.5 球头刀，余量为 0。

3.3.2 图形处理

因为本例图形本身不需要补面，但是为了适应型腔铣开粗的需要创建了边界线，为了适应变轴轮廓铣的要求又创建一些辅助面：顶部采取 回转 创建旋转曲面，周围采取 拉伸 创建柱面。为了简化操作步骤本例已经创建了辅助线和辅助面。

确保打开图形文件 nx8book-03-01.prt，在界面上方执行【开始】|【建模】命令，进入建模界面。释放层，显示出所补的线及面。

在主菜单里执行【格式】|【视图中可见图层】命令，在系统弹出【视图中可见图层】对话框单击【确定】按钮，在该对话框的【过滤器】栏里选取层集合，在【图层】栏里自动选取了相应的层，目前状态为不可见，单击【可见】按钮，再单击【应用】按钮。结果如图 3-3 所示。

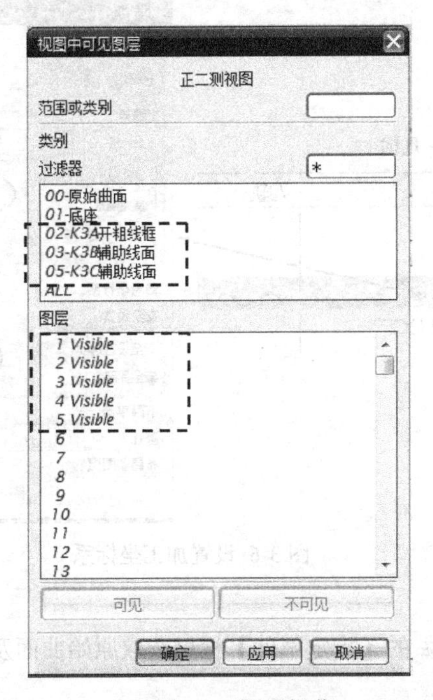

图 3-3 图层操作

在图 3-3 所示的【图层中可见层】对话框里单击【取消】按钮，显示图形如图 3-4 所示。

为了后续编程方便，可以把暂时不需要的层集“03-K3B 辅助线面”及“05-K3C 辅助线面”关闭显示，如图 3-5 所示。

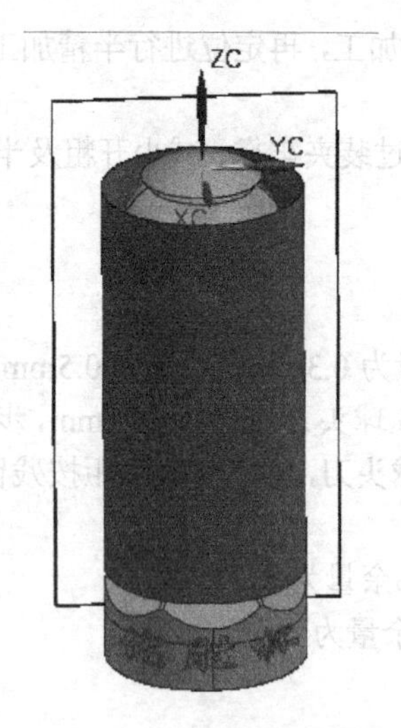

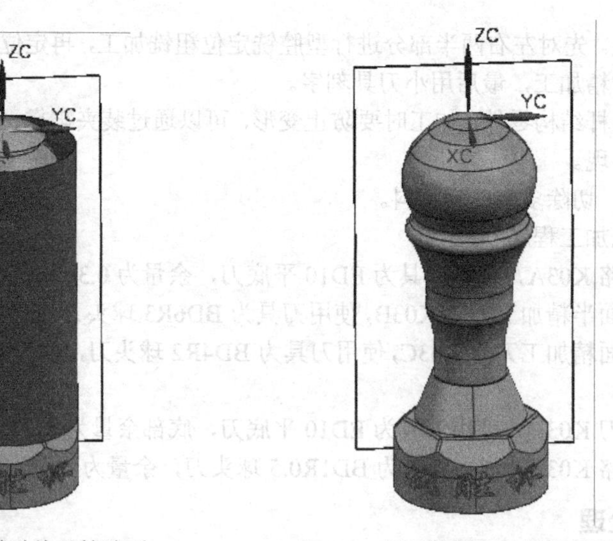

图 3-4 显示辅助线及辅助面　　　　图 3-5 显示粗加工的辅助线面

3.3.3 编程准备

在工具条中选【开始】|【加工】，进入工模块 加工(N)。如果是初次进入加工模块时，系统会弹出【加工环境】对话框，选择 mill_multi-axis 多轴铣削模板。为了简化操作，本例已经进行了设置，要点如下。

（1）在 几何视图 里，创建加工坐标系、安全高度、毛坯体

本例加工坐标系暂时为建模时的坐标系，安全距离为“20”，其余参数设置如图 3-6 所示。

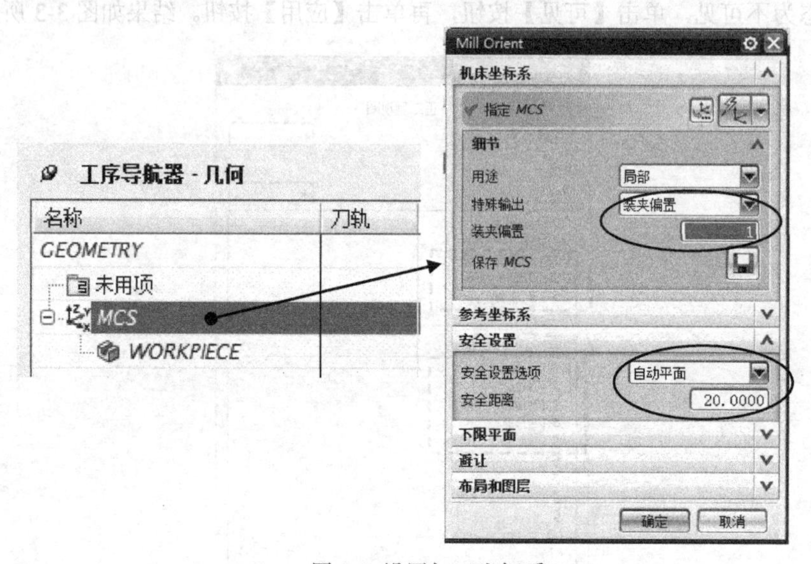

图 3-6 设置加工坐标系

（2）定义毛坯几何体

在毛坯几何体 WORKPIECE 的【指定部件】栏里选取原始曲面及底座曲面，【指定毛坯】采用 包容圆柱体 创建。如图 3-7 所示。

（3）创建刀具

在 机床视图 里，通过从光盘提供的刀库文件 nx8book-tool.prt 调取所需要的刀具，结果如图 3-8 所示。

（4）创建空白程序组

在 程序顺序视图 里，通过复制现有的程序组然后修改名称的方法来创建，结果如图 3-9 所示。

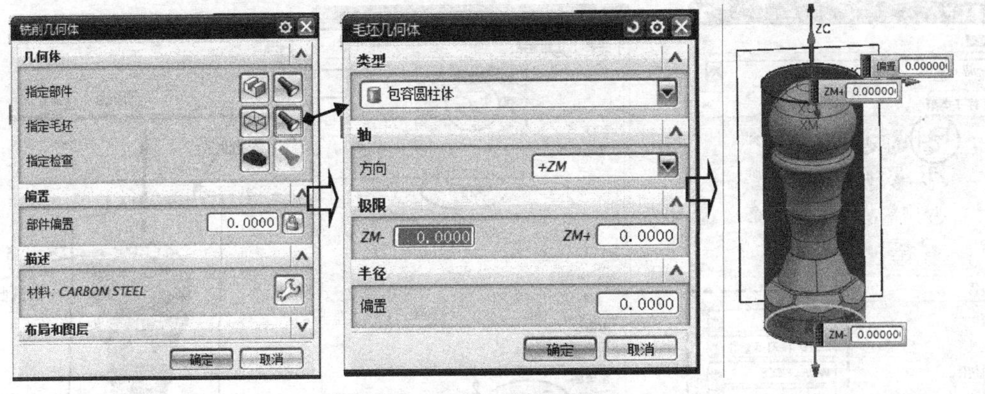

图 3-7 定义毛坯几何体

工序导航器 - 机床

名称	刀轨	刀具	描述	刀具号	几何体	方法
GENERIC_MACHINE			通用机床			
未用项			mill_multi-axis			
ED10			铣刀-5 参数	3		
BD6R3			铣刀-5 参数	23		
BD4R2			铣刀-5 参数	24		
BD1R0.5			铣刀-5 参数	27		

图 3-8 创建刀具

工序导航器 - 程序顺序

名称	换刀	刀轨	刀具	刀具号	时间	几何体	方法
NC_PROGRAM					00:00:00		
未用项					00:00:00		
K03A					00:00:00		
K03B					00:00:00		
K03C					00:00:00		
K03D					00:00:00		
K03E					00:00:00		

图 3-9 创建空白程序组

以上操作视频文件为：\ch03\03-video\01-编程准备.exe

3.3.4 创建开粗刀路 K03A

本节任务：创建两个不同轴线方向的三轴型腔铣操作，①轴线方向为+*X* 的型腔铣；②轴线方向为–*X* 的型腔铣操作。

（1）创建轴线方向为+*X* 的型腔铣

① 设置工序参数　在主工具栏里单击 按钮，系统弹出【创建工序】对话框，在【类型】选 mill_contour，【工序子类型】选【型腔铣】按钮，【位置】中参数按图 3-10 所示设置。

② 选取边界线　在图 3-10 所示对话框里单击【确定】按钮，系统进入【型腔铣】对话框，单击【指定修剪边界】按钮，在弹出的【修剪边界】对话框里，系统自动进入【主要】选项卡，选取【曲线边界线】选项，再在【修剪侧】栏选取【外部】选项，最后选取 成链 ，在图形上选取边界线，如图 3-11 所示。单击【确定】按钮。

图 3-10 设置工序参数

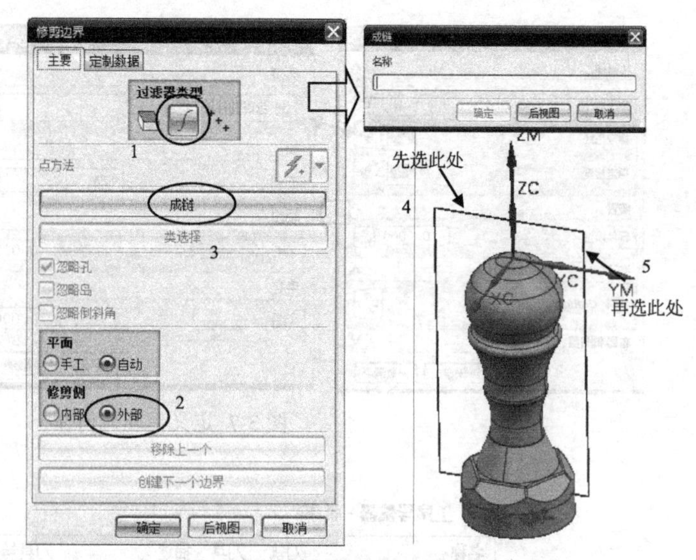

图 3-11 选取边界线

注意要按照第 3.3.2 节最后段落中所叙述的那样，把图层中的第 3 层设为显示状态，这样边界线才能显示在图形里。另外还可以采用一个一个选线的方法来选取边界线条。

③ 设置刀轴方向 在系统返回到的【型腔铣】对话框的【刀轴】栏里，单击【轴】右侧的下三角符号，在弹出的下拉菜单里选取【指定矢量】选项，在系统弹出的【指定矢量】栏的右侧单击下三角符号，在弹出的下拉菜单里选取正+X轴方向选项，如图 3-12 所示。

④ 设置切削模式 在图 3-12 所示的【型腔铣】对话框里，设置【切削模式】为跟随周边，如图 3-13 所示。

图 3-12 定义刀轴

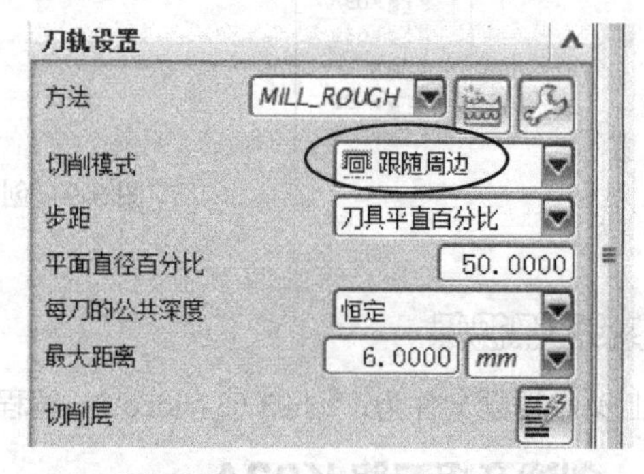

图 3-13 定义切削模式参数

⑤ 设置切削层参数 在图 3-13 所示的【型腔铣】对话框里单击【切削层】按钮，系统弹出【切削层】对话框，设置【范围类型】为单个，设置层深【最大距离】为“0.5”按回车键，系统自动选取了【范围定义】栏，输入【范围深度】为“26.95”，单击【确定】按钮。如图 3-14 所示。单击【确定】按钮。

⑥ 设置切削参数 在系统返回到的【型腔铣】对话框里单击【切削参数】按钮，系统弹出【切削参数】对话框，选取【策略】选项卡，设置【刀路方向】为“向内”。

在【余量】选项卡，选取【使底部余量与侧面余量一致】复选框，设置【部件侧面余量】为“0.3”，如图 3-15 所示。

在【拐角】选项卡，设置【光顺】为“所有刀路”，半径为“0.5”。单击【确定】按钮。

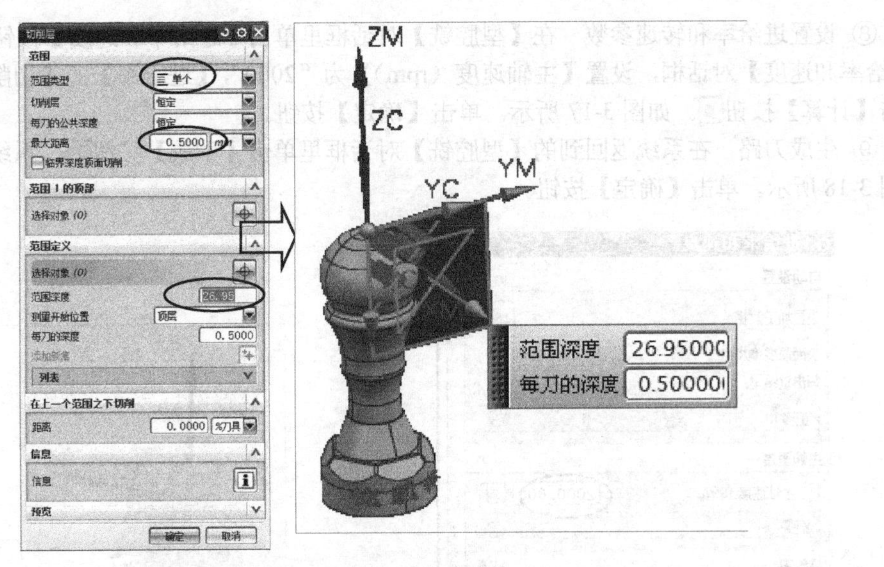

图 3-14 定义切削层参数

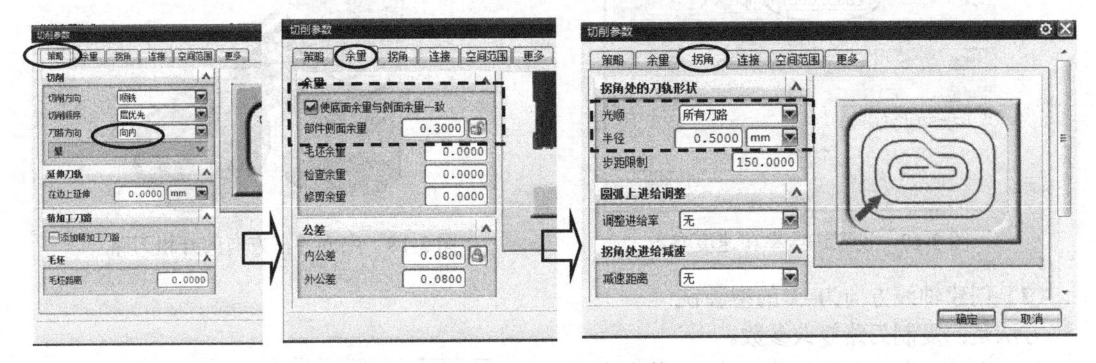

图 3-15 定义切削参数

⑦ 设置非切削移动参数 在系统返回到的【型腔铣】对话框里单击【非切削移动】按钮，系统弹出【非切削移动】对话框，选取【进刀】选项卡，在【封闭区域】栏里，设置【进刀类型】为“与开放区域相同”，在【开放区域】栏里，设置【进刀类型】为“线性”，【长度】为刀具直径的 50%，选取【修剪至最小安全距离】复选框，如图 3-16 所示。单击【确定】按钮。

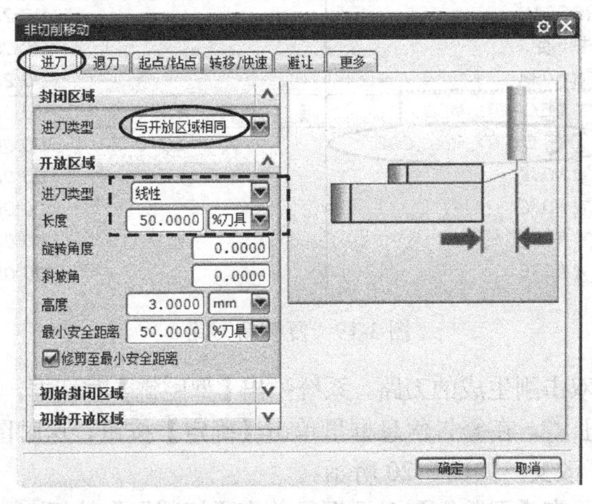

图 3-16 定义进刀参数

⑧ 设置进给率和转速参数　在【型腔铣】对话框里单击【进给率和速度】按钮，系统弹出【进给率和速度】对话框，设置【主轴速度（rpm）】为“2000”，【进给率】的【切削】为“1500”。单击【计算】按钮。如图3-17所示。单击【确定】按钮。

⑨ 生成刀路　在系统返回到的【型腔铣】对话框里单击【生成】按钮，系统计算出刀路，如图3-18所示。单击【确定】按钮。

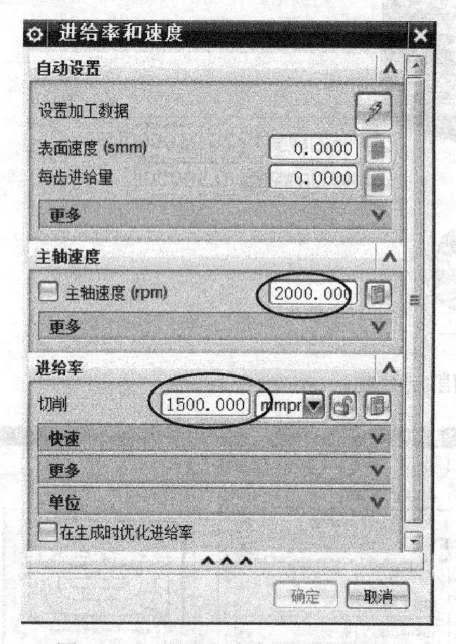

图3-17　设置进给率和速度参数

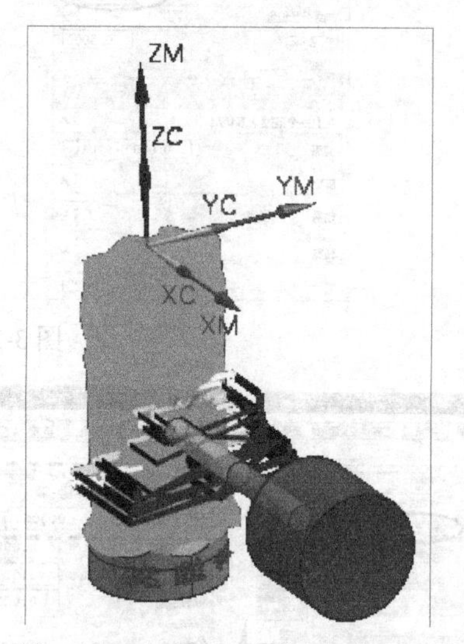

图3-18　生成X正方向的开粗刀路

（2）创建轴线方向为$-X$的型腔铣

方法是：复制刀路修改参数。

① 复制刀路　在导航器里右击刚生成的刀路 CAVITY_MILL，在弹出的快捷菜单里选取 复制，再次右击鼠标，在弹出的快捷菜单里选取 粘贴，在导航器出现了新刀路。如图3-19所示。

工序导航器 - 程序顺序

名称	换刀	刀轨	刀具	刀具号	时间
NC_PROGRAM					00:27:46
未用项					00:00:00
K03A					00:27:46
CAVITY_MILL	[icon]	✔	ED10	3	00:27:34
CAVITY_MILL_COPY		✕	ED10	3	00:00:00
K03B					00:00:00
K03C					00:00:00
K03D					00:00:00
K03E					00:00:00

图3-19　复制新刀路

② 修改刀轴方向　双击刚生成的刀路，系统弹出【型腔铣】对话框，在【刀轴】栏里单击【指定矢量】的【反向】按钮，在警告信息框里单击【确定】按钮。这时图形显示刀轴方向发生了变化，切削层也相应有了改变。如图3-20所示。

③ 修改切削层参数　在【型腔铣】对话框里单击【切削层】按钮，系统弹出【切削层】对话框，修改【范围深度】为“28”，单击【确定】按钮。如图3-21所示。单击【确定】按钮。

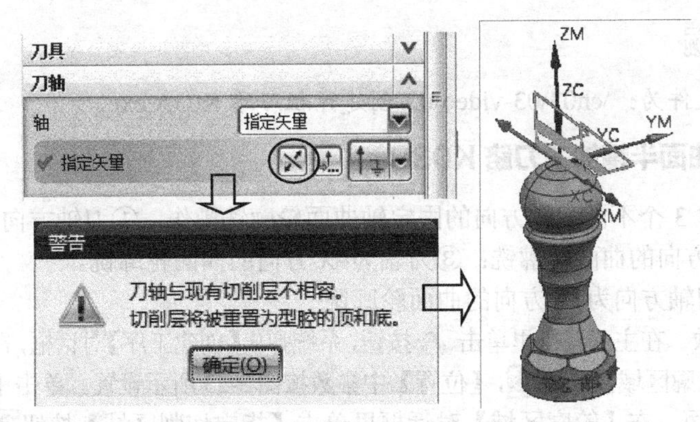

图 3-20　修改刀轴方向

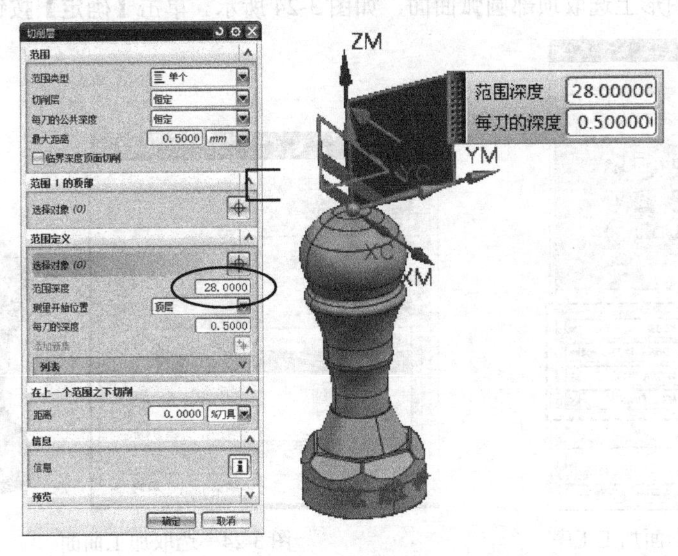

图 3-21　修改切削层参数

要注意

这里范围深度大于 26.95，目的是为了使底部能干净切削。

④ 生成刀路　在系统返回到的【型腔铣】对话框里，单击【生成】按钮，系统计算出刀路，如图 3-22 所示。单击【确定】按钮。

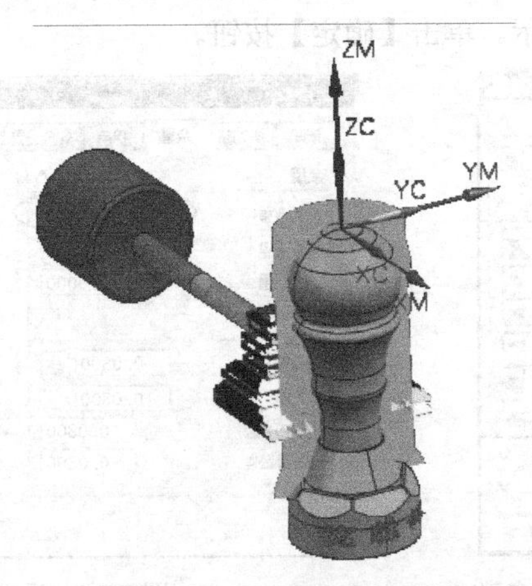

图 3-22　生成 X 轴负方向的刀路

以上操作视频文件为：\ch03\03-video\02-创建开粗刀路 K03A.exe。

3.3.5 创建外形曲面半精加工刀路 K03B

本节任务：创建 3 个不同刀轴方向的固定轴曲面轮廓铣操作，①刀轴方向为+*Z* 方向的曲面轮廓铣；②刀轴为+*X* 方向的曲面轮廓铣；③刀轴为–*X* 方向的曲面轮廓铣。

（1）创建顶部刀轴方向为+*Z* 方向的曲面轮廓铣

① 设置工序参数　在主工具栏里单击 创建工序 按钮，系统弹出【创建工序】对话框，在【类型】选 mill_contour，【工序子类型】选【轮廓区域】按钮，【位置】中参数按图 3-23 所示设置。单击【确定】按钮。

② 选取加工曲面　在【轮廓区域】对话框里单击【指定切削区域】按钮，系统弹出【切削区域】对话框，在图形上选取顶部圆弧曲面，如图 3-24 所示。单击【确定】按钮。

图 3-23　创建曲面加工工序

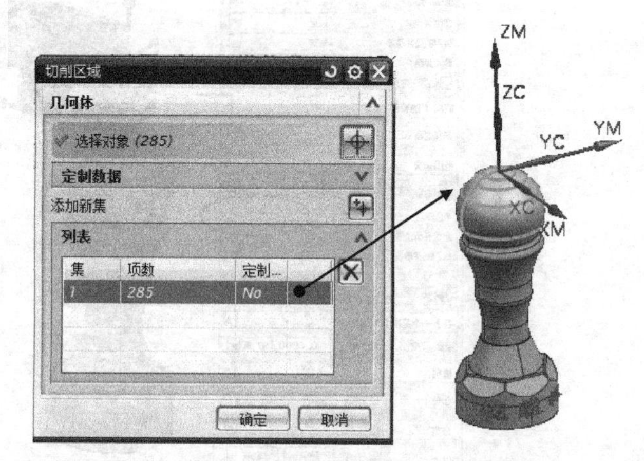

图 3-24　选取加工曲面

③ 设置驱动方法参数　在【轮廓区域】对话框的【驱动方法】栏里单击【编辑】按钮，系统弹出【区域铣削驱动方法】对话框，设置【切削模式】为 往复，设置【步距】为“恒定”，【最大距离】设置为“0.5”。如图 3-25 所示。

④ 设置切削参数　在【轮廓区域】对话框里，先检查【刀轴】方向应该为“+ZM”方向。这是系统默认的刀轴方向。

单击【切削参数】按钮，系统弹出【切削参数】对话框，在【余量】选项卡，设置【部件余量】为“0.1”。如图 3-26 所示。单击【确定】按钮。

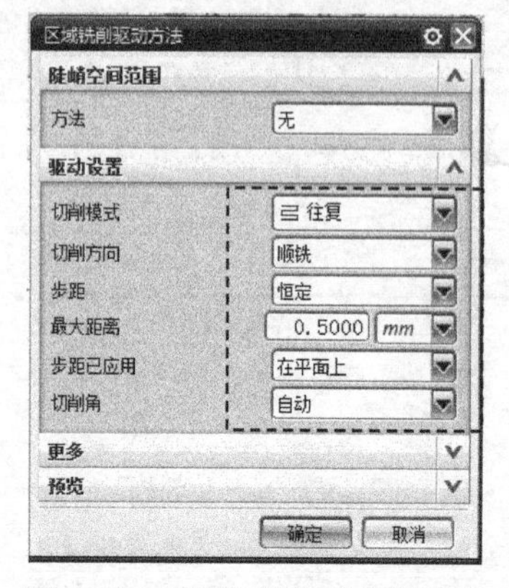

图 3-25　设置切削驱动方法参数

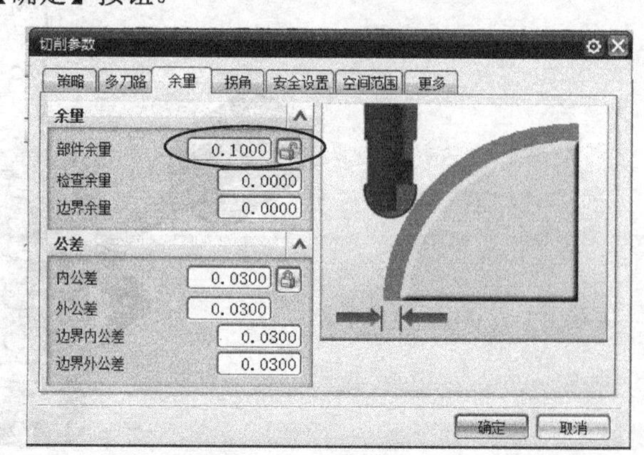

图 3-26　设置切削参数

⑤ 设置非切削参数　在系统弹出的【轮廓区域】对话框里，单击【非切削移动】按钮，系统弹出【非切削移动】对话框，在【进刀】选项卡里，设置【开放区域】的【进刀类型】为“圆弧-平行于刀轴”，【圆弧角度】为 45°。如图 3-27 所示。单击【确定】按钮。

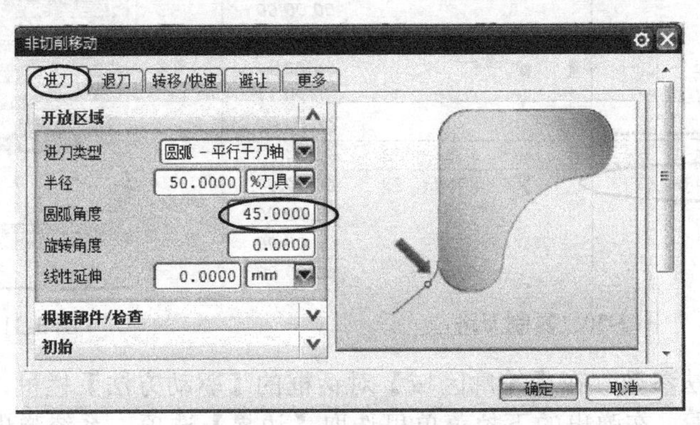

图 3-27　设置非切削移动参数

⑥ 设置进给率和转速参数　在【轮廓区域】对话框里单击【进给率和速度】按钮，系统弹出【进给率和速度】对话框，设置【主轴速度（rpm）】为“3500”，【进给率】的【切削】为“1500”。单击【计算】按钮。如图 3-28 所示。单击【确定】按钮。

⑦ 生成刀路　在系统返回到的【轮廓区域】对话框里单击【生成】按钮，系统计算出刀路，如图 3-29 所示。单击【确定】按钮。

图 3-28　设置转速和进给率

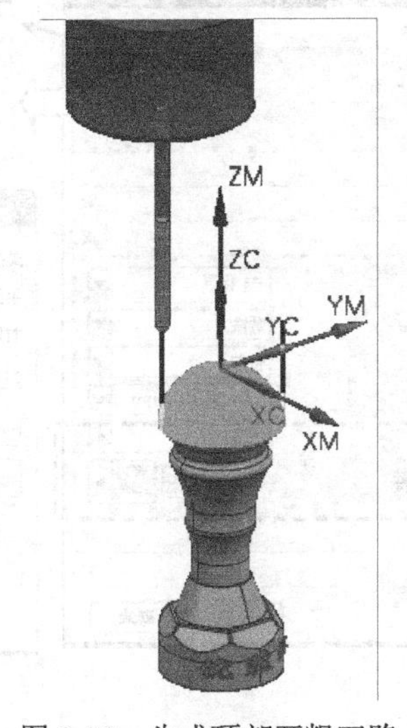

图 3-29　生成顶部开粗刀路

（2）创建轴线方向为+*X* 的曲面轮廓铣

方法是：复制刀路，修改参数。

① 复制刀路　在导航器里右击刚生成的刀路，在弹出的快捷菜单里选取 复制，再次右击鼠标，在弹出的快捷菜单里选取 粘贴，生成了新刀路。如图 3-30 所示。

② 修改加工曲面　双击刚生成的刀路，在【轮廓区域】对话框里单击【指定切削区域】按钮，系统弹出【切削区域】对话框，单击【移除】按钮，将之前所选的加工曲面删除，如图 3-31 所示。单击【确定】按钮。尽管本次没有专门选取加工曲面，系统将会把整个加工部件作为加工对象。

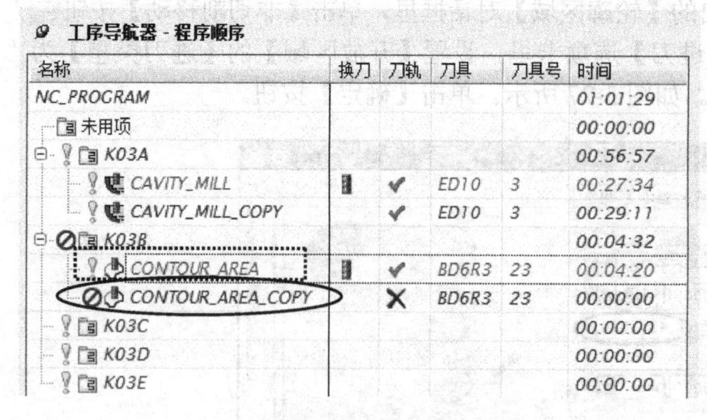

图 3-30 复制刀路

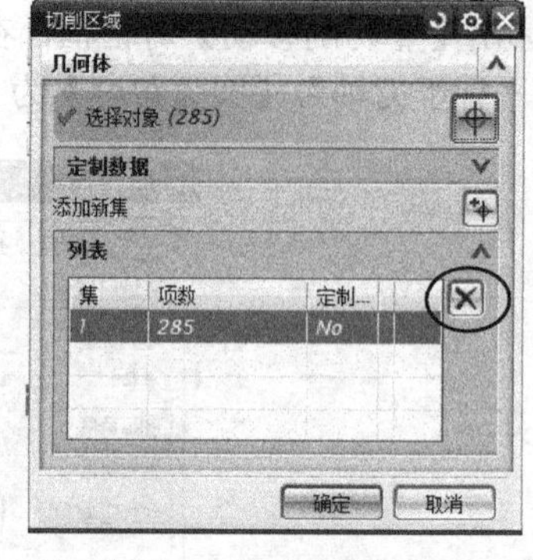

图 3-31 删除曲面

③ 修改驱动方法参数 在【轮廓区域】对话框的【驱动方法】栏里，单击【方法】右侧的下三角符号按钮，在弹出的下拉菜单里选取【边界】选项，系统弹出【边界驱动方法】对话框。

首先，在【切削角】栏里，单击右侧的下三角符号，在弹出的下拉菜单里选取【矢量】选项，在弹出的【指定矢量】栏里，单击右侧的下三角符号，在弹出的下拉菜单里选取选项。

其次，单击【指定驱动几何体】按钮，在【驱动方法】警告信息对话框里单击【确定】按钮，系统弹出【创建边界】对话框，按如图 3-32 所示设置参数，并在图形上取边界线。单击【确定】按钮 2 次。

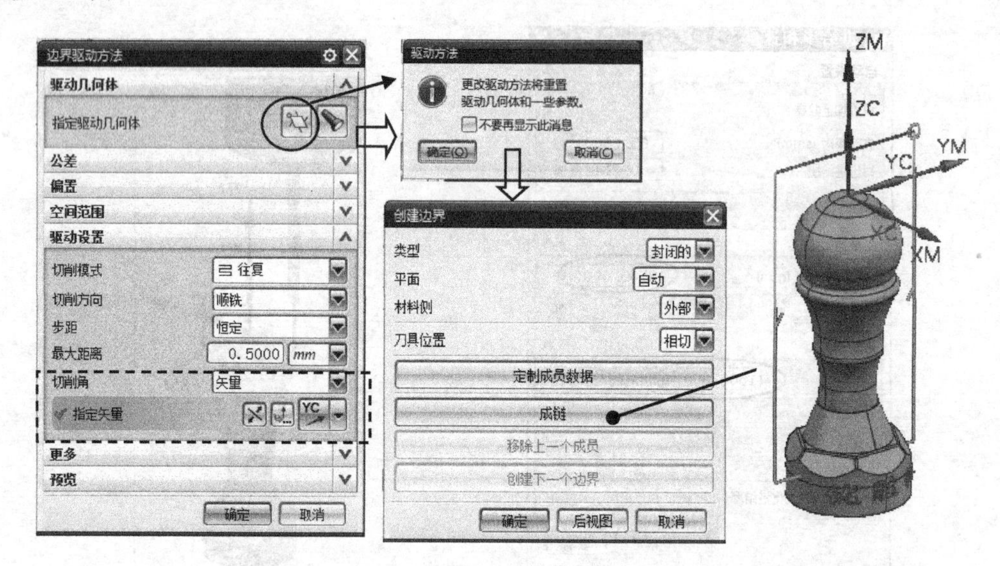

图 3-32 选取边界

④ 修改刀轴方向 在系统返回到的【轮廓区域】对话框，展开【刀轴】栏，单击【轴】右侧的下三角符号，在弹出的下拉菜单里选取【指定矢量】选项，在系统弹出的【指定矢量】栏的右侧单击下三角符号，在弹出的下拉菜单里选取+X轴方向选项，如图 3-33 所示。

⑤ 修改非切削参数 在系统弹出的【轮廓区域】对话框里，单击【非切削移动】按钮，系统弹出【非切削移动】对话框，在【进刀】选项卡里，设置【开放区域】的【进刀类型】为“无”。如图 3-34 所示。单击【确定】按钮。

⑥ 生成刀路 在系统返回到的【轮廓区域】对话框里，单击【生成】按钮，系统计算出刀路，如图 3-35 所示。单击【确定】按钮。

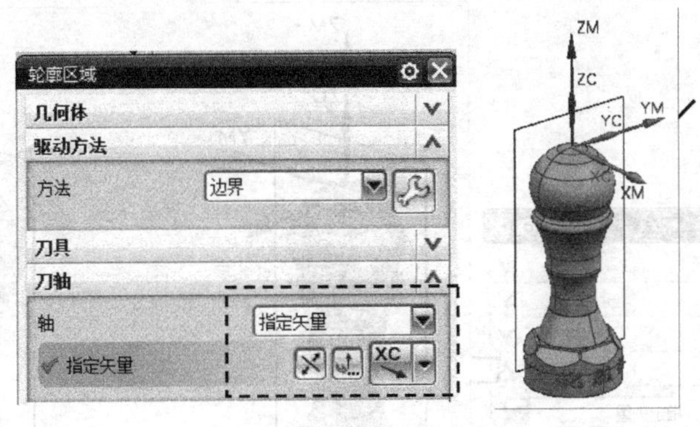

图 3-33 修改刀轴方向

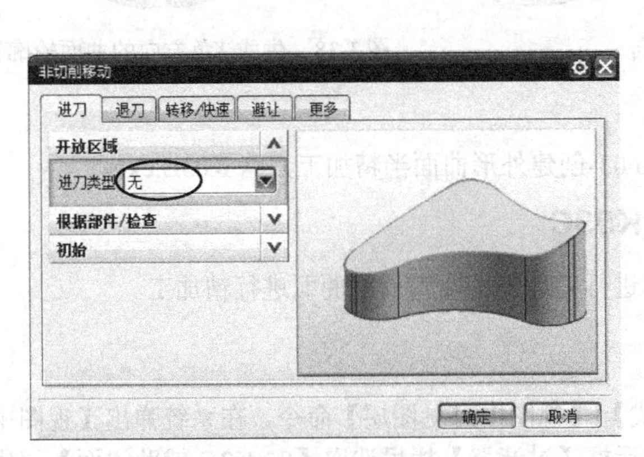

图 3-34 修改非切削参数

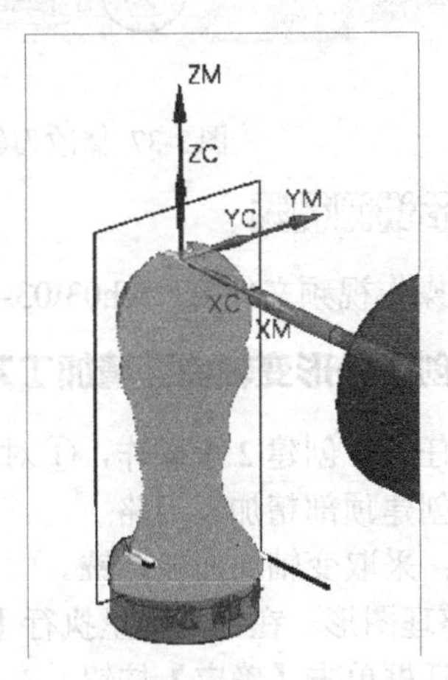

图 3-35 生成 X 正方向的曲面轮廓铣刀路

（3）创建轴线方向为–X 的曲面轮廓铣

方法是：复制刀路，修改参数。

① 复制刀路 在导航器里右击刚生成的刀路，在弹出的快捷菜单里选取 复制，再次右击鼠标，在弹出的快捷菜单里选取 粘贴，生成了新刀路。如图 3-36 所示。

工序导航器 - 程序顺序

名称	换刀	刀轨	刀具	刀具号	时间
NC_PROGRAM					01:11:
未用项					00:00:
K03A					00:56:
CAVITY_MILL	▌	✔	ED10	3	00:27:
CAVITY_MILL_COPY		✔	ED10	3	00:29:
K03B					00:14:
CONTOUR_AREA	▌	✔	BD6R3	23	00:04:
CONTOUR_AREA_COPY		✔	BD6R3	23	00:10:
CONTOUR_AREA_COPY_COPY		✘	BD6R3	23	00:00:
K03C					00:00:
K03D					00:00:
K03E					00:00:

图 3-36 复制刀路

② 修改刀轴方向 双击刚生成的刀路，系统弹出【轮廓铣】对话框，在【刀轴】栏里单击【指定矢量】的【反向】按钮，这时图形显示刀轴方向发生了变化。如图 3-37 所示。

③ 生成刀路 在系统返回到的【轮廓区域】对话框里，单击【生成】按钮，系统计算出刀路，如图 3-38 所示。单击【确定】按钮。

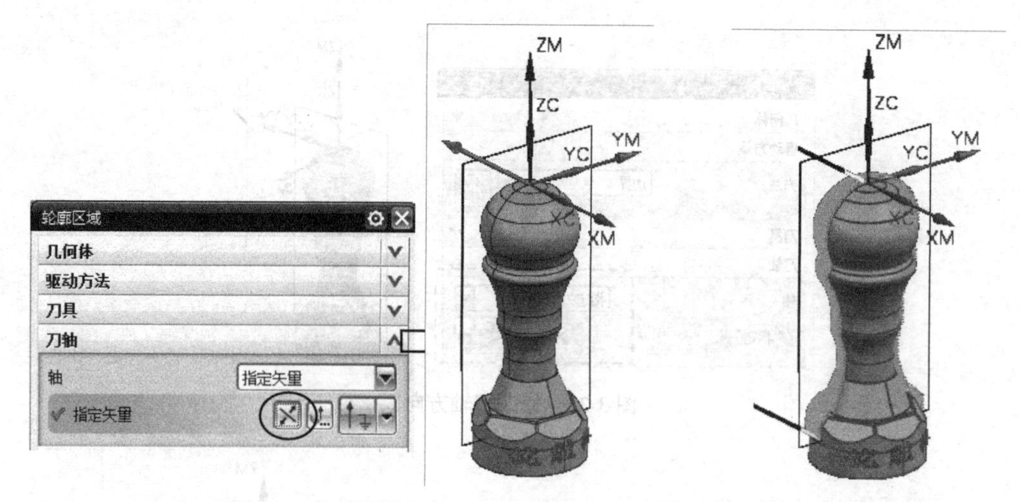

图3-37　修改刀轴方向　　　　图3-38　生成X负方向的曲面轮廓铣刀路

以上操作视频文件为：\ch03\03-video\03-创建外形曲面半精加工刀路 K03B.exe。

3.3.6　创建外形变轴曲面精加工刀路 K03C

本节任务：创建2个操作，①对顶部进行精加工；②对周围曲面进行精加工。

（1）创建顶部精加工刀路

方法：采取变轴曲面轮廓铣。

① 整理图形　在主菜单里执行【格式】|【视图中可见图层】命令，在系统弹出【视图中可见图层】对话框单击【确定】按钮，在该对话框【过滤器】栏里选取【05-K3C 辅助线面】层集合，在【图层】栏里自动选取了第5层，目前状态为不可见，单击【可见】按钮，再单击【应用】按钮。这时曲面图形显示出来了。

在该对话框【过滤器】栏里选取【02-K3A 开粗线框】层集合，在【图层】栏里自动选取了第3层，目前状态为可见，单击【不可见】按钮，再单击【应用】按钮。这时将线框隐藏。如图3-39所示。单击【取消】按钮。

② 设置工序参数　在操作导航器中选取程序组 K03C，右击鼠标在弹出的快捷菜单里选【刀片】|【工序】命令，系统进入【创建工序】对话框，在【类型】选 mill_multi-axis，【工序子类型】选【VARIABLE_CONTOUR（可变轴轮廓）】按钮，【位置】中参数按如图3-40所示设置。

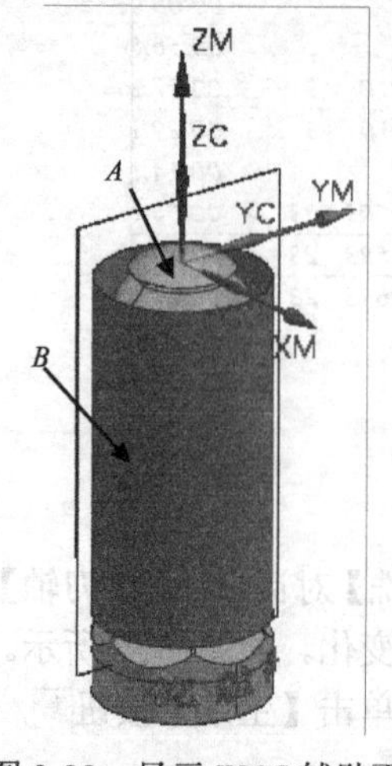

图3-39　显示K03C辅助面

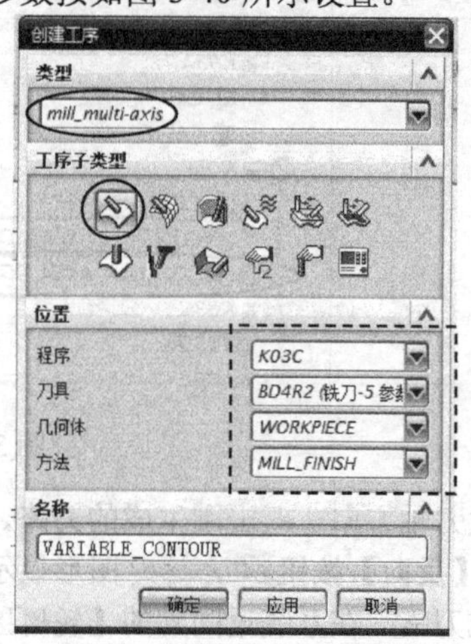

图3-40　设置工序参数

③ 设置驱动方法 在图 3-40 所示的对话框里单击【确定】按钮，系统弹出【可变轮廓铣】对话框，在【驱动方法栏】里单击【方法】右侧的下三角符号，在弹出的下拉菜单里选取【曲面】选项，在系统弹出的【驱动方法】警告信息框里单击【确定】按钮，系统弹出【曲面区域驱动方法】对话框，如图 3-41 所示。

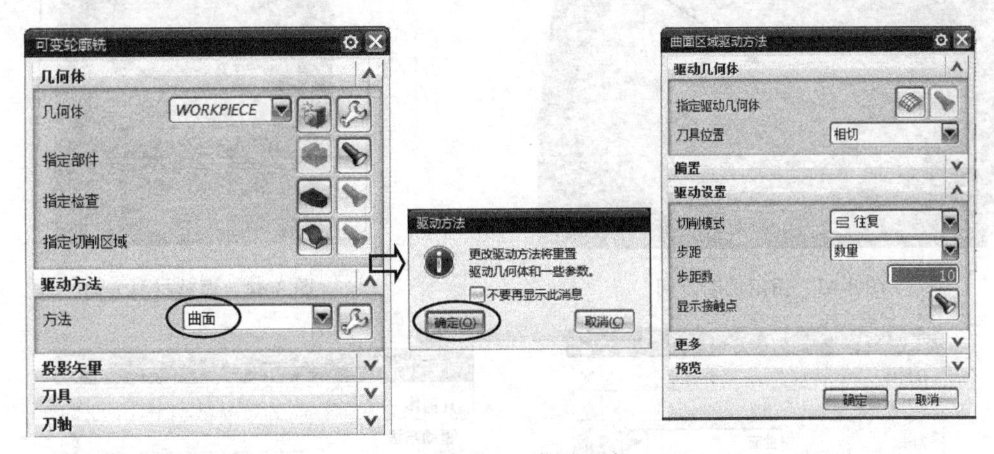

图 3-41 设置驱动

在【曲面区域驱动方法】对话框里，单击【指定驱动几何体】按钮，选取顶部曲面 *A*，在系统弹出的【驱动几何体】对话框里单击【确定】按钮，系统又返回到【曲面区域驱动方法】对话框里，初步设置驱动参数，设置【切削模式】为 螺旋，步距为“残留高度”，【最大残留高度】为“0.01”。如图 3-42 所示。

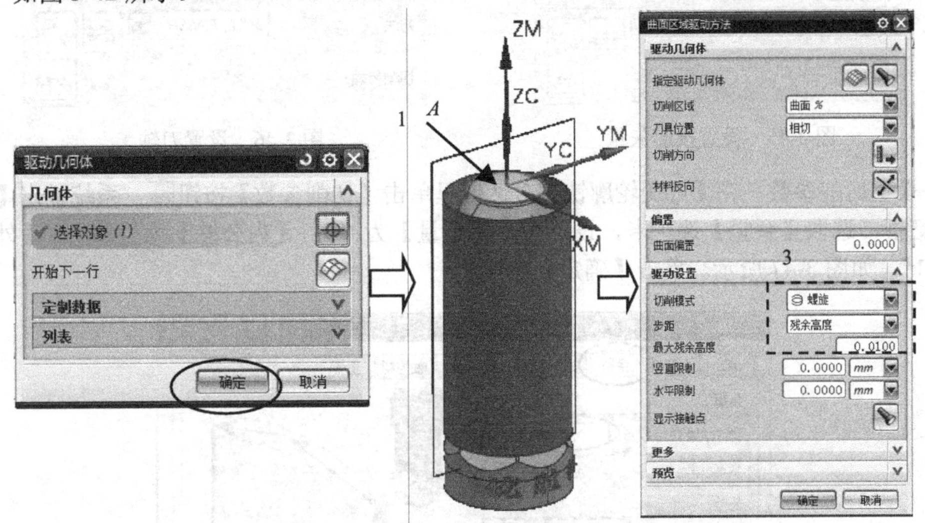

图 3-42 初步设置驱动参数

在【曲面区域驱动方法】对话框里，单击【切削方向】按钮，在图形上选取如图 3-43 所示的箭头作为切削方向。

在【曲面区域驱动方法】对话框里，单击【材料反向】按钮，调整箭头使之朝外，如图 3-44 所示。单击【确定】按钮。

④ 设置投影矢量 在系统返回到的【可变轮廓铣】对话框，展开【矢量投影】栏，单击【矢量】右侧的下三角符号，在弹出的下拉菜单选取【垂直于驱动体】选项，如图 3-45 所示。

⑤ 设置刀轴 在系统返回到的【可变轮廓铣】对话框，展开【刀轴】栏，单击【轴】右侧的下三角符号，在弹出的下拉菜单选取【垂直于驱动体】选项，如图 3-46 所示。

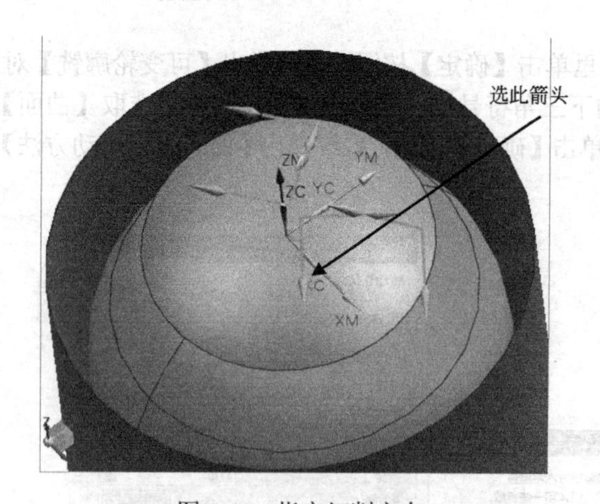

图3-43 指定切削方向

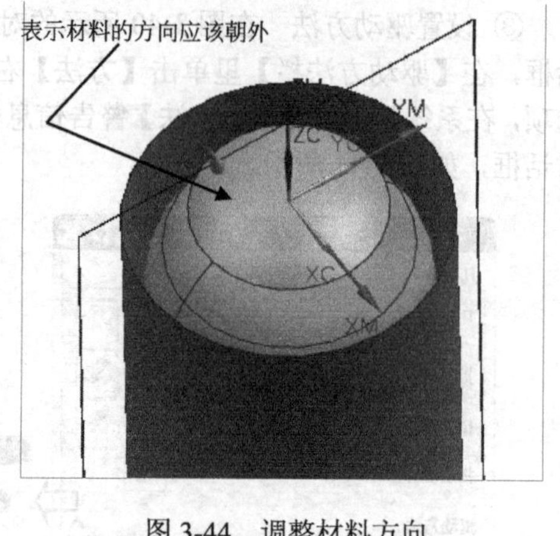

图3-44 调整材料方向

图3-45 设置投影矢量

图3-46 设置刀轴

⑥ 设置切削参数 在【可变轮廓铣】对话框里单击【切削参数】按钮，系统弹出【切削参数】对话框，选取【余量】选项卡，设置【部件余量】为“0”，【内公差】为“0.01”，【外公差】为“0.01”，如图3-47所示。单击【确定】按钮。

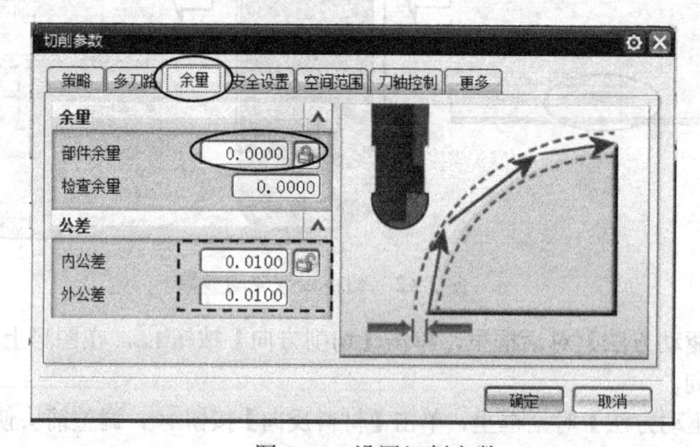

图3-47 设置切削参数

⑦ 设置非切削移动参数 在系统返回到的【可变轮廓铣】对话框里单击【非切削移动】按钮，系统弹出【非切削移动】对话框，选取【进刀】选项卡，设置【圆弧角度】为45°，如图3-48所示。

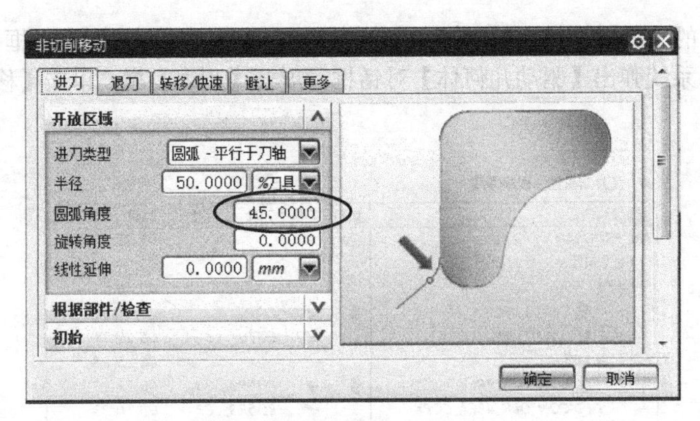

图 3-48 设置非切削参数

⑧ 设置进给率和转速参数 在【可变轮廓铣】对话框里单击【进给率和速度】按钮，系统弹出【进给率和速度】对话框，设置【主轴速度（rpm）】为“4500”，【进给率】的【切削】为“1500”。如图 3-49 所示。单击【确定】按钮。

⑨ 生成刀路 在系统返回到的【可变轮廓铣】对话框里单击【生成】按钮，系统计算出刀路，如图 3-50 所示。单击【确定】按钮。

图 3-49 设置进给率和转速

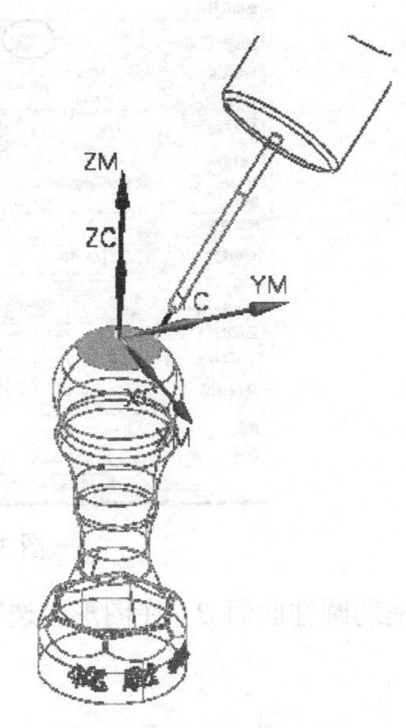

图 3-50 生成顶部精加工刀路

为了观察刀路方便，可以执行 Ctrl+B 命令，选取辅助曲面，将这些辅助曲面隐藏。然后再单击工具栏的【静态线框】按钮把图形在线框下显示。检查图形完毕，可以执行 Shift+Ctrl+U 命令，把辅助曲面全部显示。然后再单击工具栏的 带边着色(A) 按钮把图形在着色状态下显示。

（2）对周围曲面进行精加工

复制刀路然后修改参数得到新的刀路。

① 复制刀路 在导航器里右击刚生成的刀路，在弹出的快捷菜单里选取 复制，再次右击鼠标，在弹出的快捷菜单里选取 粘贴，导航器出现了新刀路。如图 3-51 所示。

② 设置驱动方法

a. 删除之前的驱动体 双击刚复制的刀路，系统弹出【可变轮廓铣】对话框，在【驱动方法】

栏，单击【方法】的【编辑】按钮，系统弹出【曲面区域驱动方法】对话框，单击【指定驱动几何体】按钮，系统弹出【驱动几何体】对话框，展开【列表】栏，单击【移除】按钮 。如图 3-52 所示。

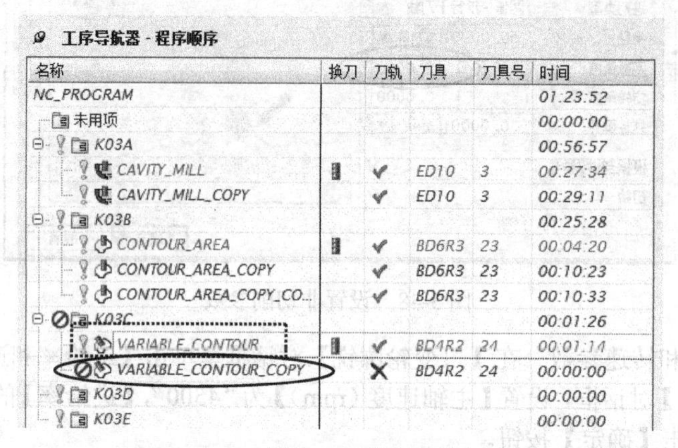

图 3-51 复制刀路

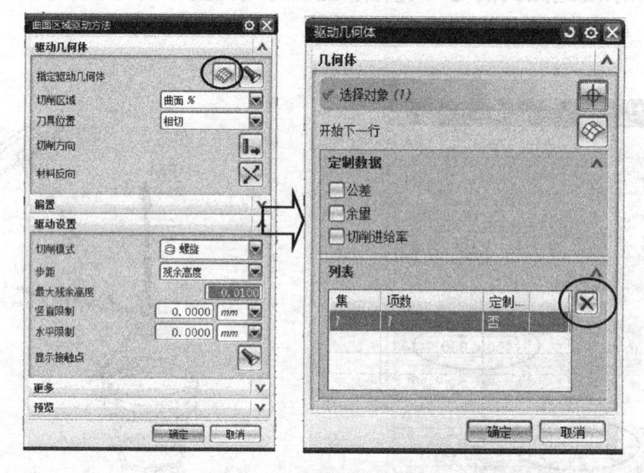

图 3-52 删除之前的驱动体

b. 选取辅助圆柱曲面 *B* 在图形上选取辅助圆柱曲面 *B* 作为驱动体，如图 3-53 所示。单击【确定】按钮。

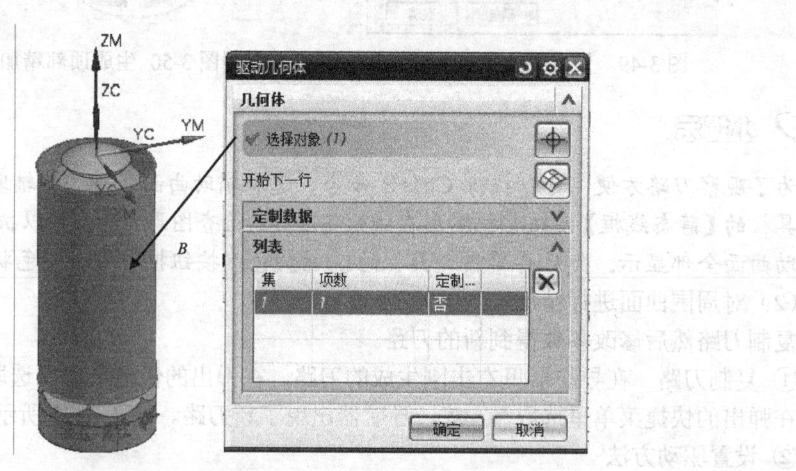

图 3-53 选取驱动体

c. 设置切削方向　在【曲面区域驱动方法】对话框里，单击【切削方向】按钮，在图形上选取如图 3-54 所示的箭头作为切削方式。

d. 调整材料方向　在【曲面区域驱动方法】对话框里，单击【材料方向】按钮，调整箭头使之朝外，图 3-55 所示。单击【确定】按钮。

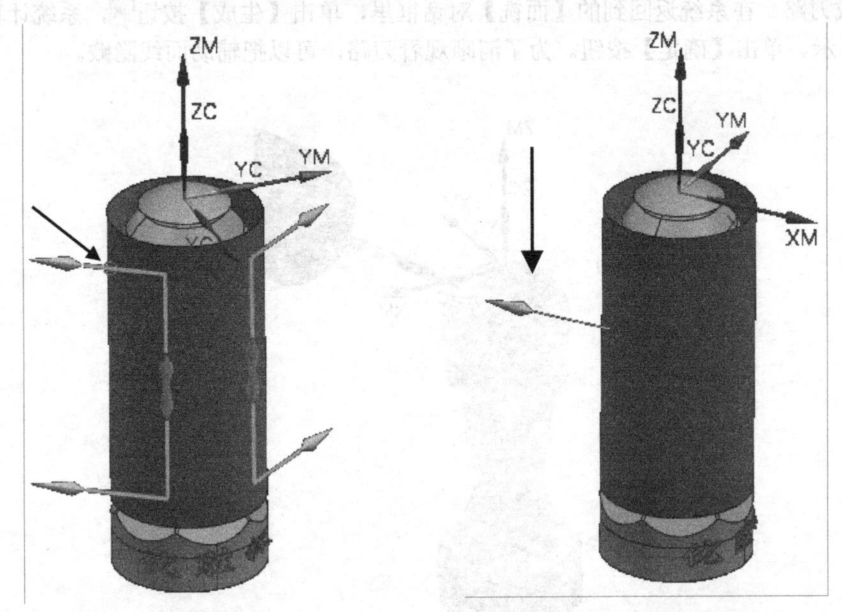

图 3-54　指定切削方向　　图 3-55　调整材料方向

③ 设置投影矢量　在系统返回到的【可变轮廓铣】对话框，展开【矢量投影】栏，检查【矢量】应该为【垂直于驱动体】选项。

④ 设置刀轴　在系统返回到的【可变轮廓铣】对话框，展开【刀轴】栏，单击【轴】右侧的下三角符号，在弹出的下拉菜单选取【相对于驱动体】选项，设置【前倾角】为 12°，【侧倾角】为 35°，如图 3-56 所示。

图 3-56　设置刀轴

此处刀轴定义方法中的“相对于驱动体”是基于“垂直于驱动体”再通过定义“前倾角”和“侧倾角”来实现的。

这里的“正的前倾角”是刀具相对于驱动体（本例为圆柱体）的法线方向向前倾斜的角度，而“负的倾角”是向后倾斜的角度。这里所说的“向前”或者“向后”是沿着刀具运动的方向来观察的。本例前倾角12°是刀具向前倾斜的。

“侧倾角”是定义了刀具从一侧到另外一侧的角度。沿着刀具切削运动方向看，刀具向右倾斜的角度为正方向，刀具向左倾斜的角度为负方向。本例侧倾角35°是向右倾斜的。从受力情况进行分析得知，这样设置参数可以较少对机床*A*轴的力矩，提高机床的加工刚度。

⑤ 生成刀路　在系统返回到的【面铣】对话框里，单击【生成】按钮，系统计算出刀路，如图3-57所示。单击【确定】按钮。为了清晰观看刀路，可以把辅助面线隐藏。

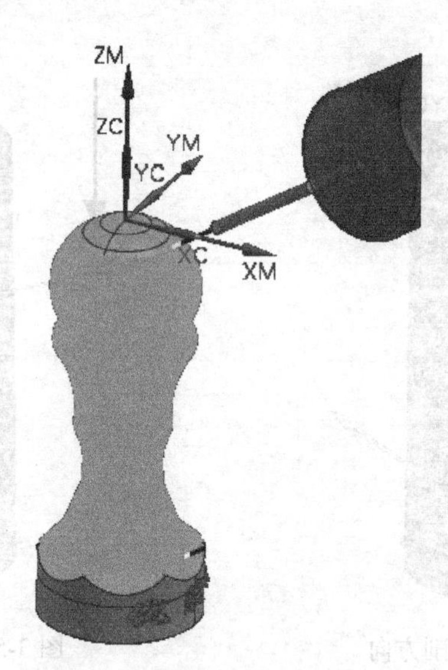

图3-57　生成周围曲面精加工刀路

以上操作视频文件为：\ch03\03-video\04-创建外形变轴曲面精加工刀路K03C.exe。

3.3.7 创建底座斜面精加工刀路K03D

本节任务：采用定向平面铣方式编程，创建2个操作，①对其中一个斜面创建精加工刀路；②用旋转刀路的方法创建其他斜面精加工刀路。

（1）对斜面平面铣进行精加工

① 设置工序参数　在操作导航器中选取K03D程序组，右击鼠标在弹出的快捷菜单里选【刀片】|【工序】命令，系统进入【创建工序】对话框，在【类型】选mill_planar，【工序子类型】选【平面铣】按钮，【位置】中参数按图3-58所示设置。

单击【确定】按钮，系统弹出【平面铣】对话框。

② 指定部件边界几何参数　将选取*C*1线作为加工线条边界。

在【平面铣】对话框里单击【指定部件】按钮，系统弹出【边界几何体】对话框，设置【模式】为“曲线/边...”，这时该对话框内容变为【创建边界】，设置【类型】为“开放的”，【材料】为“右侧”，【平面】设置为“用户定义”，在弹出的【平面】对话框里设置【类型】为“自动判断”，选取*C*斜面，单击【确定】按钮返回到【创建边界】对话框，在图形上选取*C*1边线的右侧，如图3-59所示。2次单击【确定】按钮。

③ 指定加工最低位置　在系统返回到的【平面铣】对话框里单击按钮，在图形上选取*C*斜面为最低平面，如图3-60所示。单击【确定】按钮。

④ 设置刀轴方向　在【平面铣】对话框里，单击【刀具】按钮右侧的“更少”按钮展开对话框，设置【刀轴】为“垂直于底面”选项。

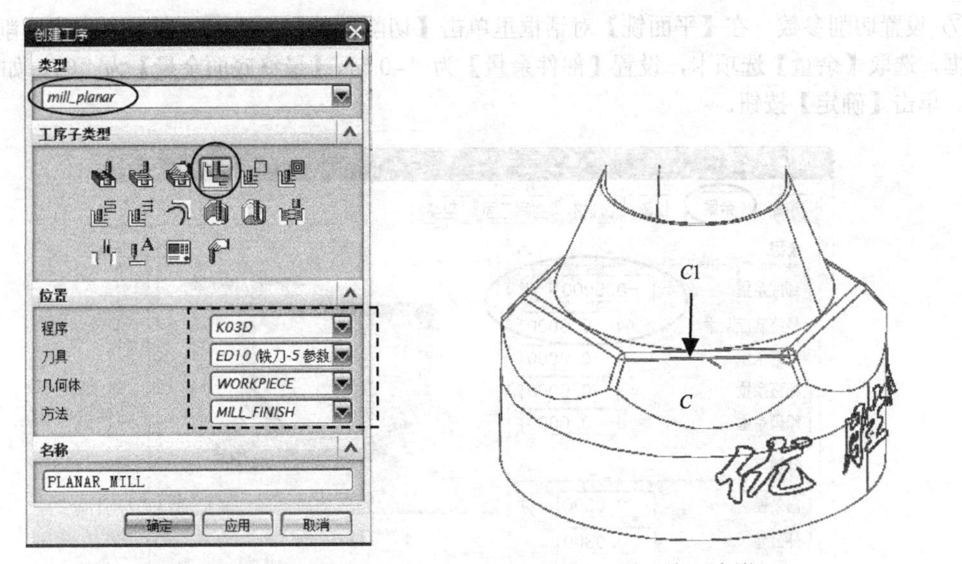

图 3-58 设置平面铣工序参数

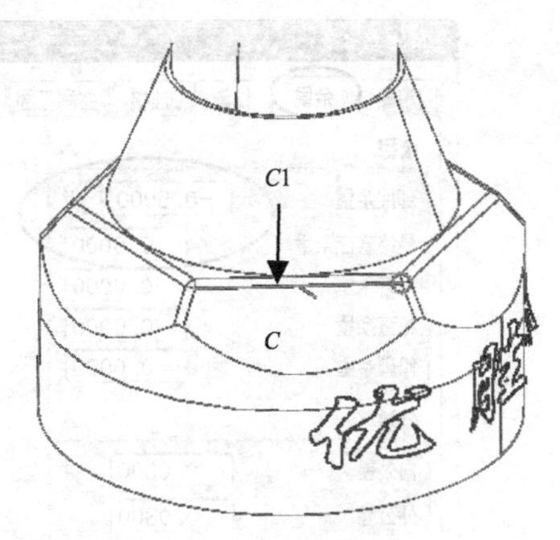

图 3-59 选取边线 C1

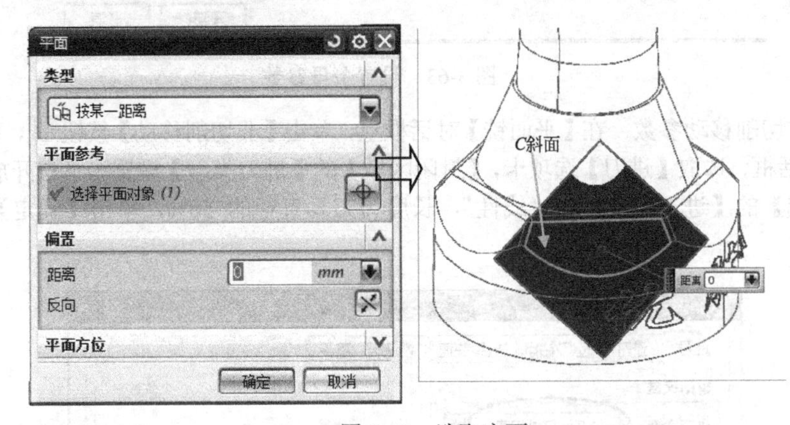

图 3-60 选取底面

⑤ 设置刀轨参数 在【平面铣】对话框里展开【刀轨设置】栏，设置【切削模式】为轮廓加工，【步距】为刀具直径的 50%，【附加刀轨】为“0”，如图 3-61 所示。

⑥ 设置切削层参数 在【平面铣】对话框里单击【切削层】按钮，系统弹出【切削层】对话框，设置【类型】为“仅底面”，如图 3-62 所示。单击【确定】按钮。

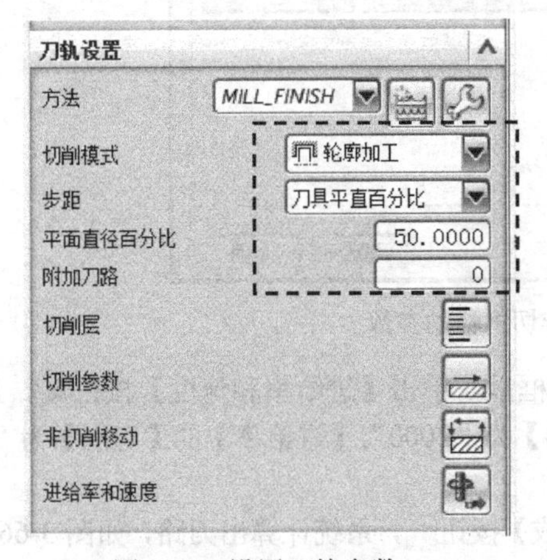

图 3-61 设置刀轨参数

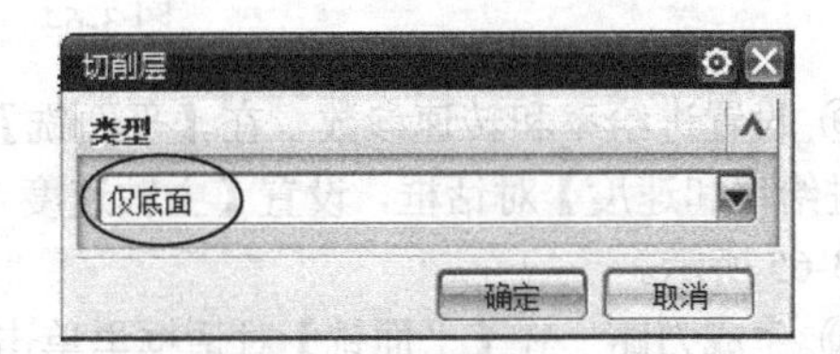

图 3-62 设置切削层参数

⑦ 设置切削参数 在【平面铣】对话框里单击【切削参数】按钮，系统弹出【切削参数】对话框，选取【余量】选项卡，设置【部件余量】为“–0.5”，【最终底面余量】为“0”，如图3-63所示。单击【确定】按钮。

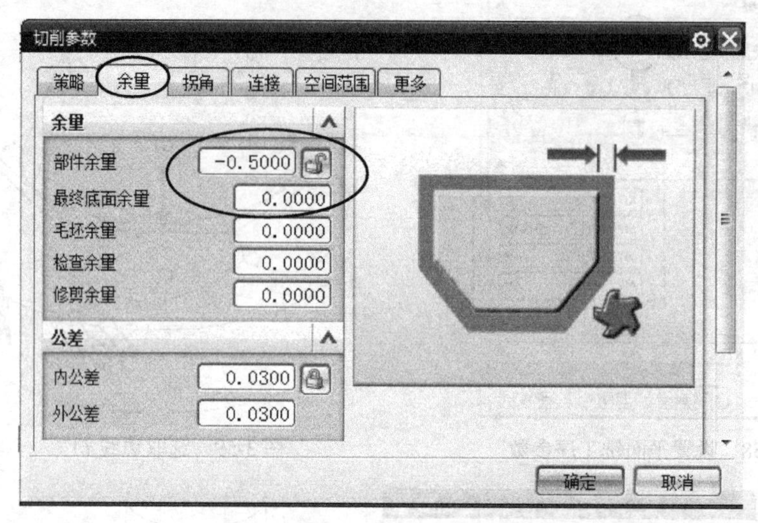

图3-63 设置余量参数

⑧ 设置非切削移动参数 在【平面铣】对话框里，单击【非切削移动】按钮，系统弹出【非切削移动】对话框，选取【进刀】选项卡，【封闭区域】的【进刀类型】设置为“与开放区域相同”。

【开放区域】的【进刀类型】为“线性”，长度为刀具直径的50%，单击【确定】按钮，如图3-64所示。

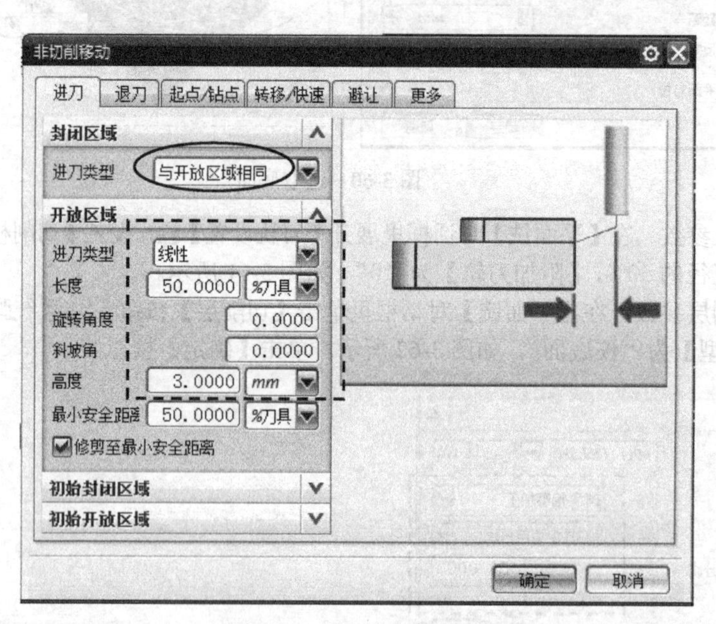

图3-64 设置非切削移动参数

⑨ 设置进给率和转速参数 在【平面铣】对话框里，单击【进给率和速度】按钮，系统弹出【进给率和速度】对话框，设置【主轴速度（rpm）】为“2000”，【进给率】的【切削】为“150”。如图3-65所示。

⑩ 生成刀路 在【平面铣】对话框里单击【生成】按钮，系统计算出刀路，如图3-66所示。单击【确定】按钮。

图 3-65 设置进给和转速

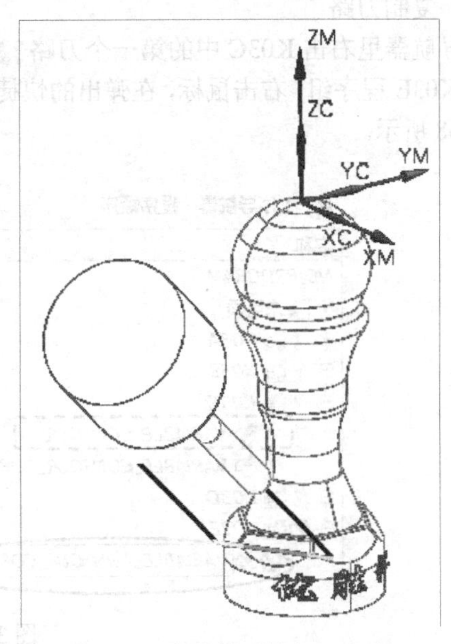

图 3-66 生成斜面精加工刀路

（2）对其他斜面进行精加工

方法：复制刀路然后得到新的刀路。

在【导航器】里右击刚生成的刀路 PLANAR_MILL，在弹出的快捷菜单里执行【对象】|【变换】命令，系统弹出【变换】对话框，设置【类型】为 绕直线旋转，【直线方法】为 点和矢量，【指定矢量】为 ZC，【指定点】为（0，0，0），角度为 360°，【结果】为“实例”，【角度分割】为“6”，该参数含义是每个角度为 360°/6=60°，【实例数】为“5”。单击【确定】按钮，结果如图 3-67 所示。

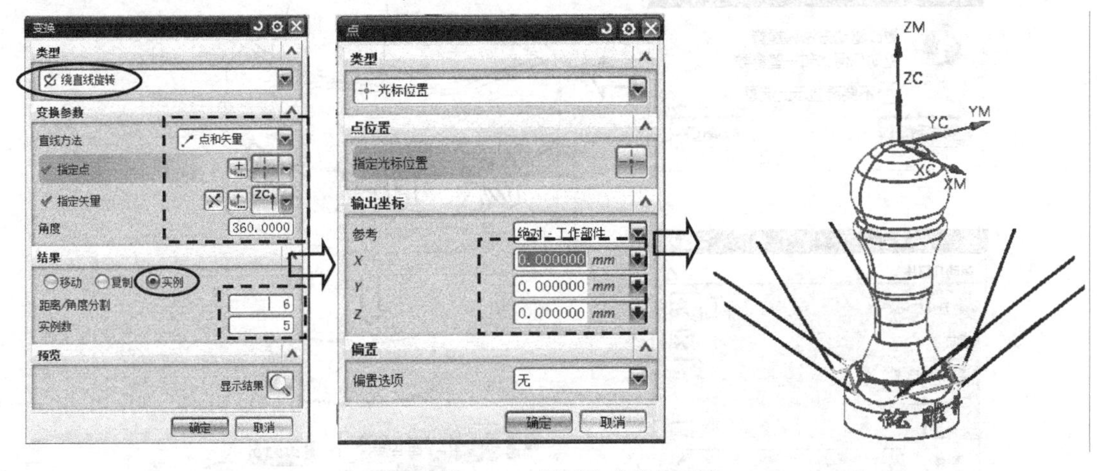

图 3-67 复制生成其他刀路

以上操作视频文件为：\ch03\03-video\05-创建底座斜面精加工刀路 K03D.exe。

3.3.8 创建刻字精加工刀路 K03E

本节任务：创建 1 个多轴曲面加工刀路，驱动方法为曲线驱动。

采用复制曲面轮廓铣刀路，然后修改参数。

（1）复制刀路

在导航器里右击K03C中的第一个刀路 VARIABLE_CONTOUR，在弹出的快捷菜单里选取 复制，再选取K03E程序组，右击鼠标，在弹出的快捷菜单里选取 内部粘贴，于是在K03E中生成了新刀路。如图3-68所示。

工序导航器 - 程序顺序

名称	换刀	刀轨	刀具	刀具号	时间
NC_PROGRAM					01:43:32
未用项					00:00:00
K03A					00:56:57
K03B					00:25:28
K03C					00:18:40
VARIABLE_CONTOUR	▮	✔	BD4R2	24	00:01:14
VARIABLE_CONTOUR_COPY		✔	BD4R2	24	00:17:13
K03D					00:02:15
K03E					00:00:12
VARIABLE_CONTOUR_COPY_1	▮	✘	BD4R2	24	00:00:00

图3-68　复制刀路

（2）修改驱动方法

双击刚复制的刀路，在系统弹出的【可变轮廓铣】对话框里，设置【驱动方法】为 曲线/点，在系统弹出的【驱动方法】警告信息框里单击【确定】按钮，系统弹出【曲线/点驱动方法】对话框，展开【列表】栏，在图形上选取“优胜杯”文字。如图3-69所示。单击【确定】按钮。

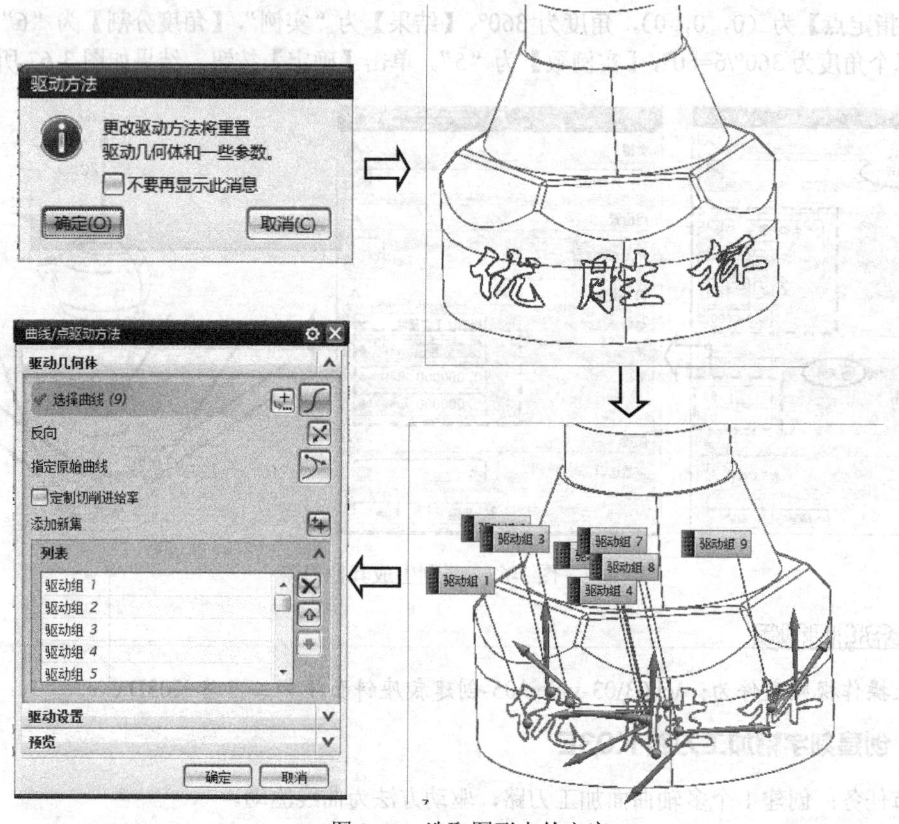

图3-69　选取图形上的文字

注意每一个独立的笔画线条选取完成以后，就单击鼠标中键，选下一个封闭线条。

（3）设置投影矢量

在【可变轮廓铣】对话框里，展开【投影矢量】栏，设置【矢量】为朝向直线，随后系统弹出【朝向直线】对话框，设置【指定矢量】为ZC，再单击【指定点】按钮，在系统弹出的【点】对话框里，检查XC、YC、ZC均为0，单击【确定】按钮。如图3-70所示。

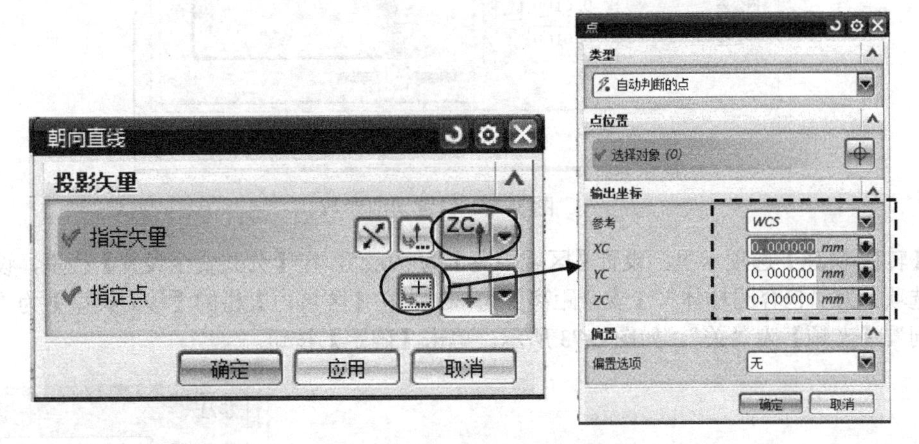

图3-70 定义朝向的直线

（4）修改刀具及刀轴参数

在【可变轮廓铣】对话框里，展开【刀具】栏，修改【刀具】为BD1R0.5 (铣刀)。

展开【刀轴】栏，修改【轴】为远离直线，随后系统弹出【远离直线】对话框，设置【指定矢量】为ZC，再单击【指定点】按钮，在系统弹出的【点】对话框里，检查XC、YC、ZC均为0，单击【确定】按钮。如图3-71所示。再次单击【确定】按钮。

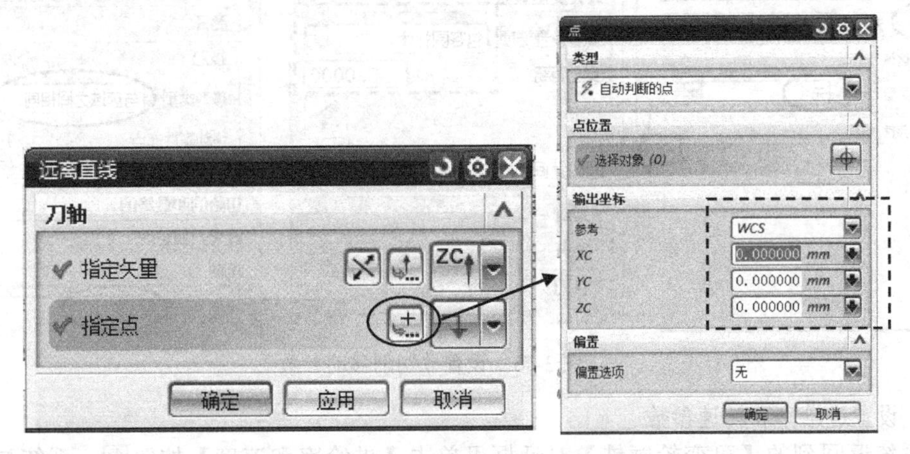

图3-71 修改刀具及刀轴参数

（5）设置切削参数

在【可变轮廓铣】对话框里单击【切削参数】按钮，系统弹出【切削参数】对话框，选取【余量】选项卡，设置【部件余量】为“-0.2”，如图3-72所示。单击【确定】按钮。

（6）设置非切削参数

在系统弹出的【可变轮廓铣】对话框里，单击【非切削移动】按钮，系统弹出【非切削移动】对话框，在【进刀】选项卡里，设置【开放区域】的【进刀类型】为“无”。

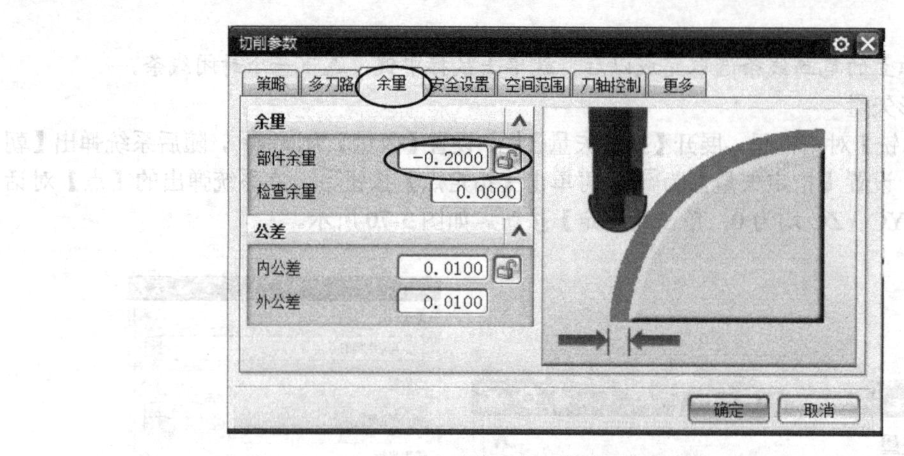

图 3-72 设置切削参数

在【转移/快速】选项卡里，设置【区域距离】为“0.2”，在【公共安全设置】栏里，设置【安全设置选项】为“包容圆柱体”，【安全距离】为“3”。在【区域内】栏的【移刀类型】为“与区域之间相同”。【光顺】为“关”。如图 3-73 所示。单击【确定】按钮。

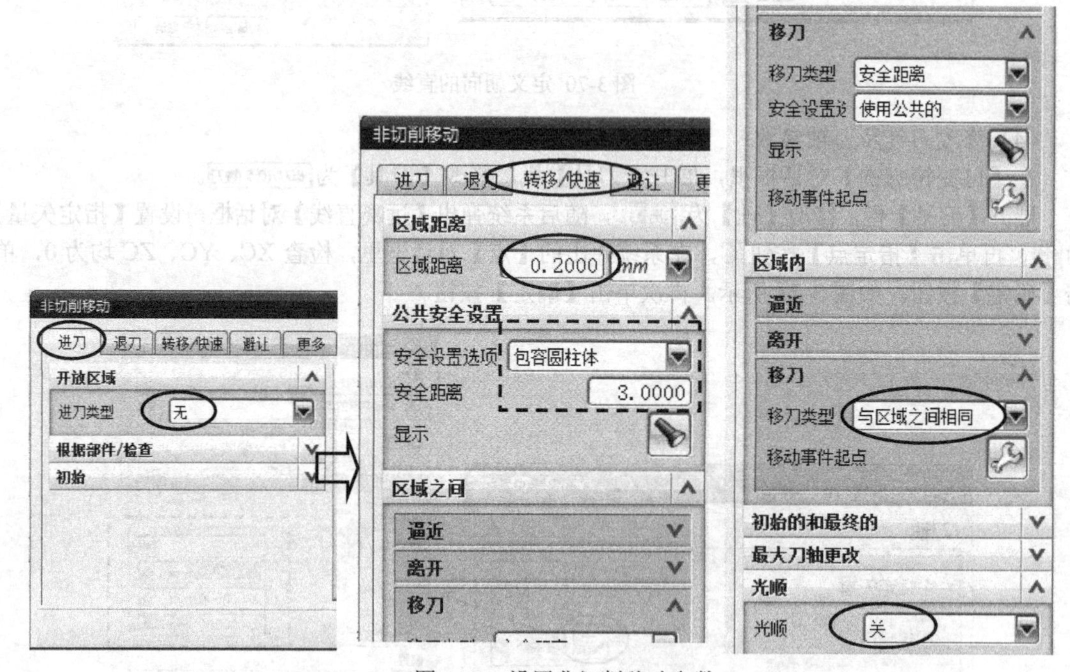

图 3-73 设置非切削移动参数

（7）设置进给率和转速参数

在系统返回到的【可变轮廓铣】对话框里单击【进给率和速度】按钮，系统弹出【进给率和速度】对话框，修改【进给率】的【切削】为“500”。如图 3-74 所示。单击【确定】按钮。

（8）生成刀路

在系统返回到的【可变轮廓铣】对话框里单击【生成】按钮，系统计算出刀路，如图 3-75 所示。单击【确定】按钮。

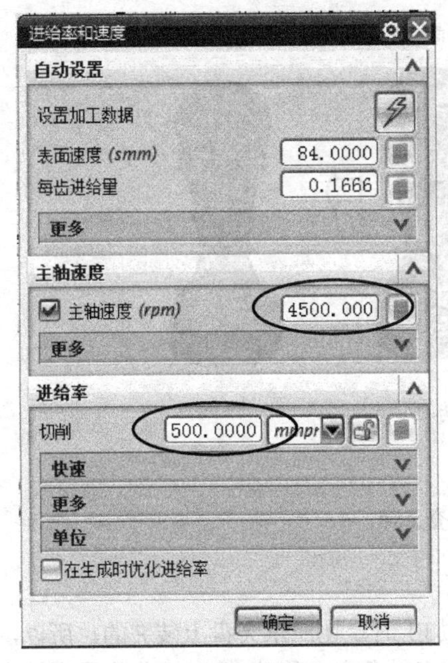

图 3-74 设置进给和转速

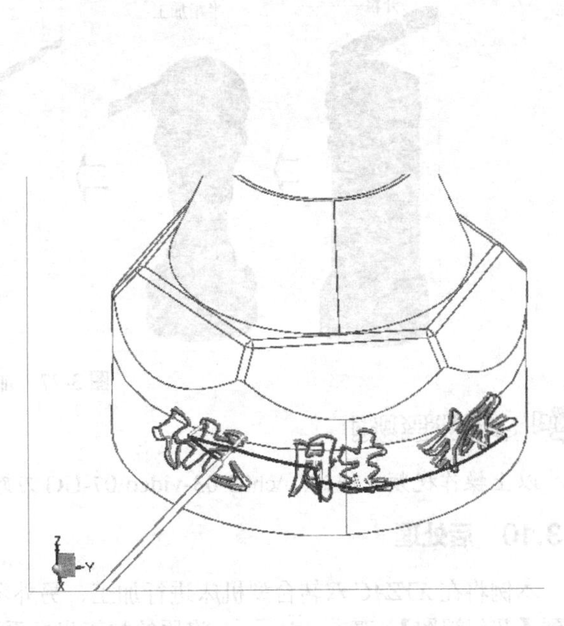

图 3-75 生成刻字刀路

以上操作视频文件为：\ch03\03-video\06-创建刻字精加工刀路 K03E.exe.

3.3.9 用 UG 软件进行刀路检查

除了可以逐条检查编程参数及在各个视图观察刀路外，还可以利用 UG 软件的实体功能进行仿真检查。实体仿真检查情况如下。

在导航器里展开各个刀路操作，选取第 1 个刀路操作，按住 Shift 键，再选取最后一个刀路操作。在主工具栏里单击按钮，系统进入【刀轨可视化】对话框，如图 3-76 所示，选取【2D 动态】选项卡，单击【播放】按钮。

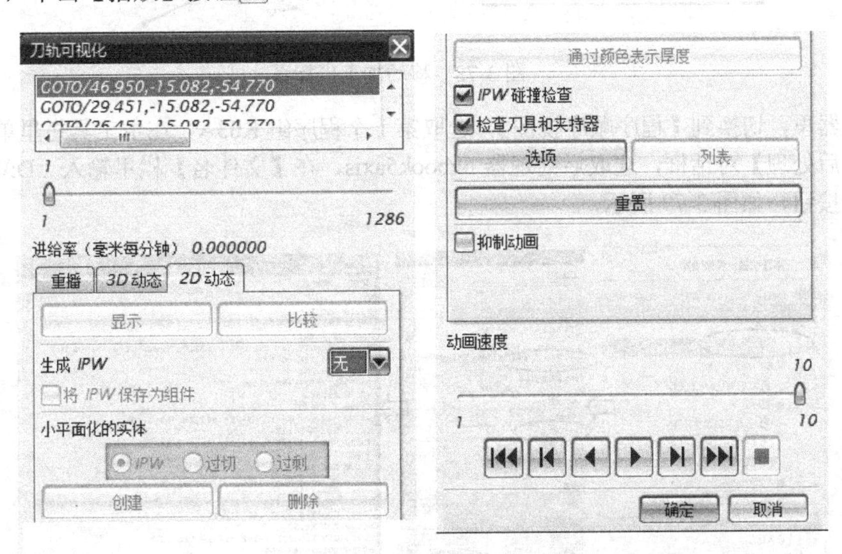

图 3-76 刀轨可视化对话框

模拟完成以后可以单击【通过颜色表示厚度】按钮，结果如图 3-77 所示。单击【确定】按钮。

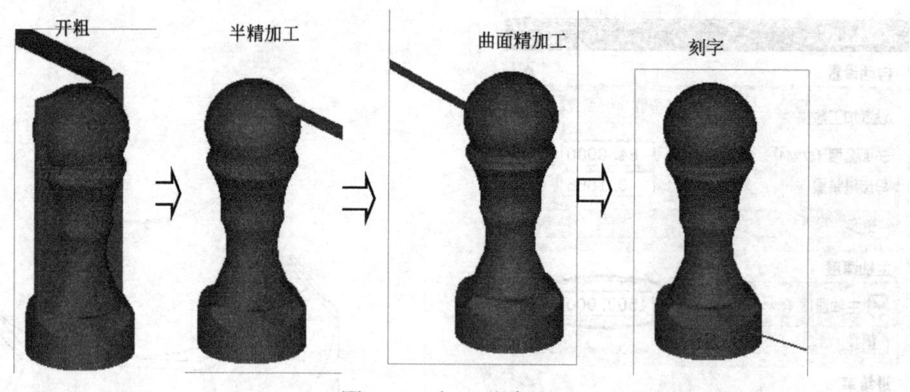

图 3-77 加工仿真

以上操作视频文件为：\ch03\03-video\07-UG 刀路检查.exe。

3.3.10 后处理

本例将在 *XYZAC* 双转台型机床进行加工，另外考虑加工时是在三爪夹盘上装夹的，所以，切换到【几何视图】，双击 MCS，将原始加工坐标系沿着 *Z* 轴负方向移动 254mm 作为程序输出零点。如图 3-78 所示。

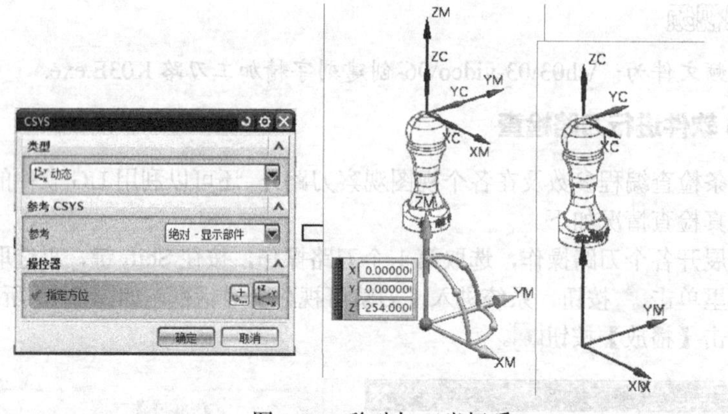

图 3-78 移动加工坐标系

在导航器里，切换到【程序顺序视图】，选取第 1 个程序组 K03A，在主工具栏里单击后处理按钮，系统弹出【后处理】对话框，选取后处理器 ugbook5axis，在【文件名】栏里输入“D:\K03A”，单击【应用】按钮，如图 3-79 所示，

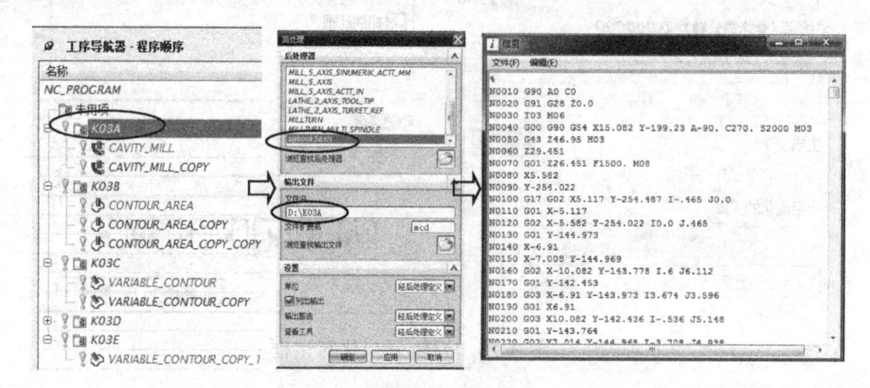

图 3-79 后处理

在导航器里选取 K03B，输入文件名为“D:\K03B”。同理，对其他程序组进行后处理。

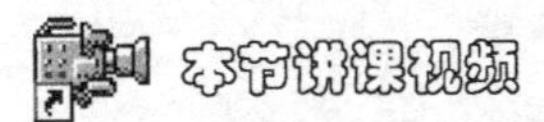

以上操作视频文件为：\ch03\03-video\08-后处理.exe。

3.3.11 使用 VERICUT 进行加工仿真检查

复制配书光盘的目录 ch03\01-sample\mach 等机床文件到本地机 D：\ch03\mach 中，再把上一节已经完成的数控程序文件复制到 D:\ch03\NC 中。

启动 VERICUT V7.1 软件，在主菜单里执行【文件】|【打开】命令，在系统弹出的【打开项目】对话框里，选取 D:\ch03\mach\ nx8book-03-01.vcproject，单击【打开】按钮。如图 3-80 所示。

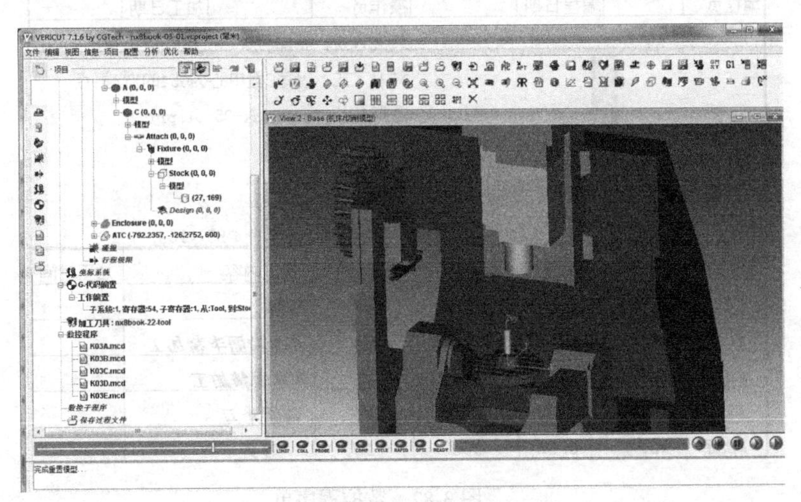

图 3-80 仿真初始界面

在图形窗口底部单击【仿真到末端】按钮就可以观察到机床开始对数控程序进行仿真。仿真过程中可以随时单击【暂停】按钮，也可以单击【单步】按钮使程序在执行一条程序后就暂停。拖动左侧的滑块可以调节仿真速度。单击【重置模型】可以从头再来进行仿真。如图 3-81 所示为仿真结果。

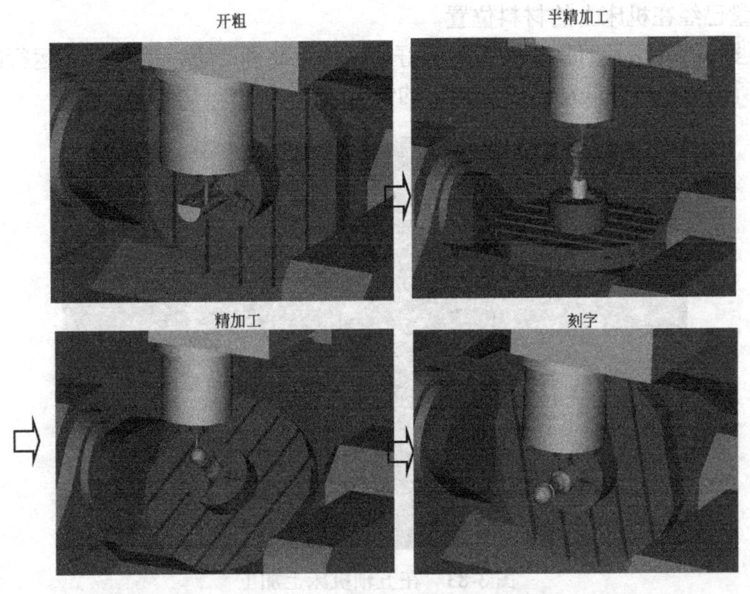

图 3-81 VERICUT 仿真结果

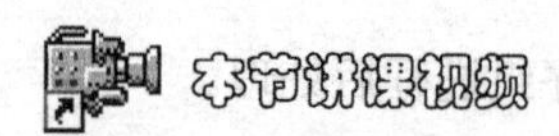

以上操作视频文件为：\ch03\03-video\09-仿真.exe

3.3.12 填写加工程序单

数控程序编程完成以后必须填写《CNC 加工程序单》，经有关人员审核批准后就可以送交 CNC 车间加工。如图 3-82 所示。

CNC加工程序单

型号		模具名称		工件名称	优胜奖杯	
编程员		编程日期		操作员	加工日期	

装夹方式：将棒料夹在三爪卡盘上留出144mm

对刀方式：设定C盘中心为G54的XYZ零点

图形名： nx8book-03-01.prt

材料号 铝

材料大小:圆柱棒料 Φ55×169

程序名	余量	刀具	装刀最短长	加工内容	加工时间
K03A .MCD	0.3	ED10	45	开粗	
K03B .MCD	0.1	BD6R3	45	外形曲面半精加工	
K03C .MCD	0	BD4R2	45	形曲面精加工	
K03D .MCD	底部0	ED10	45	斜面光刀	
K03E .MCD	-0.25	ED3	25	刻字	

图 3-82 数控程序单

3.3.13 现场加工问题处理

运行本例五轴数控程序时需要注意以下问题。

① 首先，结合加工厂的实际情况，周密安排加工工艺。本例就需要把ϕ60×175 的圆棒料利用普通车床加工成符合尺寸ϕ55×160 的圆柱料，然后在五轴机床上安装三爪卡盘对圆柱料进行装夹。

② 实际测量已经在机床上的材料位置。

③ 准备足够长的刀柄及刀具，装刀时最好在工件上比画一下，确保程序运行时不碰伤夹具。如图 3-83 所示为在五轴联动机床上加工的情况。

图 3-83 在五轴机床上加工

3.3.14 多轴铣驱动方式概述

UG 刀轨的生成原理是先按照驱动方法生成一定规律的一系列驱动点，然后将这些驱动点沿着指定的投影矢量的方向投影到部件表面从而生成刀轨。为此，UG 提供了大量的生成驱动点的方法称为“驱动方法”，表 3-1 所示为常用的驱动方法，其中第 1、4、8、9 几种方法尤其重要，请读者灵活运用于多轴编程工作之中。

表 3-1 UG 驱动方法

序号	名称	解释
1	曲线/点驱动方式	是指通过指定点和选择曲线来定义驱动几何体，然后把生成的点投影到部件表面，据此生成刀轨
2	螺旋驱动方式	可以定义从指定的中心点向外螺旋生成驱动点的驱动方式。驱动点在垂直于投影矢量并包含中心点的平面上生成，然后驱动点沿着矢量投影到所选择的部件表面上
3	径向切削驱动方式	可以使用指定的步进距离、带宽和切削模式生成沿着并垂直于给定边界的驱动路径，此驱动方式可用于创建清理操作
4	曲面驱动方式	可用于创建一个位于驱动曲面网格内的驱动点阵列。它提供了对刀具轴和投影矢量的附加控制。将驱动曲面上的点按指定的投影矢量的方向向部件表面上投影来生成刀轨
5	边界驱动方式	可指定边界和内环来定义切削区域，再将切削区域内的驱动点按照指定的投影矢量的方向投影到部件表面，以此来生成刀轨
6	区域驱动方法	是在指定的加工曲面的切削区域内生成驱动点从而生成刀轨。用于固定轴刀路
7	清根驱动方法	能够沿着部件表面形成的凹角和凹谷生成刀轨，可以删除之前较大球刀留下的未切削材料。用于固定轴刀路
8	外形轮廓加工驱动方法	利用刀具的外侧刀刃加工零件的立壁，系统可以基于底面自动判断轮廓墙壁，也可以选取墙壁。可以生成一条或者多条加工路径。刀轴会根据墙壁自动调整
9	可变流线驱动	为变轴曲面轮廓铣中很重要的驱动方法，需要指定曲面的流曲线和交叉曲线形成网格驱动，然后把这些驱动投影到部件表面形成刀轨
10	刀轨驱动方法	是先生成刀轨文件的 CLSF，然后据此生成驱动点，再把驱动点沿着投影矢量投影到部件表面生成刀轨

3.4 本章总结及思考练习

本章通过实例着重讲解了多轴加工中比较重要的变轴轮廓铣加工的方式。应用好五轴联动加工功能还需要注意以下问题。

① 要明确多轴加工只是整个零件加工中的一个工序，由于五轴联动加工受旋转轴运动速度的限制，实际加工速度很难提高，加工效率低，为此要慎用五轴联动功能，要“好钢用在刀刃上”，即用五轴联动方式来解决其他加工方式很难完成的加工任务。

② 轮廓铣功能着重要选取好驱动方法、投影方向、设置刀轴控制方向，才可以运用灵活自如。

③ 要结合定位加工和联动共同高效解决加工问题。

思考练习

1. 说明变轴轮廓铣刀加工时的前倾角和侧倾角的含义？
2. 如果在加工中出现断刀，该如何处理后续的加工问题？

参考答案

1. 答：前倾角是刀具相对于驱动体的法线方向向前倾斜的角度，而“负的倾角”是向后倾斜的角度。侧倾角是定义了刀具从一侧到另外一侧的角度。沿着刀具切削运动方向看，刀具向右倾斜的角度为正方向，刀具向左倾斜的角度为负方向。

2. 答：这是加工中经常可能出现的问题，解决方法如下。

① 查数控程序参数是否合理，必要时减小切削量重新编程。

② 本程序加工之前是否清角不到位，局部留有大量的余量，必要时加入清角刀路。

③ 如果加工面很大，需要测量断刀位置，从此位置以后进行加工。

④ 编辑数控程序，将已经加工的那部分数控程序语句删除，从断刀位置开始加工。

第 4 章　印章变轴多工位加工

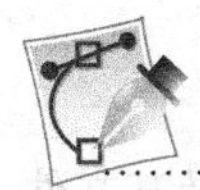

4.1　本章要点和学习方法

本章重点学习印章零件进行多工位数控加工编程及仿真，阅读时注意以下问题：

① 零件多工位加工的要点；

② 印章零件多工位加工的工艺规划；

③ 第一工位加工的编程方法；

④ 第二工位加工的编程方法；

⑤ VERICUT 对多工位加工仿真的要点。

应该重点体会多工位加工的基准确定、装夹方法以及数控编程的实现过程，以解决类似零件编程。

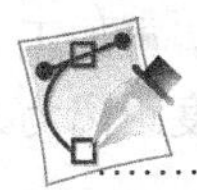

4.2　多工位加工概述

尽管五轴加工中心可以实现多个方位的机械加工，但由于工件需要牢靠地装夹在机床台面上，在刀具与夹具干涉的位置总是加工不到位，会留下死角。为此，在实际工作中对于复杂零件单从一个装夹位置可能无法加工全部形状，可能就需要变换不同的装夹位置进行加工。第一个装夹位置叫作“第一工位”，另外一个装夹位置叫作“第二工位”，其他装夹位置叫“第三工位”等。

多工位加工工艺普遍运用于机械加工的全过程，但是数控编程时还是应该注意以下问题：

① 根据设计图纸全面规划加工工艺；

② 每一个工序必须合理设计装夹位置，同时加工出后续工序的装夹面；

③ 设计的装夹面不能单薄，要牢靠，防止夹紧变形；

④ 全面设计工序基准，多工位加工尽可能保持基准统一。

4.3　印章零件编程

本节任务：根据如图 4-1 所示的印章 3D 图形进行数控编程，生成合理的刀具路径，然后把数控程序在 VERICUT 软件里的五轴机床模型上进行仿真及优化检查。最后，如果有条件，在五轴加工机床上将其加工出来。

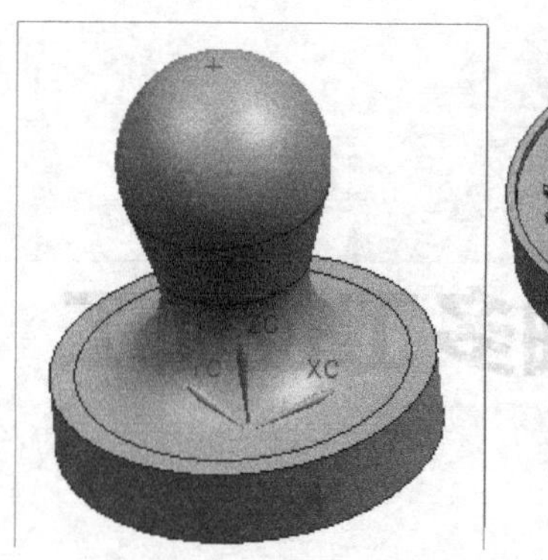

图 4-1　印章模型

4.3.1　工艺分析

先在 D：根目录建立文件夹 D：\ch04，然后将光盘里 ch04\01-sample 的 3 个文件夹及其文件复制到该文件夹里来。

（1）图纸分析

打开图形文件 ch04\prt\nx8book-04-01.prt，在界面上方执行【开始】|【制图】命令，进入 2D 工程图纸界面，零件图纸如图 4-2 所示。该零件材料为尼龙，外围表面粗糙度为 *Ra*6.3μm、全部尺寸的公差为±0.05mm。

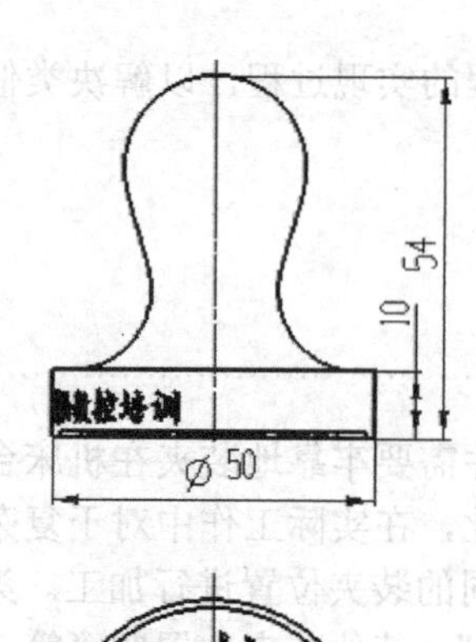

图 4-2　零件工程图纸

（2）加工工艺

① 开料：毛料大小为 ϕ60×60 的棒料，材料为尼龙。

② 车削：先车一端面及外圆，然后掉头，夹持已经车削的一端，车削外圆及另外端面，尺寸保证为 ϕ55×55。

③ 五轴数控铣第一工位：先加工印章字面的刻字，再加工圆柱侧面的字。采用三爪夹盘装夹，夹持位的圆柱高度距离为 25，露出三爪卡盘表面的材料高度为 30。

④ 五轴数控铣第二工位：加工球形手把形状，先用定向开粗，再用变轴曲面铣精加工。采用三爪夹盘装夹，夹持为第一工位加工出的外圆。夹持位的圆柱高度距离为 5，留出材料高度为 30。

（3）数控铣加工程序

① 第一工位字面开粗刀路 KA04A，字面型腔，使用 ED3 平底刀，余量为 0.3，层深为 0.25。

② 第一工位字面精加工刀路 KA04B，使用 ED2 平底刀，余量为 0，层深为 0.15。

③ 第一工位外形及顶面精加工刀路 KA04C，使用 ED6 平底刀，侧面余量为 0.2，顶部余量为 0。

④ 第一工位刻字精加工雕刻刀路 KA04D，使用刀具为 ED0 尖刀，余量为 0。

⑤ 第二工位手把开粗刀路 KA04E，两侧球面铣，使用 ED6 平底刀，余量为 0.3，层深为 1.0。

⑥ 第二工位水平面精加工刀路 KA04F，使用 ED6 平底刀，余量为 0，层深为 0。

⑦ 第二工位球形面精加工刀路 KA04G，使用 BD6R3 球头刀，余量为 0，步距按照残留高度为 0.005 进行计算。

4.3.2　图形处理

本例图形为了适应变轴轮廓铣的要求创建一些辅助面：周围采取 拉伸 创建圆锥曲面。为了简化操作步骤本例已经创建了辅助线和辅助面。

打开图形文件 nx8book-04-01.prt，在界面上方执行【开始】|【建模】命令，进入建模界面。释放层，显示出所补的线及面。

在主菜单里执行【格式】|【视图中可见图层】命令，在系统弹出【视图中可见图层】对话框，单击【确定】按钮，在该对话框里的【过滤器】栏里选取“01-原始图形”层集合，在【图层】栏里自动选取了相应的层，单击【可见】按钮，再单击【确定】按钮。结果如图 4-3 所示。

在图 4-3 所示的【视图中可见图层】对话框里单击【取消】按钮，显示图形如图 4-4 所示为第一工位图形。

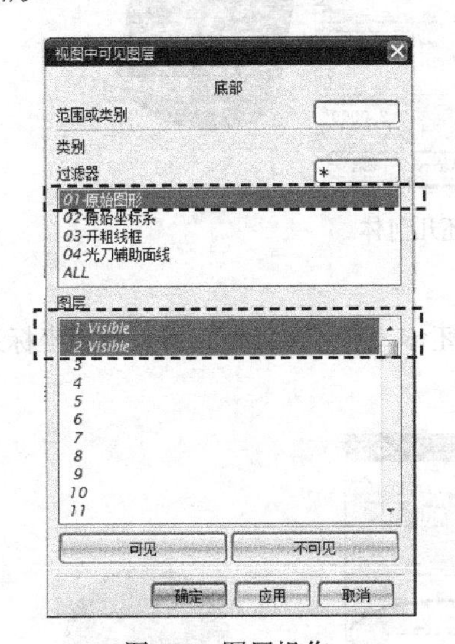

图 4-3 图层操作

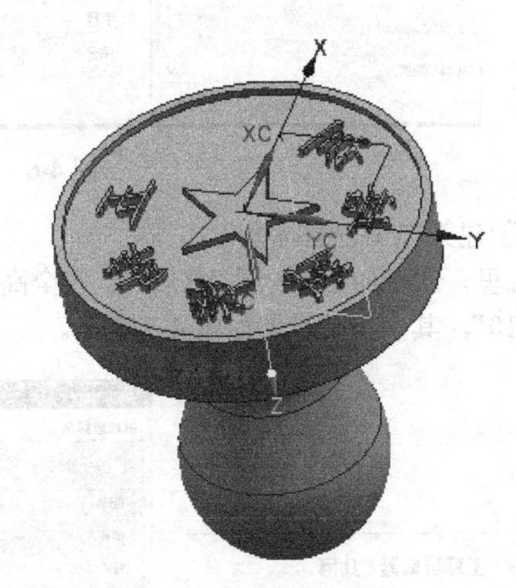

图 4-4 显示加工图形

为了后续编程方便，可以暂时把不需要的层关闭显示。

4.3.3 编程准备

在工具条中选【开始】|【加工】，进入加工模块 加工(N)。为了简化操作，本例已经进行了设置，要点如下。

（1）创建第一工位坐标系

在 几何视图 里，创建加工坐标系 MCS_0、安全高度、毛坯体。本例加工坐标系是原始坐标系沿着 X 轴旋转 180°得到的坐标系，安全距离为“10”，其余参数设置如图 4-5 所示。

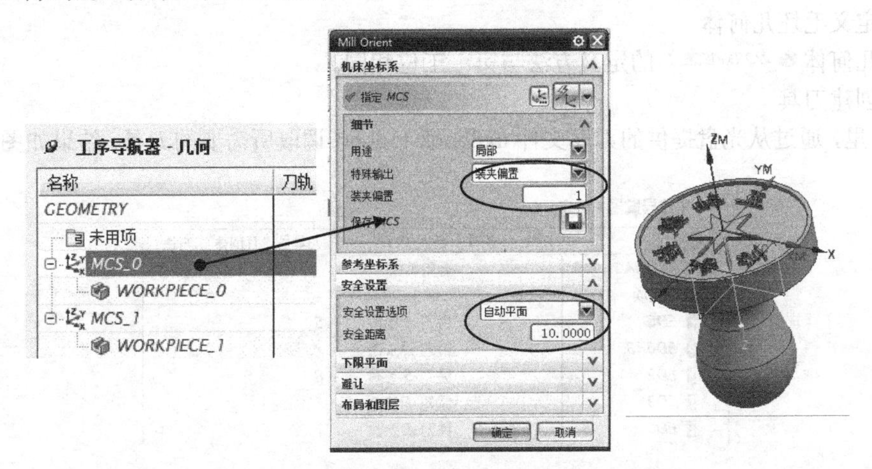

图 4-5 设置加工坐标系

（2）定义毛坯几何体

在毛坯几何体 WORKPIECE_0 的【指定部件】栏里选取原始曲面，【指定毛坯】采用 包容圆柱体 创建，如图4-6所示。

图4-6 定义毛坯几何体

（3）创建第二工位坐标系

在 几何视图 里，创建加工坐标系MCS_1、安全高度、毛坯体。本例加工坐标系是原始坐标系，安全距离为“10”，其余参数设置如图4-7所示。

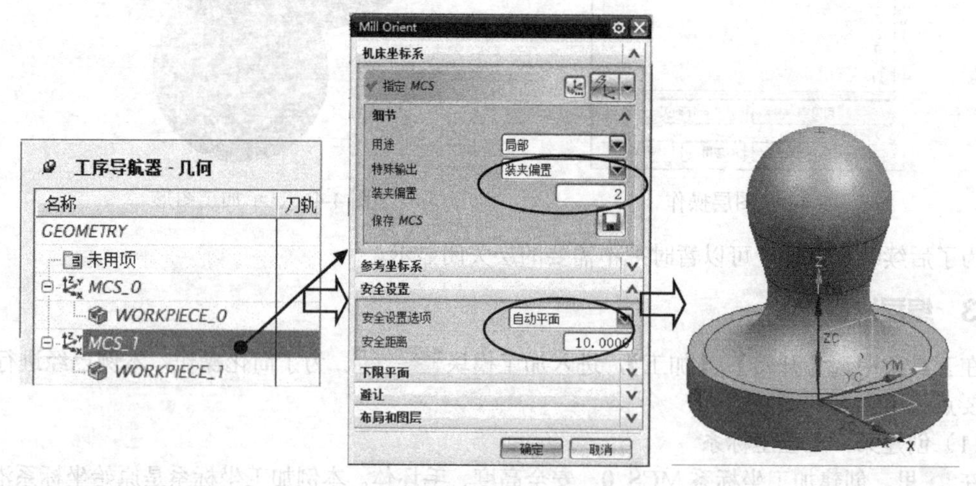

图4-7 设置加工坐标系

（4）定义毛坯几何体

毛坯几何体 WORKPIECE_1 的定义方法与第一工位相同。

（5）创建刀具

在 机床视图 里，通过从光盘提供的刀库文件nx8book-tool.prt调取所需要的刀具，结果如图4-8所示。

工序导航器 - 机床

名称	刀轨	刀具	描述	刀具号	几何体	方法
GENERIC_MACHINE			通用机床			
未用项			mill_multi-axis			
ED6			铣刀-5参数	5		
BD6R3			铣刀-球头铣	23		
ED2			铣刀-5参数	8		
ED3			铣刀-5参数	7		
ED0			铣刀-5参数	11		

图4-8 创建刀具

（6）创建空白程序组

在［程序顺序视图］里，通过复制现有的程序组然后修改名称的方法来创建，结果如图 4-9 所示。

工序导航器 - 程序顺序

名称	换刀	刀轨	刀具	刀具号	时间	几何体
NC_PROGRAM					00:00:00	
未用项					00:00:00	
KA04A					00:00:00	
KA04B					00:00:00	
KA04C					00:00:00	
KA04D					00:00:00	
KA04E					00:00:00	
KA04F					00:00:00	
KA04G					00:00:00	

图 4-9 创建空白程序组

以上操作视频文件为：\ch04\03-video\01-编程准备.exe。

4.3.4 创建第一工位开粗刀路 KA04A

本节任务：创建印章的字面凹槽部分的开粗刀路，创建型腔铣。

（1）设置工序参数

在主工具栏里单击［创建工序］按钮，系统弹出【创建工序】对话框，在【类型】选［mill_contour］，【工序子类型】选【型腔铣】按钮，【位置】中参数按图 4-10 所示设置。

（2）选取边界线

在图 4-10 所示对话框里单击【确定】按钮，系统进入【型腔铣】对话框，单击【指定修剪边界】按钮，在弹出的【修剪边界】对话框里，系统自动进入【主要】选项卡，选取【曲线边界线】选项，再在【修剪侧】栏选取【外部】选项，最后选取［成链］，在图形上选取边界线，如图 4-11 所示。单击【确定】按钮。

图 4-10 设置工序参数

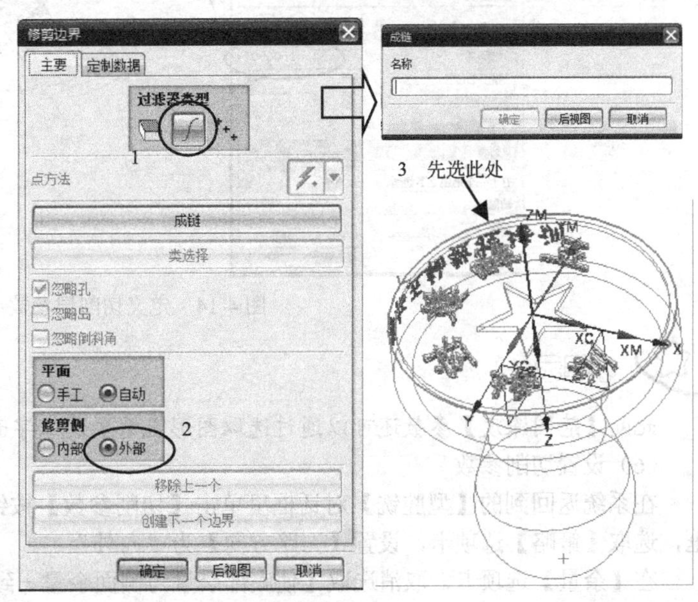

图 4-11 选取边界线

（3）检查刀轴方向

在系统返回到的【型腔铣】对话框里，展开【刀轴】栏，默认刀轴为“+*ZM* 轴”，如图 4-12 所示。

（4）设置切削模式

在图 4-12 所示的【型腔铣】对话框里，设置【切削模式】为跟随周边，如图 4-13 所示。

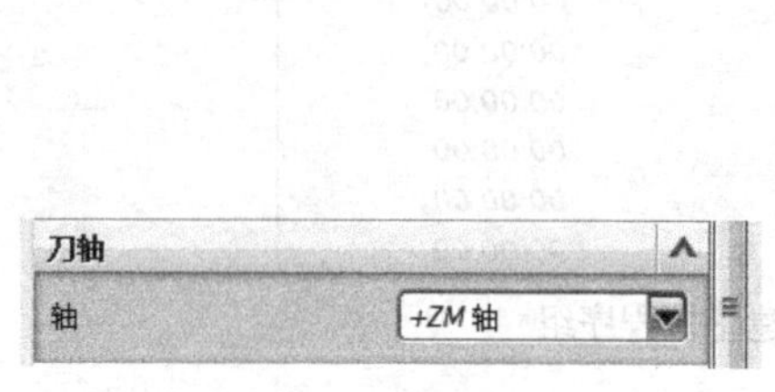

图 4-12　定义刀轴

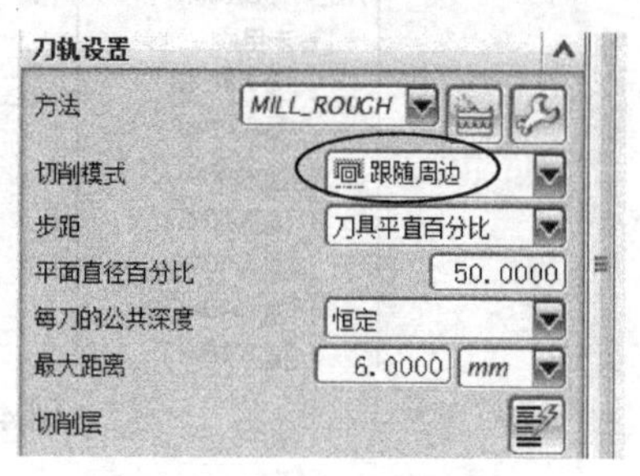

图 4-13　定义切削参数

（5）设置切削层参数

在图 4-13 所示的【型腔铣】对话框里单击【切削层】按钮，系统弹出【切削层】对话框，设置【范围类型】为单个，设置层深【最大距离】为“0.25”按回车键，系统自动选取了【范围定义】栏，输入【范围深度】为“1”，单击【确定】按钮，如图 4-14 所示。单击【确定】按钮。

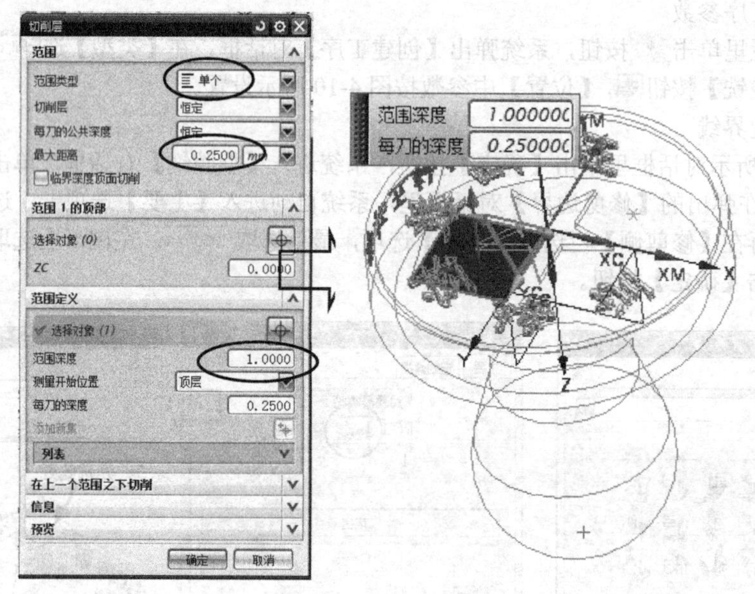

图 4-14　定义切削层参数

小提示

此处【范围深度】参数还可以通过选取图形上需要加工字面凹槽的最低位置的点来定义。

（6）设置切削参数

在系统返回到的【型腔铣】对话框里单击【切削参数】按钮，系统弹出【切削参数】对话框，选取【策略】选项卡，设置【刀路方向】为“向外”。

在【余量】选项卡，取消选取【使底部余量与侧面余量一致】复选框，设置【部件侧面余量】为“0.3”，设置【部件底部余量】为“0”，如图 4-15 所示。

在【拐角】选项卡，设置【光顺】为“所有刀路”，半径为刀具直径的 50%。单击【确定】按钮。

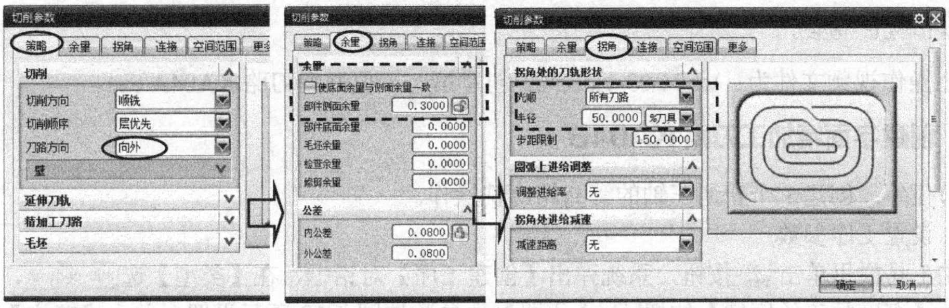

图 4-15　定义切削参数

（7）设置非切削移动参数

在系统返回到的【型腔铣】对话框里单击【非切削移动】按钮，系统弹出【非切削移动】对话框，选取【进刀】选项卡，在【封闭区域】栏里，设置【进刀类型】为“螺旋”，设置【直径】为刀具直径的 120%，【斜坡角】为 3°，【高度】为“1.5”，【高度起点】为“当前层”。【进刀类型】为“与封闭区域相同”，如图 4-16 所示。单击【确定】按钮。

（8）设置进给率和转速参数

在【型腔铣】对话框里单击【进给率和速度】按钮，系统弹出【进给率和速度】对话框，设置【主轴速度（rpm）】为“2500”，【进给率】的【切削】为“1500”。单击【计算】按钮，如图 4-17 所示。单击【确定】按钮。

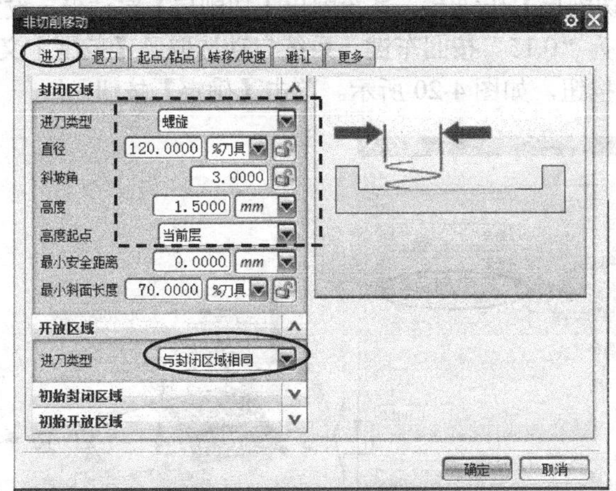

图 4-16 定义进刀参数

图 4-17　设置进给率和转速参数

（9）生成刀路

在系统返回到的【型腔铣】对话框里单击【生成】按钮，系统计算出刀路，如图 4-18 所示。单击【确定】按钮。

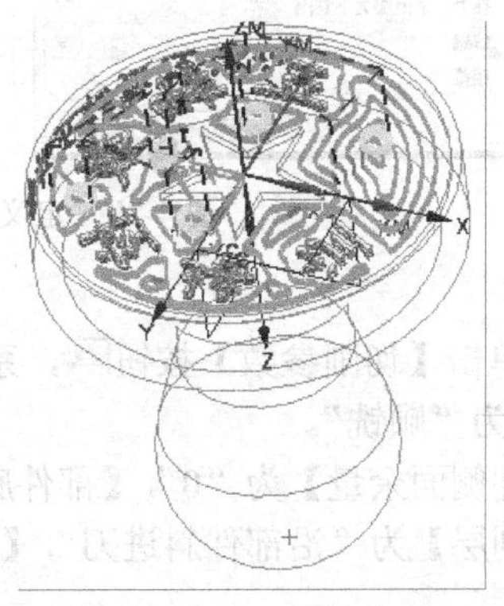

图 4-18　生成字面凹槽开粗刀路

以上操作视频文件为：\ch04\03-video\02-创建第一工位开粗刀路 KA04A.exe。

4.3.5 创建字面精加工刀路 KA04B

本节任务：创建1个普通三轴的等高轮廓铣操作。

（1）设置工序参数

在主工具栏里单击 按钮，系统弹出【创建工序】对话框，在【类型】选mill_contour，【工序子类型】选【深度加工轮廓铣】按钮，【位置】中参数按图4-19所示设置。单击【确定】按钮。

（2）指定修剪边界线

在图4-19所示对话框里单击【确定】按钮，系统进入【深度加工轮廓】对话框，单击【指定修剪边界】按钮，在弹出的【修剪边界】对话框里，系统自动进入【主要】选项卡，选取【曲线边界线】选项，再在【修剪侧】栏选取【外部】选项，最后选取 成链，在图形上选取边界线，与如图4-11所示相同。单击【确定】按钮。

（3）检查刀轴方向

在系统返回到的【深度加工轮廓】对话框里，展开【刀轴】栏，默认刀轴为“+*ZM*轴”，与图4-12所示相同。

（4）设置切削层参数

在【深度加工轮廓】对话框里单击【切削层】按钮，系统弹出【切削层】对话框，设置【范围类型】为 单个，设置层深【最大距离】为“0.15”按回车键，系统自动选取了【范围定义】栏，输入【范围深度】为“1”，单击【确定】按钮，如图4-20所示。单击【确定】按钮。

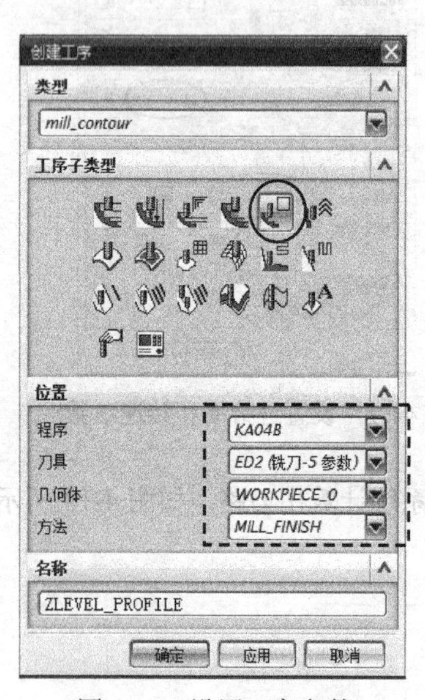

图4-19 设置工序参数

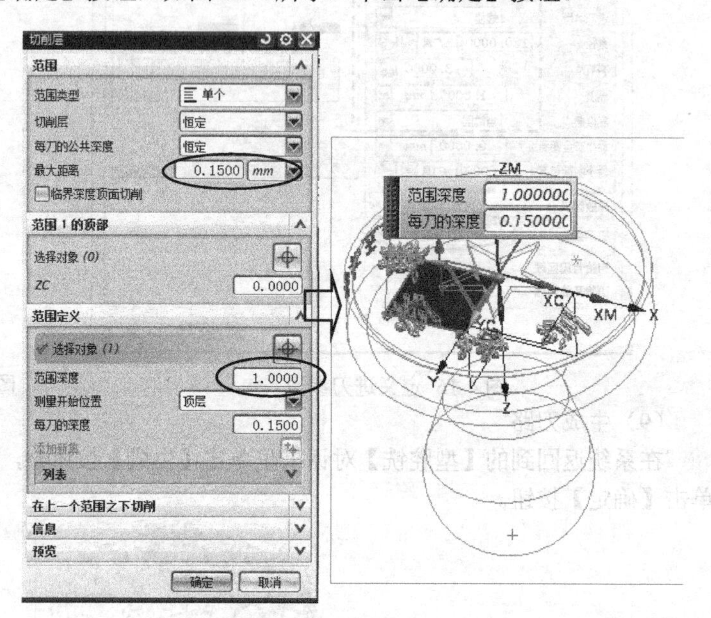

图4-20 定义切削层参数

（5）设置切削参数

在【深度加工轮廓】对话框里单击【切削参数】按钮，系统弹出【切削参数】对话框。在【策略】选项卡，设置【切削方向】为“顺铣”。

在【余量】选项卡，设置【部件侧面余量】为“0”，【部件底面余量】为“0”。

在【连接】选项卡，设置【层到层】为“沿部件斜进刀”，【斜坡角】为1°，如图4-21所示。单击【确定】按钮。

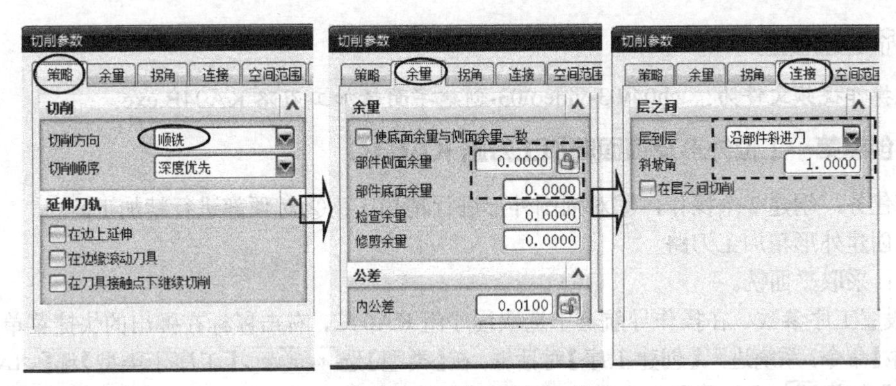

图 4-21 设置切削参数

（6）设置非切削参数

在系统弹出的【深度加工轮廓】对话框里，单击非切削移动按钮，系统弹出【非切削移动】对话框，在【进刀】选项卡里，设置【封闭区域】栏里的【进刀类型】为“插削”，【高度】为“2”，【高度起点】为“当前层”。设置【开放区域】栏的【进刀类型】为“与封闭区域相同”，如图 4-22 所示。单击【确定】按钮。

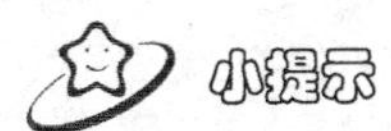

正因为本例材料为尼龙属于软性材料，所以可以采用“插削”方式进刀。

（7）设置进给率和转速参数

在【深度加工轮廓】对话框里单击【进给率和速度】按钮，系统弹出【进给率和速度】对话框，设置【主轴速度（rpm）】为“3500”，【进给率】的【切削】为“1500”。单击【计算】按钮，如图 4-23 所示。单击【确定】按钮。

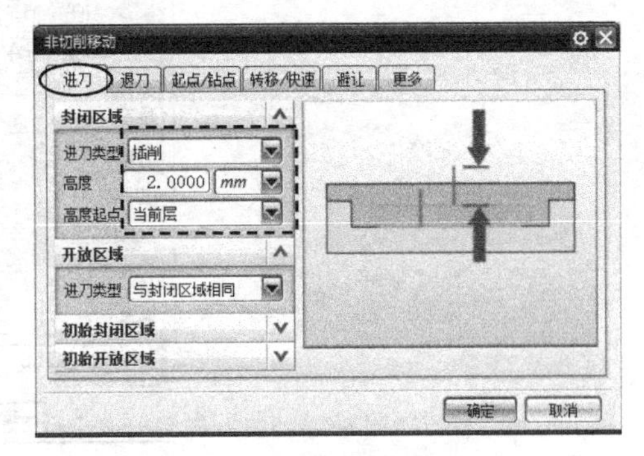

图 4-22 设置非切削参数

（8）生成刀路

在系统返回到的【深度加工轮廓】对话框里单击【生成】按钮，系统计算出刀路，如图 4-24 所示。单击【确定】按钮。

图 4-23 设置转速和进给率

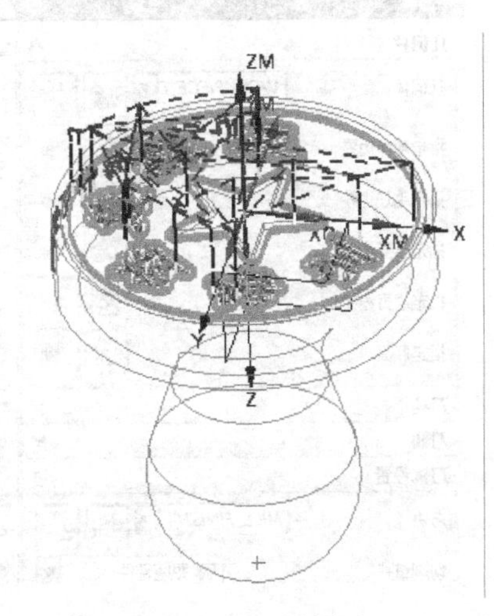

图 4-24 生成刀路精加工

以上操作视频文件为：\ch04\03-video\03-创建字面精加工刀路 KA04B.exe。

4.3.6 创建第一工位外形及顶面精加工刀路 KA04C

本节任务：创建2个操作，①对周围外形进行精加工；②对顶部进行精加工。

（1）创建外形精加工刀路

方法：采取平面铣。

① 设置工序参数 在操作导航器中选取程序组 KA04C，右击鼠标在弹出的快捷菜单里选【刀片】|【工序】命令，系统进入【创建工序】对话框，在【类型】选 mill_planar，【工序子类型】选【PLANAR_MILL（平面铣）】按钮，【位置】中参数按图4-25所示设置。

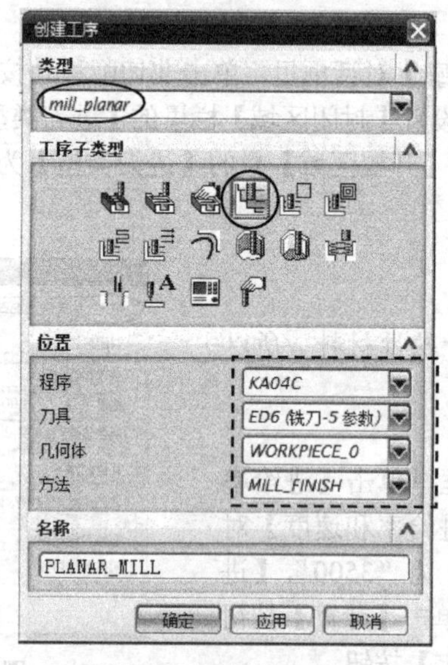

图4-25 设置工序参数

② 选取加工线条 在图4-25所示的对话框里单击【确定】按钮，系统弹出【平面铣】对话框，如图4-26所示。

图4-26 平面铣对话框

在图 4-26 所示的对话框里，单击【指定部件边界】按钮，系统弹出【边界几何体】对话框，检查【模式】为“面”，【材料侧】为“内部”，再修改【面选择】栏选取“忽略孔”选项，然后在图形上选取如图 4-27 所示的平面，这样系统就可以选取外形圆作为边界线，单击【确定】按钮。

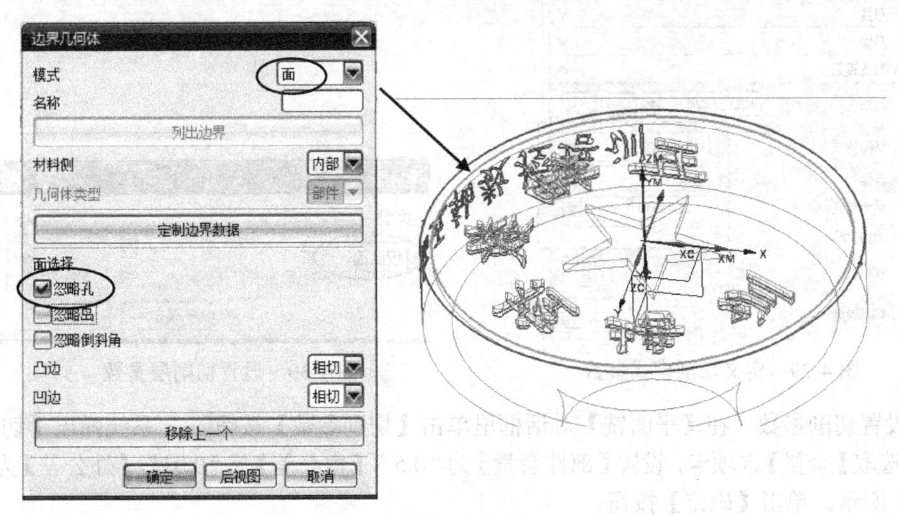

图 4-27　选取顶面

小提示

为了确保选取参数的正确性，可以在系统返回到图 4-26 所示的对话框里的【指定部件边界】栏单击【显示】按钮。

③ 选取加工底面　在系统返回到的【平面铣】对话框，单击【指定底面】按钮系统弹出【平面】对话框，然后用多重选取面的方法选取如图 4-28 所示的平面。单击【确定】按钮。

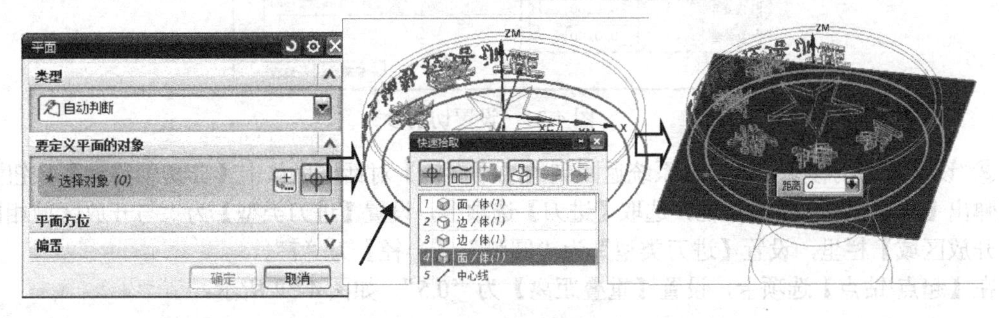

图 4-28　选取底面

小提示

UG 的“多重选择曲面”方法主要用于实体图形中背面的曲面选择，先把光标放在要选择的曲面位置停留约 3s，光标出现三个点显示，单击鼠标左键，弹出【快速拾取】下拉菜单，从其中选取选项时注意观察图形中曲面会变亮。这样可以选取需要的曲面。另外，简便的方法是可以把图形旋转，使需要的曲面朝上，再直接在图形上选取加工底面。

④ 检查刀轴方向　在系统返回到的【平面铣】对话框里，展开【刀轴】栏，默认刀轴为“+*ZM* 轴”，与如图 4-12 所示相同。

⑤ 设置切削模式　在【平面铣】对话框里，设置【切削模式】为轮廓加工，修改【步距】为“恒定”，【最大距离】为“0.1”，【附加刀路】为“3”，如图 4-29 所示。

⑥ 设置切削层参数　在图 4-29 所示的【平面铣】对话框里单击【切削层】按钮，系统弹

出【切削层】对话框，设置【类型】为“仅底面”，如图4-30所示。单击【确定】按钮。

图4-29 定义切削模式参数

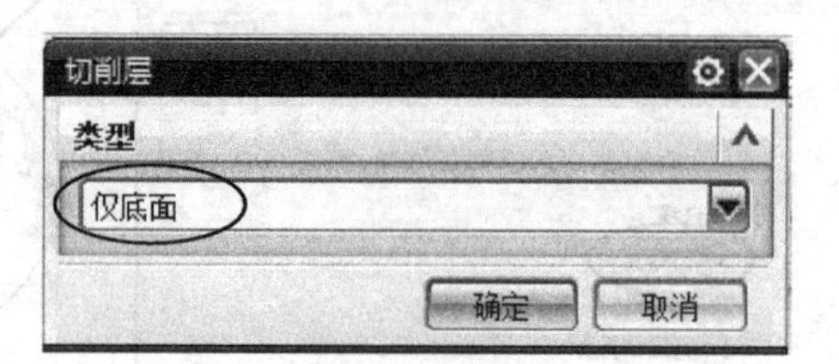

图4-30 设置切削层参数

⑦ 设置切削参数 在【平面铣】对话框里单击【切削参数】按钮，系统弹出【切削参数】对话框，选取【余量】选项卡，设置【部件余量】为“0.5”，【内公差】为“0.01”，【外公差】为“0.01”，如图4-31所示。单击【确定】按钮。

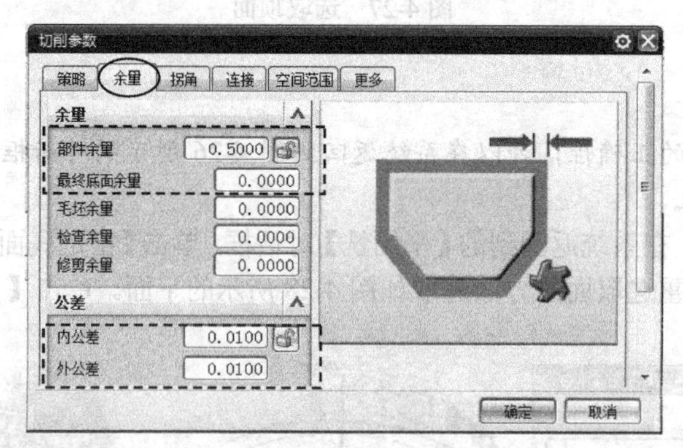

图4-31 设置切削参数

⑧ 设置非切削移动参数 在系统返回到的【平面铣】对话框里单击【非切削移动】按钮，系统弹出【非切削移动】对话框，选取【进刀】选项卡，设置【进刀类型】为“与开放区域相同”，在【开放区域】栏里，设置【进刀类型】为“圆弧”，【半径】为“7”。

在【起点/钻点】选项卡，设置【重叠距离】为“0.5”，如图4-32所示。

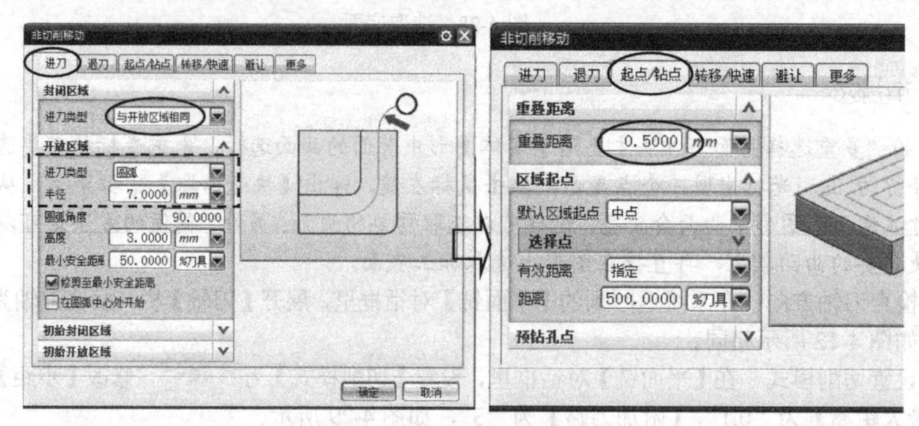

图4-32 设置非切削移动参数

⑨ 设置进给率和转速参数 在【可变轮廓铣】对话框里单击【进给率和速度】按钮，系统弹出【进给率和速度】对话框，设置【主轴速度（rpm）】为“2000”,【进给率】的【切削】为“250”，如图 4-33 所示。单击【确定】按钮。

⑩ 生成刀路 在系统返回到的【平面铣】对话框里单击【生成】按钮，系统计算出刀路，如图 4-34 所示。单击【确定】按钮。

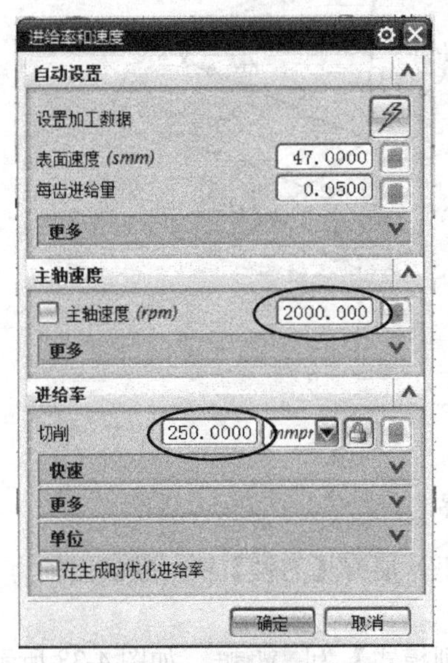

图 4-33 设置进给率和转速

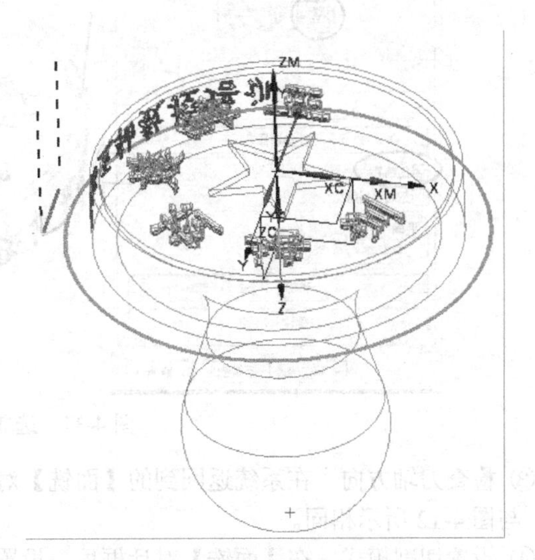

图 4-34 生成平面铣刀路

（2）对顶部进行精加工

方法：采取面铣。

① 设置工序参数 在操作导航器中选取程序组 KA04C，右击鼠标在弹出的快捷菜单里选【刀片】|【工序】命令，系统进入【创建工序】对话框，在【类型】选 mill_planar，【工序子类型】选 FACE_MILLING（面铣）按钮，【位置】中参数按图 4-35 所示设置。

② 选取面边界 在图 4-35 所示的对话框里单击【确定】按钮，系统弹出【面铣】对话框，如图 4-36 所示。

图 4-35 设置工序参数

图 4-36 面铣对话框

在图4-36所示的对话框里，单击【指定面边界】按钮，系统弹出【指定界几何体】对话框，检查【过滤类型】为【面边界】按钮，在【类选择】栏选取“忽略孔”选项，然后在图形上选取如图4-37所示的平面，这样系统就可以选取外形圆作为边界线，单击【确定】按钮。

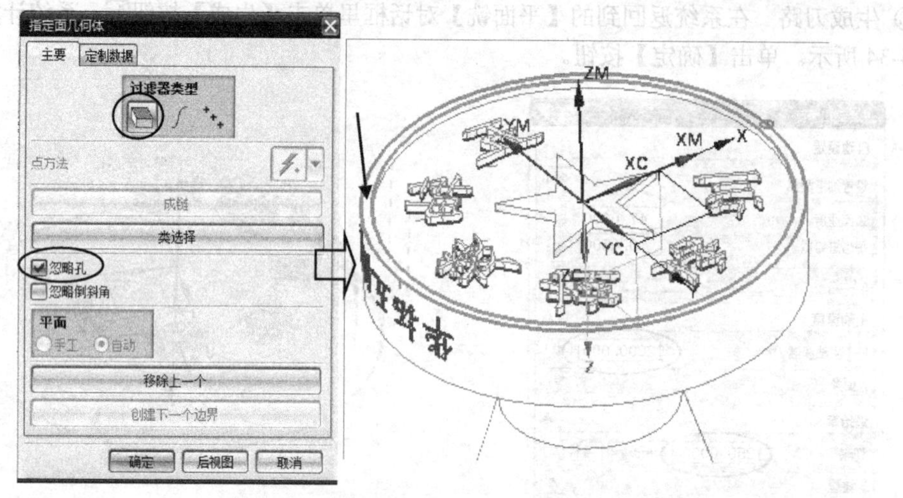

图4-37 选取面边界

③ 检查刀轴方向 在系统返回到的【面铣】对话框里，展开【刀轴】栏，默认刀轴为“+*ZM*轴”，与图4-12所示相同。

④ 设置切削模式 在【面铣】对话框里，设置【切削模式】为跟随部件，如图4-38所示。

⑤ 设置切削参数 在【面铣】对话框里单击【切削参数】按钮，系统弹出【切削参数】对话框，选取【余量】选项卡，设置【部件余量】为“0”，【内公差】为“0.01”，【外公差】为“0.01”，如图4-39所示。单击【确定】按钮。

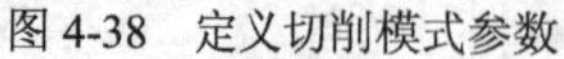

图4-38 定义切削模式参数

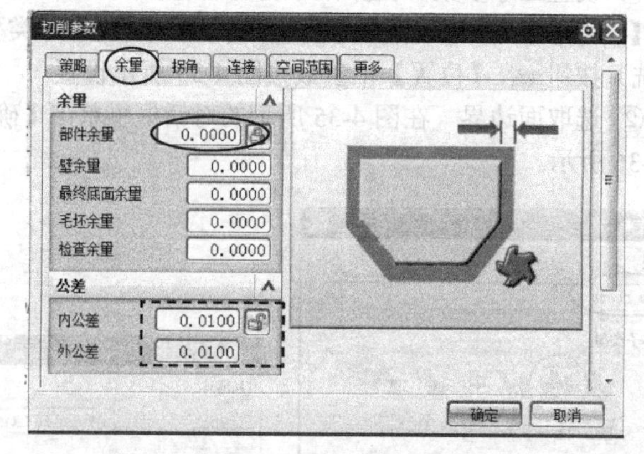

图4-39 设置切削参数

⑥ 设置非切削移动参数 在系统返回到的【面铣】对话框里单击【非切削移动】按钮，系统弹出【非切削移动】对话框，选取【进刀】选项卡，设置【进刀类型】为“与开放区域相同”，在【开放区域】栏里，设置【进刀类型】为“线性”，【长度】为刀具直径的50%，如图4-40所示。

⑦ 设置进给率和转速参数 在【可变轮廓铣】对话框里单击【进给率和速度】按钮，系统弹出【进给率和速度】对话框，设置【主轴速度（rpm）】为“2000”，【进给率】的【切削】为“250”，与图4-33所示相同。单击【确定】按钮。

⑧ 生成刀路 在系统返回到的【平面铣】对话框里单击【生成】按钮，系统计算出刀路，如图4-41所示。单击【确定】按钮。

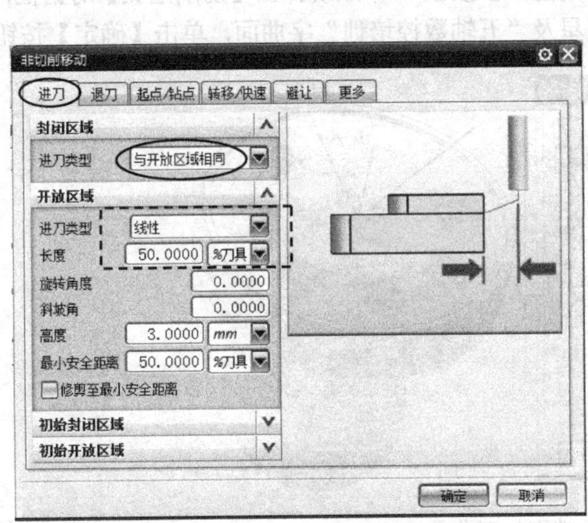

图 4-40　设置非切削移动参数

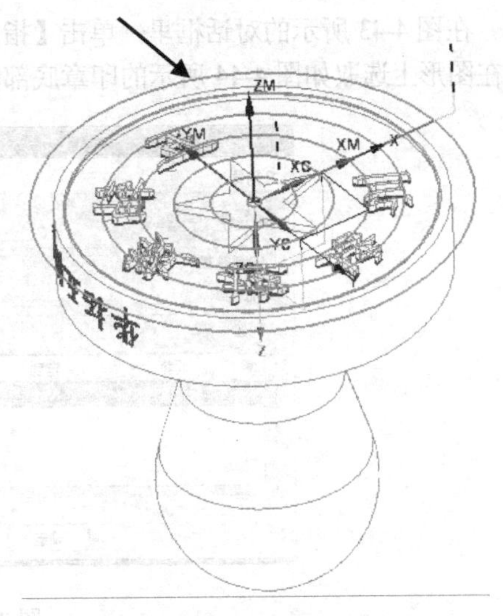

图 4-41　生成顶面铣刀路

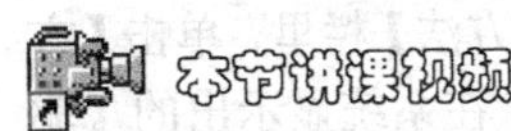

以上操作视频文件为：\ch04\03-video\03-创建第一工位外形及顶面精加工刀路 KA04C.exe。

4.3.7　创建第一工位刻字精雕刀路 KA04D

本节任务：创建 4 个操作，①对印章底部字面进行精雕；②对印章底部字面再次进行精雕；③对五星进行清角；④对圆柱周围面的文字精加工。

（1）对印章底部字面进行精雕

方法：采用固定轴曲面轮廓铣。

① 设置工序参数　在操作导航器中选取 KA04D 程序组，右击鼠标在弹出的快捷菜单里选【刀片】【工序】命令，系统进入【创建工序】对话框，在【类型】选 mill_contour ，【工序子类型】选 FIXED_CONTOUR （固定轮廓铣按钮），【位置】中参数按图 4-42 所示设置。

② 选取加工曲面　在图 4-42 所示的对话框里单击【确定】按钮，系统弹出【固定轮廓铣】对话框，如图 4-43 所示。

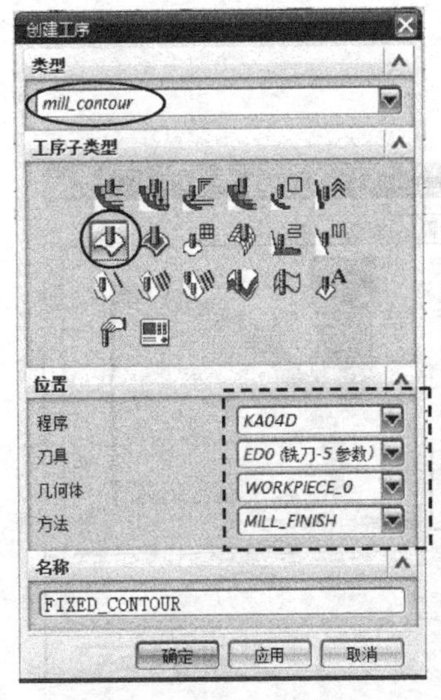

图 4-42　设置工序参数

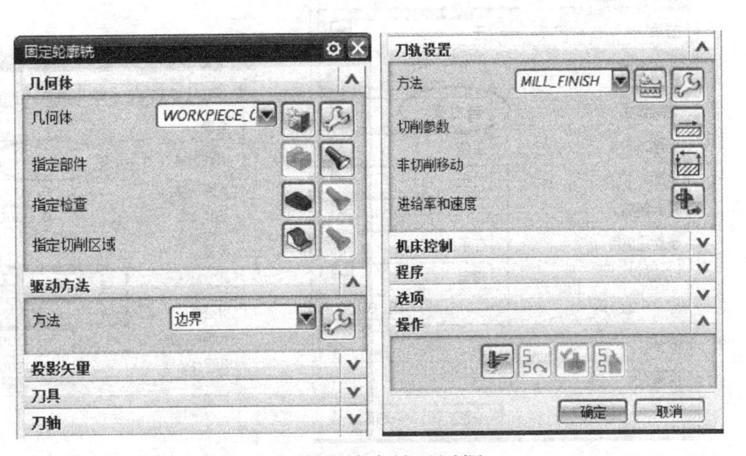

图 4-43　固定轮廓铣对话框

在图4-43所示的对话框里，单击【指定切削区域】按钮，系统弹出【切削区域】对话框，然后在图形上选取如图4-44所示的印章底部的五星及“五轴数控培训”字曲面，单击【确定】按钮。

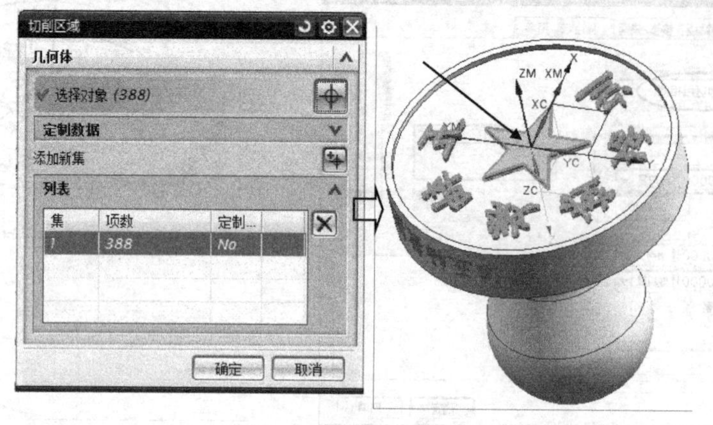

图4-44 选取加工曲面

③ 设置驱动方法参数 在系统返回到的【固定轮廓铣】对话框的【驱动方法】栏里，单击【方法】栏右侧的下三角符号，在弹出的下拉菜单里选取【区域铣削】选项，在系统显示出的【驱动方法】信息框里单击【确定】按钮，如图4-45所示。

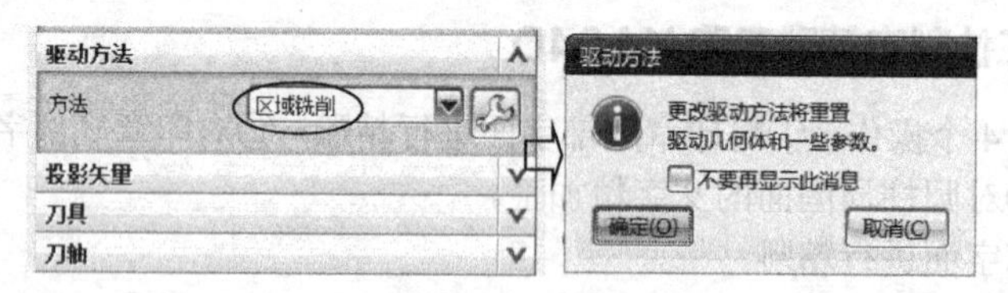

图4-45 选取驱动方法

在系统弹出【区域铣削驱动方法】对话框里，设置【切削模式】为“往复”，设置【步距】为“恒定”，【最大距离】设置为“0.1”，【切削角】为“指定”，【与*XC*的夹角】为45°，如图4-46所示。

④ 设置切削参数 在【固定轮廓铣】对话框里，先检查【刀轴】方向应该为“+*ZM*”方向。单击【切削参数】按钮，系统弹出【切削参数】对话框，在【余量】选项卡，设置【部件余量】为“0”，【内公差】为“0.01”，【外公差】为“0.01”，如图4-47所示。单击【确定】按钮。

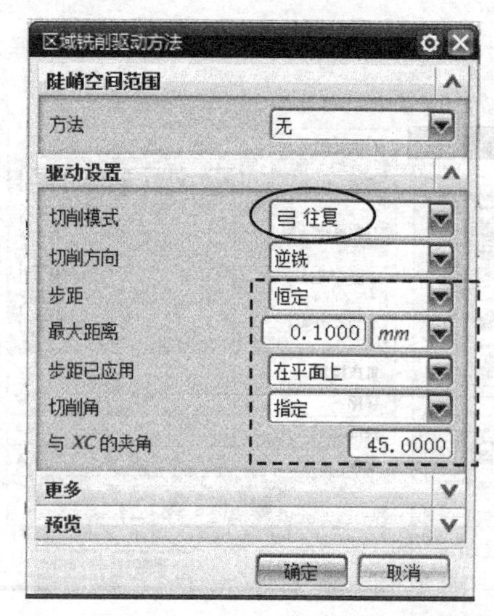

图4-46 设置驱动方法参数

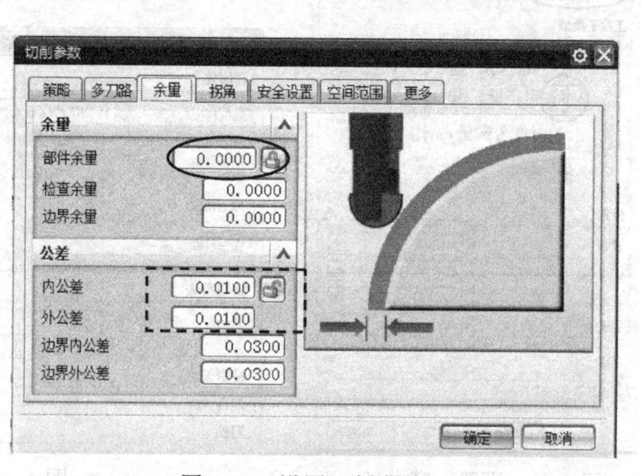

图4-47 设置切削参数

⑤ 设置非切削参数　在系统弹出的【固定轮廓铣】对话框里，单击【非切削移动】按钮，系统弹出【非切削移动】对话框，在【进刀】选项卡里，设置【开放区域】的【进刀类型】为“插削”，【进刀位置】为“距离”，【高度】为“1”。

在【转移/快速】选项卡里，设置【安全设置选项】为“平面”，然后在图形上选取五星的底部大平面，并且在图形上的浮动参数栏里输入【距离】为“3”，如图4-48所示。

在【非切削移动】对话框里，单击【确定】按钮。

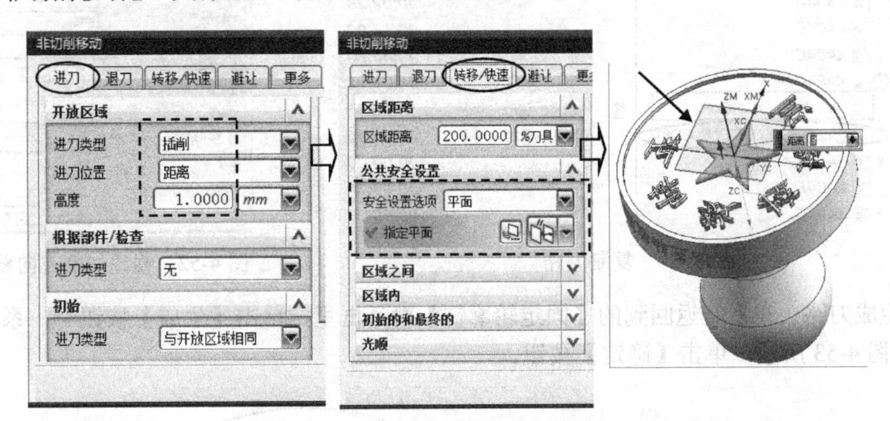

图4-48　设置非切削移动参数

⑥ 设置进给率和转速参数　在【固定轮廓铣】对话框里单击【进给率和速度】按钮，系统弹出【进给率和速度】对话框，设置【主轴速度（rpm）】为“5000”，【进给率】的【切削】为“1250”。单击【计算】按钮，如图4-49所示。单击【确定】按钮。

⑦ 生成刀路　在系统返回到的【固定轮廓铣】对话框里单击【生成】按钮，系统计算出刀路，如图4-50所示。单击【确定】按钮。

图4-49　设置转速和进给率

图4-50　生成字面精加工刀路

（2）对印章底部字面再次进行精雕

方法是：复制刀路，修改参数。

① 复制刀路　在导航器里右击刚生成的刀路，在弹出的快捷菜单里选取 复制，再次右击鼠标，在弹出的快捷菜单里选取 粘贴，生成了新刀路，如图4-51所示。

② 修改切削方向　双击刚生成的刀路，在【固定轮廓铣】对话框里的【驱动方法】栏里，单

击【方法】右侧的【编辑】按钮，系统弹出【区域铣削驱动方法】对话框，修改【与 *XC* 的夹角】为 135°，如图 4-52 所示。单击【确定】按钮。

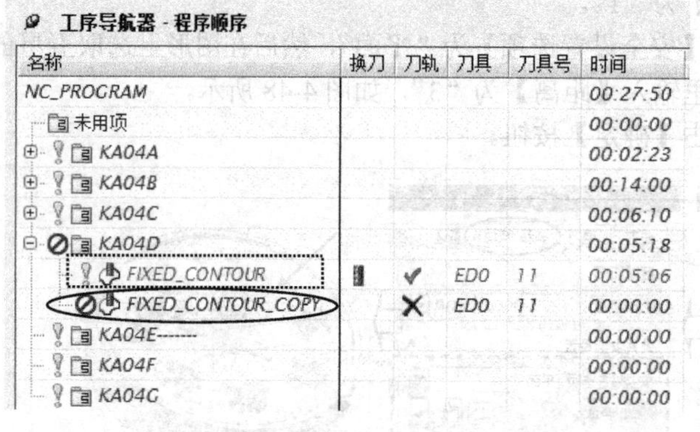

工序导航器 - 程序顺序

名称	换刀	刀轨	刀具	刀具号	时间
NC_PROGRAM					00:27:50
未用项					00:00:00
KA04A					00:02:23
KA04B					00:14:00
KA04C					00:06:10
KA04D					00:05:18
FIXED_CONTOUR	▮	✔	ED0	11	00:05:06
FIXED_CONTOUR_COPY		✕	ED0	11	00:00:00
KA04E-------					00:00:00
KA04F					00:00:00
KA04G					00:00:00

图 4-51 复制刀路

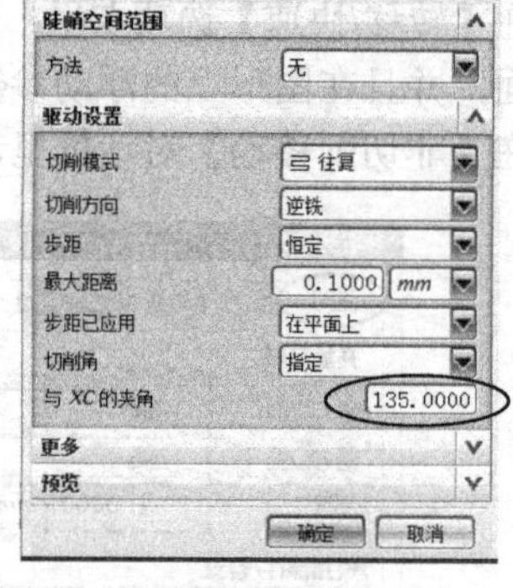

图 4-52 修改切削方向参数

③ 生成刀路 在系统返回到的【固定轮廓铣】对话框里，单击【生成】按钮，系统计算出刀路，如图 4-53 所示。单击【确定】按钮。

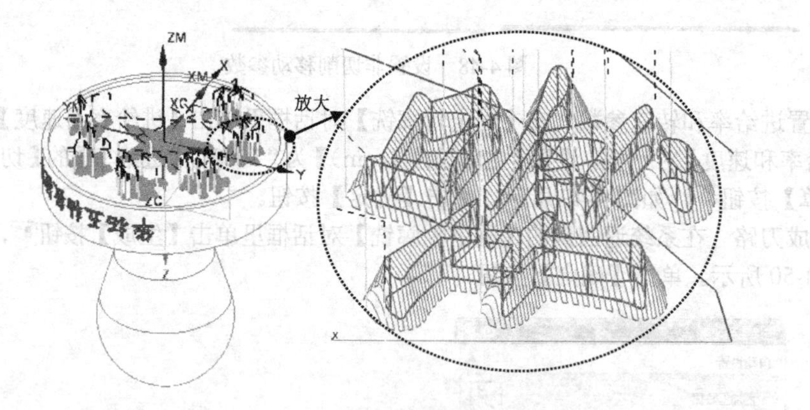

图 4-53 生成印章字面精加工刀路

（3）对印章底部五角星进行清角

方法是：复制刀路，修改参数。

① 复制刀路 在导航器里的程序组 KA04B 里，右击刀路 ZLEVEL_PROFILE，在弹出的快捷菜单里选取 复制，再选取程序组 KA04D，再次右击鼠标，在弹出的快捷菜单里选取【内部粘帖】，生成了新刀路，如图 4-54 所示。

工序导航器 - 程序顺序

名称	换刀	刀轨	刀具	刀具号	时间
NC_PROGRAM					00:33:21
未用项					00:00:00
KA04A					00:02:23
KA04B					00:14:00
ZLEVEL_PROFILE	▮	✔	ED2	8	00:13:48
KA04C					00:06:10
KA04D					00:10:48
FIXED_CONTOUR	▮	✔	ED0	11	00:05:06
FIXED_CONTOUR_COPY		✔	ED0	11	00:05:18
ZLEVEL_PROFILE_COPY	▮	✕	ED2	8	00:00:00
KA04E------					00:00:00
KA04F					00:00:00
KA04G					00:00:00

图 4-54 复制刀路

② 重新选取加工曲面 双击刚生成的刀路，在【深度加工轮廓】对话框里，单击【指定切削区域】按钮，系统弹出【切削区域】对话框，然后在图形上选取底部的五角星曲面，如图 4-55 所示。单击【确定】按钮。

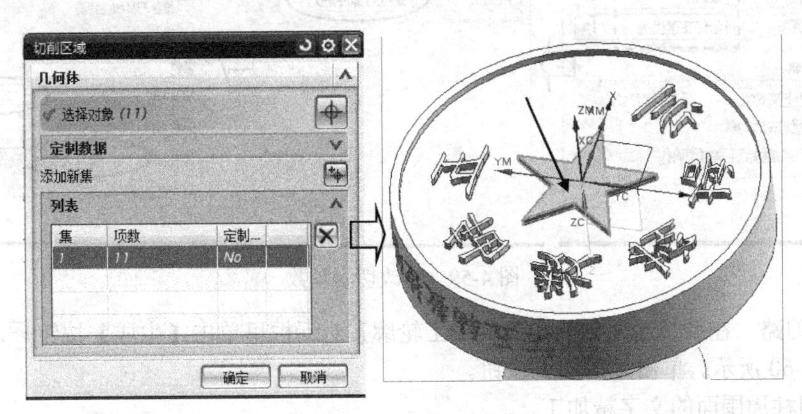

图 4-55 选取加工曲面

③ 取消边界线 在系统返回到的【深度加工轮廓】对话框里，单击【指定修剪边界】按钮，系统弹出【修剪边界】对话框，单击【移除】按钮，如图 4-56 所示。单击【确定】按钮。

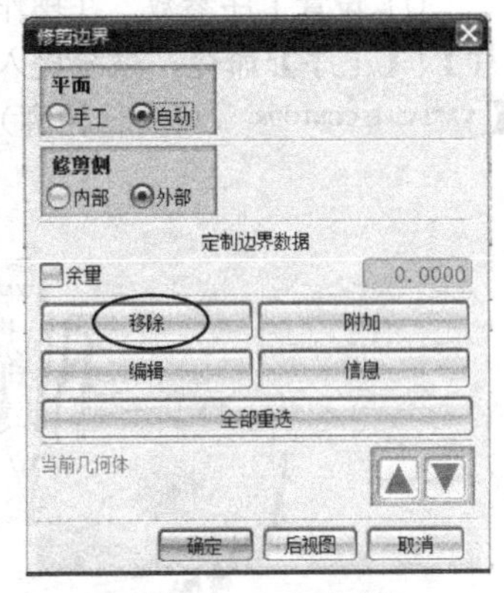

图 4-56 取消边界线

④ 修改刀具 在系统返回到的【深度加工轮廓】对话框里，展开【刀具】栏，单击右侧的下三角符号，在弹出的快捷菜单里选取刀具 ED0 (铣刀-5 参数)，如图 4-57 所示。

⑤ 修改层深参数 在【深度加工轮廓】对话框里的【刀轨设置】栏，修改【最大距离】为“0.05”，如图 4-58 所示。

⑥ 修改切削参数 在【深度加工轮廓】对话框里，单击【切削参数】按钮，系统弹出【切削参数】对话框。在【策略】选项卡里，设置【切削方向】为“混合”，【切削顺序】为“始终深度优先”。

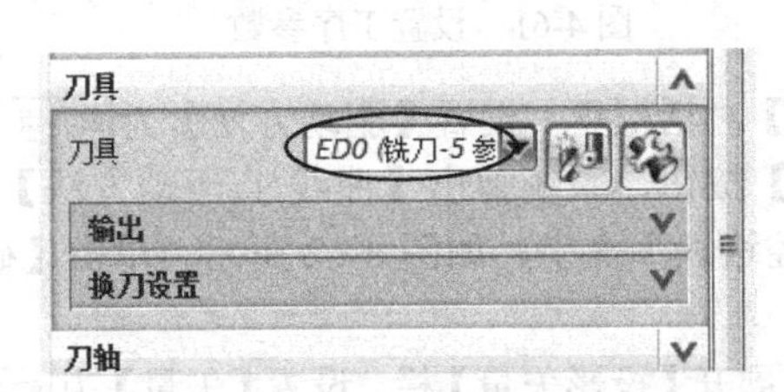

图 4-57 修改刀具

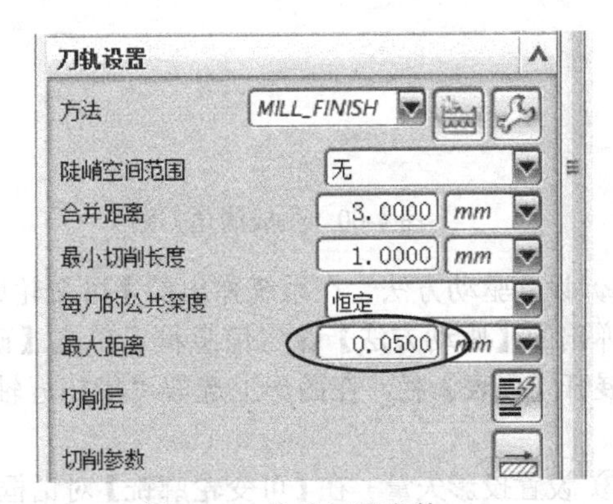

图 4-58 修改层深参数

在【连接】选项卡里，设置【层到层】为“直接对部件进刀”。

在【空间范围】选项卡，设置【重叠距离】为“1”，【参考刀具】为“ED2”，如图 4-59 所示。单击【确定】按钮。

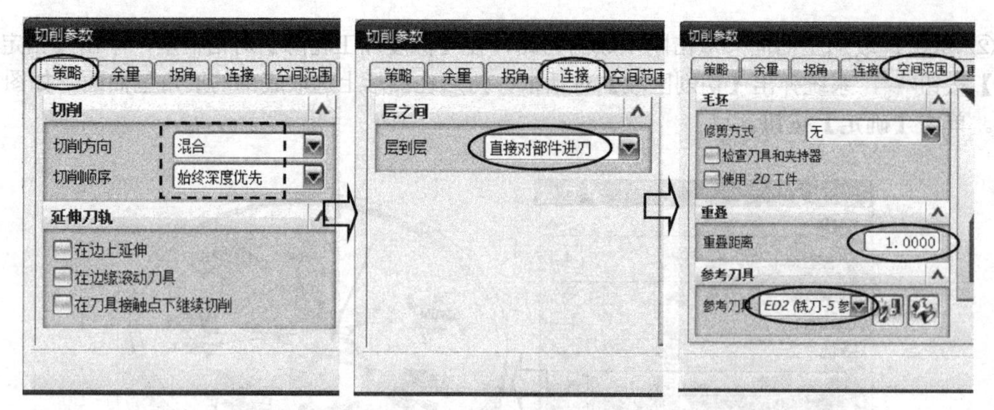

图 4-59 修改切削参数

⑦ 生成刀路 在系统返回到的【深度加工轮廓】对话框里单击【生成】按钮，系统计算出刀路，如图 4-60 所示。单击【确定】按钮。

（4）对圆柱周围面的文字精加工

方法：采取可变轴轮廓加工。

① 设置工序参数 在操作导航器中选取程序组 KA04D，右击鼠标在弹出的快捷菜单里选【刀片】|【工序】命令，系统进入【创建工序】对话框，在【类型】选 mill_multi-axis，【工序子类型】选【 VARIABLE_CONTOUR （可变轴轮廓)】按钮，【位置】中参数按图 4-61 所示设置。

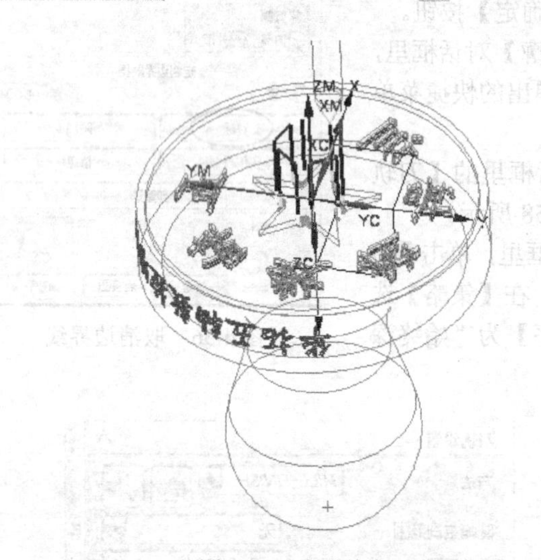

图 4-60 生成清角刀路

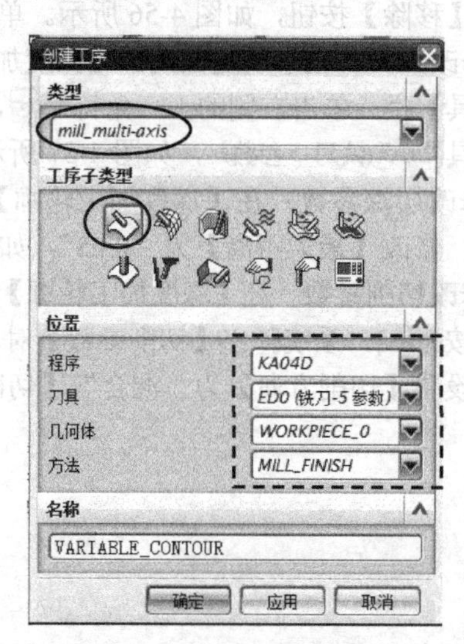

图 4-61 设置工序参数

② 设置驱动方法 在系统弹出的【可变轮廓铣】对话框里，设置【驱动方法】为 曲线/点 ，在系统弹出的【驱动方法】警告信息框里单击【确定】按钮，系统弹出【曲线/点驱动方法】对话框，展开【列表】栏，在图形上选取“华拓五轴数控培训”文字，如图 4-62 所示。单击【确定】按钮。

③ 设置投影矢量 在【可变轮廓铣】对话框里，展开【投影矢量】栏，设置【矢量】为 朝向直线 ，随后系统弹出【朝向直线】对话框，设置【指定矢量】为 ZC ；再单击【指定点】按钮，在系统弹出的【点】对话框里，检查 *XC*、*YC*、*ZC* 均为 0，如图 4-63 所示。单击【确定】按钮。

④ 设置刀轴参数 在【可变轮廓铣】对话框里，展开【刀轴】栏，修改【轴】为 远离直线 ，随后系统弹出【远离直线】对话框，设置【指定矢量】为 ZC ；再单击【指定点】按钮，在系统弹出的【点】对话框里，检查 *XC*、*YC*、*ZC* 均为 0，如图 4-64 所示。单击【确定】按钮。

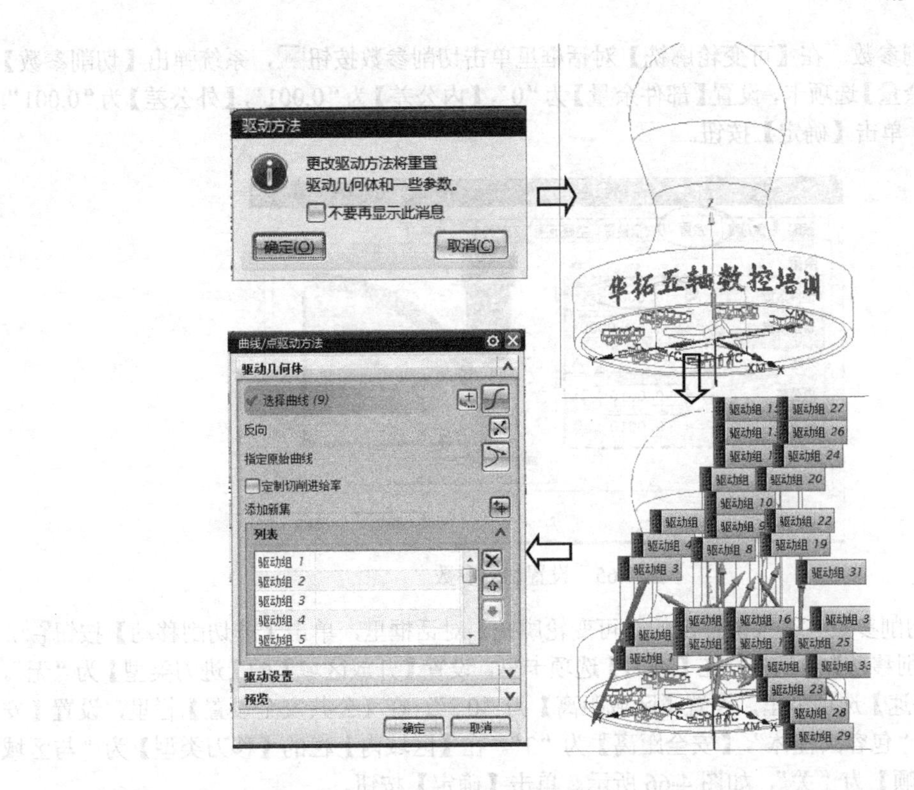

图 4-62 设置驱动方法

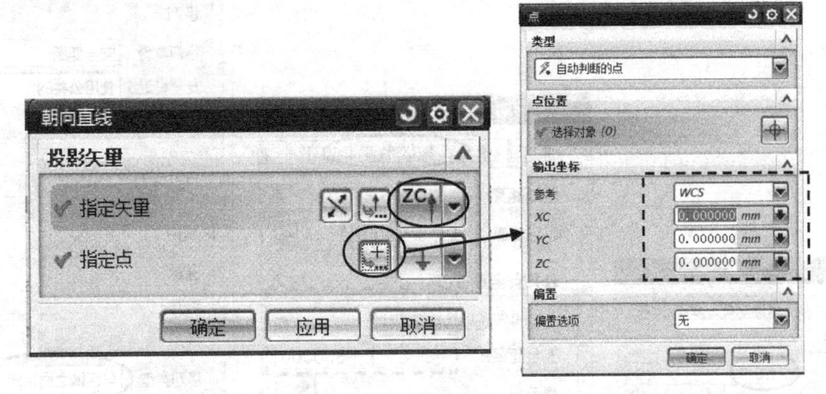

图 4-63 定义朝向的直线

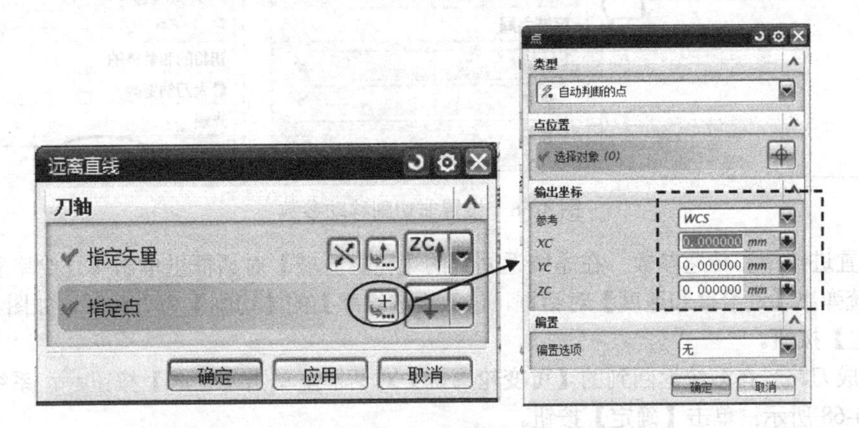

图 4-64 定义远离的直线

⑤ 设置切削参数 在【可变轮廓铣】对话框里单击切削参数按钮，系统弹出【切削参数】对话框，选取【余量】选项卡，设置【部件余量】为“0”,【内公差】为“0.001”,【外公差】为“0.001”，如图4-65所示。单击【确定】按钮。

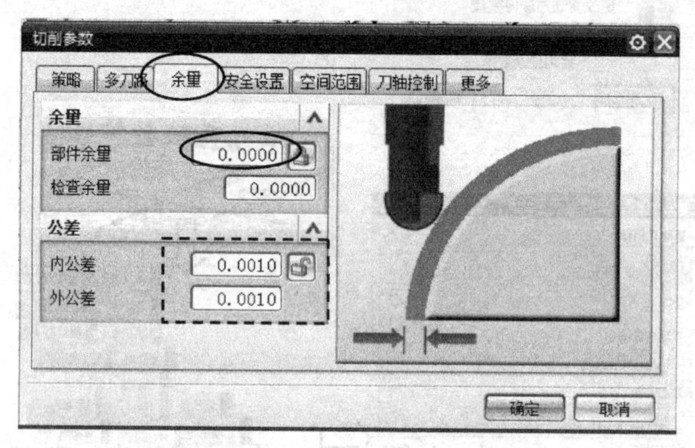

图4-65 设置切削参数

⑥ 设置非切削参数 在系统弹出的【可变轮廓铣】对话框里，单击【非切削移动】按钮，系统弹出【非切削移动】对话框，在【进刀】选项卡里，设置【开放区域】的【进刀类型】为“无”。

在【转移/快速】选项卡里，设置【区域距离】为“0.2”，在【公共安全设置】栏里，设置【安全设置选项】为“包容圆柱体”,【安全距离】为“3”。在【区域内】栏的【移刀类型】为“与区域之间相同”。【光顺】为“关”，如图4-66所示。单击【确定】按钮。

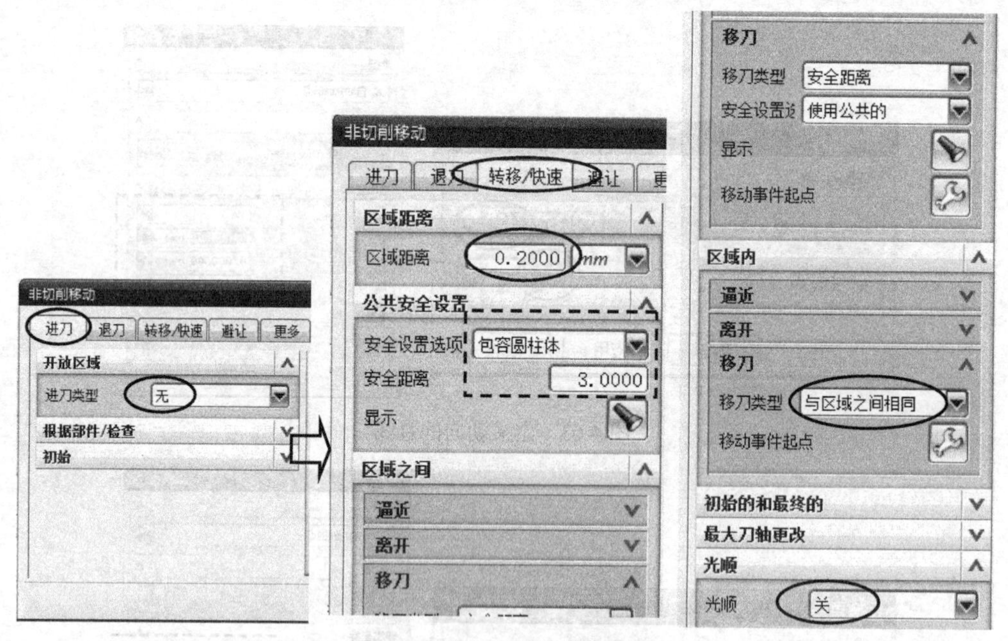

图4-66 设置非切削移动参数

⑦ 设置进给率和转速参数 在系统返回到的【轮廓区域】对话框里单击【进给率和速度】按钮，系统弹出【进给率和速度】对话框，修改【进给率】的【切削】为“500”，如图4-67所示。单击【确定】按钮。

⑧ 生成刀路 在系统返回到的【可变轮廓铣】对话框里单击【生成】按钮，系统计算出刀路，如图4-68所示。单击【确定】按钮。

图 4-67　设置进给和转速

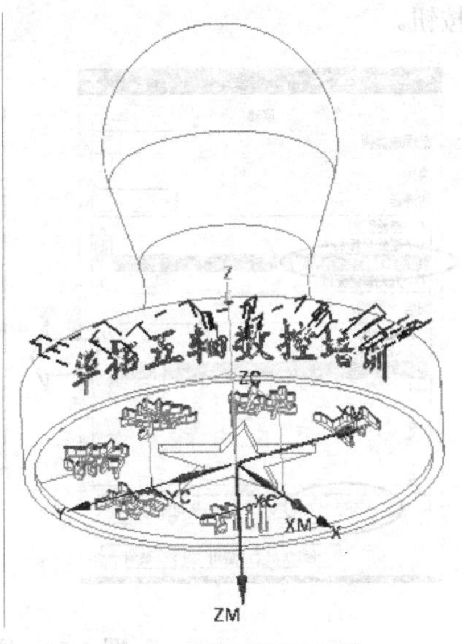

图 4-68　生成刻字刀路

本节讲课视频

以上操作视频文件为：\ch04\03-video\05-创建第一工位刻字精雕刀路 KA04D.exe。

4.3.8　创建第二工位手把开粗刀路 KA04E

本节任务：创建两个不同轴线方向的三轴型腔铣操作，①轴线方向为+*Y* 的型腔铣；②为轴线方向为–*Y* 的型腔铣操作。

（1）创建轴线方向为+*Y* 的型腔铣

① 复制刀路　在导航器里右击 KA04A 中的第一个刀路，在弹出的快捷菜单里选取 复制，再选取 KA04E 程序组，右击鼠标，在弹出的快捷菜单里选取 内部粘贴，于是在 KA04E 中生成了新刀路，如图 4-69 所示。

② 修改几何体　双击刚复制的刀路，在系统弹出的【型腔铣】对话框里，设置【几何体】为 WORKPIECE_1。该几何体的加工坐标系的 *ZM* 正方向指定手把方向，如图 4-70 所示。

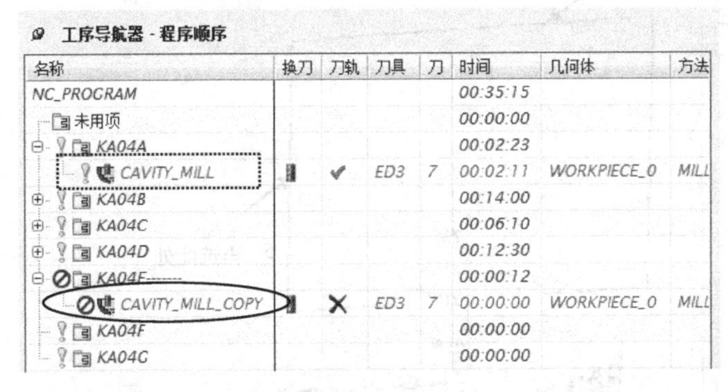

工序导航器 - 程序顺序

名称	换刀	刀轨	刀具	刀	时间	几何体	方法
NC_PROGRAM					00:35:15		
未用项					00:00:00		
KA04A					00:02:23		
CAVITY_MILL		✔	ED3	7	00:02:11	WORKPIECE_0	MILL
KA04B					00:14:00		
KA04C					00:06:10		
KA04D					00:12:30		
KA04E					00:00:12		
CAVITY_MILL_COPY		✕	ED3	7	00:00:00	WORKPIECE_0	MILL
KA04F					00:00:00		
KA04G					00:00:00		

图 4-69　复制刀路

图 4-70　设置几何体

③ 选取边界线

a. 首先显示出线框图形：在主菜单里执行【格式】|【视图中可见图层】命令，在系统弹出【视图中可见图层】对话框里单击【确定】按钮，再次显示出【视图中可见图层】对话框，在该对话框里的【过滤器】栏里选取“03-开粗线框” 层集合，单击【可见】按钮，结果如图 4-71 所示。单

击【确定】按钮。

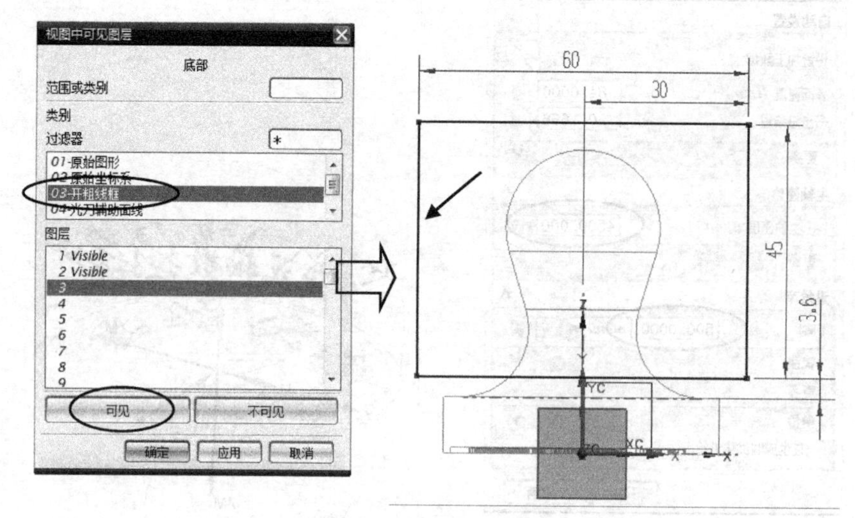

图 4-71 显示开粗线框

要注意

图 4-71 所示的图形是在草图环境下显示的，注意线框边线的尺寸，尤其是“3.6”尺寸。这样可以保证刀具不会对三爪卡盘夹具产生干涉。

b. 修改边界线：在图 4-70 所示对话框里单击【指定修剪边界】按钮，在弹出的【修剪边界】对话框里，单击【移除】按钮，再单击【附加】按钮，系统自动进入【修剪边界】对话框的【主要】选项卡，选取【曲线边界线】选项，再在【修剪侧】栏选取【外部】选项，最后选取成链，在图形上选取边界线，如图 4-72 所示。2 次单击【确定】按钮。

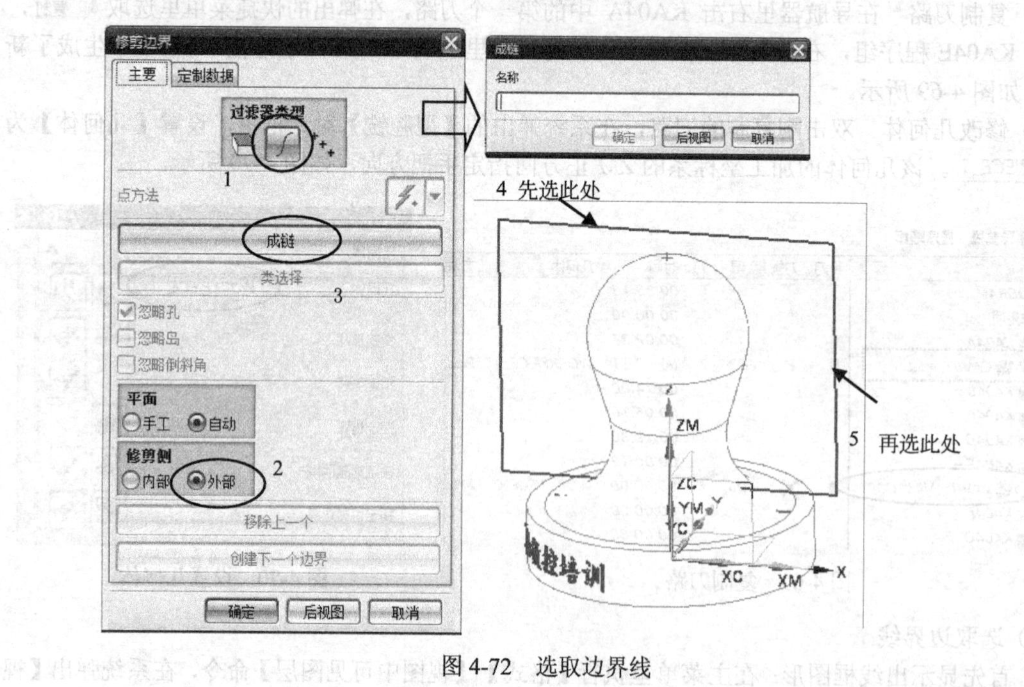

图 4-72 选取边界线

④ 选取刀具 在系统返回到的【型腔铣】对话框的【刀具】栏里，单击【刀具】右侧的下三角符号，在弹出的下拉菜单里选取 ED6 (铣刀-5 参数) 选项，如图 4-73 所示。

图 4-73 选取刀具

⑤ 设置刀轴方向 在【型腔铣】对话框的【刀轴】栏里，单击【轴】右侧的下三角符号，在弹出的下拉菜单里选取【指定矢量】选项。在系统弹出的【警告】对话框里单击【确定】按钮，在系统弹出的【指定矢量】栏的右侧单击下三角符号，在弹出的下拉菜单里选取正 *Y* 轴方向选项，如图 4-74 所示。

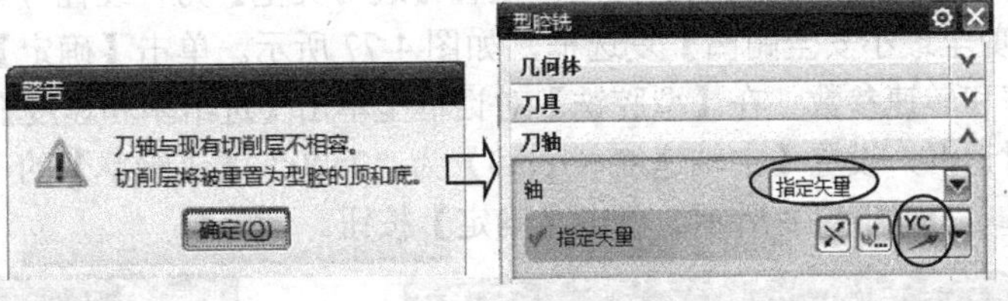

图 7-74 定义刀轴

⑥ 设置切削层参数 在【型腔铣】对话框里单击【切削层】按钮，系统弹出【切削层】对话框，设置【范围类型】为单个，设置层深【最大距离】为“1.0”按回车键，系统自动选取了【范围定义】栏，输入【范围深度】为“25”，如图 4-75 所示。单击【确定】按钮。

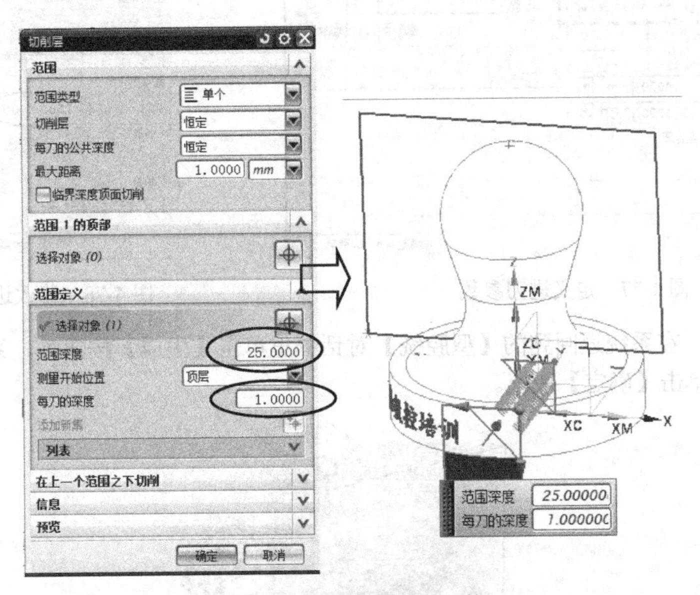

图 4-75 修改切削层参数

⑦ 设置切削参数 在系统返回到的【型腔铣】对话框里单击【切削参数】按钮，系统弹出【切削参数】对话框，选取【策略】选项卡，设置【刀路方向】为“向内”。

在【余量】选项卡，选取【使底部余量与侧面余量一致】复选框，设置【部件侧面余量】为“0.3”，如图 4-76 所示。

在【拐角】选项卡，设置【光顺】为“所有刀路”，半径为“0.5”。单击【确定】按钮。

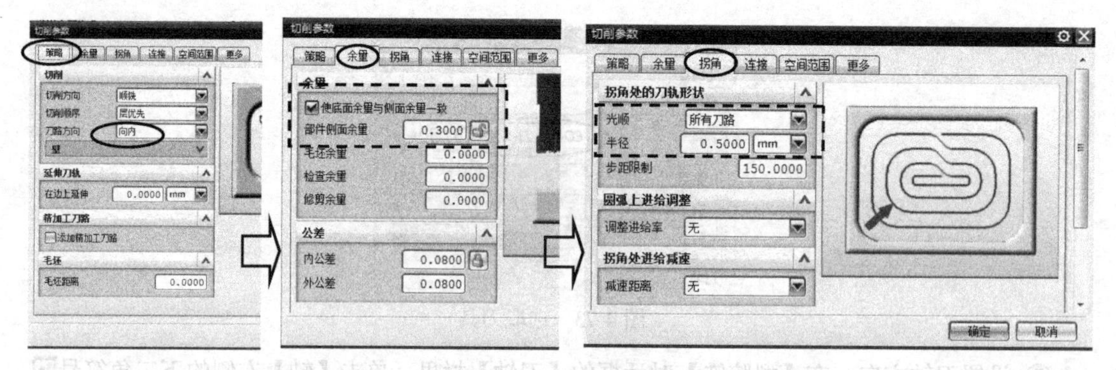

图 4-76 定义切削参数

⑧ 设置非切削移动参数 在系统返回到的【型腔铣】对话框里单击【非切削移动】按钮，系统弹出【非切削移动】对话框，选取【进刀】选项卡，在【封闭区域】栏里，设置【进刀类型】为“与开放区域相同”。在【开放区域】栏里，设置【进刀类型】为“线性”，【长度】为刀具直径的 50%，选取【修剪至最小安全距离】复选框，如图 4-77 所示。单击【确定】按钮。

⑨ 设置进给率和转速参数 在【型腔铣】对话框里单击【进给率和速度】按钮，系统弹出【进给率和速度】对话框，设置【主轴速度（rpm）】为“2500”，【进给率】的【切削】为“2500”。单击【计算】按钮，如图 4-78 所示。单击【确定】按钮。

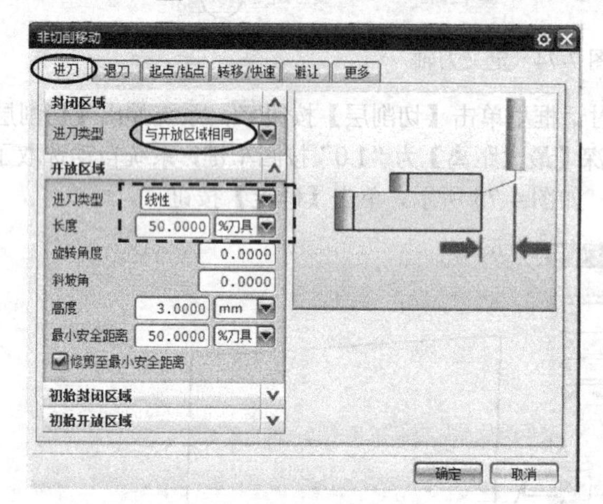

图 4-77 定义进刀参数

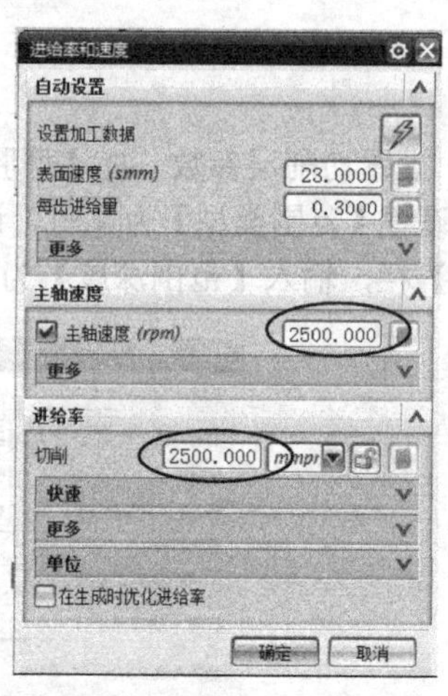

图 4-78 修改进给速度

⑩ 生成刀路 在系统返回到的【型腔铣】对话框里单击【生成】按钮，系统计算出刀路，如图 4-79 所示。单击【确定】按钮。

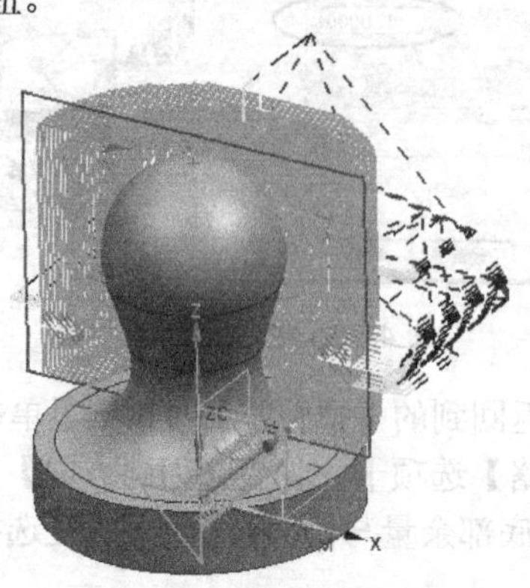

图 4-79 生成 *Y* 正方向开粗刀路

（2）创建轴线方向为$-Y$的型腔铣

方法是：复制刀路修改参数。

① 复制刀路　在导航器里右击刚生成的刀路 CAVITY_MILL_COPY，在弹出的快捷菜单里选取 复制，再次右击鼠标，在弹出的快捷菜单里选取 粘贴，在导航器出现了新刀路，如图 4-80 所示。

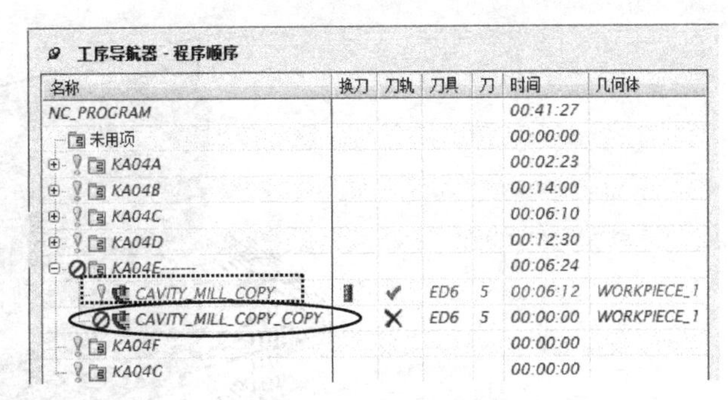

图 4-80　复制新刀路

② 修改刀轴方向　双击刚生成的刀路，系统弹出【型腔铣】对话框，在【刀轴】栏里单击【指定矢量】的【反向】按钮，在警告信息框里单击【确定】按钮。这时图形显示刀轴方向发生了变化，切削层也相应有了改变，如图 4-81 所示。

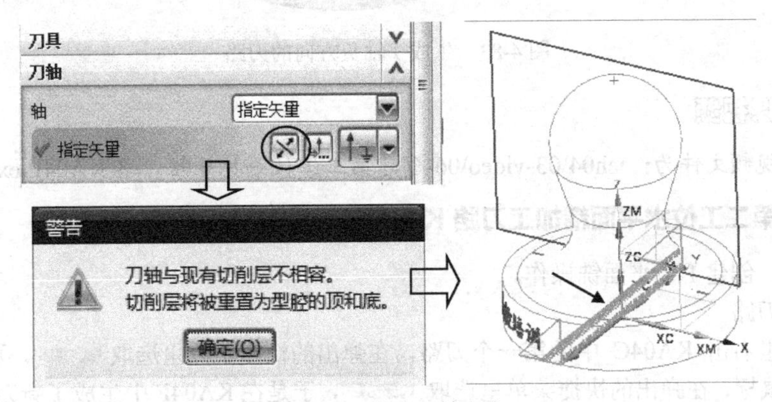

图 4-81　修改刀轴方向

③ 修改切削层参数　在【型腔铣】对话框里单击【切削层】按钮，系统弹出【切削层】对话框，修改【范围深度】为“26”，如图 4-82 所示。单击【确定】按钮。

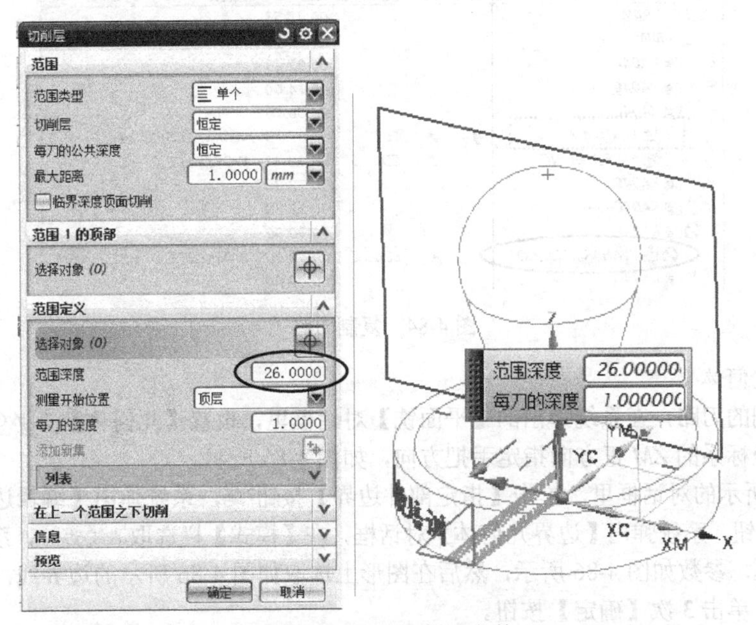

图 4-82　修改切削层参数

④ 生成刀路 在系统返回到的【型腔铣】对话框里，单击【生成】按钮，系统计算出刀路，如图 4-83 所示。单击【确定】按钮。

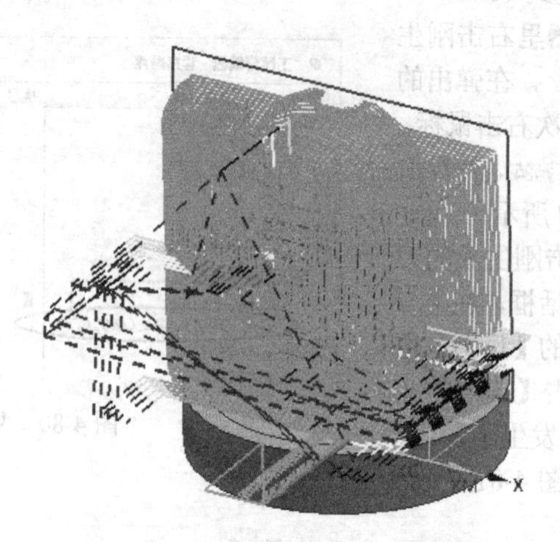

图 4-83 生成 Y 轴负方向的刀路

本节讲课视频

以上操作视频文件为：\ch04\03-video\06-创建第二工位手把开粗刀路 KA04E.exe。

4.3.9 创建第二工位水平面精加工刀路 KA04F

本节任务：创建 1 个平面铣操作。

（1）复制刀路

在导航器里右击 KA04C 中的第一个刀路，在弹出的快捷菜单里选取 复制，再选取 KA04F 程序组，右击鼠标，在弹出的快捷菜单里选取 内部粘贴，于是在 KA04F 中生成了新刀路，如图 4-84 所示。

工序导航器 - 程序顺序

名称	换刀	刀轨	刀具	刀	时间	几何体	方法
NC_PROGRAM					00:47:53		
未用项					00:00:00		
KA04A					00:02:23		
KA04B					00:14:00		
KA04C					00:06:10		
PLANAR_MILL	▮	✔	ED6	5	00:03:15	WORKPIECE_0	MILL_FINISH
FACE_MILLING		✔	ED6	5	00:02:43	WORKPIECE_0	MILL_FINISH
KA04D					00:12:30		
KA04E-------					00:12:50		
KA04F					00:00:00		
PLANAR_MILL_COPY		✕	ED6	5	00:00:00	WORKPIECE_0	MILL_FINISH
KA04G					00:00:00		

图 4-84 复制刀路

（2）修改几何体

双击刚复制的刀路，在系统弹出的【平面铣】对话框里，设置【几何体】为 WORKPIECE_1 。该几何体的加工坐标系的 ZM 正方向指定手把方向，如图 4-85 所示。

在图 4-85 所示的对话框里，单击【指定部件边界】按钮，系统弹出【编辑边界】对话框，单击【移除】按钮，系统弹出【边界几何体】对话框，在【模式】栏选取 曲线/边... ，系统又弹出【创建边界】对话框，参数如图 4-86 所示，然后在图形上选取如图 4-86 所示的边界线，单击【创建下一边界】按钮。单击 3 次【确定】按钮。

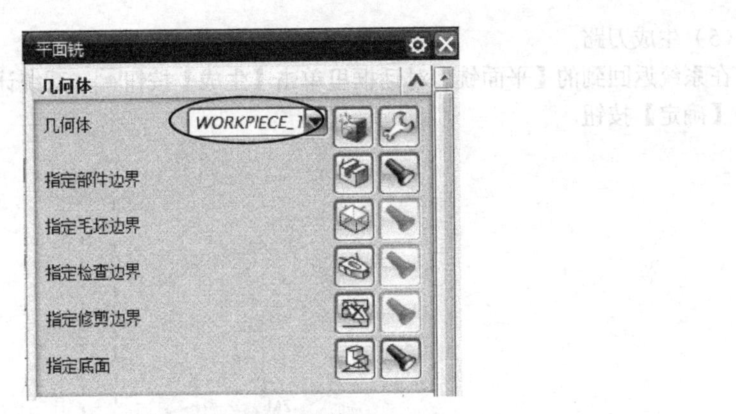

图 4-85 修改几何体

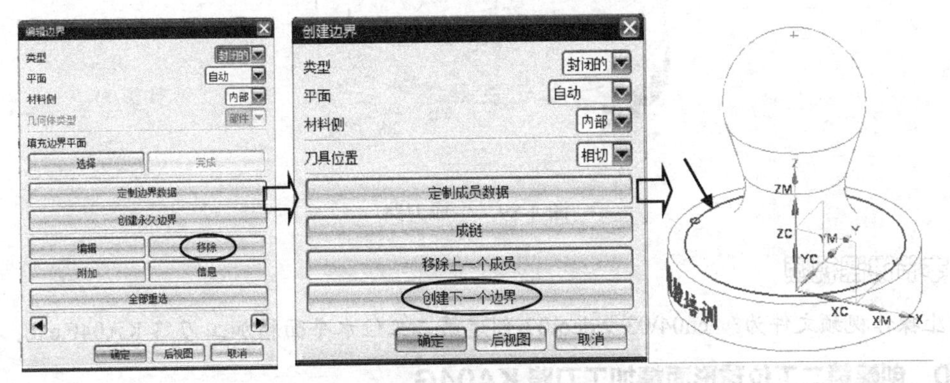

图 4-86 选取加工线条

小提示

为了方便选线，可以把“03-开粗线框”层集设为“不可见”，这样将开粗线框线条关闭显示。另外，本次“底平面”和 KA04C 第 1 个刀路的“底平面”相同，可以不用重复操作。

（3）设置切削次数

在【平面铣】对话框里，设置【切削模式】为 轮廓加工，修改【附加刀路】为“0”，如图 4-87 所示。

（4）设置切削参数

在【平面铣】对话框里单击【切削参数】按钮，系统弹出【切削参数】对话框，选取【余量】选项卡，设置【部件余量】为“0”，如图 4-88 所示。单击【确定】按钮。

图 4-87 定义附加刀路参数

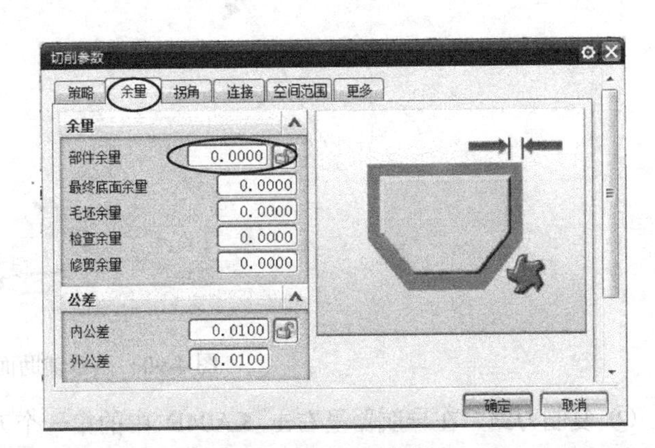

图 4-88 修改余量参数

（5）生成刀路

在系统返回到的【平面铣】对话框里单击【生成】按钮，系统计算出刀路，如图 4-89 所示。单击【确定】按钮。

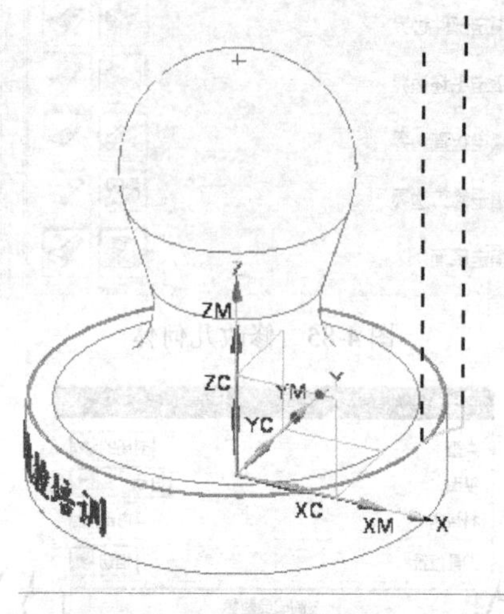

图 4-89 生成刀路

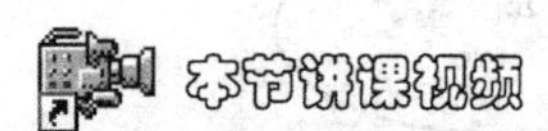

以上操作视频文件为：\ch04\03-video\07-创建第二工位水平面精加工刀路 KA04F.exe。

4.3.10 创建第二工位球形面精加工刀路 KA04G

本节任务：创建 2 个操作，①对顶部进行精加工；②对手把周围曲面进行精加工。

（1）创建顶部精加工刀路

方法：采取固定轴曲面轮廓铣。

① 整理图形 在主菜单里执行【格式】|【视图中可见图层】命令，在系统弹出【视图中可见图层】对话框，单击【确定】按钮，在该对话框里的【过滤器】栏里选取【04-光刀辅助线面】层集合，在【图层】栏里自动选取了相应图层，目前状态为不可见，单击【可见】按钮，再单击【应用】按钮。这时曲面图形显示出来，如图 4-90 所示。单击【取消】按钮。

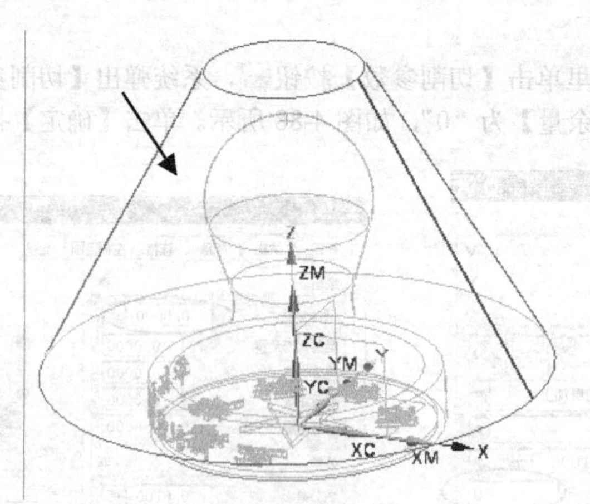

图 4-90 显示辅助面

② 复制刀路 在导航器里右击 KA04D 中的第一个刀路，在弹出的快捷菜单里选取 复制，再选取 KA04G 程序组，右击鼠标，在弹出的快捷菜单里选取 内部粘贴，于是在 KA04G 中生成了新

刀路，如图 4-91 所示。

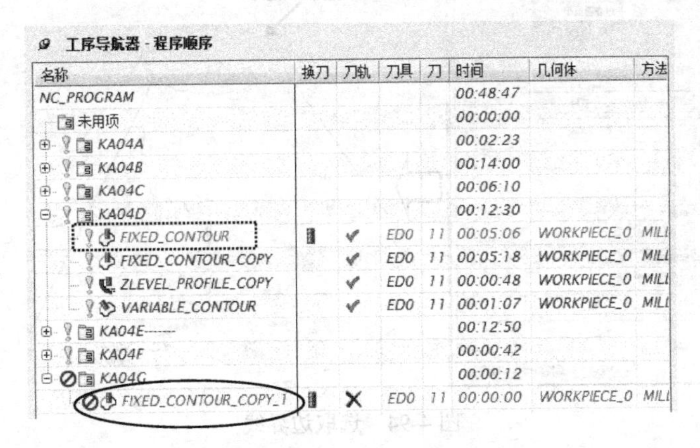

图 4-91　复制刀路

③ 修改几何体　双击刚复制的刀路，在系统弹出的【固定轮廓铣】对话框里，设置【几何体】为 WORKPIECE_1 。该几何体加工坐标系的 *ZM* 正方向指定手把方向，如图 4-92 所示。

图 4-92　修改几何体

④ 指定切削区域　在图 4-92 所示的对话框里，单击【指定切削区域】按钮，系统弹出【切削区域】对话框，单击【移除】按钮。然后在图形上选取球形曲面，如图 4-93 所示。单击【确定】按钮。

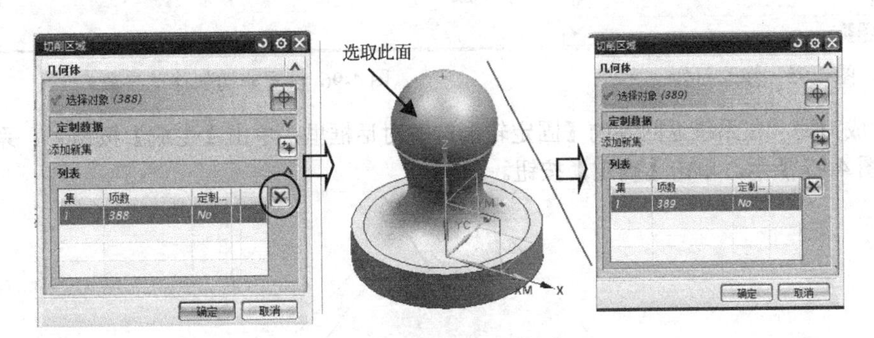

图 4-93　选取加工曲面

小提示

此处为了选面方便，可以执行命令 Ctrl+B，再选取圆锥辅助曲面将其暂时隐藏。当加工曲面选取完成后，再执行命令 Ctrl+Shift+U 将被隐藏的曲面显示出来。

⑤ 指定修剪边界　在系统返回到的【固定轮廓铣】对话框里，单击【指定修剪边界】按钮，系统弹出【修剪边界】对话框，单击【曲线边界】按钮，然后在图形上选取圆锥辅助曲面上的圆形边界线，如图 4-94 所示。单击【确定】按钮。

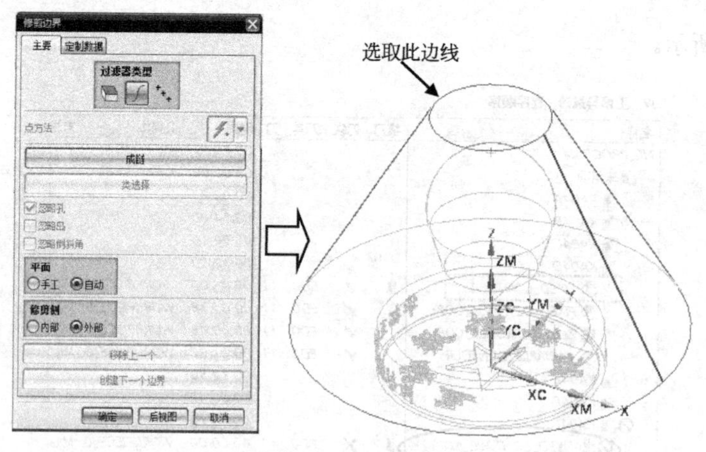

图 4-94 选取边界线

⑥ 修改刀具 在系统返回到的【固定轮廓铣】对话框里，展开【刀具】栏里，单击右侧的下三角符号，在弹出的快捷菜单里选取刀具BD6R3（铣刀-球头铣），如图 4-95 所示。

⑦ 修改非切削参数 在系统返回到的【固定轮廓铣】对话框里，展开【刀轨设置】栏，单击【非切削移动】按钮，系统弹出【非切削移动】对话框，选取【进刀】选项卡，在【开放区域】栏里设置【进刀类型】为“圆弧-垂直于刀轴”，其参数按默认设置。

在【转移/快进】选项卡里，在【公共安全设置】栏里设置【安全设置选项】为“使用继承的”，如图 4-96 所示。单击【确定】按钮。

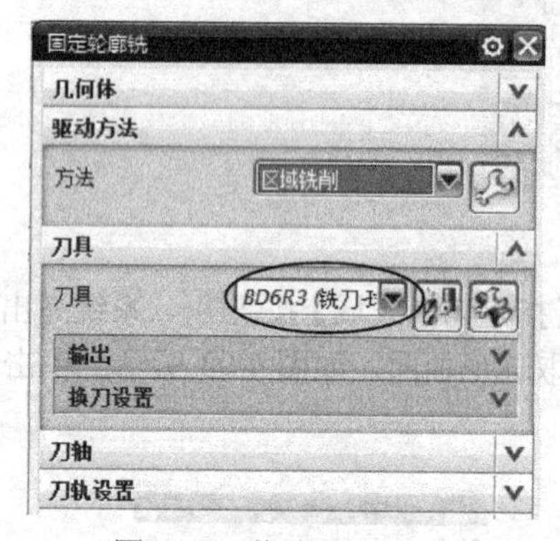

图 4-95 修改刀具

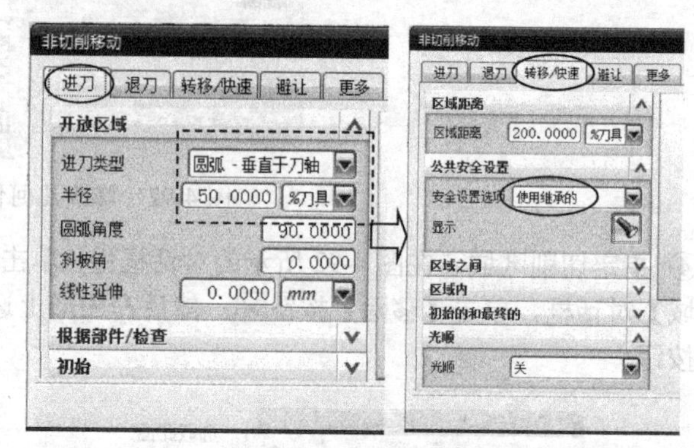

图 4-96 设置非切削移动参数

⑧ 生成刀路 在系统返回到的【固定轮廓铣】对话框里，单击【生成】按钮，系统计算出刀路，如图 4-97 所示。单击【确定】按钮。

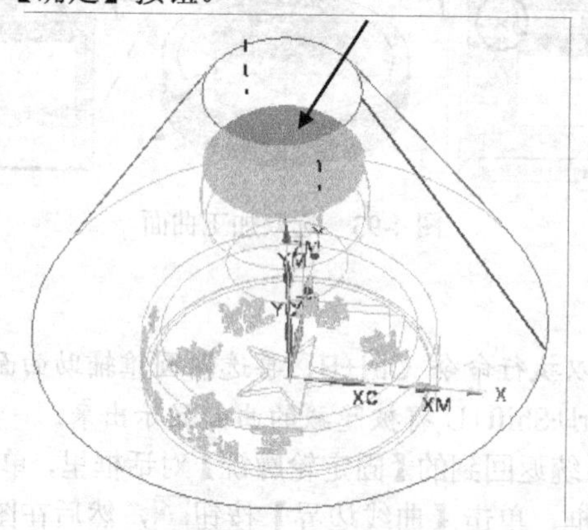

图 4-97 生成刀路

（2）对手把周围曲面进行精加工

方法：采用复制可变轴轮廓加工刀路，然后修改参数。

① 复制刀路　在导航器里右击 KA04D 中的第 4 个刀路，在弹出的快捷菜单里选取 复制，再选取 KA04G 程序组，右击鼠标，在弹出的快捷菜单里选取 内部粘贴，于是在 KA04G 中生成了新刀路，如图 4-98 所示。

工序导航器 - 程序顺序

名称	换刀	刀轨	刀具	刀	时间	几何体
NC_PROGRAM					00:54:12	
未用项					00:00:00	
KA04A					00:02:23	
KA04B					00:14:00	
KA04C					00:06:10	
KA04D					00:12:30	
FIXED_CONTOUR	▮	✔	ED0	11	00:05:06	WORKPIECE_0
FIXED_CONTOUR_COPY		✔	ED0	11	00:05:18	WORKPIECE_0
ZLEVEL_PROFILE_COPY		✔	ED0	11	00:00:48	WORKPIECE_0
VARIABLE_CONTOUR		✔	ED0	11	00:01:07	WORKPIECE_0
KA04E					00:12:50	
KA04F					00:00:42	
KA04G					00:05:37	
FIXED_CONTOUR_COPY_1	▮	✔	BD6R3	23	00:05:13	WORKPIECE_1
VARIABLE_CONTOUR_COPY	▮	✕	ED0	11	00:00:00	WORKPIECE_0

图 4-98　复制刀路

② 设置几何体参数　双击刚复制的刀路，在系统弹出的【可变轮廓铣】对话框里，设置【几何体】为 WORKPIECE_1，如图 4-99 所示。

图 4-99　设置几何体参数

③ 指定切削区域　在图 4-99 所示的对话框里，单击【指定切削区域】按钮，系统弹出【切削区域】对话框，然后在图形上选取如图 4-100 所示的曲面，单击【确定】按钮。

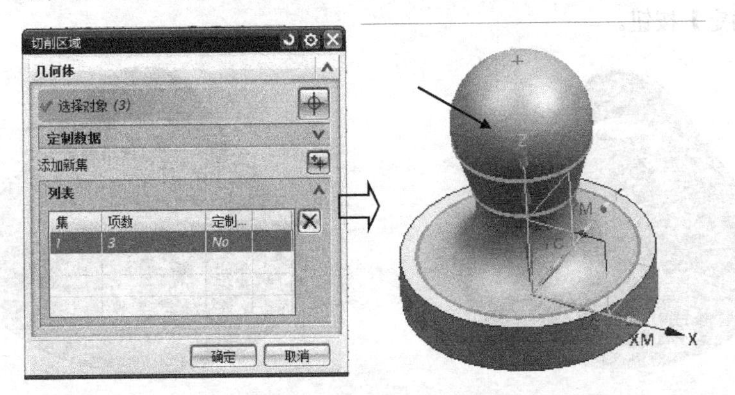

图 4-100　选取加工曲面

④ 设置驱动方法 在【可变轮廓铣】对话框里，在【驱动方法】栏里单击【方法】右侧的下三角符号▼，在弹出的下拉菜单里选取【曲面】选项，在系统弹出的【驱动方法】警告信息框里单击【确定】按钮，系统弹出【曲面区域驱动方法】对话框，如图 4-101 所示。

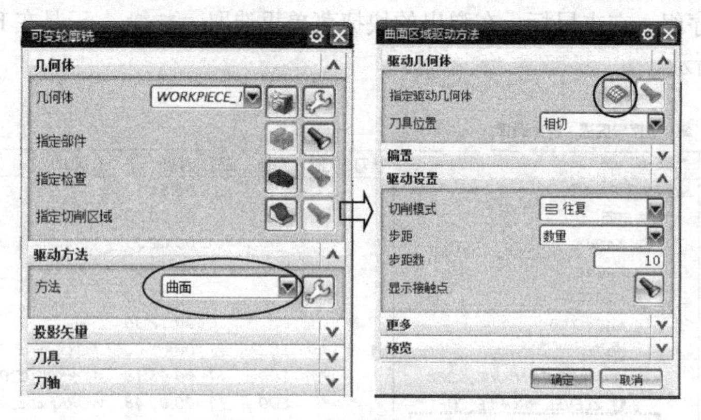

图 4-101 设置驱动参数

在【曲面区域驱动方法】对话框里，单击【指定驱动几何体】按钮，选取圆锥辅助曲面，在系统弹出的【驱动几何体】对话框里单击【确定】按钮，系统又返回到【曲面区域驱动方法】对话框里，初步设置驱动参数，设置【切削模式】为 螺旋，步距为“残余高度”，【最大残余高度】为“0.005”，如图 4-102 所示。

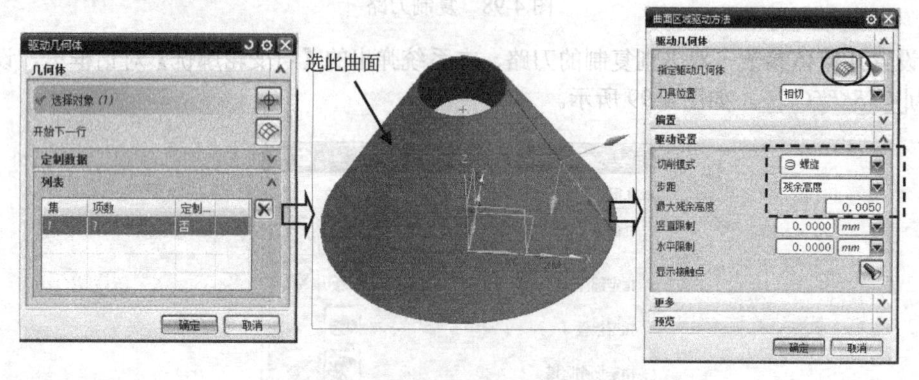

图 4-102 初步设置驱动参数

在【曲面区域驱动方法】对话框里，单击【切削方向】按钮，在图形上选取如图 4-103 所示的箭头作为切削方向。

在【曲面区域驱动方法】对话框里，单击【材料方向】按钮，调整箭头使之朝外，如图 4-104 所示。单击【确定】按钮。

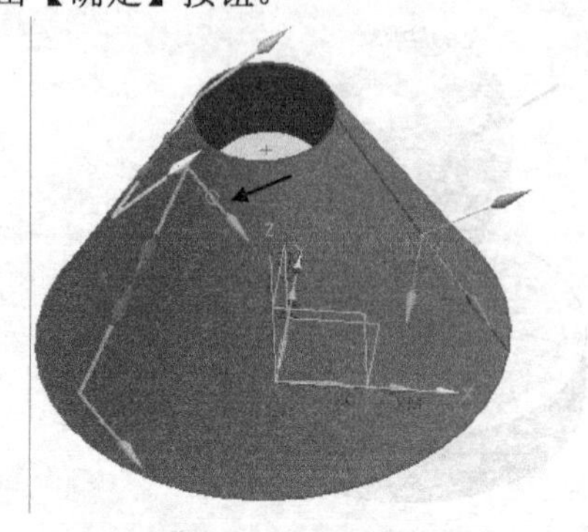

图 4-103 选取切削方向

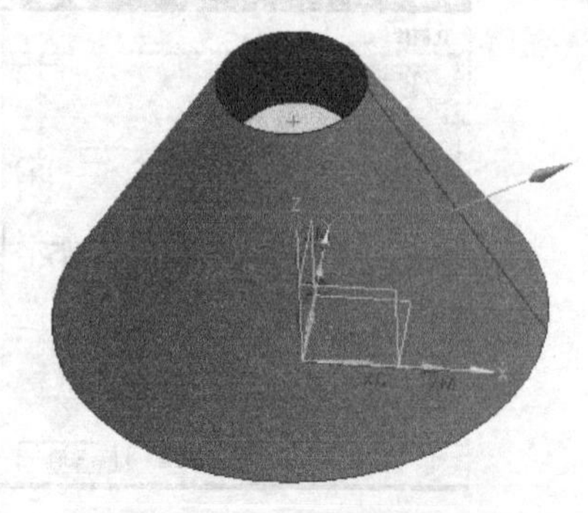

图 4-104 设置材料方向

⑤ 设置投影矢量　在系统返回到的【可变轮廓铣】对话框，展开【矢量投影】栏，单击【矢量】右侧的下三角符号，在弹出的下拉菜单选取【垂直于驱动体】选项，如图 4-105 所示。

⑥ 修改刀具　在系统返回到的【固定轮廓铣】对话框里，展开【刀具】栏里，单击右侧的下三角符号，在弹出的快捷菜单里选取刀具 BD6R3 (铣刀-球头铣)，如图 4-106 所示。

图 4-105　设置投影矢量

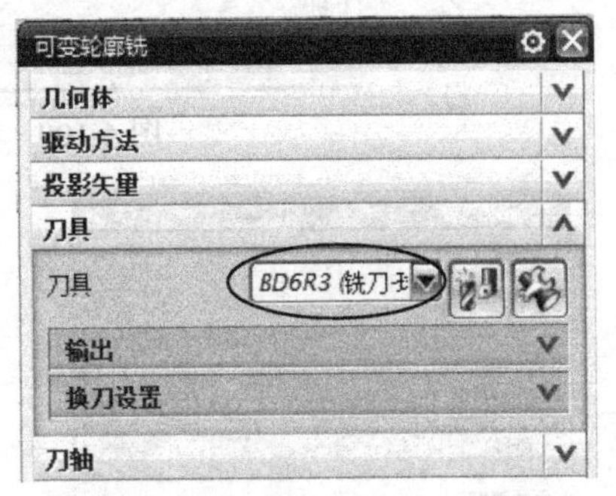

图 4-106 修改刀具

⑦ 设置刀轴　在系统返回到的【可变轮廓铣】对话框，展开【刀轴】栏，单击【轴】右侧的下三角符号，在弹出的下拉菜单选取【垂直于驱动体】选项，如图 4-107 所示。

⑧ 设置切削参数　在【可变轮廓铣】对话框里单击【切削参数】按钮，系统弹出【切削参数】对话框，选取【余量】选项卡，设置【部件余量】为“0”，【内公差】为“0.01”，【外公差】为“0.01”，如图 4-108 所示。单击【确定】按钮。

图 4-107　设置刀轴

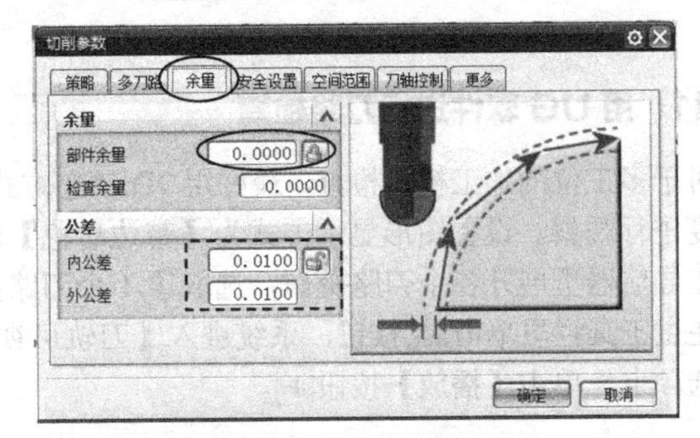

图 4-108　设置切削参数

⑨ 设置非切削移动参数　在系统返回到的【可变轮廓铣】对话框里单击【非切削移动】按钮，系统弹出【非切削移动】对话框，选取【进刀】选项卡，设置【圆弧角度】为 45°，如图 4-109 所示。

⑩ 设置进给率和转速参数　在【可变轮廓铣】对话框里单击【进给率和速度】按钮，系统弹出【进给率和速度】对话框，设置【主轴速度 (rpm)】为“4500”，【进给率】的【切削】为“1500”，如图 4-110 所示。单击【确定】按钮。

⑪ 生成刀路　在系统返回到的【可变轮廓铣】对话框里单击【生成】按钮，系统计算出刀路，如图 4-111 所示。单击【确定】按钮。

本节讲课视频

以上操作视频文件为：\ch04\03-video\08-创建第二工位球形面精加工刀路 KA04G.exe。

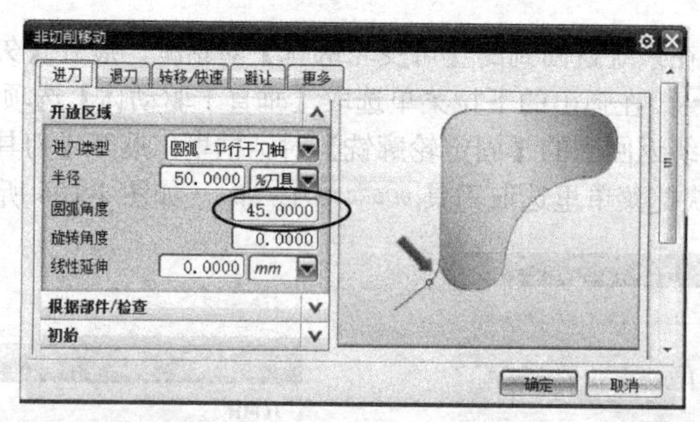

图 4-109 设置非切削参数

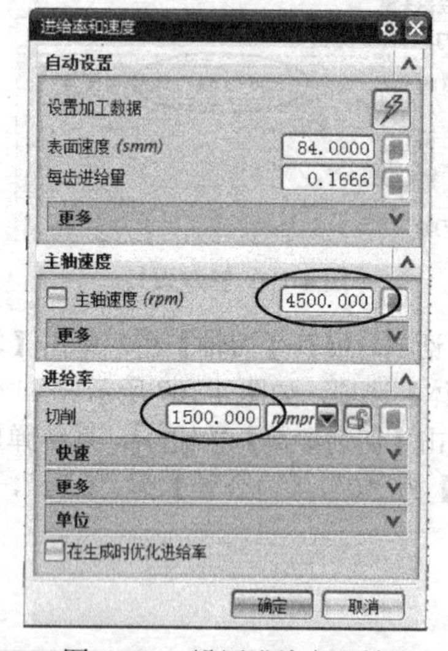

图 4-110 设置进给率和转速

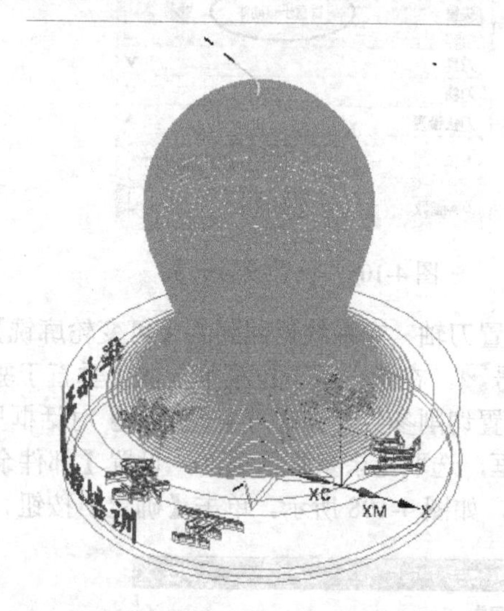

图 4-111 生成精加工刀路

4.3.11 用 UG 软件进行刀路检查

对于多工位的加工模拟检查，最好用 3D 动态方式，以便于把加工结果图形进行旋转平移从各个角度进行观察。设置图形显示方式为【带边着色】方式。

在导航器里展开各个刀路操作，选取第 1 个刀路操作，按住 Shift 键，再选取最后一个刀路操作。在主工具栏里单击按钮，系统进入【刀轨可视化】对话框，如图 4-112 所示，选取【3D 动态】选项卡，单击【播放】按钮。

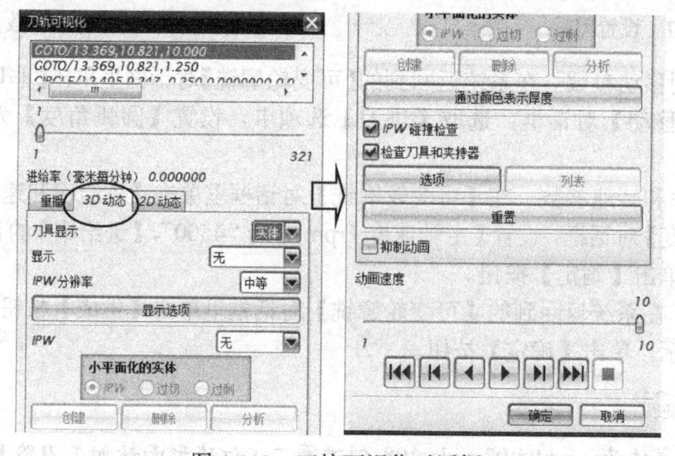

图 4-112 刀轨可视化对话框

第 1 工位模拟过程如图 4-113 所示。

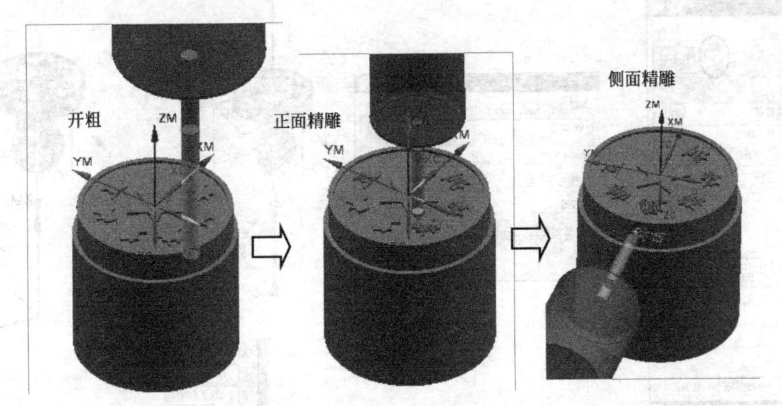

图 4-113 第 1 工位加工模拟

第 2 工位模拟过程如图 4-114 所示。单击【确定】按钮。

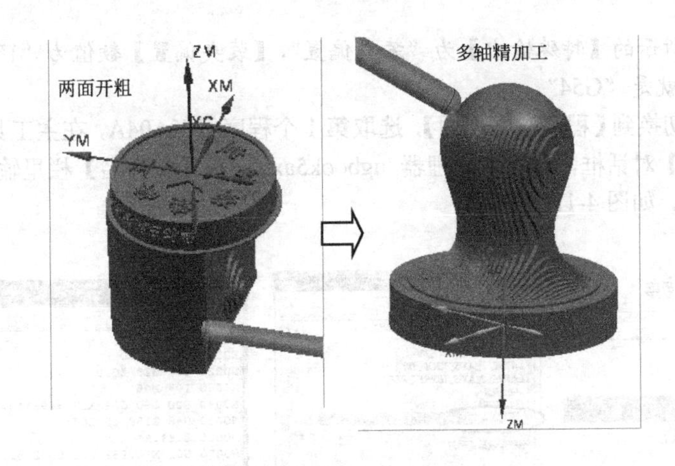

图 4-114 第 2 工位加工模拟

以上操作视频文件为：\ch04\03-video\09-刀路检查.exe。

4.3.12 后处理

（1）第 1 工位后处理

本例将在 *XYZAC* 双转台型机床加工，加工坐标系零点位于 *A* 轴和 *C* 轴旋转轴交线处。

根据第 4.3.1 节工艺安排，本例的第 1 工位中零件是在三爪夹盘上装夹的，材料夹持位为 25，露出卡盘高度为 30，三爪卡盘的高度为 110，所以其加工坐标系是将绘图坐标系沿着 *Z* 轴方向移动 140。

要注意

此处假设 *C* 盘面和 *A* 轴线重合。如果机床的 *C* 盘面和 *A* 轴线有偏置的话，还需要考虑这个偏移数。

切换到【几何视图】，双击 MCS_0，将绘图原始加工坐标系沿着 *Z* 轴方向移动 140.15，留出 0.15 是作为加工余量，该坐标系为程序输出的零点，如图 4-115 所示。

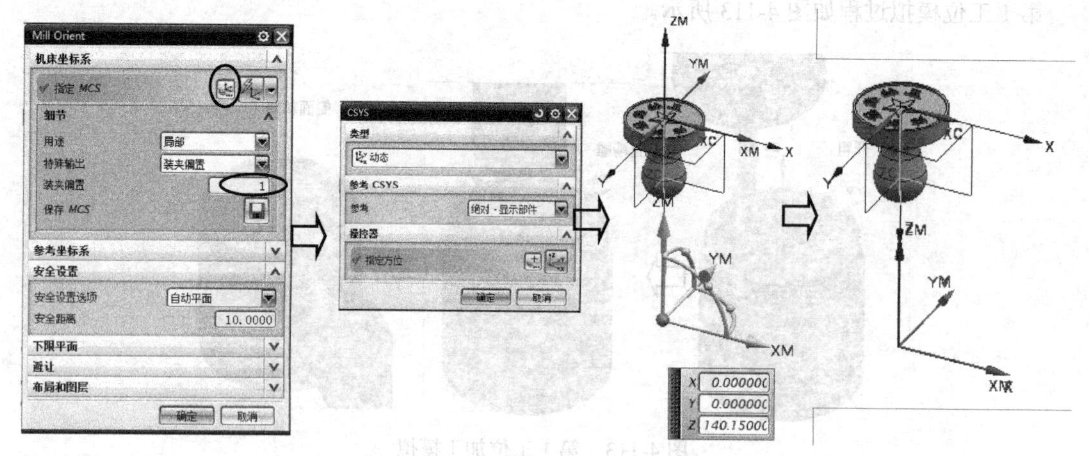

图 4-115 建立第 1 工位加工坐标系

要注意

此处图 4-115 所示的【特殊输出】为“装夹偏置”,【装夹偏置】数值为“1”，这样在输出的数控程序里坐标代码就是“G54”。

在导航器里，切换到【程序顺序视图】，选取第 1 个程序组 KA04A，在主工具栏里单击后处理按钮，系统弹出【后处理】对话框，选取后处理器 ugbook5axis，在【文件名】栏里输入“D:\KA04A”，单击【应用】按钮，如图 4-116 所示。

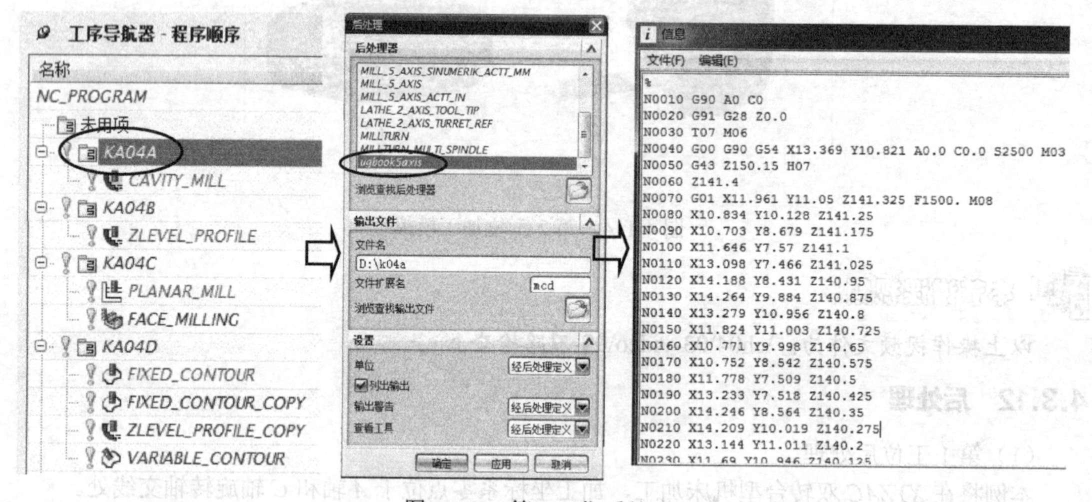

图 4-116 第 1 工位后处理

在导航器里选取 KA04B，输入文件名为“D:\KA04B”。同理，对其他程序组进行后处理。单击【取消】按钮。

（2）第 2 工位后处理

根据第 4.3.1 节工艺安排，本例的第 2 工位中零件是在三爪夹盘上装夹的，材料夹持位为 5，三爪卡盘的高度为 110，所以其加工坐标系是将绘图坐标系沿着 *Z* 轴方向移动 105。

切换到【几何视图】，双击 MCS_1，将绘图原始加工坐标系沿着 *Z* 轴负方向移动 105，该坐标系为第 2 工位程序输出的零点，如图 4-117 所示。

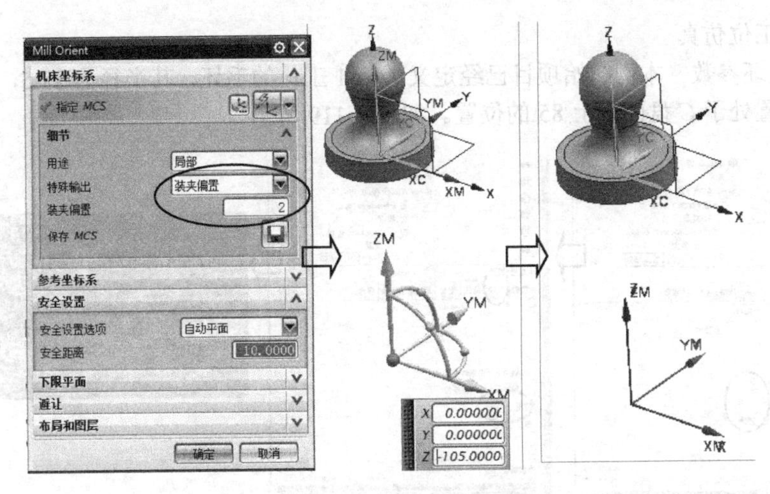

图 4-117 创建第 2 工位加工坐标系

 要注意

此处图 4-117 所示的【特殊输出】为“装夹偏置”，【装夹偏置】数值为“2”，这样在输出的数控程序里坐标代码就是“G55”。

在导航器里，切换到【程序顺序视图】，选取程序组 KA04E，在主工具栏里单击后处理按钮，系统弹出【后处理】对话框，选取后处理器 ugbook5axis，在【文件名】栏里输入“D:\KA04E”，单击【应用】按钮。同理，对其他程序组进行后处理。

在主工具栏里单击【保存】按钮，将图形文件存盘。

本节讲课视频

以上操作视频文件为：\ch04\03-video\10-后处理.exe。

4.3.13 使用 VERICUT 进行加工仿真检查

本例将对加工零件进行多工位仿真。

复制随书光盘的目录 ch04\01-sample\mach 等机床文件到本地机 D：\ch04\mach 中，再把上一节已经完成的数控程序文件复制到 D:\ch04\NC 中。

启动 VERICUT V7.1 软件，在主菜单里执行【文件】|【打开】命令，在系统弹出的【打开项目】对话框里，选取 D:\ch04\mach\ nx8book-04-01.vcproject，单击【打开】按钮，如图 4-118 所示。

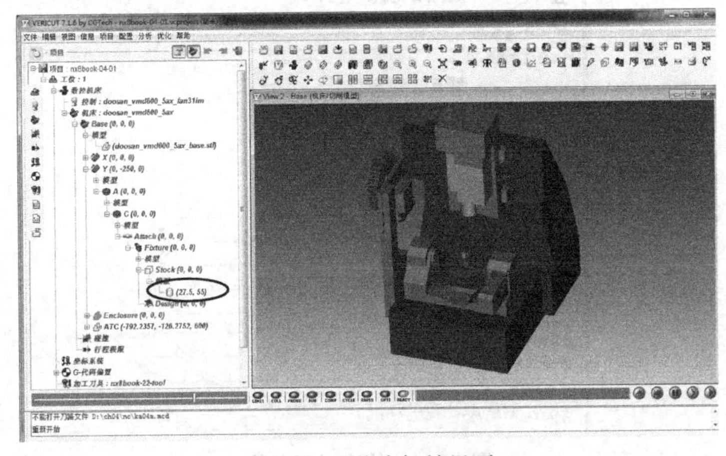

图 4-118 仿真初始界面

（1）第1工位仿真

① 检查毛坯参数 本例初始项目已经定义了第1工位的毛坯，其半径为27.5，高度为55，圆柱毛坯最低位置处于C盘面以上85的位置。如图4-119所示。

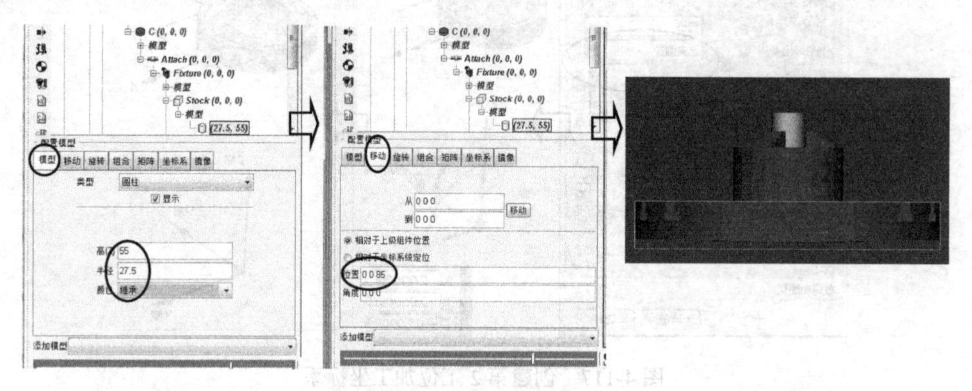

图4-119 毛坯参数

② 添加数控程序 在左侧目录树里单击 ***数控程序*** 按钮，再单击【添加数控程序文件】按钮，在系统弹出的【数控程序】对话框里，选取第1工位的数控程序KA04A、KA04B、KA04C及KA04D等，单击【添加文件】按钮 到对话框右侧栏，如图4-120所示。

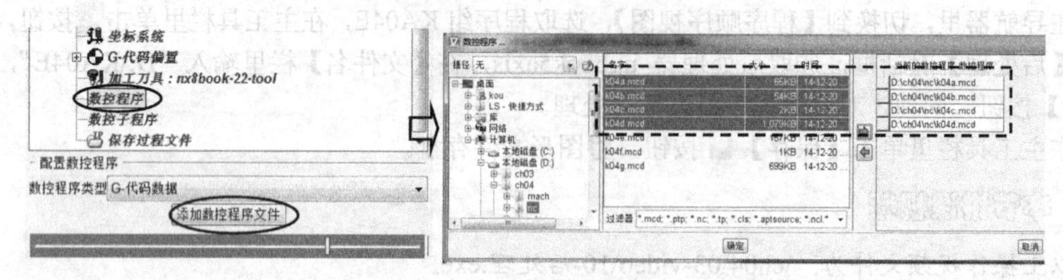

图4-120 添加数控程序

③ 检查对刀参数 在左侧目录树里单击 ***G-代码偏置*** 前的加号展开树枝，检查参数，坐标代码【寄存器】为“54”。对刀方式为从刀具的零点到初始毛坯的零点。而刀具的零点是刀尖，初始毛坯的零点是底部圆柱圆心。对于本例来说零点就是C盘面圆心。如图4-121所示。

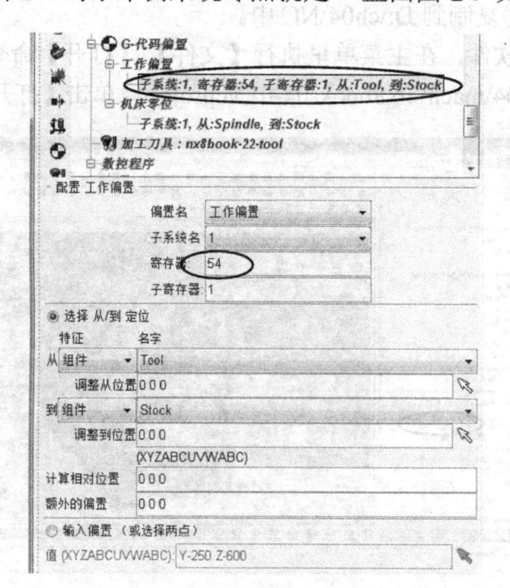

图4-121 检查对刀参数

④ 激活工位 1　在目录树里右击 工位 : 1，在弹出的快捷菜单里选取【现用】命令，如图 4-122 所示。

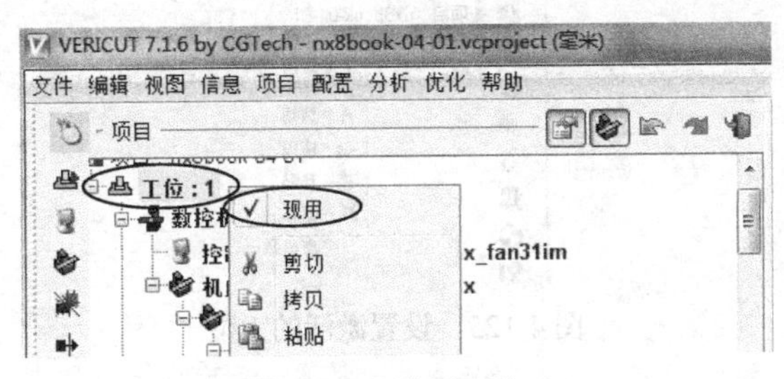

图 4-122　激活工位 1

⑤ 播放仿真　在图形窗口底部单击【仿真到末端】按钮就可以观察到机床开始对数控程序进行仿真。图 4-123 所示为仿真结果。将机床复位。

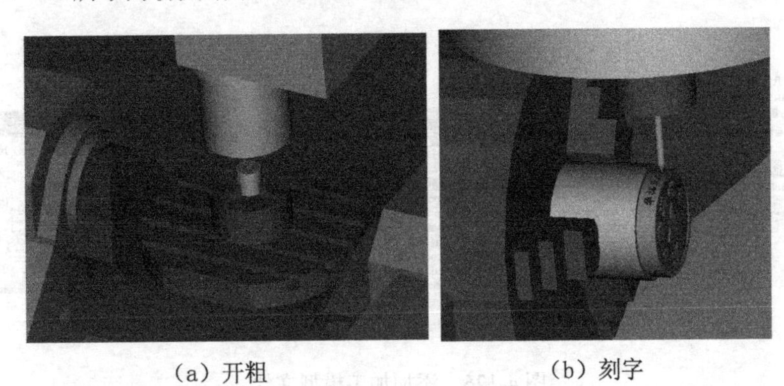

（a）开粗　　　　（b）刻字

图 4-123　第 1 工位仿真

⑥ 存储加工结果　在图形区单击加工毛坯图形，这时在目录树里自动选取了 加工毛坯。单击鼠标右键，在弹出的快捷菜单里选取【保存切削模型】命令。在系统弹出的【保存切削模型】对话框，输入文件名为“ugbook-04-01-mp1”，如图 4-124 所示。

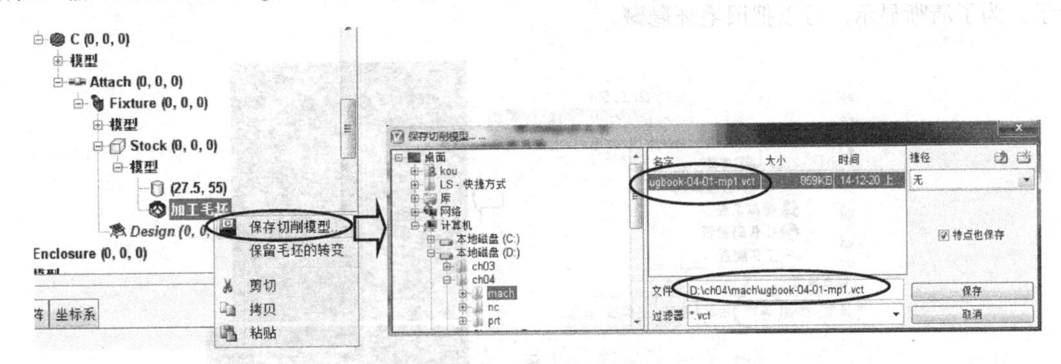

图 4-124　保存切削模型

（2）第 2 工位仿真

① 复制工位　在目录树里右击 工位 : 1，在弹出的快捷菜单里选取【拷贝】命令，再右击鼠标，在弹出的快捷菜单里选取【粘贴】命令，生成 工位 : 2。

再选取 工位 : 1，在弹出的快捷菜单里，先观察【现用】前是否有勾号，如果有勾号就在快捷菜单里选取【现用】命令，这样可以把“工位 1”设置为“非现用”状态。这时仅有“工位 2”为激活状态，如图 4-125 所示。

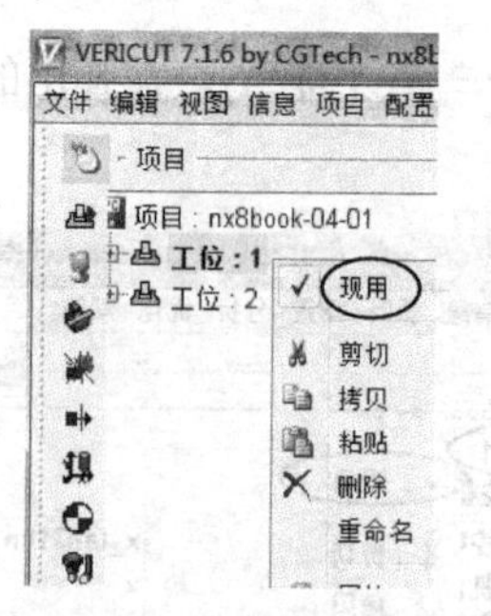

图 4-125 设置激活的工位

② 添加毛坯文件 在目录树里右击“工位 2”的 Stock (0, 0, 0) 之下的 模型，在弹出的快捷菜单里选取【添加模型】|【模型文件】命令，在系统弹出的【打开】对话框里选取第 1 工位生成的毛坯文件“ugbook-04-01-mp1.vct”，如图 4-126 所示。单击【打开】按钮。

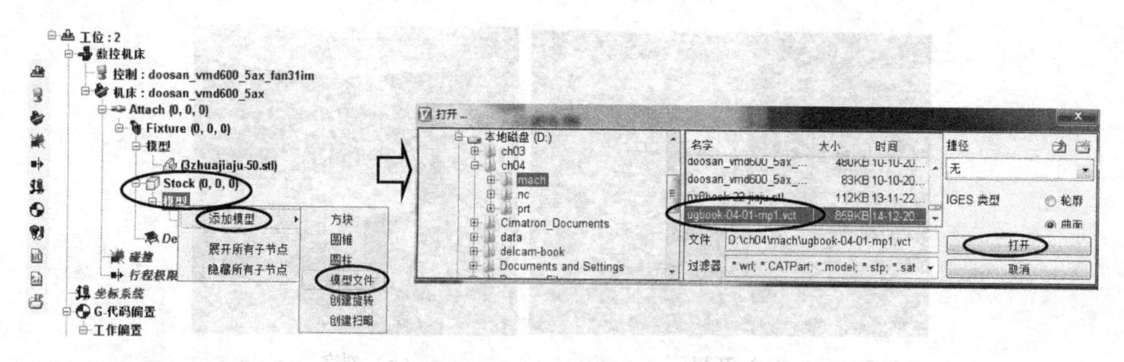

图 4-126 添加加工模型文件

③ 调整毛坯位置 添加的毛坯就是第 1 工位的加工结果，其坐标系的 *Z* 零点位于毛坯顶部以下 140 处。现在需要将该毛坯沿着 *X* 轴旋转 180°，再将其沿着 *Z* 轴提高 140+（110−5）=245。

a. 旋转毛坯：在目录树选取 (ugbook-04-01-mp1.vct)，在【配置模型】里选取【旋转】选项卡，输入【增量】为 180°，单击【X+】按钮。将【位置】栏里的变化的数值保持为“0 0 0”。如图 4-127 所示。为了清晰显示，可以把旧毛坯隐藏。

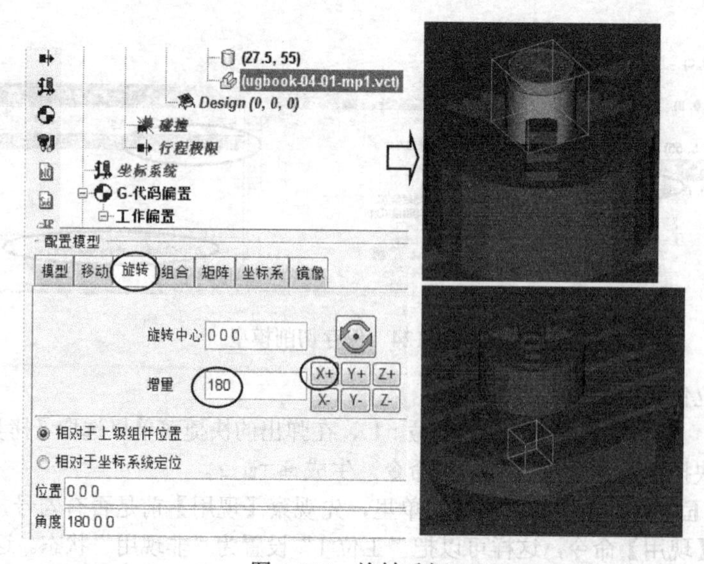

图 4-127 旋转毛坯

b. 平移毛坯：在图 4-127 所示的【配置模型】里选取【移动】选项卡，输入【到】为“0 0 245”，单击【移动】按钮，如图 4-128 所示。

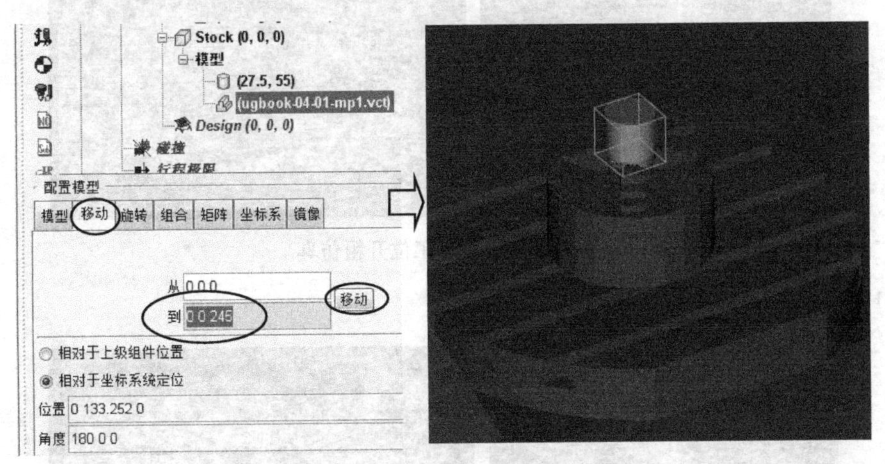

图 4-128　平移毛坯

④ 添加数控程序　在左侧目录树里单击 ***数控程序*** 按钮，再单击【添加数控程序文件】按钮，在系统弹出的【数控程序】对话框里，先在右侧选取第 1 工位的数控程序，再单击键盘上的 Del 键将其删除。

在左侧选取第 2 工位的数控程序 KA04E、KA04F 及 KA04G 等，单击【添加文件】按钮 到对话框右侧栏，如图 4-129 所示。

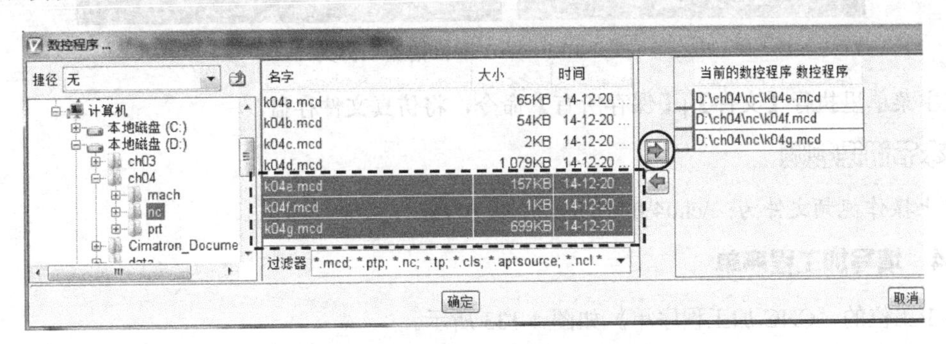

图 4-129　添加第 2 工位的数控程序

⑤ 检查对刀参数　在左侧目录树里单击 ***G-代码偏置*** 前的加号展开树枝，设置【寄存器】为“55”，如图 4-130 所示。

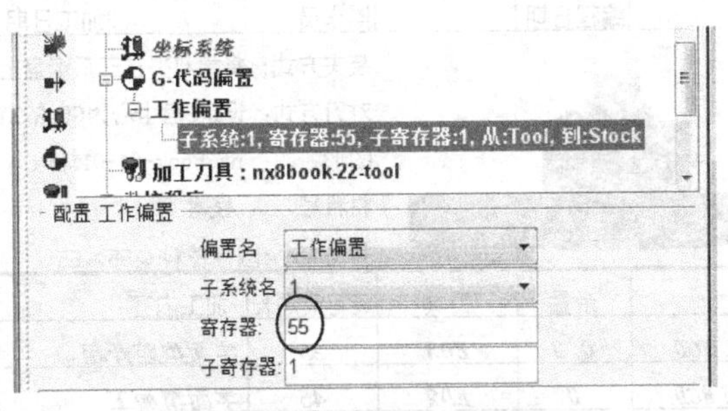

图 4-130　修改坐标寄存器

⑥ 播放仿真　在图形窗口底部单击【仿真到末端】按钮就可以观察到机床开始对数控程序进行仿真。图 4-131 所示为开粗的仿真结果。

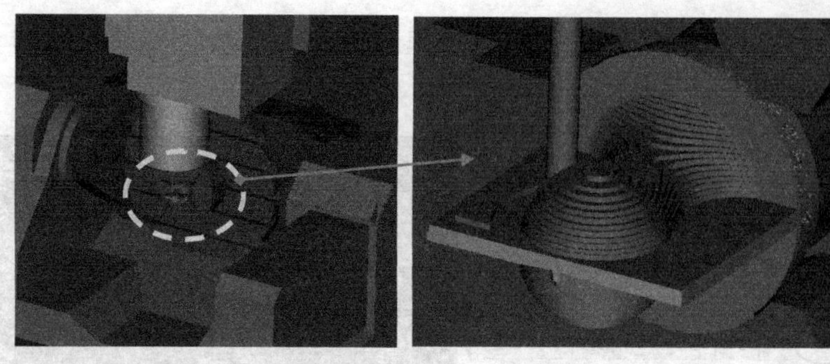

图 4-131 第 2 工位开粗仿真

图 4-132 所示为精加工的仿真结果。

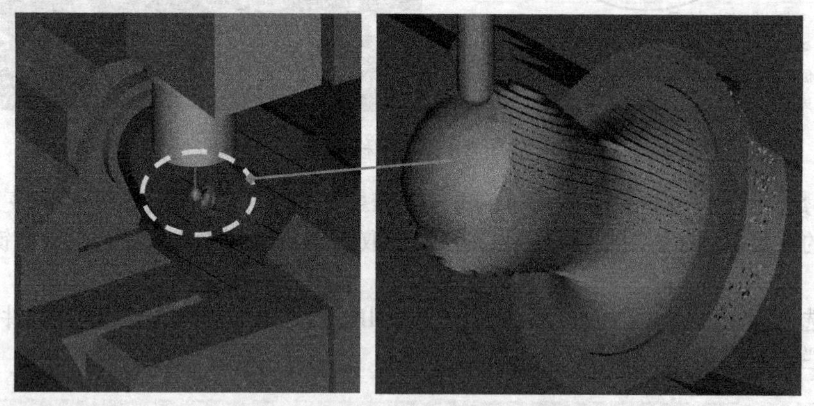

图 4-132 第 2 工位精加工仿真

在主菜单里执行【文件】|【保存所有】命令，将仿真文件存盘。

本节讲课视频

以上操作视频文件为：\ch04\03-video\11-仿真.exe。

4.3.14 填写加工程序单

第 1 工位的《CNC 加工程序单》如图 4-133 所示。

CNC加工程序单

型号		模具名称		工件名称	印章（第1工位）		
编程员		编程日期		操作员		加工日期	

装夹方式：将棒料夹在三爪卡盘上留出30mm

对刀方式：设定C盘中心为G54的XYZ零点

图形名： nx8book-04-01.prt

材料号 尼龙

材料大小：圆柱棒料 φ55×55

程序名	余量	刀具	装刀最短长	加工内容	加工时间
K04A .MCD	0.3	ED3	25	字面型腔开粗	
K04B .MCD	0	ED2	45	字面精加工	
K04C .MCD	0	ED6	45	顶面精加工	
K04D .MCD	0	ED0	45	精加工雕刻	

图 4-133 第 1 工位程序单

第 2 工位的《CNC 加工程序单》如图 4-134 所示。

CNC加工程序单

型号		模具名称		工件名称	印章（第2工位）	
编程员		编程日期		操作员	加工日期	

装夹方式：将第1工位加工半产品夹在三爪卡盘夹持位5mm

对刀方式：设定C盘中心为G55的XYZ零点

图形名：nx8book-04-01.prt

材料号　尼龙

材料大小:圆柱棒料 Φ55×55

程序名	余量	刀具	装刀最短长	加工内容	加工时间
K04E .MCD	0.3	ED6	45	手把开粗刀路	
K04F .MCD	0	ED6	45	水平面精加工	
K04G .MCD	0	BD6R3	45	球形面精加工	

图 4-134　第 2 工位程序单

4.3.15　现场加工问题处理

按照前文所述，本例第 2 工位夹持位为 5mm，在加工时较难保证。为此，实际加工时可以采取以下方法。

① 首先，事先车削一个直径为ϕ55×20 的圆柱，材料可以是铝或者尼龙，直径按照公差–0.2mm 加工。

② 第 1 工位加工完成以后，进行第 2 工位的装夹时，把车削好的圆柱棒料垫在三爪卡盘夹持部分的底部，再在上边放置第 1 工位加工完成的半成品材料。注意字面部分朝下。因为本例所用的三爪卡盘，爪的高度为 25mm，底部大圆高度为 85mm。

③ 除了以上方法外还可以把第 1 工位加工完成的工件的长度进行精确测量，假设距离为 L_1。然后将工件字面朝下装夹在三爪卡盘里，测量顶部到 C 盘面的距离，假设为 L_2。

④ 重新调整第 2 工位的加工坐标系，即将绘图坐标系的 Z 轴沿着 Z 负方向移动距离为 L_2–L_1，重新进行后处理。具体做法可以参考第 4.3.10 节相关内容。

4.3.16　多轴投影矢量概述

UG 中的投影矢量是确定驱动点向部件表面的投影方式，同时也确定了刀具接触部件表面的那一侧，对于一定的驱动点，投影方式不同，可能会在部件表面产生不同的加工刀路。选择投影矢量的原则是：生成的刀路要分布均匀合理，刀杆不能过切零件。表 4-1 为变轴轮廓铣时用到的投影矢量。

表 4-1　投影矢量

序号	名称	解释
1	指定矢量	通过矢量构造器定义矢量，这个矢量的共同特点是相对于工作坐标系
2	刀轴	用刀轴矢量的相反方向来定义投影矢量，而 UG 中刀轴矢量的方向是指从刀具末端出发指向刀柄的方向
3	远离点	从指定的焦点出发，向部件表面照射的投影矢量
4	朝向点	从部件表面出发，照射到指定焦点的投影矢量
5	远离直线	从指定的直线垂直方向出发，向部件表面照射的投影矢量
6	朝向直线	从部件表面出发，照射到与指定直线垂直的投影矢量
7	垂直于驱动体	创建与驱动曲面垂直的投影矢量，这些投影矢量与驱动曲面的法向平行
8	朝向驱动体	从部件型腔内表面出发，沿着型腔内部驱动曲面的法向生成的投影矢量

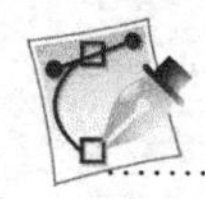

4.4 本章总结及思考练习

本章通过实例着重讲解了多轴加工中的多工位的加工方式。多工位加工需要注意以下问题。

①要明确变换加工方向时的基准，尽可能使基准统一。

② VERICUT 进行多工位仿真时要注意中间切削模型的存盘和装配。

③ 一定要结合自己工厂设备的具体情况，灵活进行装夹和加工，要确保加工安全高效。

思考练习

1. 说明变轴轮廓铣刀路在五轴机床上实际加工时，如何确定最短的装刀距离。

2. 如果本例加工时，三爪卡盘中心和 *C* 盘中心有偏心，可能会出现什么问题？该如何处理加工问题？

参考答案

1. 答：为了提高加工效率，五轴加工时尽可能装较短的刀长，但是太长的刀具加工时极易断刀，这是一对矛盾。

解决方法是：编程时尽可能把夹具实体图也绘制出来，定义刀具同时也定义刀柄和夹持器尺寸，然后模拟刀路检查是否有过切和碰撞，如果出现问题就以 1mm 为单位调整刀具长度，直到结果满意为准。另外的方法是：借助 VERICUT 仿真软件，仍需详细定义刀具的长度和夹持器尺寸，通过仿真找到最佳的装刀长度。

以上定义的刀具和夹具要确保和实际尺寸一致。

2. 答：这也是五轴加工中经常出现的问题，在理论上三爪卡盘的中心应该和 *C* 盘旋转中心一致，但是实际上难免出现偏差，如果偏差过大，可能会使加工形状不能完全成形，即零件的有些部分形状加工不出来。

解决的方法是：尽可能通过校表的方式调整卡盘中心和 *C* 盘中心重合。另外的方法是在机床上 $C=0$ 的位置，用分中棒（也称寻边器）测出材料的中心相对于 *C* 盘中心的坐标，然后在图形上调整加工坐标系，重新进行后处理生成数控程序。

第5章　轴流式叶轮多轴加工

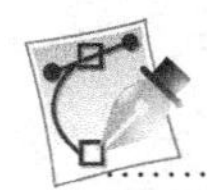

5.1　本章要点和学习方法

本章重点学习如何用 UG 软件对轴流式叶轮零件进行数控加工编程，注意以下问题：

① 轴流式叶轮零件的加工工艺；

② 对轴流式叶轮进行数控加工前的工装准备；

③ 轴流式叶轮数控加工工艺安排；

④ 轴流式叶轮非自动化编程方法；

⑤ 灵活应用 UG 的轮加工模块完成轴流式叶轮的数控加工编程；

⑥ 刀路变换的方法；

⑦ VERICUT 检查发现的错误及纠正。

应该重点体会非自动化编程和自动化编程的灵活运用，高效解决类似零件编程问题。

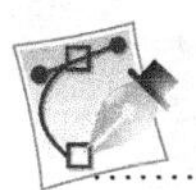

5.2　叶轮概述

叶轮是一种能传递能量的、具有叶片的旋转体机械装置，是发动机的重要零件。而轴流叶轮是指把工作液体沿着轴向流动的一种叶轮。

一般来说，UG NX8.0 软件已经具备了叶轮编程加工的自动化标准模块，用户只要定义好叶毂曲面、叶片面、包裹面或者圆角面就可以自动生成相应的数控编程文件。但是对于一些特殊叶轮零件来说，刀路还不够灵活高效，这就需要在实际工作中灵活结合 UG 软件提供的其他一些多轴编程功能高效解决叶轮的编程问题。

本章所列举的轴流式叶轮就没有完全使用叶轮的标准模块自动编程，而是非自动编程和自动编程结合进行。

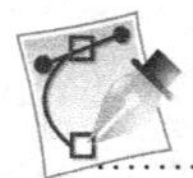

5.3　轴流式叶轮编程

本节任务：根据如图 5-1 所示的四叶片轴流叶轮 3D 图形进行数控编程，生成合理的刀具路径，然后把数控程序在 VERICUT 软件里的五轴机床模型上进行仿真及优化检查。最后，如果有条件，在五轴加工机床上将其加工出来。

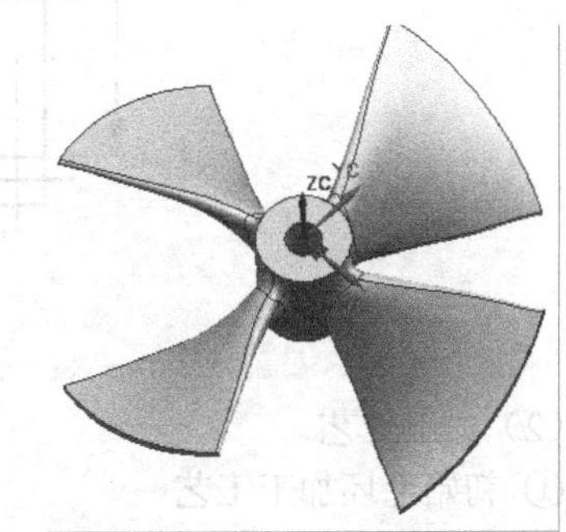

图 5-1　四叶片轴流叶轮模型

5.3.1 工艺分析

先在 D：根目录建立文件夹 D：\ch05，然后将光盘里的文件夹 ch05\01-sample 里的 3 个文件夹及其文件复制到该文件夹里来。

（1）图纸分析

① 叶轮零件　零件图纸如图 5-2 所示。该零件材料为铝，叶片表面粗糙度为 *Ra*6.3μm、叶片尺寸的公差为±0.02mm，孔及键槽与相应零件配作。

② 初始毛坯　初始毛坯零件图如图 5-3 所示。材料为铝，表面粗糙度为 *Ra*6.3、公差为±0.02，孔及键槽与相应零件配作。

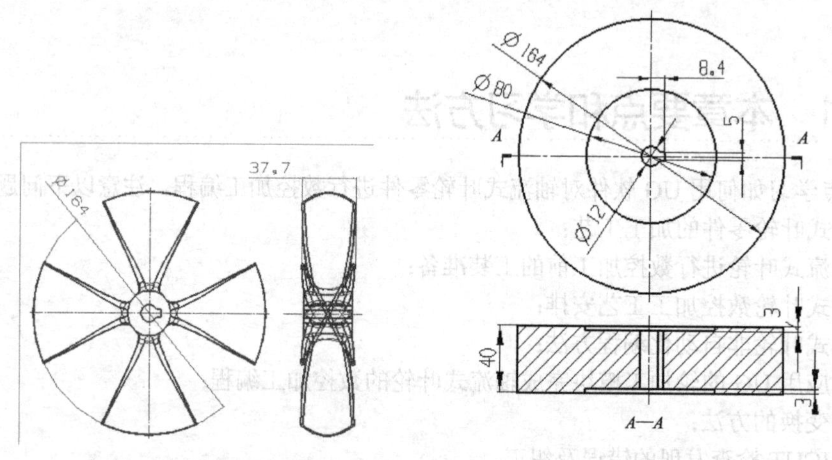

图 5-2　零件工程图纸　　　图 5-3　初始毛坯零件图

③ 工装图　本例将使用如图 5-4 所示图纸的工装。材料均为 45 钢。

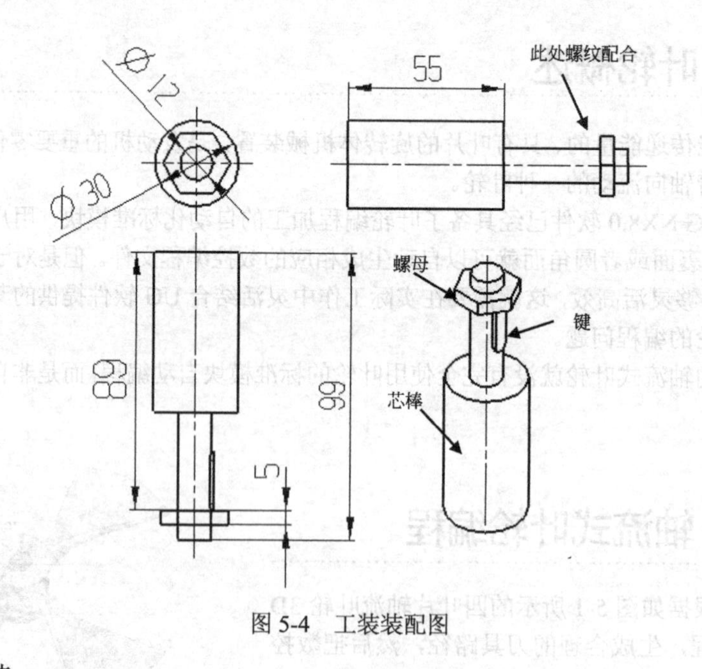

图 5-4　工装装配图

（2）加工工艺

① 初始毛坯加工工艺

a. 开料：毛料大小为ϕ170×50 的棒料，材料为铝。

b. 车削：先车一端面及外圆，然后掉头，夹持已经车削的一端，车削内外圆及另外端面，保证图纸尺寸。

c. 插削：加工键槽。

d.五轴数控铣：将上述加工出来的圆棒料，装在工装上，然后装夹在三爪卡盘，三爪卡盘通过螺栓与机床的 C 盘连接，再进行五轴数控铣加工。

② 工装加工工艺

a. 开料：毛料大小为 $\phi35\times120$ 的棒料 1 件，材料为钢。 此料已经包含了螺母的材料。毛料大小为 35×10×10 的方料 1 件，材料为钢。

b. 车削：先车螺母的螺纹孔深度为 10，再车 $\phi30\times15$（这个高度包含了三轴铣加工的夹持位）的外圆柱，作为螺母加工毛坯料。再车芯棒的一端面及外圆，然后掉头，夹持已经车削的一端，车削芯棒外圆（要车与螺母配合的螺纹）及另外端面，保证芯棒图纸尺寸。

c. 三轴数控铣加工：加工螺母的六方外形。加工键尺寸与芯棒配作。这些三轴程序本书从略。

（3）五轴数控铣加工程序

① 开粗刀路 KA05A，叶轮型腔开粗，使用 ED8 平底刀，余量为 1.0，层深为 0.8。

② 轮毂半精加工刀路 KA05B，使用 BD6R3 球头刀，余量为 0.3。

③ 叶形半精加工刀路 KA05C，使用 BD6R3 球头刀，余量为 0.2。

④ 叶形全部精加工刀路 KA05D，使用 BD6R3 球头刀，余量为 0。

5.3.2 图形处理

为了适应叶轮加工编程的要求，本例已经创建工装实体、包裹曲面、叶轮延伸曲面、开粗辅助线，为了简化操作步骤，本例已经在相应层进行了分类管理。

打开图形文件 nx8book-05-01.prt，在界面上方执行【开始】|【建模】命令，进入建模界面。释放层，显示出辅助线及辅助面。

在主菜单里执行【格式】|【视图中可见图层】命令，在系统弹出【视图中可见图层】对话框单击【确定】按钮，在该对话框里的【过滤器】栏里选取“辅助面：叶轮延伸面和边界线”和“夹具：包括芯棒、销、螺母”这两个层集合，在【图层】栏里自动选取了相应的层，单击【可见】按钮，再单击【确定】按钮。结果显示为 KA05A 刀路所需要的图形，如图 5-5 所示。

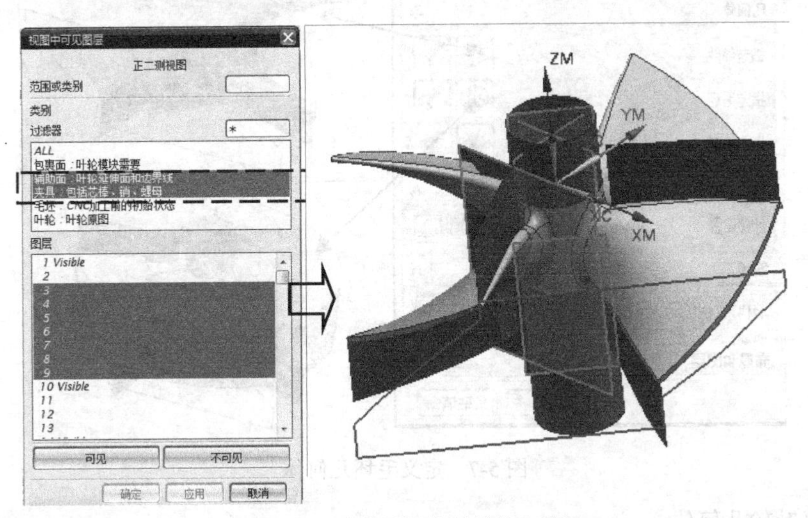

图 5-5 通过层操作释放线和面

5.3.3 编程准备

在工具条中选【开始】|【加工】，进入工模块 加工(N)，操作要点如下。

（1）初步定义坐标系

在几何视图里，创建加工坐标系、安全高度、毛坯体。本例加工坐标系暂时为建模时的坐标系，【安全设置选项】为“包容圆柱体”，【安全距离】为“10”，其余参数设置如图5-6所示。

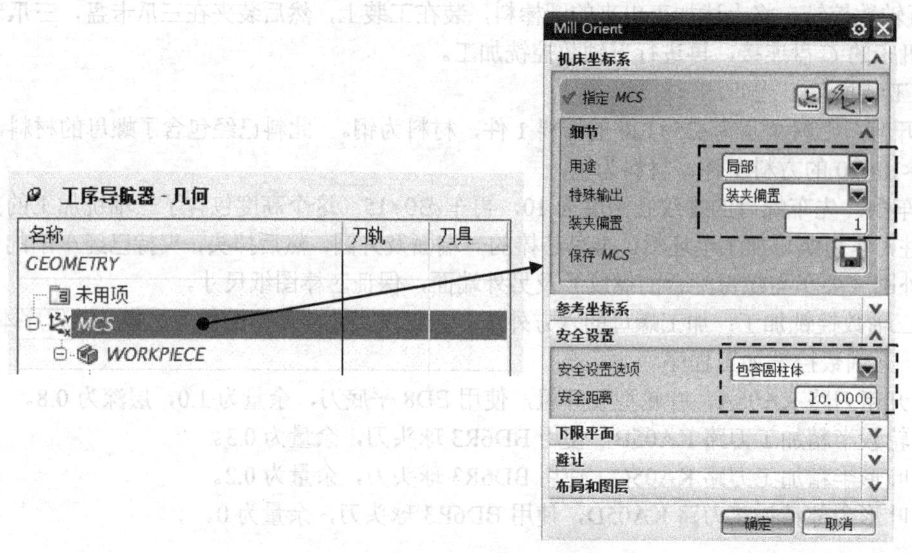

图5-6 设置加工坐标系

（2）定义毛坯几何体

在毛坯几何体 WORKPIECE 的【指定部件】栏里选取叶轮原始实体图。

释放层集|毛坯：CNC加工前的初始状态 使毛坯图形处于显示状态。

单击【指定毛坯】选取初始毛坯实体图形，如图5-7所示。

关闭显示层集|毛坯：CNC加工前的初始状态 使毛坯图形处于隐藏状态，单击【确定】按钮。

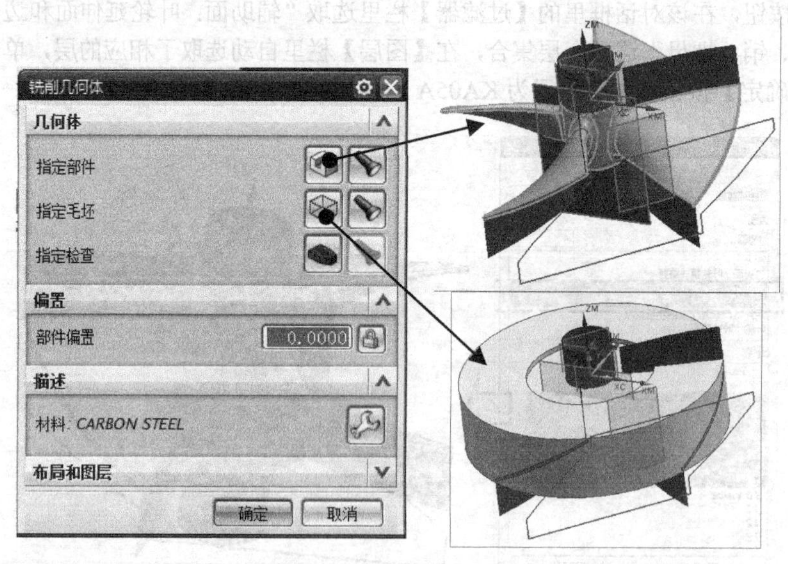

图5-7 定义毛坯几何体

（3）定义叶轮几何体

右击 WORKPIECE，在弹出的快捷菜单里选取【刀片】|【几何体】命令，在系统弹出的【创建几何体】对话框，类型选取|mill_multi_blade，【几何子类型】为，单击【确定】按钮，系统弹出【多叶片几何体】对话框，如图5-8所示。

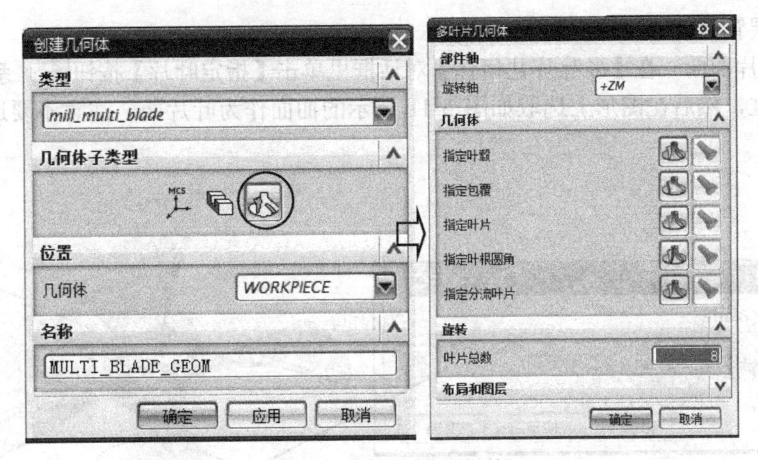

图 5-8 定义叶轮几何体

① 定义叶毂面 在【多叶片几何体】对话框里单击【指定叶毂】按钮，系统弹出【Hub 几何体】对话框，然后在图形上选取如图 5-9 所示的叶毂曲面。

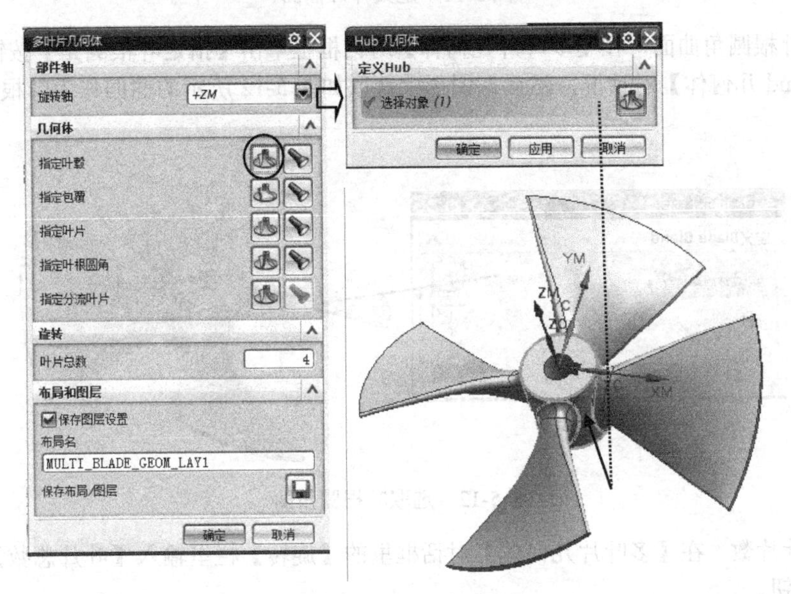

图 5-9 选取叶毂曲面

② 定义包裹曲面 首先通过层管理，释放 包裹面：叶轮模块需要 层集，使包裹曲面显示出来。在【多叶片几何体】对话框里单击【指定包裹】按钮，系统弹出【Shroud 几何体】对话框，然后在图形上选取如图 5-10 所示的曲面作为包裹面。

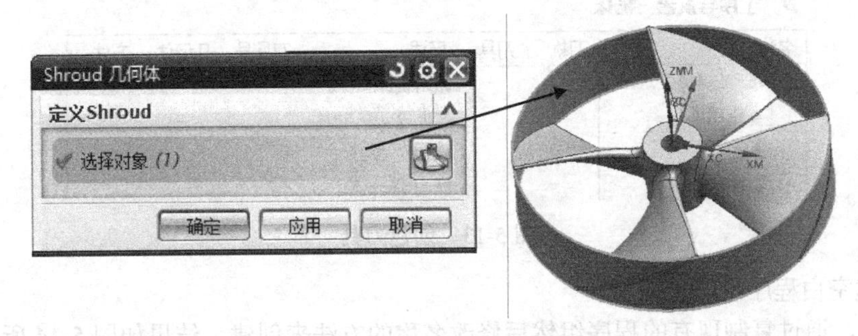

图 5-10 定义包裹曲面

最后通过层管理使包裹曲面隐藏。

③ 定义叶片曲面　在【多叶片几何体】对话框里单击【指定叶片】按钮，系统弹出【Blade 几何体】对话框，然后在图形上选取如图 5-11 所示的曲面作为叶片面。注意不要选取叶尖顶部的圆柱曲面。

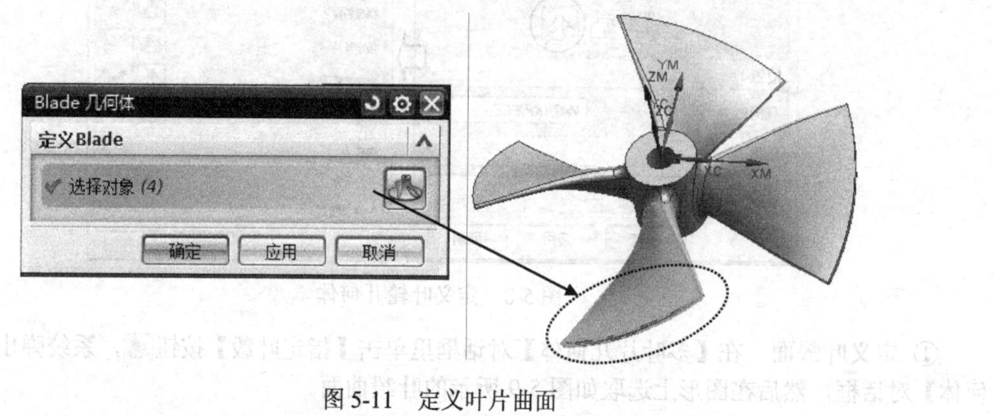

图 5-11　定义叶片曲面

④ 定义叶根圆角曲面　在【多叶片几何体】对话框里单击【指定叶根圆角】按钮，系统弹出【Blade Blend 几何体】对话框，然后在图形上选取如图 5-12 所示的曲面作为叶根圆角面。

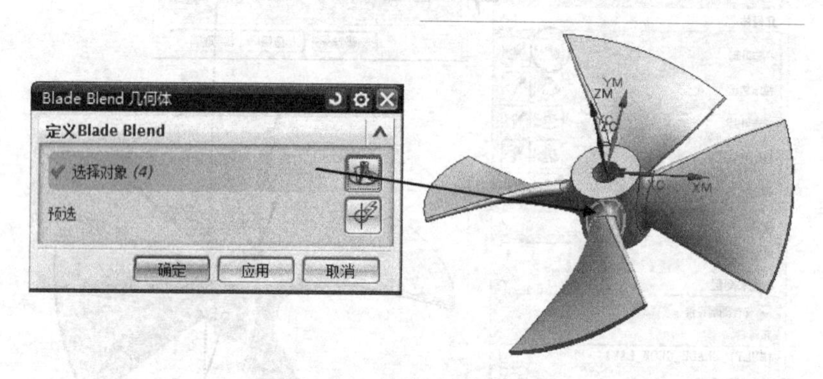

图 5-12　选取叶根圆角面

⑤ 定义叶片数　在【多叶片几何体】对话框里的【旋转】栏里输入【叶片总数】为“4”。单击【确定】按钮。

（4）创建刀具

在机床视图里，通过从光盘提供的刀库文件 nx8book-tool.prt 调取所需要的刀具，结果如图 5-13 所示。

工序导航器 - 机床

名称	刀轨	刀具	描述	刀具号	几何体	方法
GENERIC_MACHINE			通用机床			
未用项			mill_multi-axis			
ED8			铣刀-5 参数	4		
BD6R3			铣刀-球头铣	23		

图 5-13　创建刀具

（5）创建空白程序组

在程序顺序视图里，通过复制现有的程序组然后修改名称的方法来创建，结果如图 5-14 所示。

工序导航器 - 程序顺序

名称	换刀	刀轨	刀具	刀	时间	几何体	方
NC_PROGRAM					00:00:00		
未用项					00:00:00		
KA05A					00:00:00		
KA05B					00:00:00		
KA05C					00:00:00		
KA05D					00:00:00		

图 5-14 创建空白程序组

以上操作视频文件为：\ch05\03-video\01-编程准备.exe。

5.3.4 创建叶轮型腔开粗刀路 KA05A

本节任务：创建叶片型腔铣刀路。

（1）设置工序参数

通过层管理显示图 5-5 所示的图形。

在主工具栏里单击按钮，系统弹出【创建工序】对话框，在【类型】选mill_contour，【工序子类型】选【型腔铣】按钮，【位置】中参数按图 5-15 所示设置。

（2）选取边界线

在图 5-15 所示对话框里单击【确定】按钮，系统进入【型腔铣】对话框，单击【指定修剪边界】按钮，在弹出的【修剪边界】对话框里，系统自动进入【主要】选项卡，选取【曲线边界线】选项，再在【修剪侧】栏选取【外部】选项，最后在图形上选取图 5-16 所示的边界线。单击【确定】按钮。

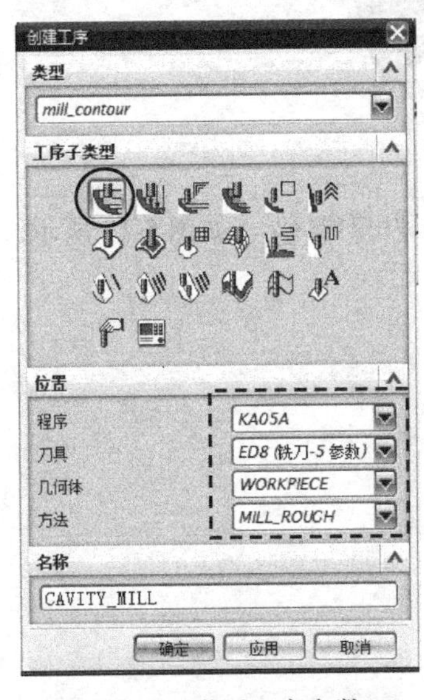

图 5-15 设置工序参数

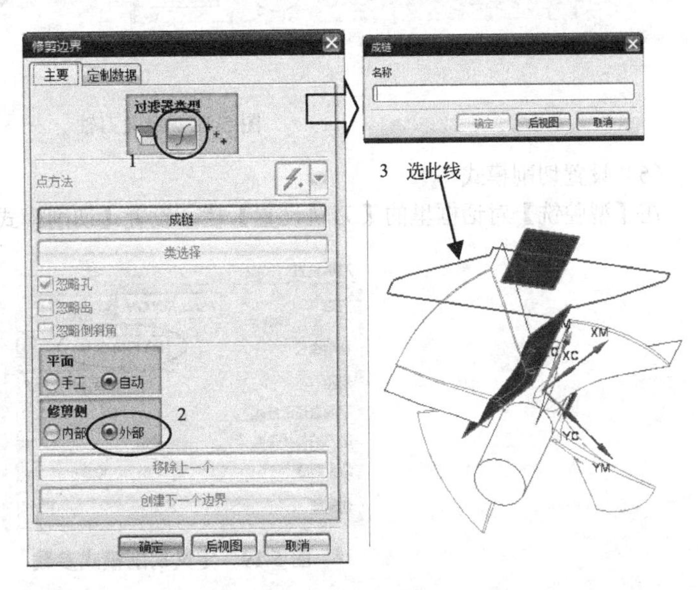

图 5-16 选取边界线

（3）选取检查面

在系统返回到的【型腔铣】对话框，单击【指定检查】按钮，系统弹出【检查几何体】对话框，然后设置过滤方式为“面”，在图形上选取如图 5-17 所示的曲面。单击【确定】按钮。

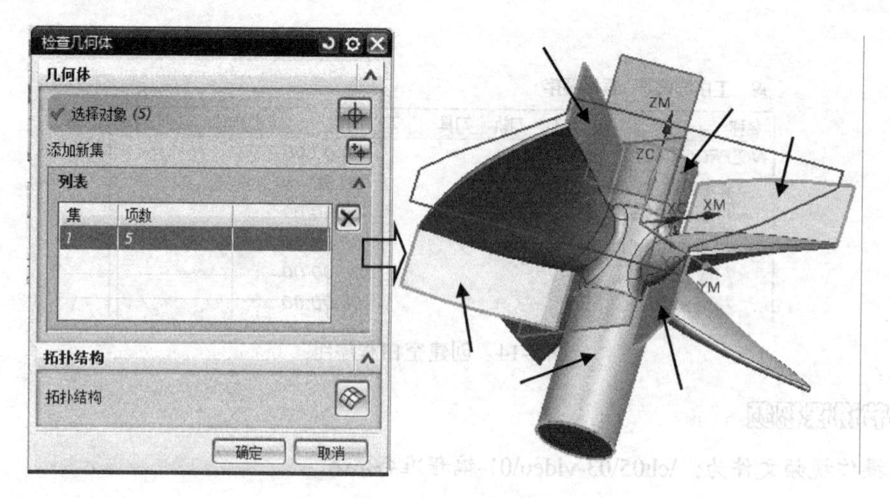

图 5-17 选取检查面

（4）设置刀轴方向

在系统返回到的【型腔铣】对话框里，展开【刀轴】栏，选取【轴】为“指定矢量”在图形上选取如图 5-18 所示的基准面，单击【方向】按钮调整箭头方向。

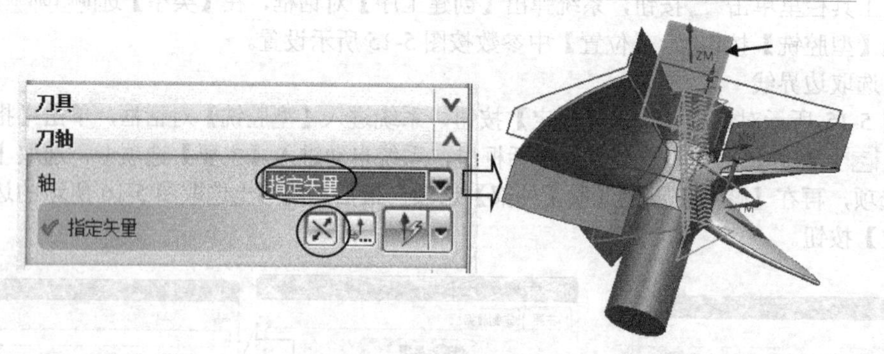

图 5-18 定义刀轴

（5）设置切削模式

在【型腔铣】对话框里的【刀轨设置】栏，设置【切削模式】为跟随周边，如图 5-19 所示。

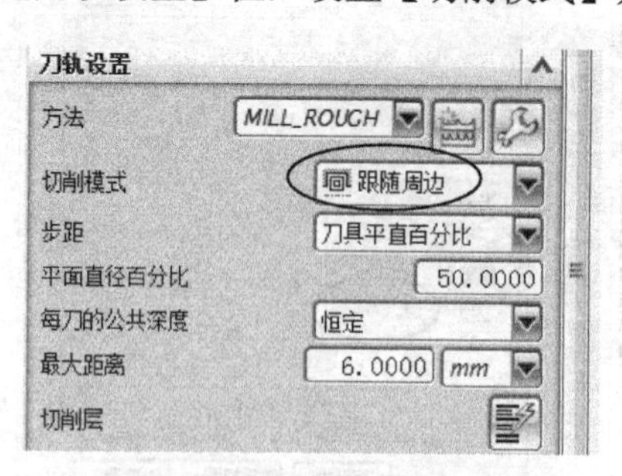

图 5-19 定义切削模式参数

（6）设置切削层参数

在【型腔铣】对话框里单击【切削层】按钮，系统弹出【切削层】对话框，设置【范围类型】为用户定义，设置层深【最大距离】为“0.8”按回车键，系统自动选取了【范围定义】栏，输入【范围深度】为“65”，单击【确定】按钮，如图 5-20 所示。单击【确定】按钮。

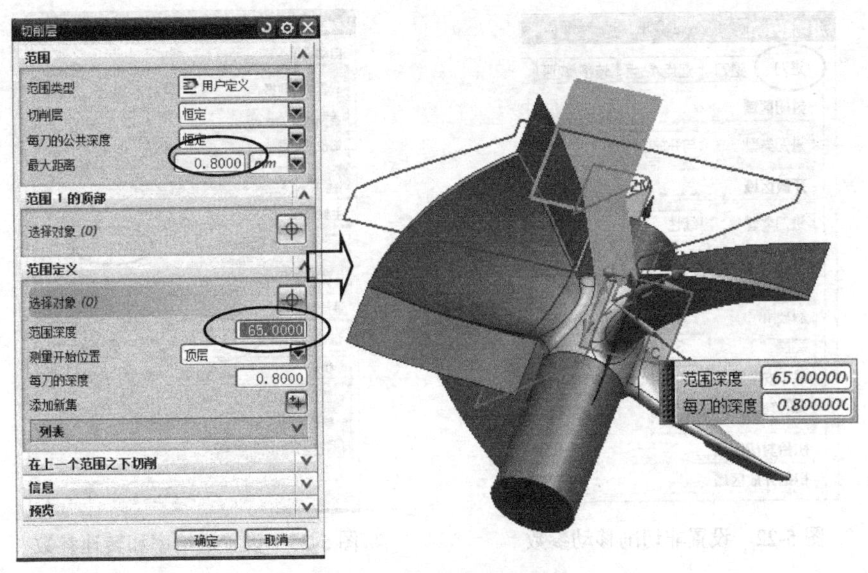

图 5-20 定义切削层参数

（7）设置切削参数

在系统返回到的【型腔铣】对话框里单击【切削参数】按钮，系统弹出【切削参数】对话框，选取【策略】选项卡，设置【刀路方向】为“向外”。

在【余量】选项卡，选取【使底部余量与侧面余量一致】复选框，设置【部件侧面余量】为“1.0”，设置【检查余量】和【修剪余量】均为“1.1”，如图 5-21 所示。

在【拐角】选项卡，设置【光顺】为“所有刀路”，半径为“0.5”。单击【确定】按钮。

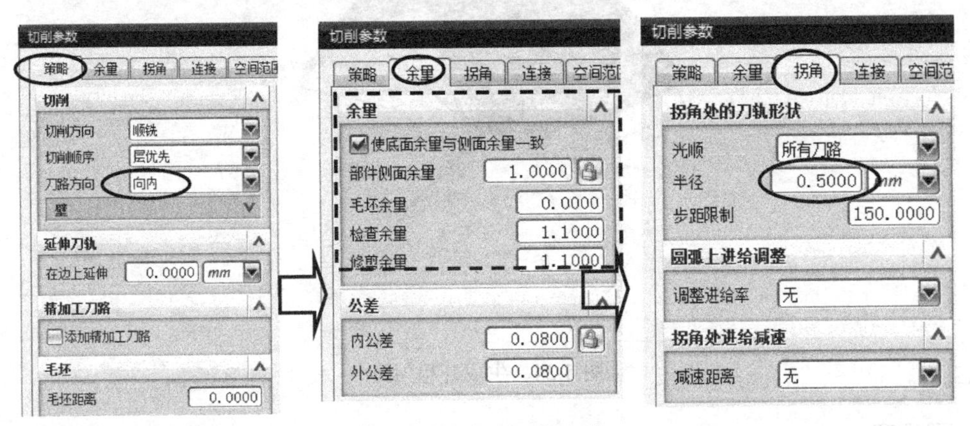

图 5-21 定义切削参数

（8）设置非切削移动参数

在系统返回到的【型腔铣】对话框里单击【非切削移动】按钮，系统弹出【非切削移动】对话框，选取【进刀】选项卡，在【封闭区域】栏里，设置【进刀类型】为“与开放区域相同”，在【开放区域】栏里设置【进刀类型】为“线性”，【长度】为刀具直径的 100%，如图 5-22 所示。单击【确定】按钮。

（9）设置进给率和转速参数

在【型腔铣】对话框里单击【进给率和速度】按钮，系统弹出【进给率和速度】对话框，设置【主轴速度（rpm）】为“2500”，【进给率】的【切削】为“1500”，单击【计算】按钮，如图 5-23 所示。单击【确定】按钮。

图 5-22 设置非切削移动参数

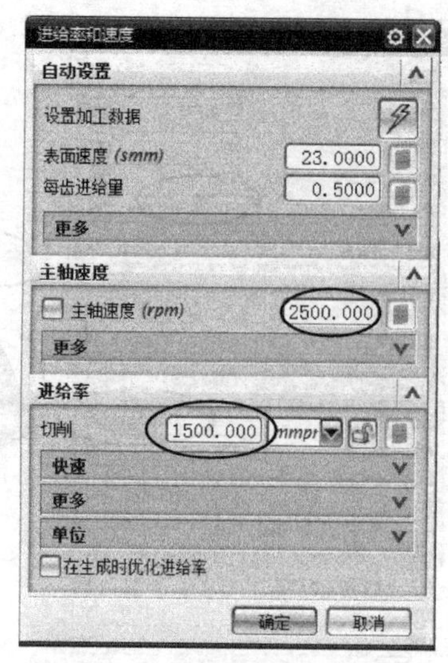

图 5-23 设置进给率和转速参数

（10）生成开粗刀路

在系统返回到的【型腔铣】对话框里单击【生成】按钮，系统计算出刀路，如图 5-24 所示。单击【确定】按钮。

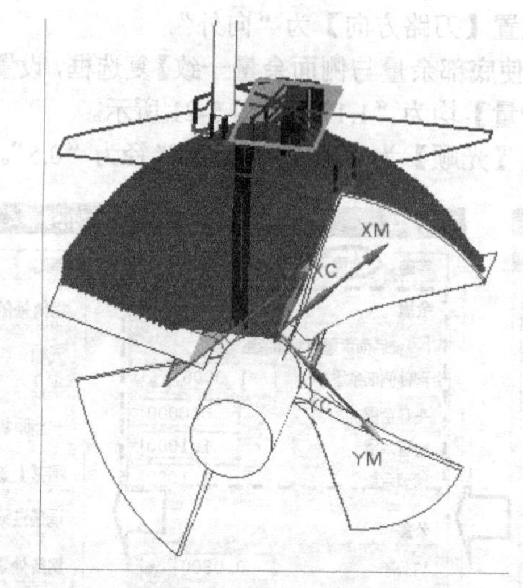

图 5-24 生成开粗刀路

 要注意

对于叶轮类零件，先完成一个叶片的编程，最后再统一使用刀路变换的方法生成其他叶片的加工刀路。

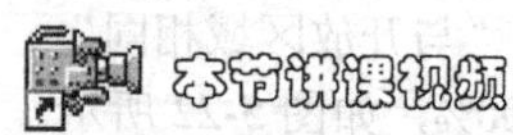

以上操作视频文件为：\ch05\03-video\02-创建叶轮型腔开粗刀路 KA05A.exe。

5.3.5 创建对轮毂的二次开粗刀路 KA05B

本节任务：①创建轮毂的二次开粗刀路；②创建轮毂半精加工刀路操作。

（1）创建二次开粗刀路

方法：复制型腔铣刀路修改参数。

① 复制刀路　在导航器里右击刚生成的刀路，在弹出的快捷菜单里选取 复制，选取 KA05B 程序组再次右击鼠标，在弹出的快捷菜单里选取【内部粘贴】命令，生成了新刀路，如图 5-25 所示。

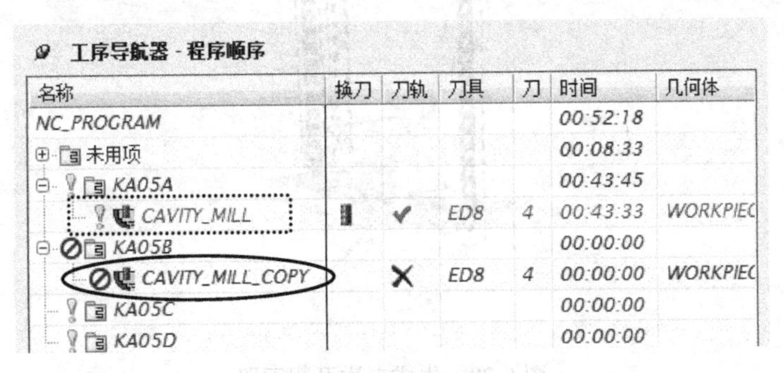

图 5-25　复制刀路

② 修改刀具　双击刚生成的刀路，在【型腔铣】对话框里展开【刀具】栏，单击下三角符号，在选项栏里修改刀具为 BD6R3 (铣刀-球头铣)，如图 5-26 所示。

图 5-26　修改刀具

③ 修改切削层参数　在【型腔铣】对话框里单击【切削层】按钮，在系统弹出的【切削层】对话框里修改层深参数【最大距离】为“0.35”，单击【范围 1 的顶部】按钮，然后在图形上选取 *A* 基准面，修改【范围深度】为“9.5”，如图 5-27 所示。单击【确定】按钮。

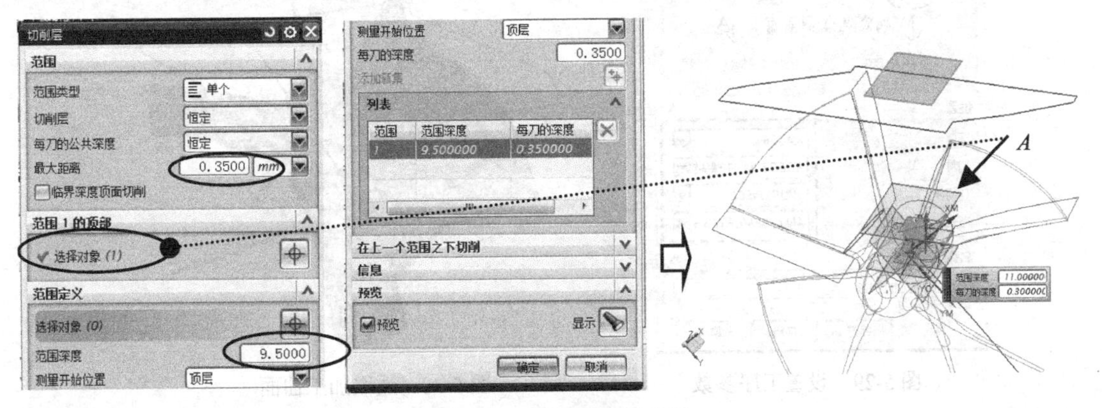

图 5-27　修改切削层参数

图 5-27 中的 *A* 基准面是垂直于刀轴且距离叶轮轴线距离为 19mm 的基准平面。

④ 生成刀路　在系统返回到的【型腔铣】对话框里，单击【生成】按钮，系统计算出刀路，如图 5-28 所示。单击【确定】按钮。

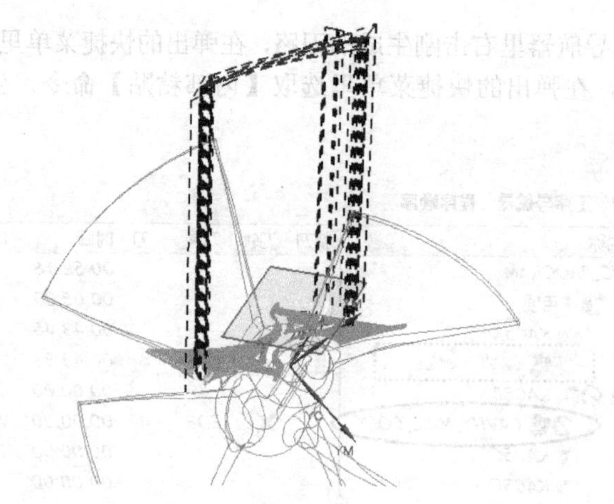

图 5-28 生成二次开粗刀路

（2）创建轮毂半精加工刀路操作

方法：采用固定轴曲面轮廓铣。

① 设置工序参数 在操作导航器中选取 KA05B 程序组，右击鼠标在弹出的快捷菜单里选【刀片】【工序】命令，系统进入【创建工序】对话框，在【类型】选 mill_contour，【工序子类型】选【 FIXED_CONTOUR（固定轮廓铣）】按钮，【位置】中参数按图 5-29 所示设置。

② 选取加工曲面 单击【确定】按钮，系统弹出【固定轮廓铣】对话框，单击【指定切削区域】按钮，系统弹出【切削区域】对话框，然后在图形上选取如图 5-30 所示的轮毂曲面，单击【确定】按钮。

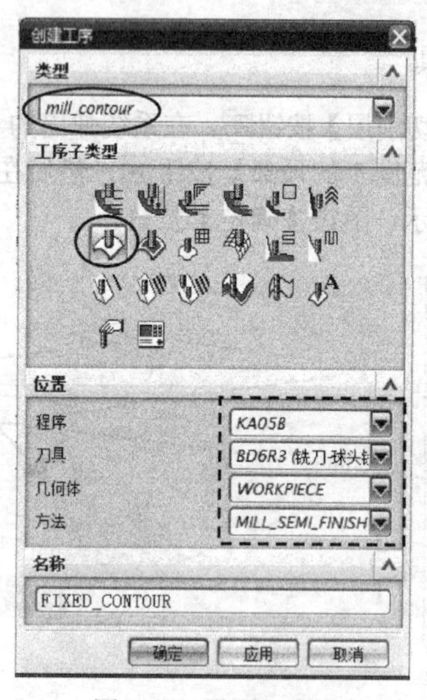

图 5-29 设置工序参数

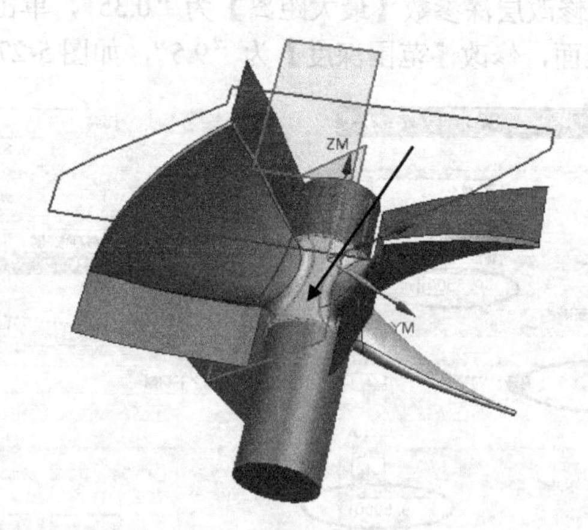

图 5-30 选取加工曲面

③ 选取检查面 在系统返回到的【固定轮廓铣】对话框，单击【指定检查】按钮，系统弹出【检查几何体】对话框，然后设置过滤方式为“面”，在图形上选取如图 5-17 所示的曲面。单击【确定】按钮。

④ 设置驱动方法参数 在系统返回到的【固定轮廓】对话框的【驱动方法】栏里，单击【方法】栏右侧的下三角符号，在弹出的下拉菜单里选取【区域铣削】选项，在系统显示出的【驱动方法】信息框里单击【确定】按钮。如图 5-31 所示。

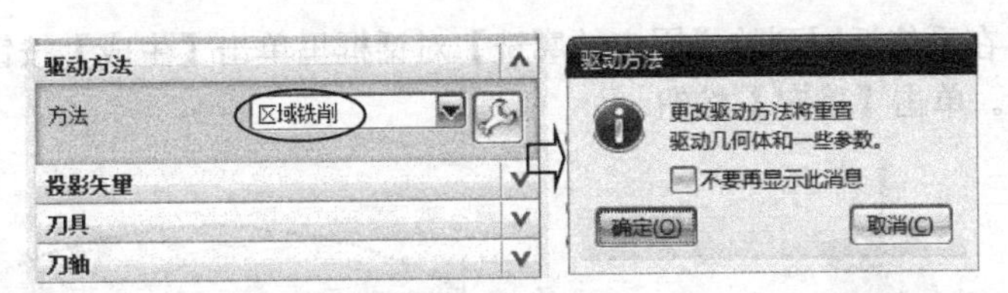

图 5-31　选取驱动方法

在系统弹出【区域铣削驱动方法】对话框里，设置【切削模式】为［往复］，设置【步距】为“恒定”，【最大距离】设置为“0.15”，【切削角】为“自动”，如图 5-32 所示。

⑤ 设置刀轴方向　在系统返回到的【固定轮廓铣】对话框里，展开【刀轴】栏，选取【轴】为“指定矢量”在图形上选取如图 5-18 所示的基准面，单击【方向】按钮调整箭头方向。

⑥ 设置切削参数　单击【切削参数】按钮，系统弹出【切削参数】对话框，在【余量】选项卡，设置【部件余量】为“0.35”。在【安全设置】选项卡里，设置【过切时】为“跳过”，【检查安全距离】为“0.5”，如图 5-33 所示。单击【确定】按钮。

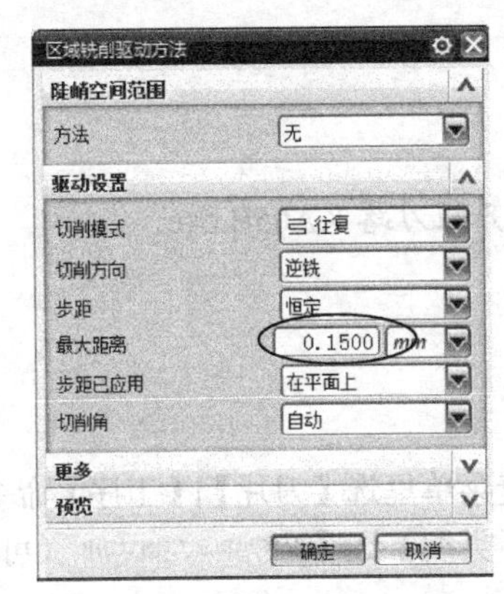

图 5-32　设置驱动方法参数

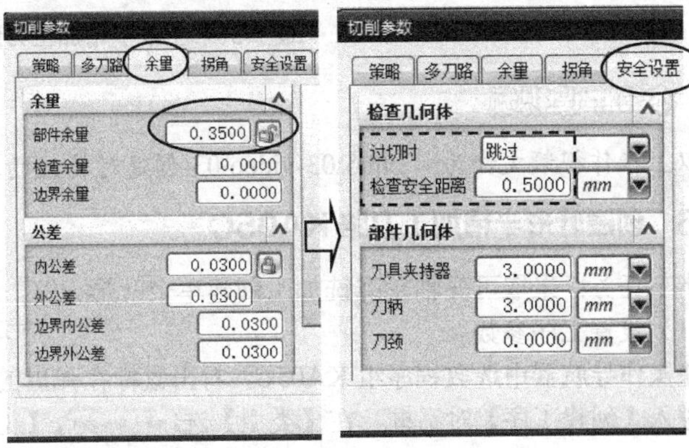

图 5-33　设置切削参数

⑦ 设置非切削参数　在系统弹出的【固定轮廓铣】对话框里，单击【非切削移动】按钮，系统弹出【非切削移动】对话框，在【进刀】选项卡里，设置【开放区域】的【进刀类型】为“线性”，【进刀位置】为“距离”，【长度】为刀具直径的 100%，如图 5-34 所示。单击【确定】按钮。

⑧ 设置进给率和转速参数　在【固定轮廓铣】对话框里单击【进给率和速度】按钮，系统弹出【进给率和速度】对话框，设置【主轴速度（rpm）】为“5000”，【进给率】的【切削】为“1250”。单击【计算】按钮，如图 5-35 所示。单击【确定】按钮。

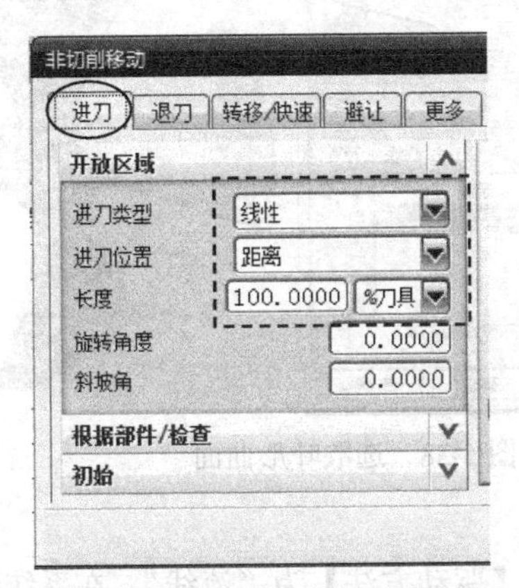

图 5-34　设置非切削移动参数

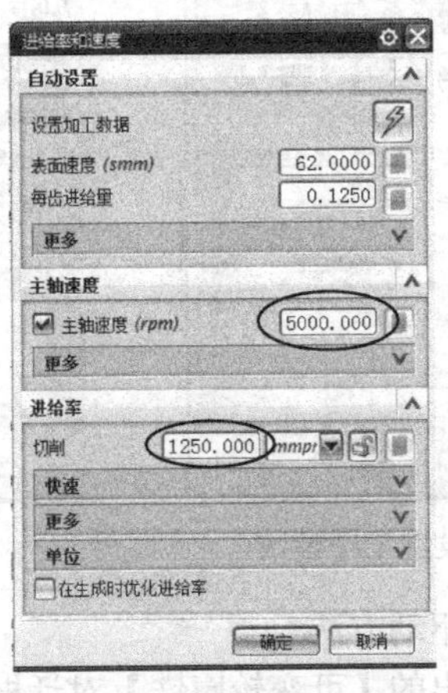

图 5-35　设置转速和进给率

⑨ 生成刀路　在系统返回到的【固定轮廓铣】对话框里单击【生成】按钮，系统计算出刀路，如图5-36所示。单击【确定】按钮。

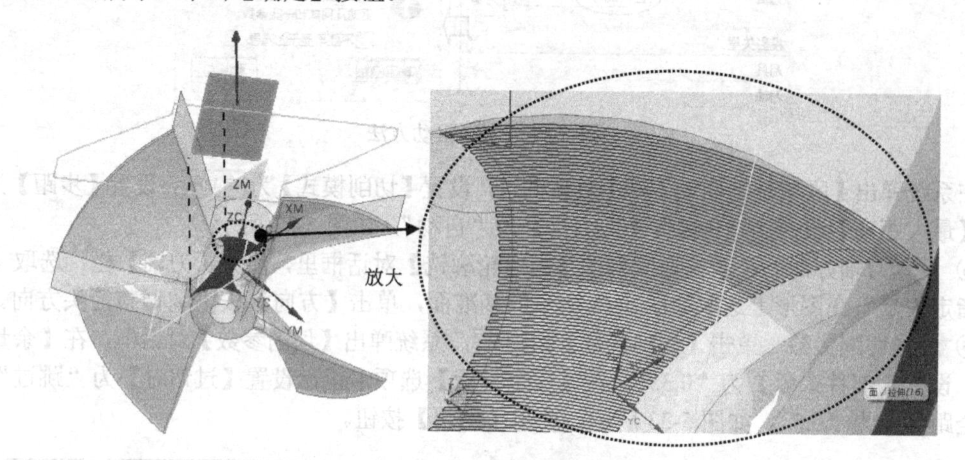

图5-36　生成半精加工刀路

本节讲课视频

以上操作视频文件为：\ch05\03-video\03-创建对轮毂的二次开粗刀路KA05B.exe。

5.3.6　创建叶形半精加工刀路KA05C

本节任务：采取可变轴轮廓铣加工创建单个叶形刀路。

（1）设置工序参数

在操作导航器中选取程序组KA05C，右击鼠标在弹出的快捷菜单里选【刀片】|【工序】命令，系统进入【创建工序】对话框，在【类型】选 mill_multi-axis，【工序子类型】选【 VARIABLE_CONTOUR（可变轴轮廓铣）】按钮，【位置】中参数按图5-37所示设置。

（2）选取加工曲面

单击【确定】按钮，系统弹出【可变轮廓铣】对话框，单击【指定切削区域】按钮，系统弹出【切削区域】对话框，然后在图形上选取如图5-38所示的曲面，单击【确定】按钮。

图5-37　设置工序参数

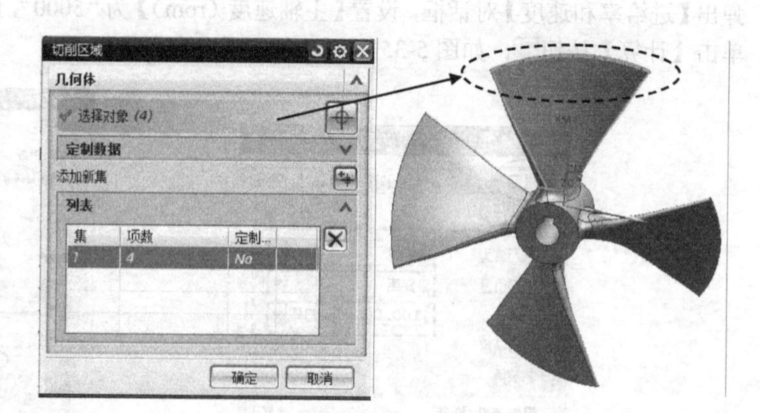

图5-38　选取叶形曲面

（3）设置驱动方法

在系统弹出的【可变轮廓铣】对话框里，设置【驱动方法】为“流线”，在系统弹出的【驱动

方法】警告信息框里单击【确定】按钮，系统弹出【流线驱动方法】对话框，系统在图形上自动选取了相应的流线曲线，然后按图 5-39 所示设置【驱动设置】参数。

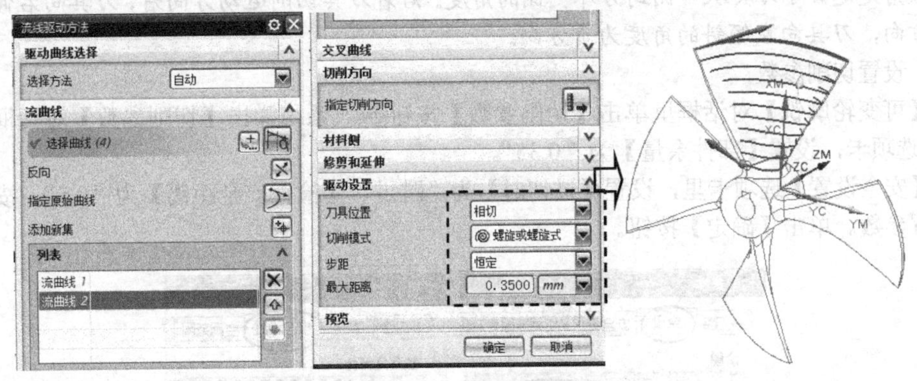

图 5-39 设置流线参数

小提示

流线还可以从图形上选取，每选取一条单击鼠标中键，选取下一条。

（4）调整切削方向

在【流线驱动方法】对话框里，单击【指定切削方向】按钮，选取如图 5-40 所示的方向箭头，单击【确定】按钮。

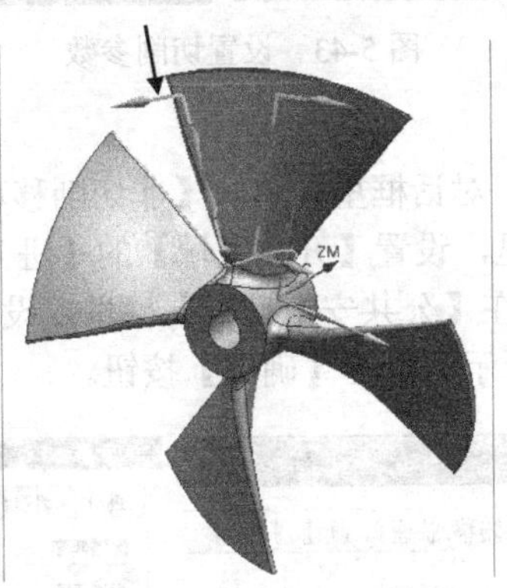

图 5-40 指定切削方向箭头

（5）设置投影矢量

在【可变轮廓铣】对话框里，展开【投影矢量】栏，设置【矢量】为“垂直于驱动体”，如图 5-41 所示。单击【确定】按钮。

（6）设置刀轴参数

在【可变轮廓铣】对话框里，展开【刀轴】栏，修改【轴】为“相对于驱动体”，随后设置【侧倾角】为“80”，如图 5-42 所示。单击【确定】按钮。

图 5-41 设置投影矢量

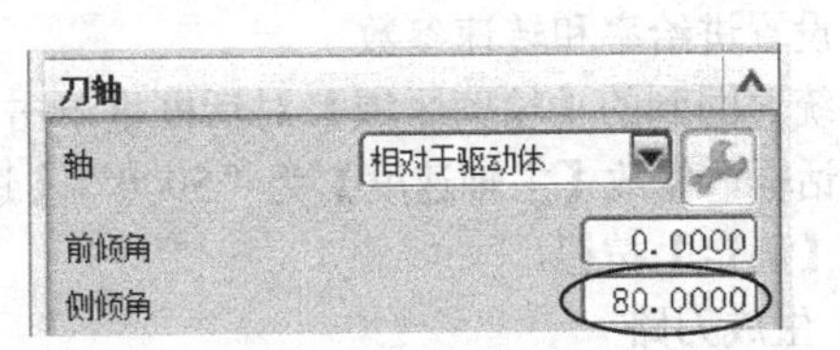

图 5-42 定义刀轴

侧倾角是定义了刀具从一侧到另外一侧的角度。沿着刀具切削运动方向看，刀具向右倾斜的角度为正方向，刀具向左倾斜的角度为负方向。

（7）设置切削参数

在【可变轮廓铣】对话框里单击【切削参数】按钮，系统弹出【切削参数】对话框，选取【余量】选项卡，设置【部件余量】为“0.35”。

在【安全设置】选项卡里，设置【过切时】为“跳过”，【检查安全距离】为“0.5”，按图5-43所示设置参数。单击【确定】按钮。

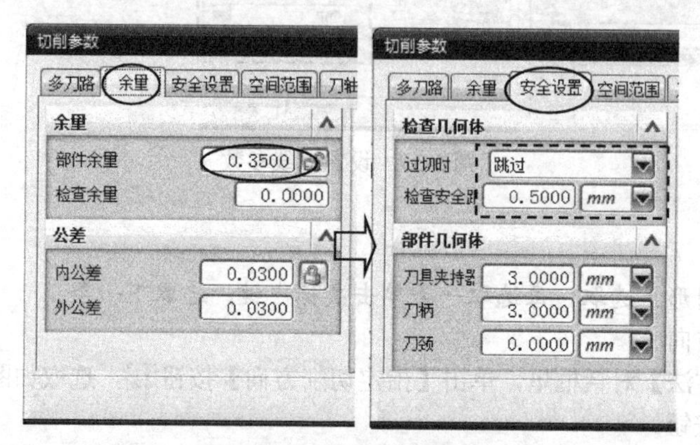

图5-43 设置切削参数

（8）设置非切削参数

在系统弹出的【可变轮廓铣】对话框里，单击【非切削移动】按钮，系统弹出【非切削移动】对话框，在【进刀】选项卡里，设置【开放区域】的【进刀类型】为“圆弧-平行于刀轴”。

在【转移/快速】选项卡里，在【公共安全设置】栏里，设置【安全设置选项】为“使用继承的”，即为包容圆柱，如图5-44所示。单击【确定】按钮。

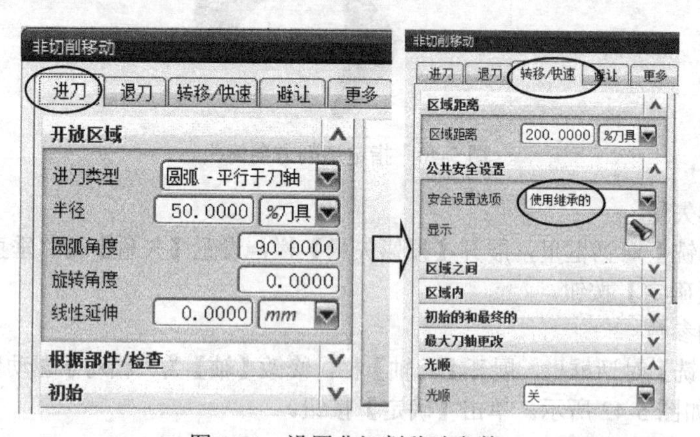

图5-44 设置非切削移动参数

（9）设置进给率和转速参数

在系统返回到的【轮廓区域】对话框里单击【进给率和速度】按钮，系统弹出【进给率和速度】对话框，修改【主轴速度】为“5000”，【进给率】的【切削】为“1250”。与图5-35所示相同。单击【确定】按钮。

（10）生成刀路

在系统返回到的【可变轮廓铣】对话框里单击【生成】按钮，系统计算出刀路，如图5-45

所示。单击【确定】按钮。

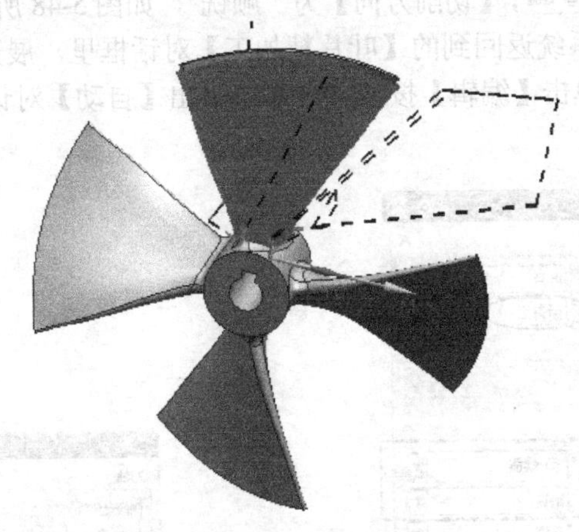

图 5-45　生成刀路

以上操作视频文件为：\ch05\03-video\04-创建叶形半精加工刀路 KA05C.exe。

5.3.7　创建叶形精加工刀路 KA05D

本节任务：使用叶轮模块创建 3 部分刀路：①对叶形精加工；②对轮毂精加工；③对叶片与轮毂之间的倒圆角进行精加工。

（1）创建叶形精加工

① 设置工序参数　在操作导航器中选取程序组 KA05D，右击鼠标在弹出的快捷菜单里选【刀片】|【工序】命令，系统进入【创建工序】对话框，在【类型】选 mill_multi_blade，【工序子类型】选【BLADE_FINISH（叶片精加工）】按钮，【位置】中参数按图 5-46 所示设置。

单击【确定】按钮，系统弹出【叶片精加工】对话框，如图 5-47 所示。

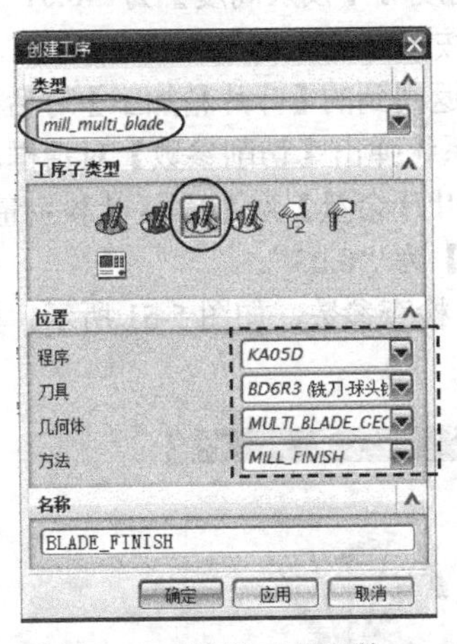

图 5-46　设置工序参数

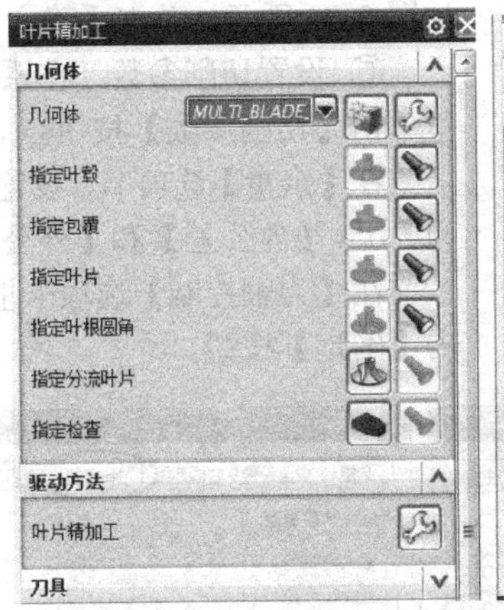

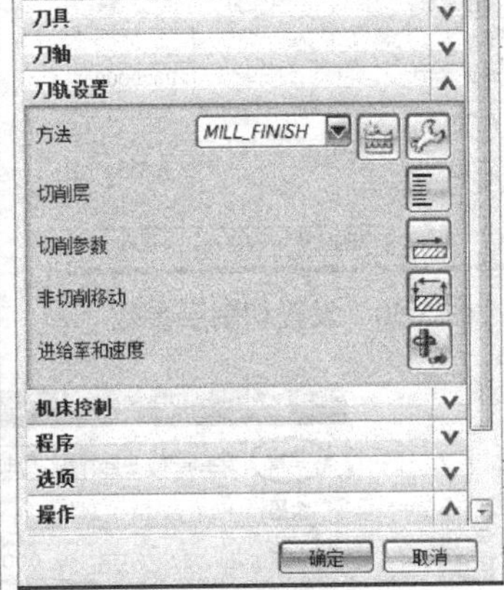

图 5-47　叶片精加工对话框

小提示

从图 5-47 所示的对话框可看出，【几何体】这一栏除了【指定分流叶片】和【指定检查】以外的其他按钮已经变为灰色，这是因为这些几何体已经在第 5.3.3 节中的第 2 部分定义了。

② 设置驱动方法　在【叶片精加工】对话框里，在【驱动方法】栏里单击【叶片精加工】按

钮，系统弹出【叶片精加工驱动方法】对话框，设置【要切削的面】为“所有面”。在【驱动设置】栏里，设置【切削模式】为 螺旋，【切削方向】为“顺铣”，如图5-48所示。单击【确定】按钮。

③ 检查刀轴参数 在系统返回到的【叶片精加工】对话框里，展开【刀轴】栏，系统已经默认设置【轴】为“自动”，单击【编辑】按钮，系统弹出【自动】对话框，如图5-49所示。单击【确定】按钮。

图5-48 设置叶片精加工驱动方法参数

图5-49 检查刀轴参数

知识拓展

在图5-45所示的对话框中尚未汉化的英文菜单中“Lead/lag at Leading Edge”含义是“在叶片前缘的前倾角”，此处默认为0°；“Lead/lag at Trailing Edge”含义是“在叶片后缘的前倾角”，此处默认也为0°。

图5-50 设置切削层参数

④ 设置切削层参数 在系统返回到的【叶片精加工】对话框里，单击【切削层】按钮，系统弹出【切削层】对话框，设置【每刀的深度】为“残余高度”，【残余高度】为“0.01”，如图5-50所示。单击【确定】按钮。

⑤ 设置切削参数 在系统返回到的【叶片精加工】对话框里单击【切削参数】按钮，系统弹出【切削参数】对话框。

在【余量】选项卡，设置【叶片余量】为“0”，【叶毂余量】为“0”，【内公差】和【外公差】为“0.03”。

在【刀轴控制】选项卡里，检查参数，如图5-51所示。单击【确定】按钮。

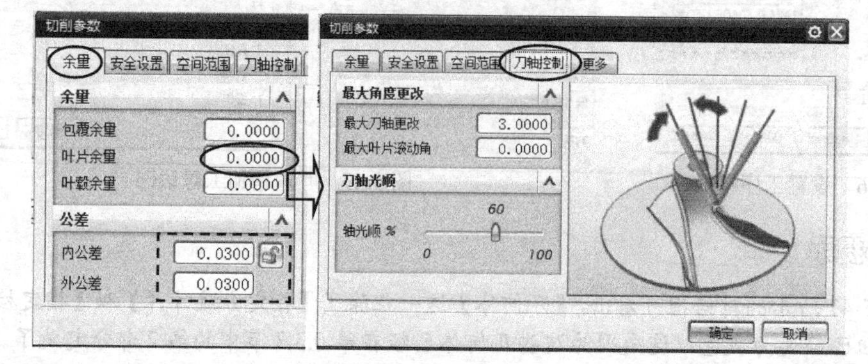

图5-51 设置切削参数

⑥ 设置非切削移动参数 在系统返回到的【叶片精加工】对话框里单击【非切削移动】按钮，系统弹出【非切削移动】对话框，选取【进刀】选项卡，按图 5-52 所示设置参数。单击【确定】按钮。

⑦ 设置进给率和转速参数 在系统返回到的【叶片精加工】对话框里单击【进给率和速度】按钮，系统弹出【进给率和速度】对话框，设置【主轴速度（rpm）】为“4500”，【进给率】的【切削】为“2500”，单击【计算】按钮，如图 5-53 所示。单击【确定】按钮。

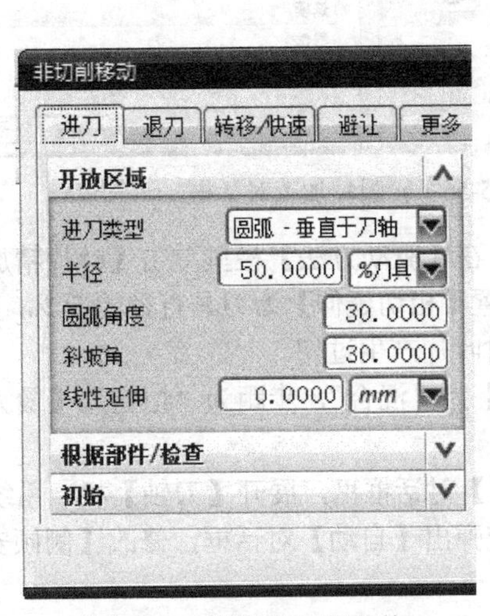

图 5-52 检查非切削参数

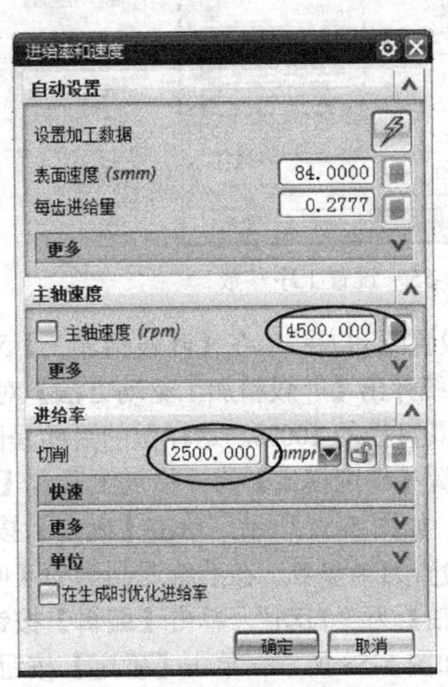

图 5-53 设置进给率和转速参数

⑧ 生成刀路 在系统返回到的【叶片精加工】对话框里单击【生成】按钮，系统计算出刀路，如图 5-54 所示。单击【确定】按钮。

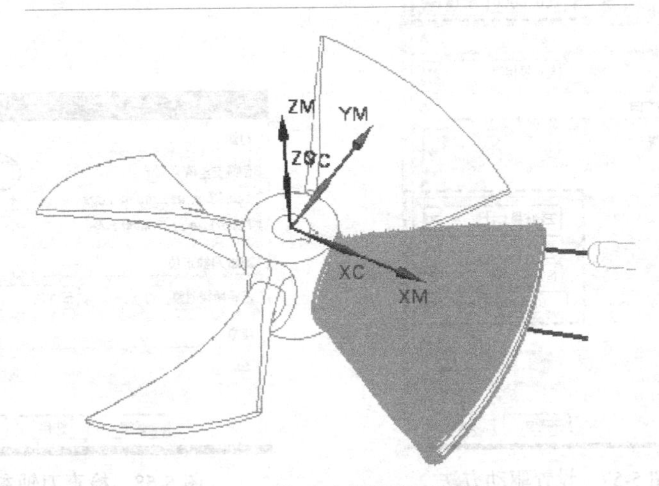

图 5-54 生成叶片精加工刀路

（2）创建对轮毂精加工刀路

① 设置工序参数 在操作导航器中选取程序组 KA05D，右击鼠标在弹出的快捷菜单里选【刀片】|【工序】命令，系统进入【创建工序】对话框，在【类型】选 mill_multi_blade，【工序子类型】选【HUB_FINISH（叶毂精加工）】按钮，【位置】中参数按图 5-55 所示设置。

单击【确定】按钮，系统弹出【叶毂精加工】对话框，如图 5-56 所示。

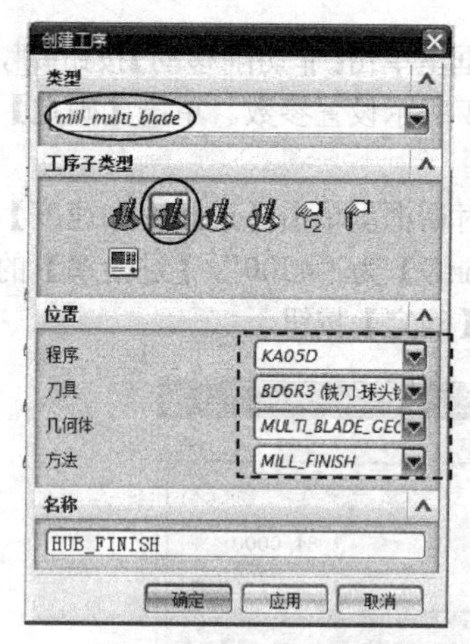

图5-55 设置工序参数

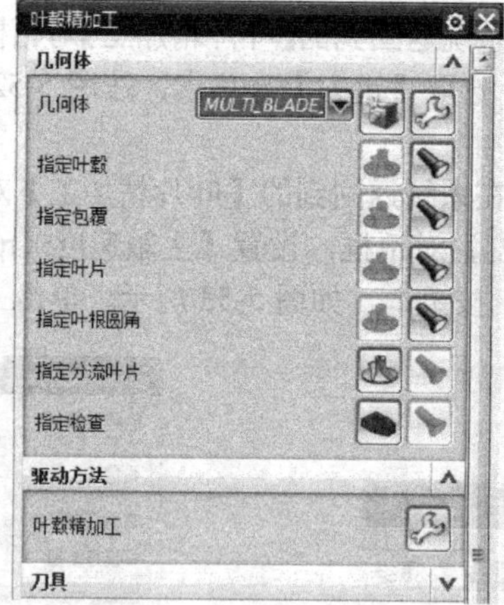

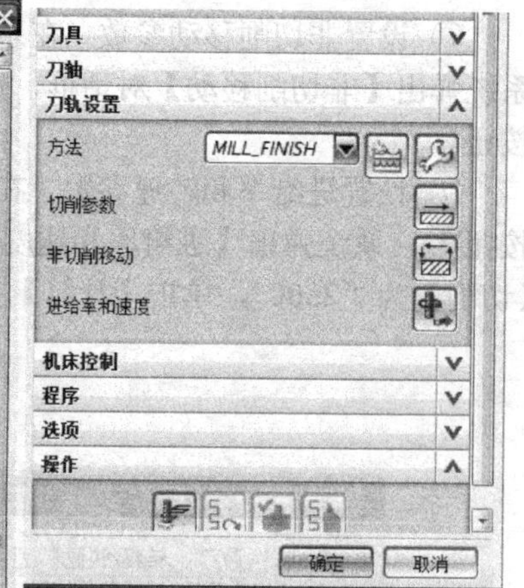

图5-56 轮毂精加工对话框

② 设置驱动方法 在【叶毂精加工】对话框里，在【驱动方法】栏里单击【叶片精加工】按钮，系统弹出【叶毂精加工驱动方法】对话框。设置【相切延伸】为刀具直径的50%，【径向延伸】为刀具直径的100%。这样做的目的是防止刀具对叶片产生过切。

再设置【切削模式】为“往复上升”，【切削方向】为“混合”，步距为“恒定”，【最大距离】为“0.3”，如图5-57所示。单击【确定】按钮。

③ 检查刀轴参数 在系统返回到的【叶毂精加工】对话框里，展开【刀轴】栏，系统已经默认设置【轴】为“自动”，单击【编辑】按钮，系统弹出【自动】对话框，修改【侧倾安全角】为10°，如图5-58所示。单击【确定】按钮。

图5-57 设置驱动方法

图5-58 检查刀轴参数

④ 设置切削参数 在系统返回到的【叶毂精加工】对话框里单击【切削参数】按钮，系统弹出【切削参数】对话框。在【余量】选项卡，设置【叶片余量】为“0”，【叶毂余量】为“0”，【内公差】和【外公差】为“0.03”，如图5-59所示。单击【确定】按钮。

⑤ 设置非切削移动参数 在系统返回到的【叶毂精加工】对话框里单击【非切削移动】按钮，系统弹出【非切削移动】对话框，选取【进刀】选项卡，按图5-52所示设置参数。单击【确定】

按钮。

⑥ 设置进给率和转速参数 在系统返回到的【叶片精加工】对话框里单击【进给率和速度】按钮，系统弹出【进给率和速度】对话框，设置【主轴速度（rpm）】为“4500”，【进给率】的【切削】为“2500”。单击【计算】按钮，如图 5-53 所示。单击【确定】按钮。

⑦ 生成刀路 在系统返回到的【叶片精加工】对话框里单击【生成】按钮，系统计算出刀路，如图 5-60 所示。单击【确定】按钮。

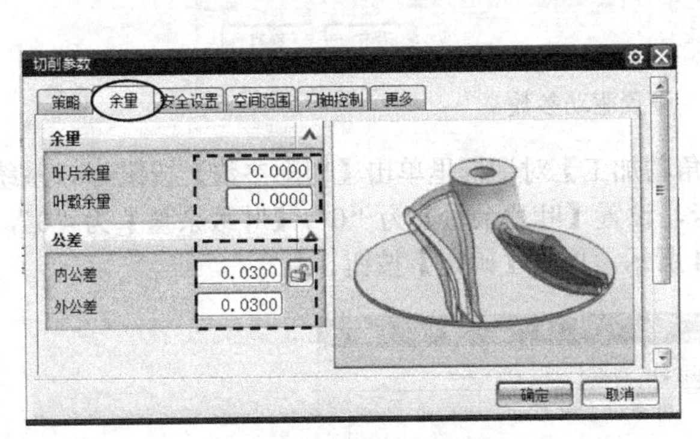

图 5-59 设置切削参数

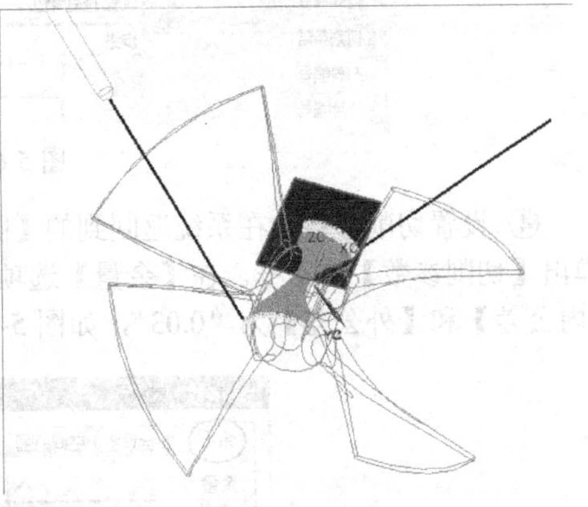

图 5-60 生成刀路

（3）创建叶轮与轮毂之间的倒圆角精加工刀路

① 设置工序参数 在操作导航器中选取程序组 KA05D，右击鼠标在弹出的快捷菜单里选【刀片】|【工序】命令，系统进入【创建工序】对话框，在【类型】选 mill_multi_blade，【工序子类型】选【BLEND_FINISH（圆角精加工）】按钮，【位置】中参数按图 5-61 所示设置。

单击【确定】按钮，系统弹出【圆角精加工】对话框，如图 5-62 所示。

图 5-61 设置工序参数

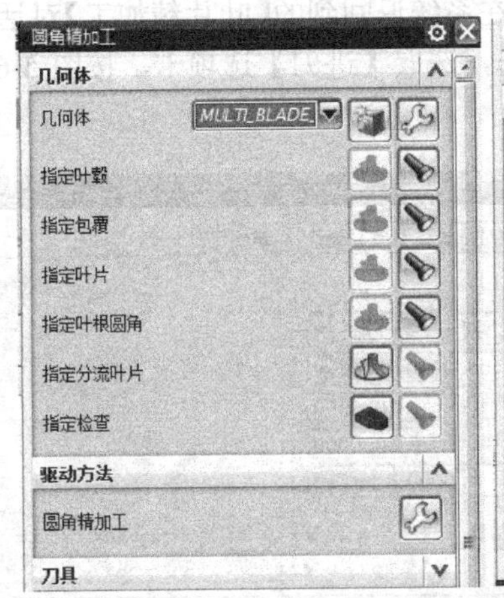

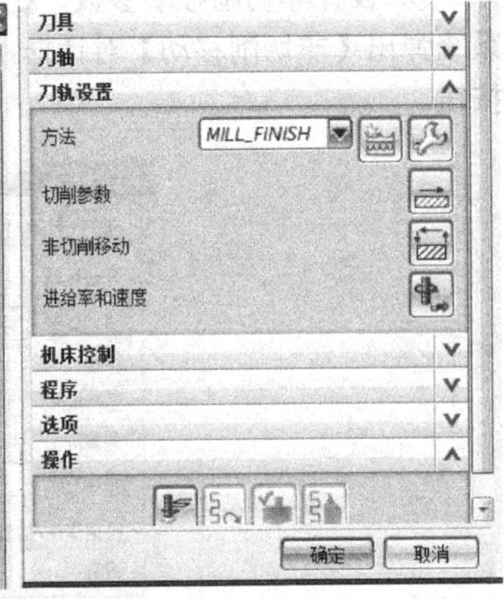

图 5-62 圆角精加工对话框

② 设置驱动方法 在【圆角精加工】对话框里，在【驱动方法】栏里单击【圆角精加工】按钮，系统弹出【圆角精加工驱动方法】对话框，设置【要切削的面】为“所有面”，步距为“残余高度”，【最大残余高度】为“0.01”，【切削模式】为 螺旋，如图 5-63 所示。单击【确定】按钮。

③ 检查刀轴参数 在系统返回到的【叶毂精加工】对话框里，展开【刀轴】栏，系统已经默认设置【轴】为“自动”，单击【编辑】按钮，系统弹出【自动】对话框，与图 5-58 所示相同。单击【确定】按钮。

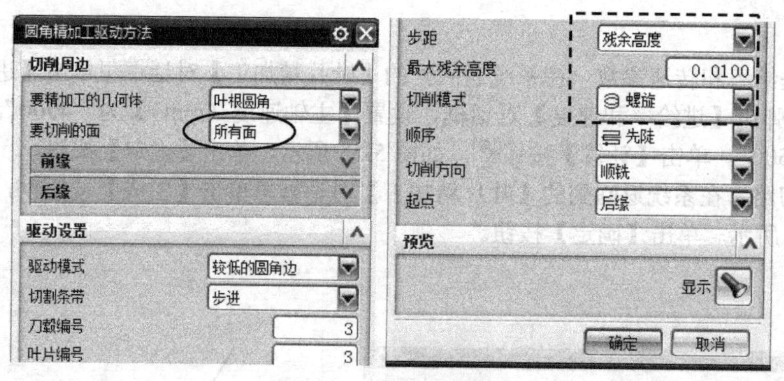

图 5-63 设置驱动参数

④ 设置切削参数 在系统返回到的【圆角精加工】对话框里单击【切削参数】按钮，系统弹出【切削参数】对话框。在【余量】选项卡，设置【叶片余量】为“0”，【叶毂余量】为“0”，【内公差】和【外公差】为“0.03”，如图5-64所示。单击【确定】按钮。

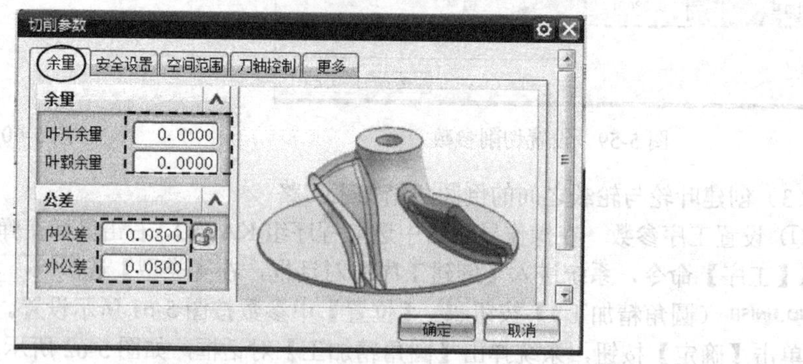

图 5-64 设置切削参数

⑤ 设置非切削移动参数 在系统返回到的【叶片精加工】对话框里单击【非切削移动】按钮，系统弹出【非切削移动】对话框，选取【进刀】选项卡，按图5-65所示设置参数。单击【确定】按钮。

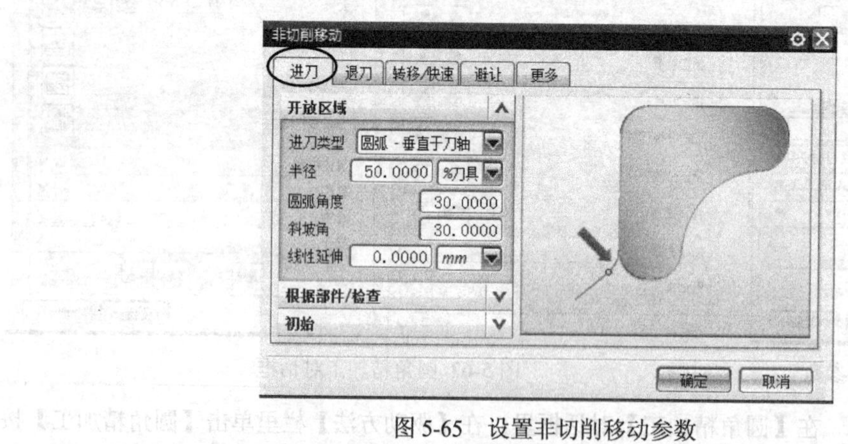

图 5-65 设置非切削移动参数

⑥ 设置进给率和转速参数 在系统返回到的【叶片精加工】对话框里单击【进给率和速度】按钮，系统弹出【进给率和速度】对话框，设置【主轴速度（rpm）】为“4500”，【进给率】的【切削】为“2500”。单击【计算】按钮，与图5-57所示相同。单击【确定】按钮。

⑦ 生成刀路 在系统返回到的【叶片精加工】对话框里单击【生成】按钮，系统计算出刀

路，如图 5-66 所示。单击【确定】按钮。

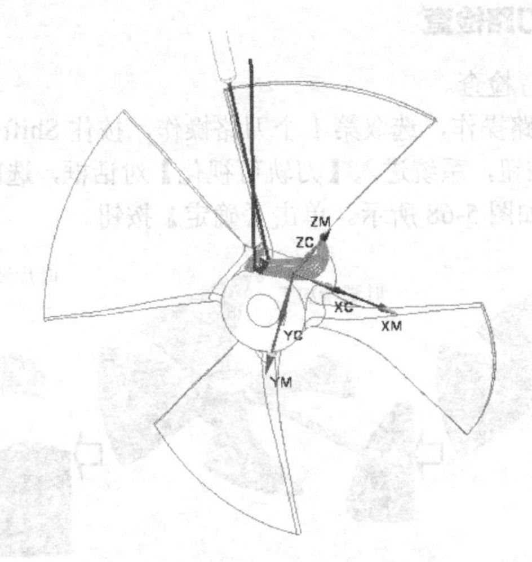

图 5-66　生成圆角精加工刀路

以上操作视频文件为：\ch05\03-video\05-创建叶形精加工刀路 KA05D.exe。

5.3.8　刀路阵列变换

在导航器里选取程序组【KA05A】里的第一个刀路，右击鼠标，在弹出的快捷菜单里选取【对象】|【变换】命令，系统弹出【变换】对话框，选取【类型】为"绕直线旋转"，设置直线为 Z 轴，即通过（0，0，0）点的朝向 Z 正方向，按图 5-67 所示设置参数。单击【确定】按钮 2 次。

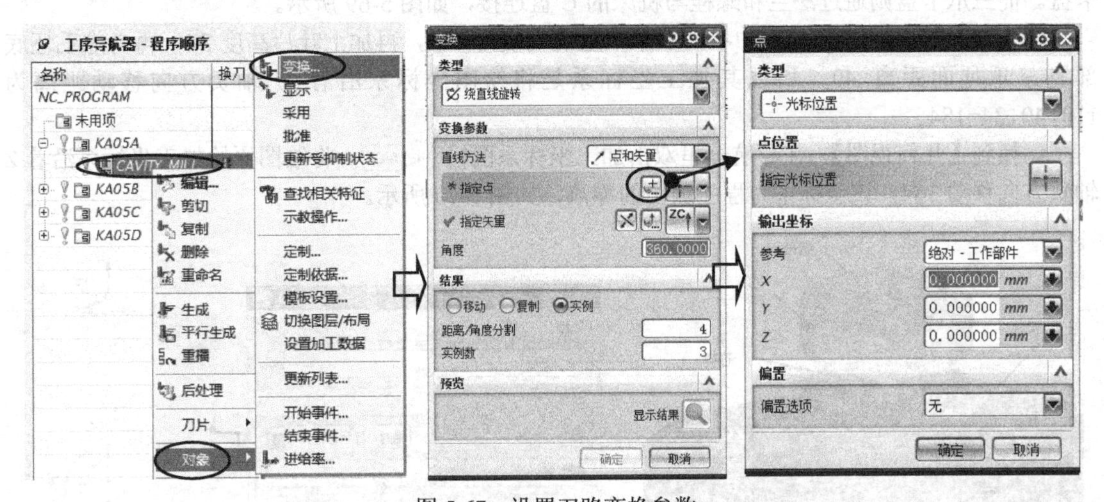

图 5-67　设置刀路变换参数

同理，对其他刀路分别进行刀路阵列变换。

以上操作视频文件为：\ch05\03-video\06-刀路变换.exe。

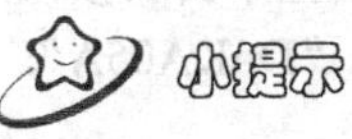

在实际加工时，还可以仅生成 1 个叶片部位的刀路，加工完成一个叶片，其余叶片的加工可以

采取旋转 *C* 轴的方法对刀设置 G54 参数来实现。

5.3.9 用 UG 软件进行刀路检查

本例用 3D 动态方式进行检查。

在导航器里展开各个刀路操作，选取第 1 个刀路操作，按住 Shift 键，再选取最后一个刀路操作。在主工具栏里单击按钮，系统进入【刀轨可视化】对话框，选取【3D 动态】选项卡，单击【播放】按钮。模拟过程如图 5-68 所示。单击【确定】按钮。

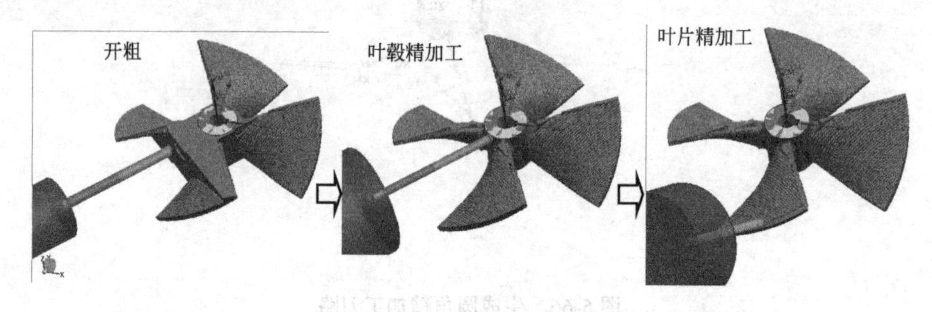

图 5-68 叶轮刀路检查

以上操作视频文件为：\ch05\03-video\07-用 UG 软件进行刀路检查.exe。

5.3.10 后处理

本例将在 *XYZAC* 双转台型机床加工，加工坐标系零点位于 *A* 轴和 *C* 轴旋转轴交线处。

根据第 5.3.1 节工艺安排是：将叶轮初始圆棒毛坯料先固定装在芯棒工装上，然后再装夹三爪卡盘。而三爪卡盘则通过法兰和螺栓与机床的 *C* 盘连接，如图 5-69 所示。

因为加工的零点位于 *C* 盘中心，三爪卡盘的高度为 110，再加上叶片高度 34，再考虑毛坯底部到三爪顶面距离 40，所以其加工坐标系是将绘图坐标系沿着 *Z* 轴负方向移动距离为 110+40+34=184。

切换到【几何视图】，在导航器里双击加工坐标系图标，将绘图原始加工坐标系沿着 *Z* 轴负方向移动 184，该坐标系为程序输出的零点，如图 5-70 所示。

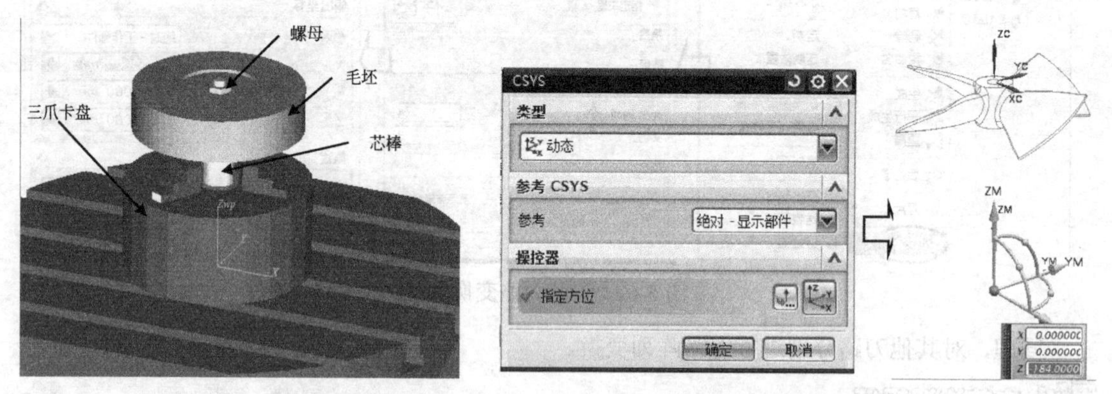

图 5-69 毛坯装夹

图 5-70 建立加工坐标系

在导航器里，切换到【程序顺序视图】，选取第 1 个程序组 KA05A，在主工具栏里单击按钮，系统弹出【后处理】对话框，选取后处理器 ugbook5axis，在【文件名】栏里输入“D:\KA05A”，单击【应用】按钮，如图 5-71 所示。

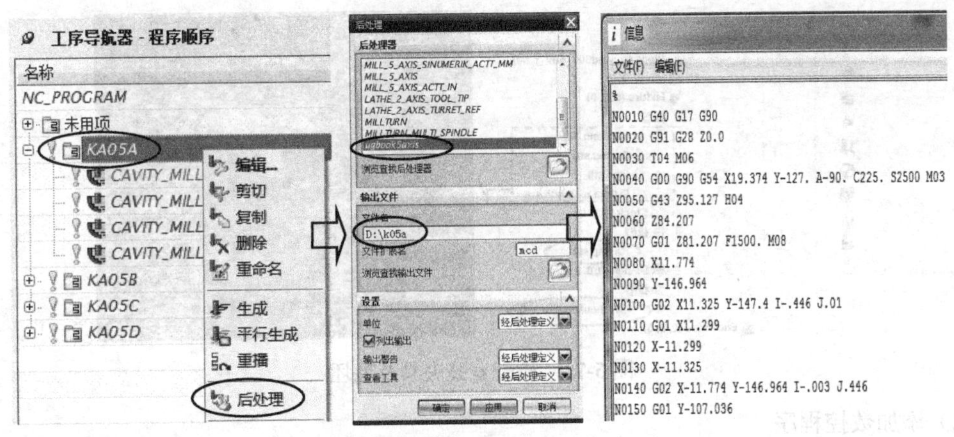

图 5-71　后处理

同理，对其他程序组进行后处理，单击【取消】按钮。

在主工具栏里单击【保存】按钮，将图形文件存盘。

分别检查及修改后处理生成的NC程序的开头部分，必要时在记事本里把各个数控编程里所有的G00修改为G01。

本节讲课视频

以上操作视频文件为：\ch05\03-video\08-后处理.exe。

5.3.11　使用VERICUT进行加工仿真检查及纠错

复制配书光盘的目录ch05\01-sample\mach等机床文件到本地机D：\ch05\mach中，再把上一节已经完成的数控程序文件复制到D:\ch05\NC中。

启动VERICUT V7.1软件，在主菜单里执行【文件】|【打开】命令，在系统弹出的【打开项目】对话框里，选取D:\ch05\mach\ nx8book-05-01.vcproject，单击【打开】按钮，如图5-72所示。

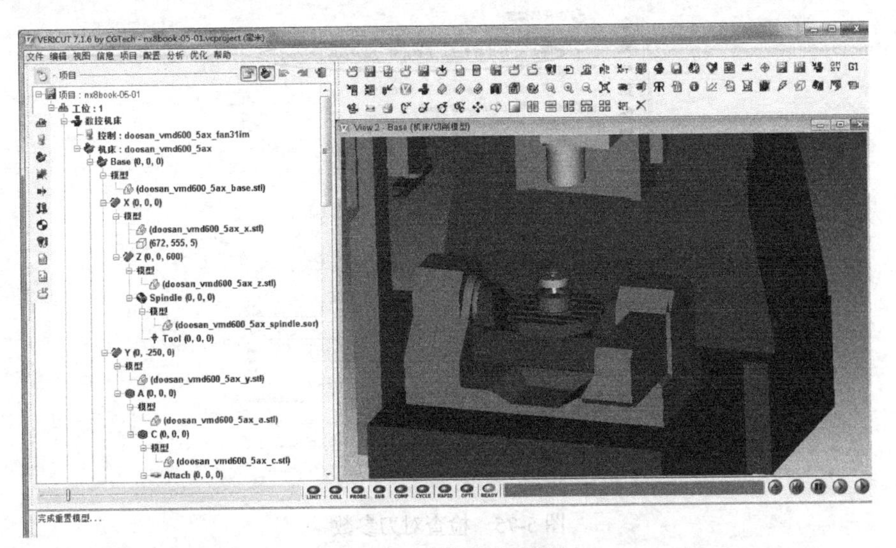

图 5-72　仿真初始界面

(1)检查附件

在左侧的目录树里，展开C盘的节点 C (0, 0, 0)，本例初始项目已经安装了三爪、芯棒、螺母等夹具，并且安装定义了毛坯。另外为了进行自动分析检查，还安装了设计模型。如图5-73所示。

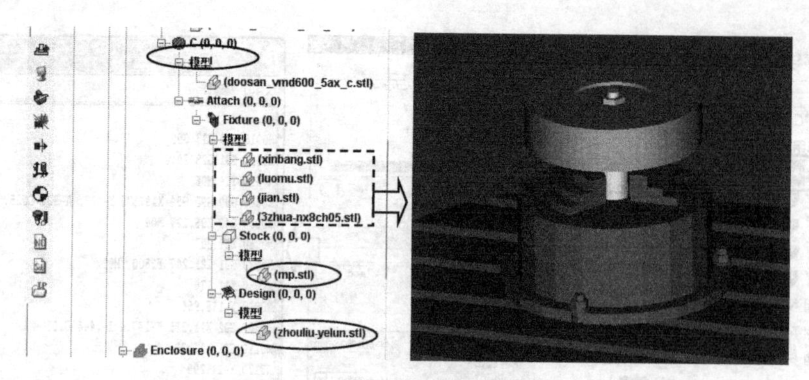

图5-73 检查安装夹具及毛坯

（2）添加数控程序

在左侧目录树里单击 **数控程序** 按钮，再单击【添加数控程序文件】按钮，在系统弹出的【数控程序】对话框里，选取数控程序KA05A、KA05B、KA05C及KA05D等，单击【添加文件】按钮 到对话框右侧栏，如图5-74所示。

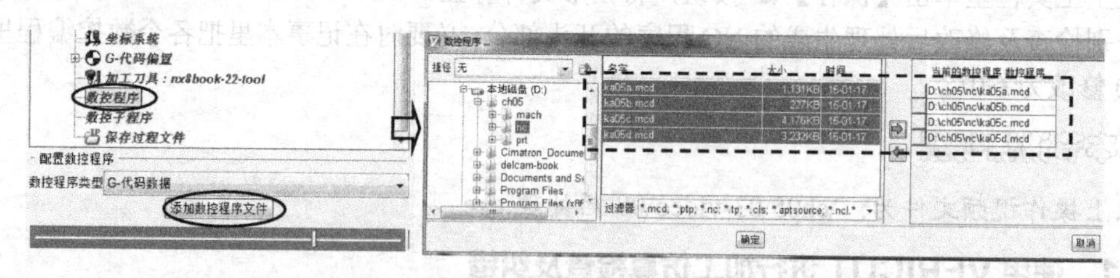

图5-74 添加数控程序

（3）检查对刀参数

在左侧目录树里单击 **G-代码偏置** 前的加号展开树枝，检查参数，坐标代码【寄存器】为“54”，如图5-75所示。

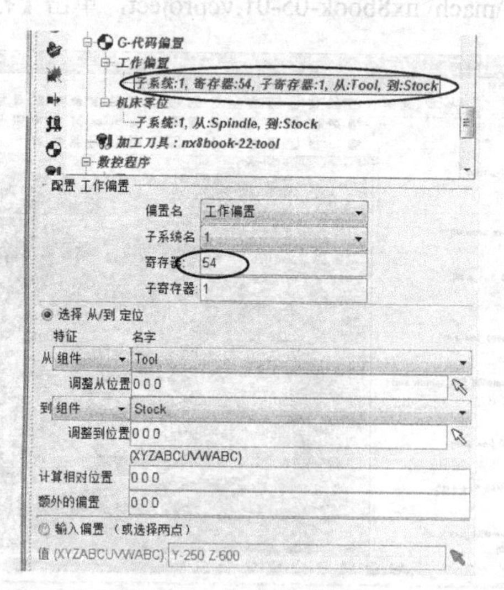

图5-75 检查对刀参数

（4）检查刀具长度

本例所用的ED8刀具刀号为4#，BD6R3刀具刀号为23#。

在左侧目录树里双击 **加工刀具：nx8book-22-tool**，系统弹出【刀具管理器】对话框，展开4#刀具，双击 Holder1，系统弹出【刀具ID：4】对话框，从中可以看到刀柄位于刀尖以上70的位置，也就是装刀的刀具伸长部分的刀长为 70。也可以通过修改【从】及【到】的参数来调整刀长，如图 5-76 所示。同理检查 23#刀的参数。单击【关闭】按钮，返回到主画面。

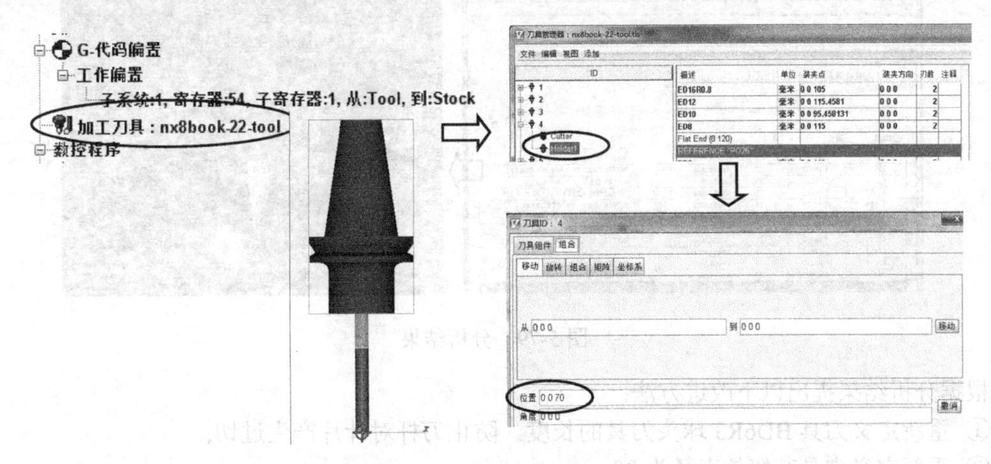

图 5-76 检查刀长

（5）播放仿真

在图形窗口底部单击【仿真到末端】按钮就可以观察到机床开始对数控程序进行仿真。图 5-77 所示为仿真结果。

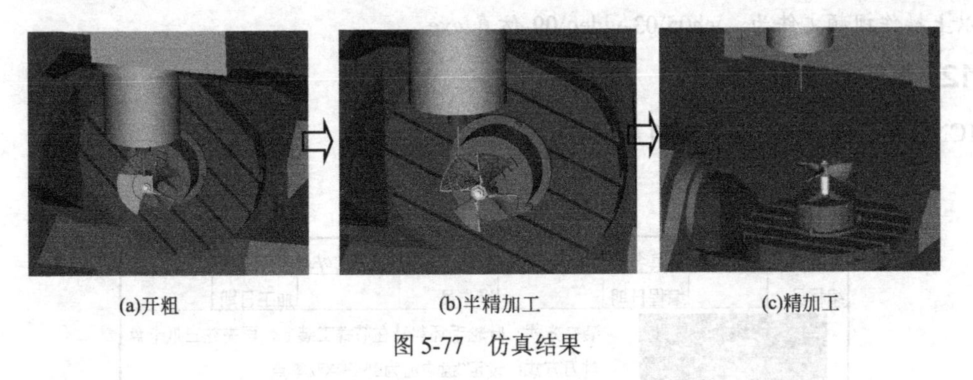

(a)开粗　(b)半精加工　(c)精加工

图 5-77 仿真结果

（6）仿真结果分析及改进

在主菜单里执行【分析】|【自动-比较】命令，系统弹出【自动-比较】对话框，单击【比较】按钮，结果如图 5-78 所示。

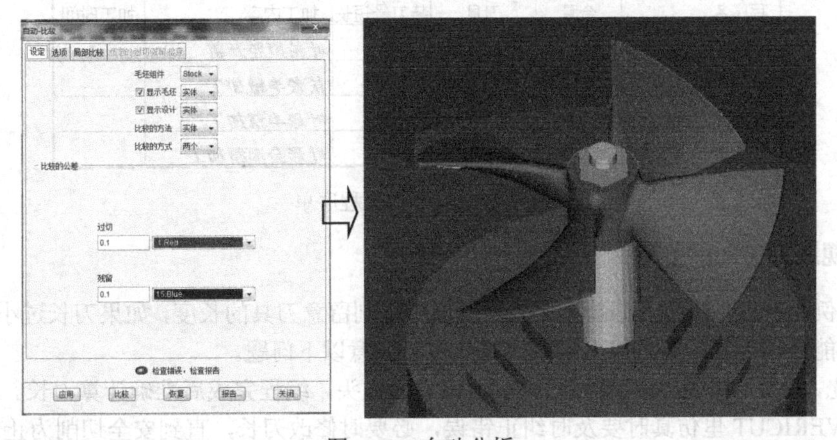

图 5-78 自动分析

再单击【报告】按钮，系统弹出如图 5-79 所示的分析报告。

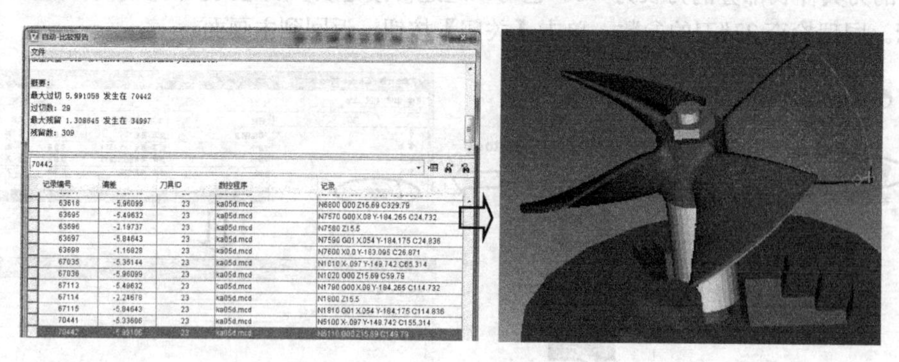

图 5-79 分析结果

根据分析结果提出以下改进方法：

① 重新定义刀具 BD6R3 球头刀具的长度，防止刀杆对叶片产生过切；

② 重新定义夹具芯棒的直径为 28；

③ 实际加工时只生成一个叶片的数控程序，加工其他叶片采取修改 G54 数值的方法来实现。

在主菜单里执行【文件】|【保存所有】命令，将仿真文件存盘。

本节讲课视频

以上操作视频文件为：\ch05\03-video\09-仿真.exe。

5.3.12 填写加工程序单

《CNC 加工程序单》如图 5-80 所示。

CNC加工程序单

型号		模具名称		工件名称	轴流式叶轮		
编程员		编程日期		操作员		加工日期	

装夹方式：叶轮毛坯料装在芯棒工装上，再夹在三爪卡盘

对刀方式：设定C盘中心为G54的XYZ零点

图形名：　nx8book-05-01.prt

材料号：　铝

材料大小:圆柱棒料 Φ164×40

程序名	余量	刀具	装刀最短长	加工内容	加工时间
K05A .MCD	1	ED8	70	叶轮型腔开粗	
K05B .MCD	0.3	BD6R3	105	轮毂半精加工	
K05C .MCD	0.2	BD6R3	105	叶形半精加工	
K05D .MCD	0	BD6R3	105	叶形全部精加工	

图 5-80 CNC 加工程序单

5.3.13 现场加工问题处理

由于本例是在三爪卡盘及芯棒上装夹，所以要特别留意刀具的长度，如果刀长过小，那么刀具加工时极可能碰伤夹具，导致加工事故。为此需要注意以下问题。

① 首先，在 UG 中定义刀具的同时定义刀具的夹头，编程完成后准确计算刀长。

② 在 VERICUT 里仿真时要及时纠正错误，必要时修改刀长，直到安全切削为止。

③ 尽管在电脑里编制比较满意的数控程序，但加工时要核对仿真时的装夹条件和现实是否一

致，必要时在机床的极限位置检查刀具是否碰伤夹具。确保安全的情况下才可以正式加工工件。

5.3.14 刀轴控制概述

先明确几个概念：①UG 中刀轴矢量的方向是指从刀具切削部分刀尖出发，指向刀柄的方向；②在变轴轮廓铣中定义曲面区域驱动时，所提到的“材料侧”是指在零件上要切除掉的那部分材料。

对于多轴加工编程而言，最重要的工作就是要合理控制刀轴偏摆。刀轴偏摆的目的是为了避开刀杆、刀柄及夹头对零件的干涉或者过切。UG 提供了大量的刀轴控制方式，对于某一个零件来说，可能会有很多选择，设置刀轴的原则是：在保证加工质量的前提下，尽可能减少旋转轴的偏摆幅度。表 5-1 为常用的刀轴控制方式。

表 5-1 刀轴控制方式

序号	名称	解释
1	远离点	刀轴矢量是从指定的焦点出发，指向刀柄
2	朝向点	刀轴矢量是从刀尖出发，指向指定的焦点
3	远离直线	刀轴矢量是从指定的直线垂直方向出发，指向刀柄
4	朝向直线	刀轴矢量是从刀尖出发，垂直指定的直线
5	相对于矢量	可定义相对于带有指定前倾角和侧倾角的矢量
6	垂直于部件	刀具轴始终与加工表面垂直
7	相对于部件	通过定义前倾角和侧倾角来定义相对于部件表面法向矢量的刀轴矢量
8	四轴，垂直于部件	通过定义旋转轴和旋转角度来定义刀轴矢量
9	四轴，相对于部件	通过定义旋转轴和旋转角度以及前倾角和侧倾角来定义刀轴矢量
10	双四轴在部件上	刀具从部件表面法向、前倾角和侧倾角投影到第 4 轴运动平面，最后旋转一个角度
11	插补矢量	可以通过在指定点定义矢量方向来控制刀轴。另外还有“插补角至部件”及“插补角至驱动”方式
12	优化后驱动	可以使刀具的前倾角与几何体的曲率匹配
13	垂直于驱动体	刀具轴始终与驱动体表面垂直
14	侧刃驱动体	通过指定侧刃方向、划线类型和侧倾角来定义刀轴矢量
15	相对于驱动体	通过定义前倾角和侧倾角来定义相对于驱动表面法向矢量的刀轴矢量
16	四轴，垂直于驱动体	通过定义旋转轴和旋转角度来定义刀轴矢量
17	四轴，相对于驱动体	通过定义旋转轴和旋转角度以及前倾角和侧倾角来定义刀轴矢量
18	双四轴在驱动体上	刀具从驱动体表面法向、前倾角和侧倾角投影到第 4 轴运动平面，最后旋转一个角度

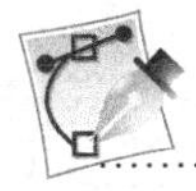

5.4 本章总结及思考练习

本章通过轴流式叶轮实例，讲解了灵活运用加工方法进行类似零件的多轴编程方法。

① 首先要制定周密的加工工艺，设计必要的工装夹具。

② 编程时力争使刀路简洁，尽可能减少 A 轴及 C 轴的偏摆量。

③ 上机加工前要用 VERICUT 仿真软件反复检查刀路，而且要确保仿真时的加工条件和现实一致。

思考练习

1. 在 VERICUT 里如何调整装刀长度？
2. 如果本例加工时，叶轮毛坯料装在芯棒工装上，再夹在三爪卡盘时高度和理论数值有偏差该如何处理加工问题？

参考答案

1. 答：VERICUT 里刀长是在刀库文件里修改的，在左侧目录树里双击 加工刀具：nx8book-22-tool，系统弹出【刀具管理器】对话框，展开需要修改的刀具，双击 Holder1，系统弹出【刀具 ID：4】对话框，通过修改【从】及【到】的参数来调整刀长。实际是通过调整刀具夹头的高度来调整刀具装刀长度的，但是最后还要检查和调整刀具的装夹点。

2. 答：这也是五轴加工中经常出现的问题，理论上工件在安装好的情况下其最高位置距离 C 盘面为 177，但是实际上存在一定的误差，如果没有考虑这些误差加工出来的工件就可能存在误差过大的现象。

实际加工时可以用 Z 轴设定器准确测量毛坯的最高点和 C 盘面的距离，然后根据这些偏差调整后处理时创建的加工坐标系，再进行后处理。有些机床还可以在机床里设定相应的参数。

第6章 涡轮式叶轮多轴自动编程

6.1 本章要点和学习方法

本章重点学习如何用UG软件对具有分流叶片的涡轮式叶轮零件进行数控加工编程，注意以下问题：

① 涡轮式叶轮零件的加工工艺；
② 对涡轮式叶轮零件进行数控加工前的工装准备；
③ 涡轮式叶轮零件数控加工工艺安排；
④ 涡轮式叶轮零件自动化编程方法；
⑤ VERICUT检查发现的错误及纠正。

应该重点体会自动化编程灵活运用，高效解决类似零件编程问题。

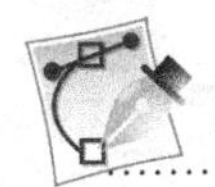

6.2 涡轮式叶轮概述

涡轮式叶轮零件也称为整体式叶轮，是指高压气体沿着轴向流动的一种叶轮，是发动机的重要零件。一般情况下，其叶毂和叶片是在整块锻压钛合金毛坯材料上进行加工的零件。涡轮式叶轮各个结构部位的名称如图6-1所示。本章所叙述的叶轮是正式加工前的试件，材料为铝。

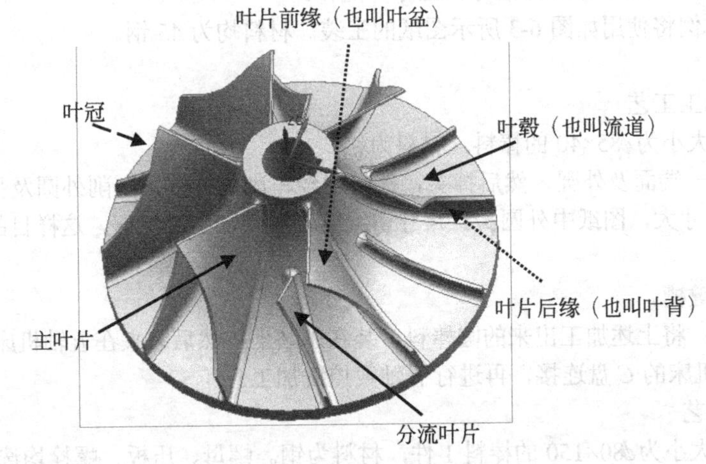

图6-1 涡轮式叶轮结构

6.3 涡轮式叶轮编程

本节任务：根据图 6-1 所示的四叶片轴流叶轮 3D 图形进行数控编程，生成合理的刀具路径，然后把数控程序在 VERICUT 软件里的五轴机床模型上进行仿真及优化检查。最后，如果有条件，在五轴加工机床上将其加工出来。

6.3.1 工艺分析

先在 D：根目录建立文件夹 D：\ch06，然后将光盘里的文件夹 ch05\01-sample 里的 3 个文件夹及其文件复制到该文件夹里来。

（1）图纸分析

① 叶轮零件 零件图如图 6-2 所示。零件材料为铝，叶片表面粗糙度为 *Ra*6.3μm、叶片尺寸的公差为±0.02mm，孔及键槽与相应零件配作。

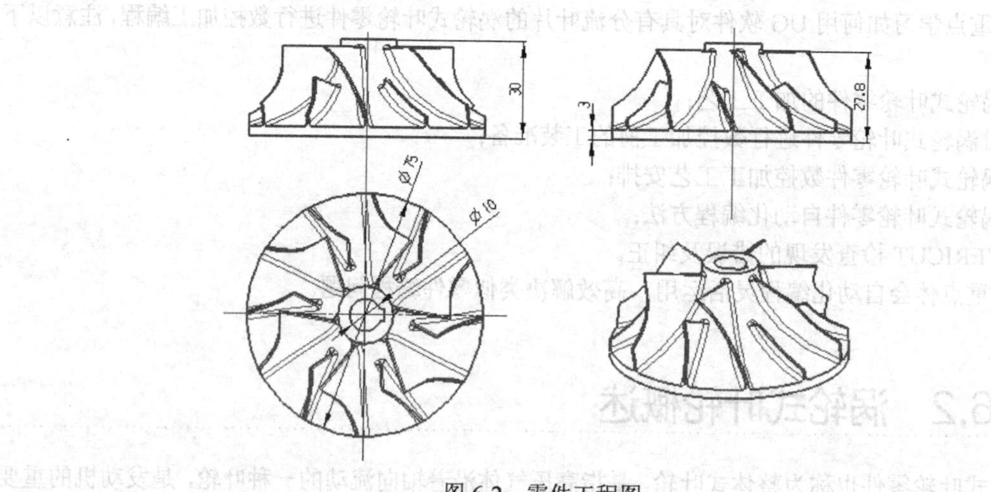

图 6-2 零件工程图

② 初始毛坯 初始开料尺寸为ϕ85×40，车削加工叶轮毛坯为ϕ75×30 的圆柱。表面粗糙度为 *Ra*6.3μm、公差为±0.02mm，孔及键槽与相应零件配作。

③ 工装图 本例将使用如图 6-3 所示图纸的工装。材料均为 45 钢。

（2）加工工艺

① 初始毛坯加工工艺

a. 开料：毛料大小为ϕ85×40 的棒料，材料为铝。

b. 车削：先车一端面及外圆，然后掉头，夹持已经车削的一端，车削外圆及另外端面，外圆直径ϕ72，比图形尺寸大，图纸中外圆ϕ71 尺寸留给五轴铣精加工来保证，这样目的是为了消除装夹误差。

c. 插削：加工键槽。

d. 五轴数控铣：将上述加工出来的圆棒料，装在工装上，然后装夹在五轴机床的 *C* 盘，工装通过压板及螺栓与机床的 *C* 盘连接，再进行五轴数控铣加工。

② 工装加工工艺

a. 开料：毛料大小为ϕ80×150 的棒料 1 件，材料为钢。螺母、压板、螺栓均选用标准件。

b. 车削：车芯棒的一端面及外圆，然后掉头，夹持已经车削的一端，车削芯棒另外端面，保证芯棒图纸尺寸。

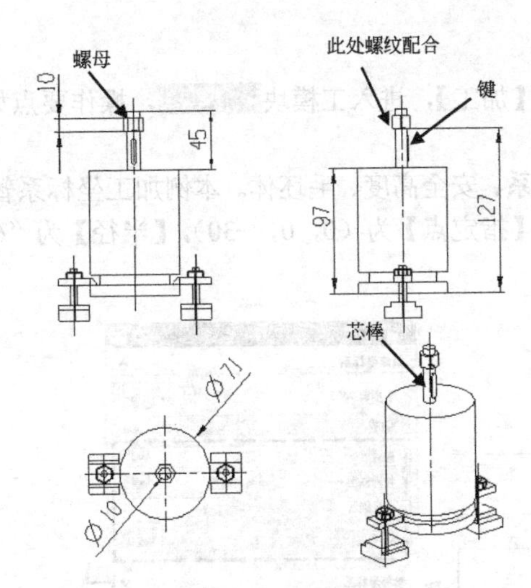

图 6-3　工装装配图

（3）五轴数控铣加工程序

① 开粗刀路 KA06A，叶轮型腔开粗，使用 ED8 平底刀，余量为 1.0，层深为 0.8。

② 叶轮外形精加工刀路 KA06B，使用 ED8 平底刀，余量为 0。

③ 叶形包裹面精加工刀路 KA06C，使用 BD6R3 球头刀，余量为 0。

④ 叶形全部精加工刀路 KA06D，使用 BD6R3 球头刀，余量为 0。

6.3.2　图形处理

为了适应叶轮加工编程的要求，本例已经创建工装实体、两层包裹曲面、粗加工用的辅助面，已经在相应层进行了分类管理。

打开图形文件 nx8book-06-01.prt，在界面上方执行【开始】|【建模】命令，进入建模界面。释放层，显示出辅助线及辅助面。

在主菜单里执行【格式】|【视图中可见图层】命令，在系统弹出【视图中可见图层】对话框单击【确定】按钮，在该对话框里的【过滤器】栏里选取“02-外圈包裹面”层集合，在【图层】栏里自动选取了相应的层，单击【可见】按钮，再单击【确定】按钮。结果显示 KA06A 刀路所需要的图形，如图 6-4 所示。

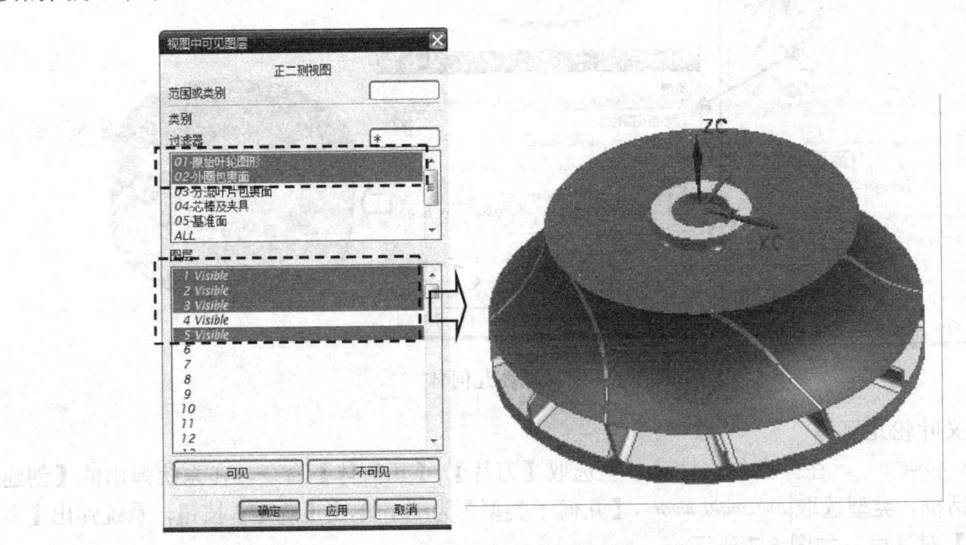

图 6-4　通过层操作辅助面

6.3.3 编程准备

在工具条中选【开始】|【加工】，进入工模块 加工(N)，操作要点如下。

（1）初步定义坐标系

在 几何视图 里，创建加工坐标系、安全高度、毛坯体。本例加工坐标系暂时为建模时的坐标系，【安全设置选项】为“球”，球心【指定点】为（0，0，−30），【半径】为“60”，其余参数设置如图6-5所示。

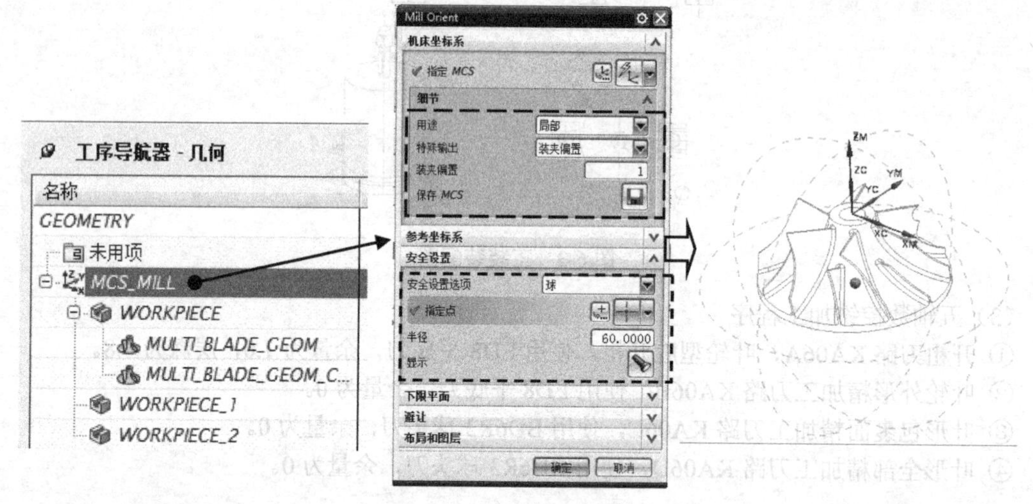

图6-5 设置加工坐标系

（2）定义毛坯几何体

在毛坯几何体 WORKPIECE 的【指定部件】栏里选取叶轮原始实体图。单击【指定毛坯】按钮，系统弹出【毛坯几何体】选取“包容圆柱体”，如图6-6所示。单击【确定】按钮。

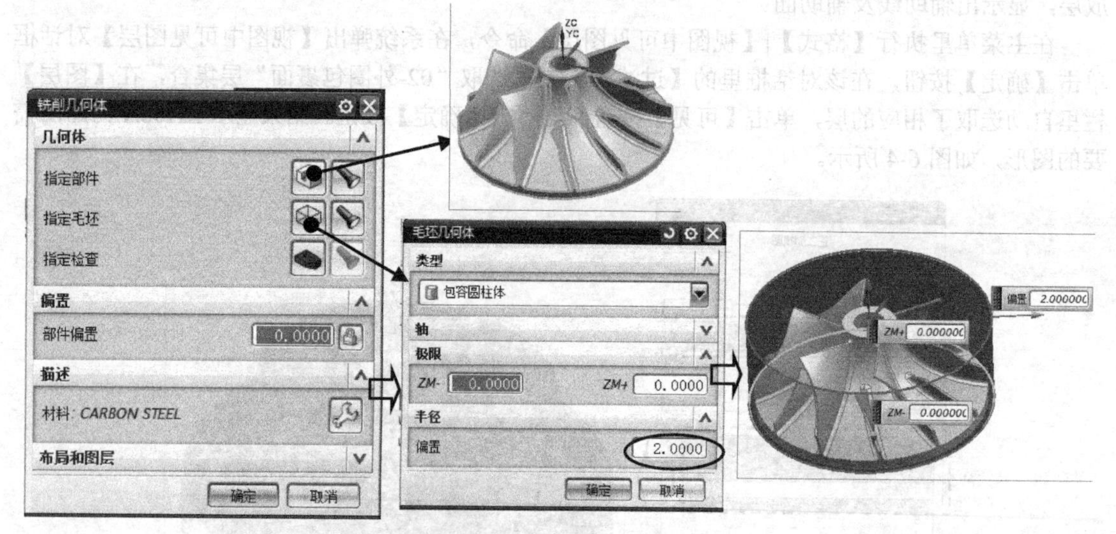

图6-6 定义毛坯几何体

（3）定义叶轮几何体

右击 WORKPIECE，在弹出的快捷菜单里选取【刀片】|【几何体】命令，在系统弹出的【创建几何体】对话框，类型选取 mill_multi_blade，【几何子类型】为 ，单击【确定】按钮，系统弹出【多叶片几何体】对话框，如图6-7所示。

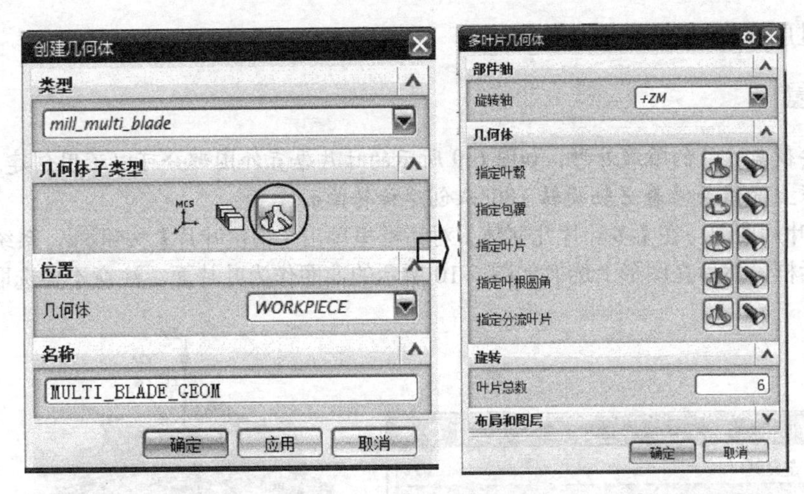

图 6-7 定义叶轮几何体

① 定义叶毂面 在【多叶片几何体】对话框里单击【指定叶毂】按钮，系统弹出【Hub 几何体】对话框，然后在图形上选取如图 6-8 所示的叶毂曲面。

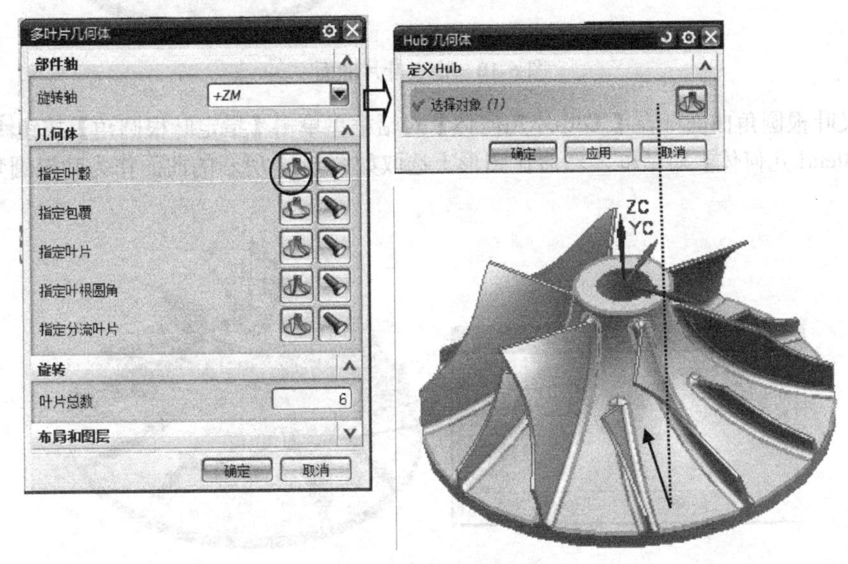

图 6-8 选取叶毂曲面

② 定义包裹曲面 首先通过层管理，释放 02-外圈包裹面 层集，使包裹曲面显示出来。

在【多叶片几何体】对话框里单击【指定包裹】按钮，系统弹出【Shroud 几何体】对话框，然后在图形上选取如图 6-9 所示的曲面作为包裹面。

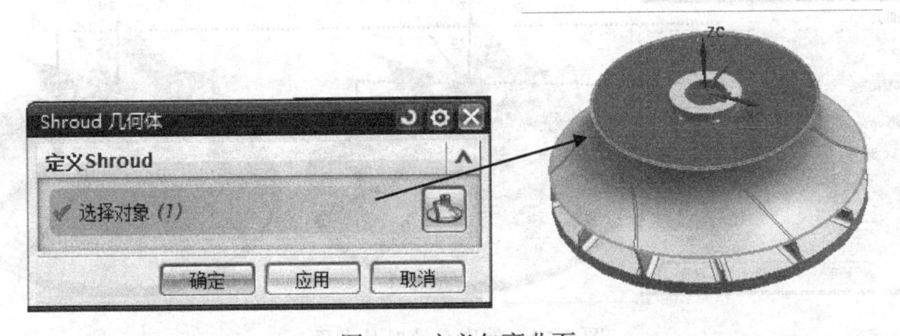

图 6-9 定义包裹曲面

最后通过层管理使包裹曲面隐藏。

 要注意

包裹面要覆盖叶片的弧线外形，如图6-9所示的叶片垂直外围部分可以不用创建。包裹面一般采取叶片边缘上的线条沿着 Z 轴旋转180°来创建旋转曲面。

③ 定义叶片曲面 在【多叶片几何体】对话框里单击【指定叶片】按钮，系统弹出【Blade几何体】对话框，然后在图形上选取如图6-10所示的曲面作为叶片面。注意不要选取叶尖曲面。

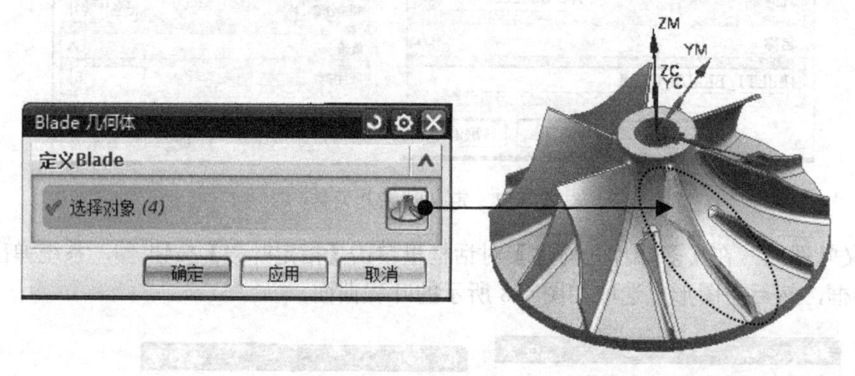

图6-10 定义叶片曲面

④ 定义叶根圆角曲面 在【多叶片几何体】对话框里单击【指定叶根圆角】按钮，系统弹出【Blade Blend几何体】对话框，然后在图形上选取如图6-11所示的曲面作为叶根圆角面。

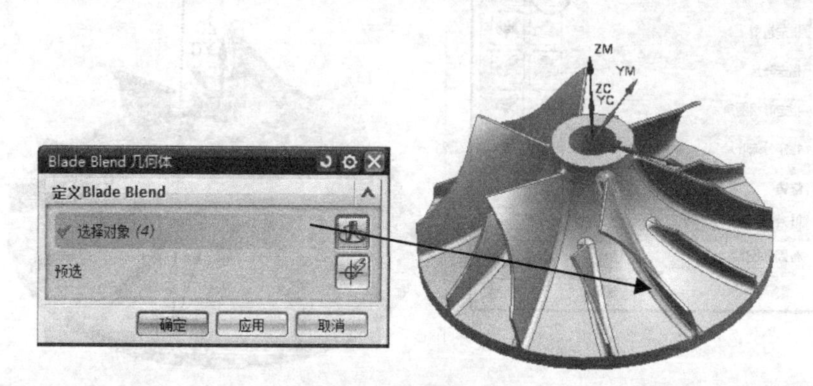

图6-11 选取叶根圆角面

⑤ 定义分流叶片曲面 在【多叶片几何体】对话框里单击【指定分流叶片】按钮，系统弹出【分流叶片几何体】对话框，然后在图形上选取如图6-12所示的分流叶片曲面。

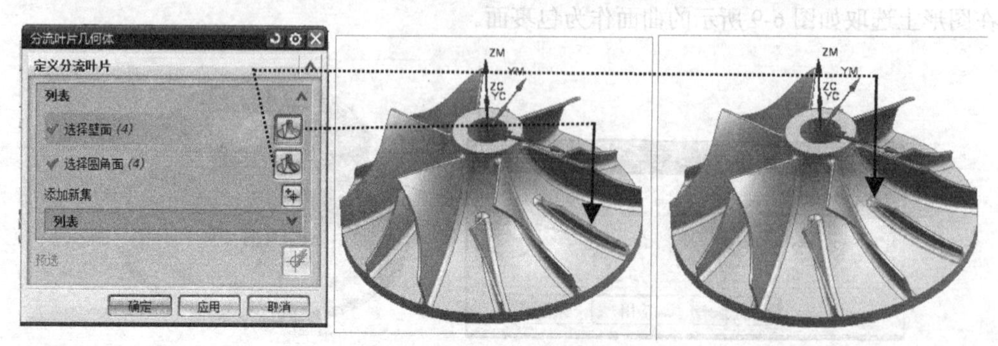

图6-12 选取分流叶片曲面

⑥ 定义叶片数 在【多叶片几何体】对话框里的【旋转】栏里输入【叶片总数】为“6”。单击【确定】按钮。

⑦ 定义分流叶片包裹曲面 首先通过层管理，释放层集 03-分流叶片包裹面，使分流叶片包裹曲面显示出来。

在导航器的目录树里复制刚生成的叶轮几何体 MULTI_BLADE_GEOM 为 MULTI_BLADE_GEOM_COPY，双击刚复制出的叶轮几何体，在【多叶片几何体】对话框里单击【指定包裹】按钮，系统弹出【Shroud 几何体】对话框，按住 Shift 键然后在图形上选取外圈包裹，这样可以取消外圈包裹面。

在层管理器里关闭 02-外圈包裹面，在图形上选取如图 6-13 所示的曲面作为包裹面。

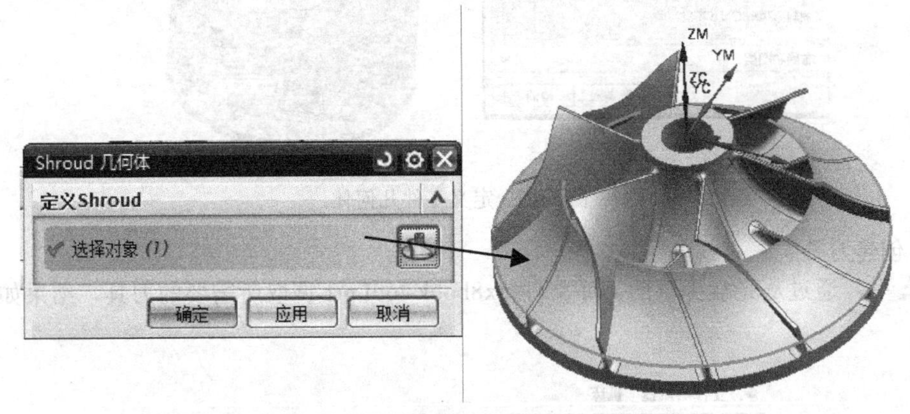

图 6-13 选取分流叶片的包裹曲面

小提示

这几步操作对于初学者可能比较难，请严格按照书上步骤操作，如果还是达不到目的，可以参考本节的视频文件。

（4）定义开粗刀路的几何体

先在主菜单里执行【格式】|【视图中可见图层】命令，仅仅显示 01-原始叶轮图形 02-外圈包裹面 两个层集，显示图形如图 6-4 所示。

然后在主工具栏里单击按钮，系统弹出【创建几何体】对话框，选取按钮，单击【确定】按钮，系统弹出【工件】对话框，如图 6-14 所示。

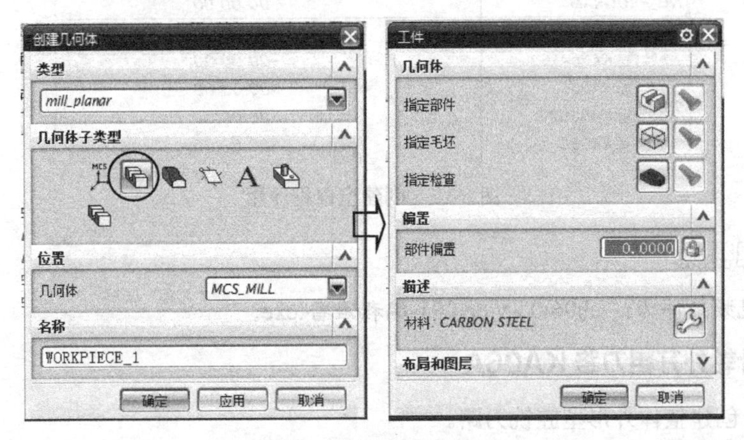

图 6-14 创建开粗几何体

单击【指定部件】栏里，用“面”过滤的方法选取叶轮原始实体图及外圈包裹面。单击【指定毛坯】按钮，系统弹出【毛坯几何体】选取“包容圆柱体”，如图 6-15 所示。

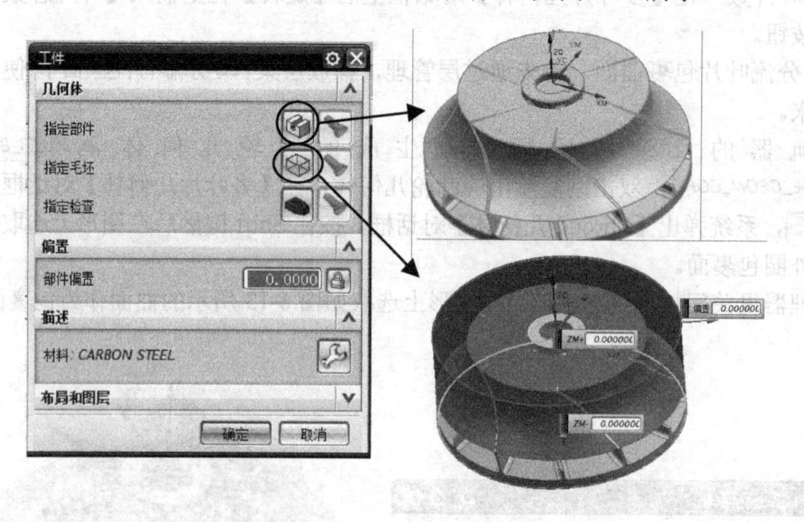

图 6-15　定义工件几何体

（5）创建刀具

在机床视图里，通过从光盘提供的刀库文件 nx8book-tool.prt 调取所需要的刀具，结果如图 6-16 所示。

工序导航器 - 机床

名称	刀轨	刀具	描述	刀具号	几何体	方法
GENERIC_MACHINE			通用机床			
未用项			mill_multi-axis			
ED8			铣刀-5 参数	4		
BD6R3			铣刀-球头铣	23		

图 6-16　创建刀具

（6）创建空白程序组

在程序顺序视图里，通过复制现有的程序组然后修改名称的方法来创建，结果如图 6-17 所示。

工序导航器 - 程序顺序

名称	换刀	刀轨	刀具	刀	时间	几何体
NC_PROGRAM					00:00:00	
未用项					00:00:00	
KA06A					00:00:00	
KA06B					00:00:00	
KA06C					00:00:00	
KA06D					00:00:00	

图 6-17　创建空白程序组

以上操作视频文件为：\ch06\03-video\01-编程准备.exe。

6.3.4 创建叶轮外开粗刀路 KA06A

本节任务：创建整体外形型腔铣刀路。

（1）设置工序参数

通过层管理显示图 6-5 所示的图形。

在主工具栏里单击创建工序按钮，系统弹出【创建工序】对话框，在【类型】选mill_contour，【工序子类型】选【型腔铣】按钮，【位置】中参数按图6-18所示设置。

（2）选取边界线

在图6-18所示对话框里单击【确定】按钮，系统进入【型腔铣】对话框，单击【指定修剪边界】按钮，在弹出的【修剪边界】对话框里，系统自动进入【主要】选项卡，选取【曲线边界线】选项，再在【修剪侧】栏选取【外部】选项，最后在图形上选取如图6-19所示的边界线。单击【确定】按钮。

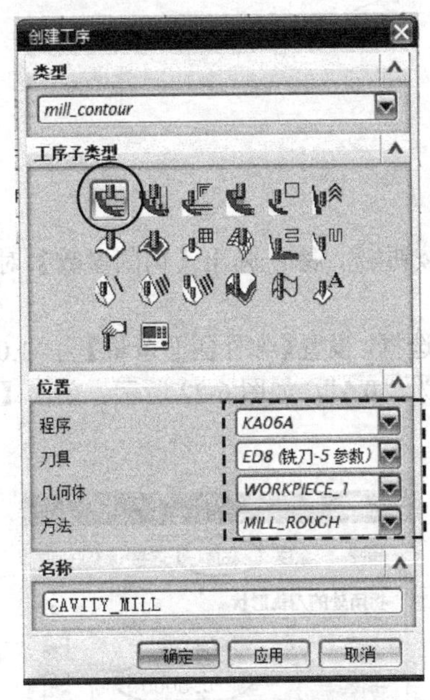

图6-18　设置工序参数

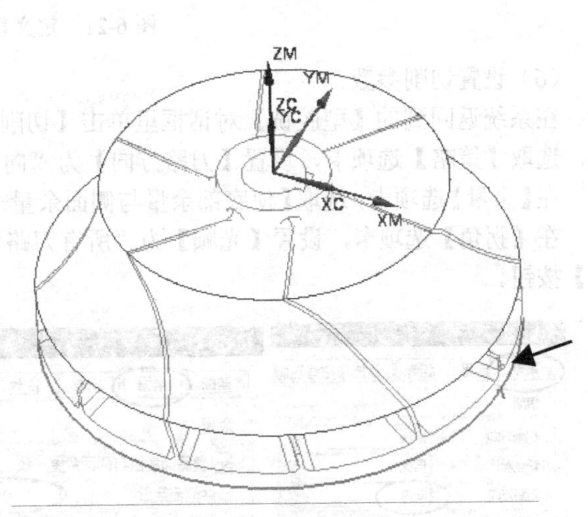

图6-19　选取边界线

（3）检查设置刀轴方向

在系统返回到的【型腔铣】对话框里，展开【刀轴】栏，选取【轴】为+ZM轴。

（4）设置切削模式

在【型腔铣】对话框里的【刀轨设置】栏，设置【切削模式】为跟随周边，如图6-20所示。

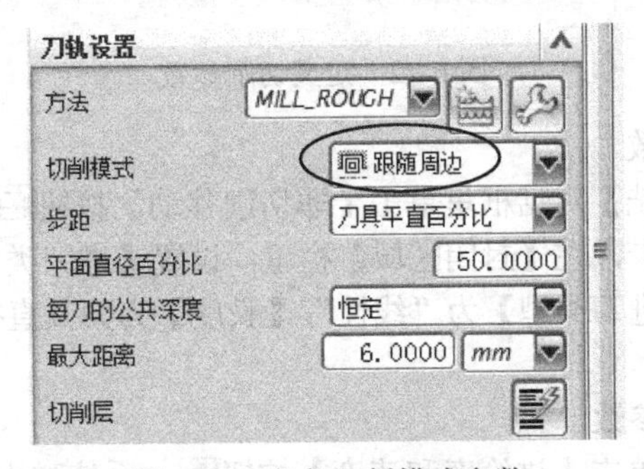

图6-20　定义切削模式参数

（5）设置切削层参数

在【型腔铣】对话框里单击【切削层】按钮，系统弹出【切削层】对话框，设置【范围类型】为“单个”，设置层深【最大距离】为“0.8”按回车键，系统自动选取了【范围定义】栏，通过选取包裹面底部圆心点输入【范围深度】为“19.8272”，单击【确定】按钮，如图6-21所示。单击【确定】按钮。

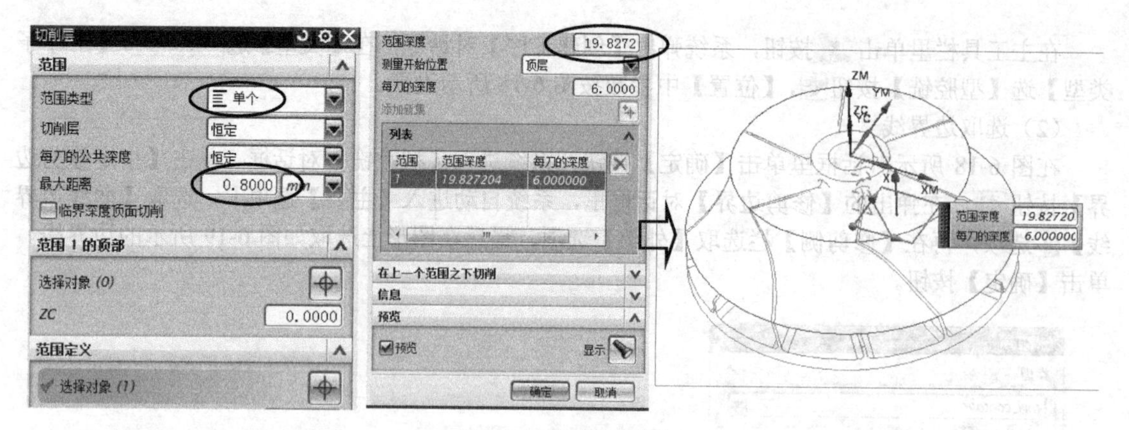

图 6-21 定义切削层

（6）设置切削参数

在系统返回到的【型腔铣】对话框里单击【切削参数】按钮，系统弹出【切削参数】对话框，选取【策略】选项卡，设置【刀路方向】为“向内”。

在【余量】选项卡，选取【使底部余量与侧面余量一致】复选框，设置【部件侧面余量】为“1.0”。

在【拐角】选项卡，设置【光顺】为“所有刀路”，半径为“0.5”，如图 6-22 所示。单击【确定】按钮。

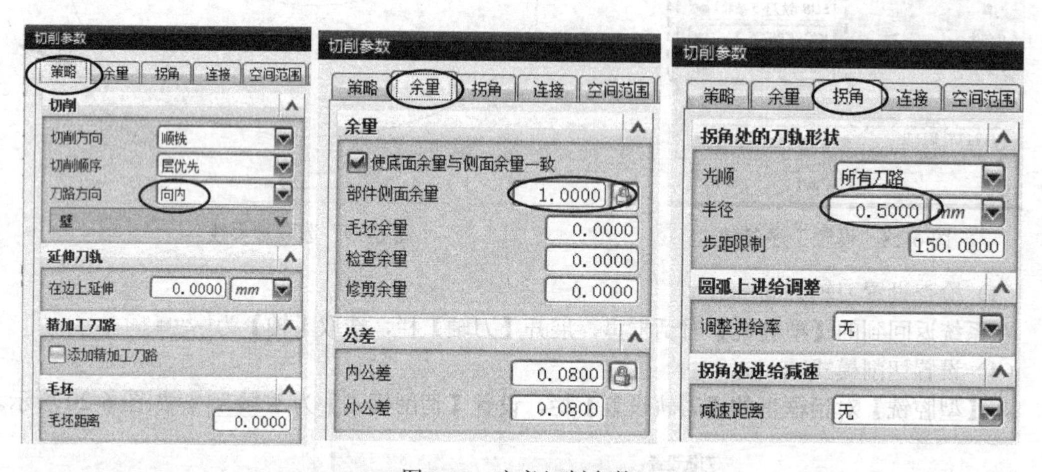

图 6-22 定义切削参数

（7）设置非切削移动参数

在系统返回到的【型腔铣】对话框里单击【非切削移动】按钮，系统弹出【非切削移动】对话框，选取【进刀】选项卡，在【封闭区域】栏里，设置【进刀类型】为“与开放区域相同”，在【开放区域】栏里设置【进刀类型】为“线性”，【长度】为刀具直径的 100%，如图 6-23 所示。单击【确定】按钮。

（8）设置进给率和转速参数

在【型腔铣】对话框里单击【进给率和速度】按钮，系统弹出【进给率和速度】对话框，设置【主轴速度（rpm)】为“2500”，【进给率】的【切削】为“1500”。单击【计算】按钮，如图 6-24 所示。单击【确定】按钮。

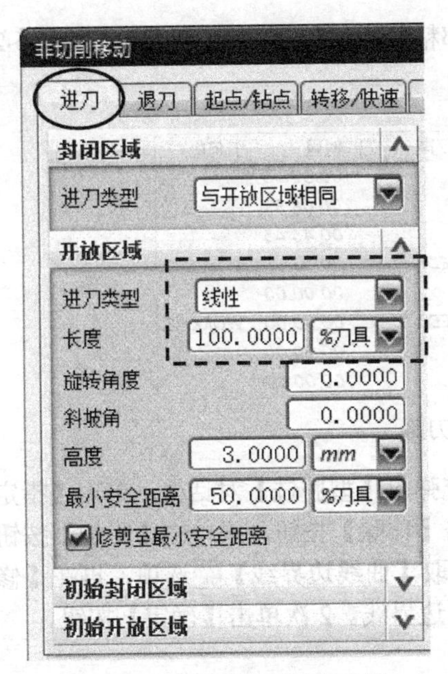

图 6-23　设置非切削移动参数

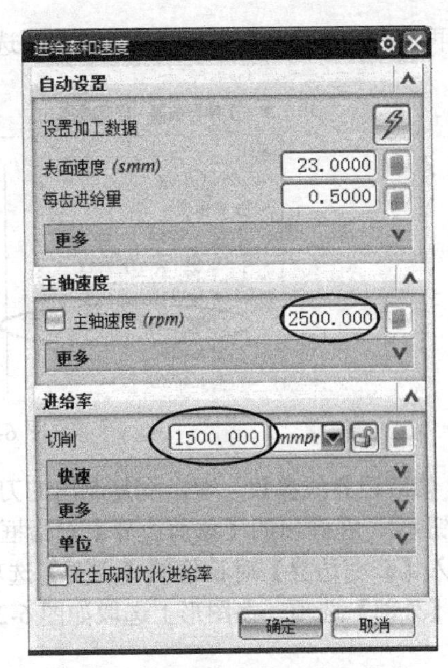

图 6-24　设置进给率和转速参数

（9）生成开粗刀路

在系统返回到的【型腔铣】对话框里单击【生成】按钮，系统计算出刀路，如图 6-25 所示。单击【确定】按钮。

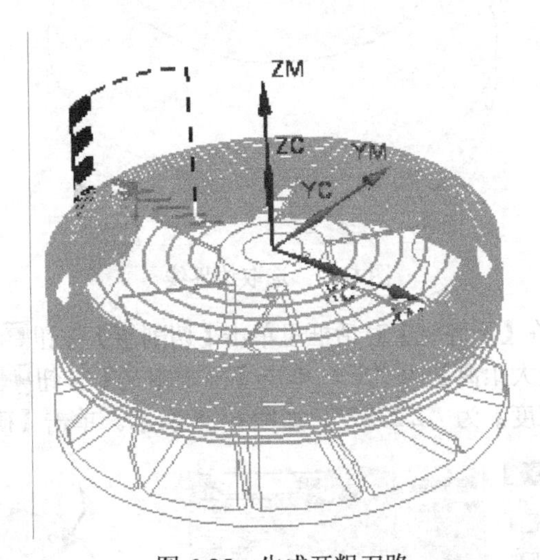

图 6-25　生成开粗刀路

本节讲课视频

以上操作视频文件为：\ch06\03-video\02-创建叶轮外开粗刀路 KA06A.exe。

6.3.5　创建叶轮外形精加工刀路 KA06B

本节任务：创建 3 个刀路，①叶形顶部残料清除刀路；②轮毂上部精加工刀路；③叶形底部最大外形精加工刀路。

（1）创建叶形顶部残料清除刀路

方法：复制型腔铣刀路修改参数。

① 复制刀路　在导航器里右击刚生成的刀路，在弹出的快捷菜单里选取 复制，选取 KA06B

程序组再次右击鼠标，在弹出的快捷菜单里选取【内部粘贴】命令，生成了新刀路，如图6-26所示。

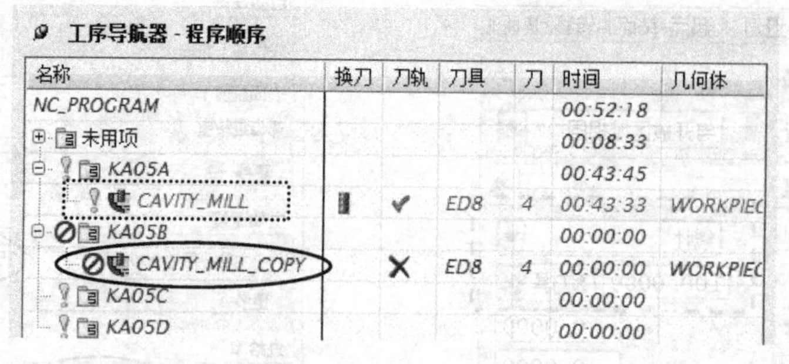

图6-26 复制刀路

② 修改边界线参数　双击刚复制出的刀路，系统弹出【型腔铣】对话框，单击【指定修剪边界】按钮，在弹出的【修剪边界】对话框里，单击【移除】按钮，再单击【附加】按钮，系统自动进入【修剪边界】对话框的【主要】选项卡，选取【曲线边界线】选项，再在【修剪侧】栏选取【外部】选项，在图形上选取如图6-27所示的边界线。2次单击【确定】按钮。

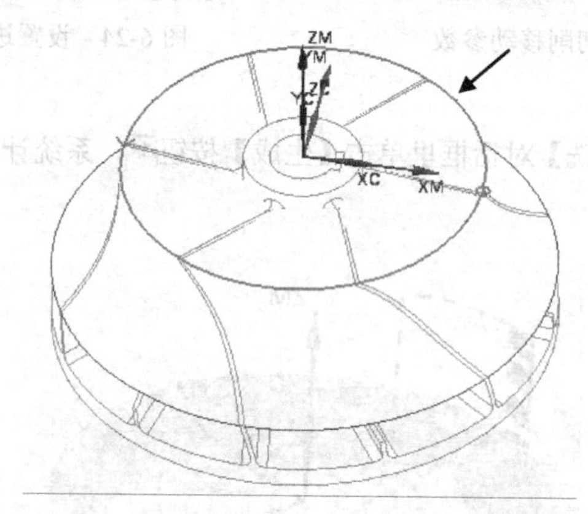

图6-27 选取边界线

③ 修改切削层参数　在【型腔铣】对话框里单击【切削层】按钮，在系统弹出的【切削层】对话框里修改层深参数【最大距离】为“5”，单击【范围定义】按钮，然后在图形上选取*A*平面，系统自动修改【范围深度】为“2.2757”，如图6-28所示。单击【确定】按钮。

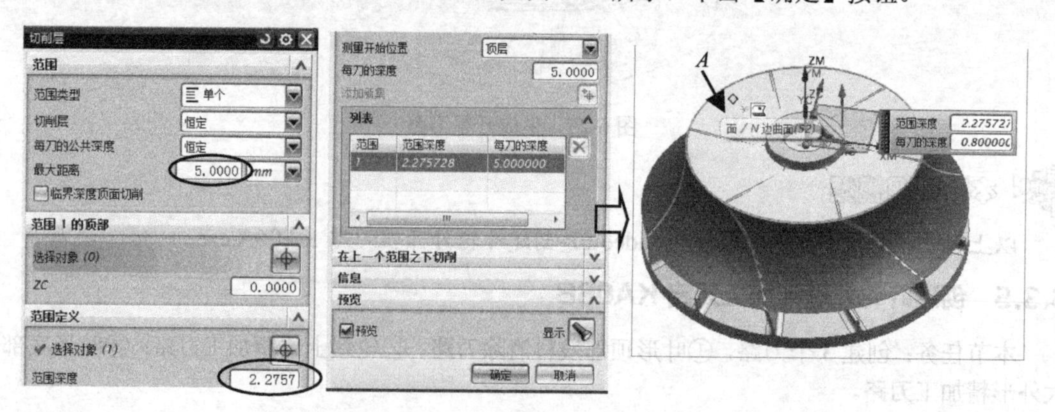

图6-28 修改切削层

④ 修改余量参数　在系统返回到的【型腔铣】对话框里单击【切削参数】按钮，系统弹出

【切削参数】对话框，在【余量】选项卡，取消选取【使底部余量与侧面余量一致】复选框，设置【部件侧面余量】为“1.2”，【部件底部余量】为“0”，如图 6-29 所示。

⑤ 设置进给率和转速参数　在【型腔铣】对话框里单击【进给率和速度】按钮，系统弹出【进给率和速度】对话框，设置【进给率】的【切削】为“500”。单击【计算】按钮，如图 6-30 所示。单击【确定】按钮。

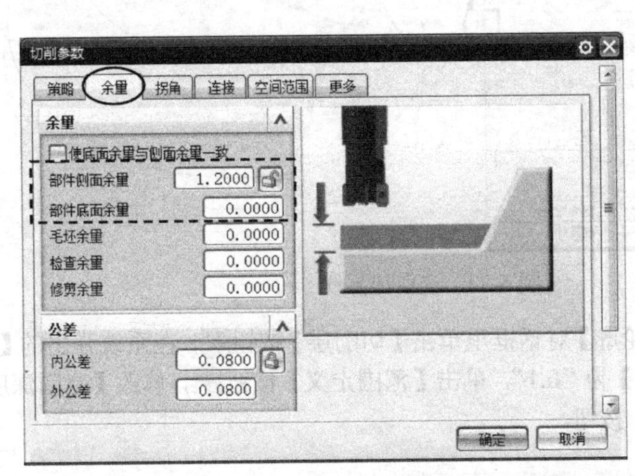

图 6-29　修改余量参数

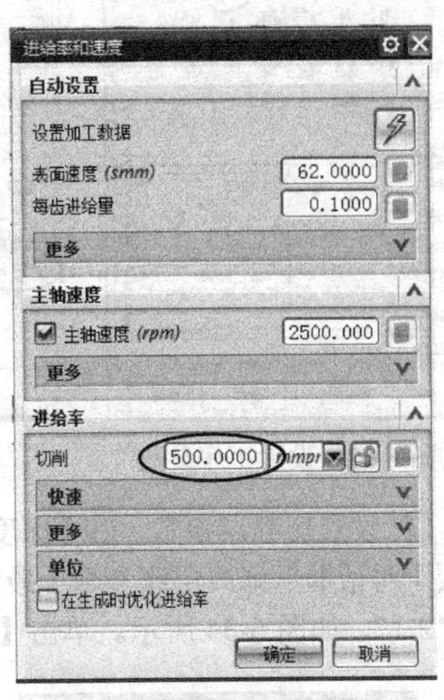

图 6-30　修改进给率和转速

⑥ 生成刀路　在系统返回到的【型腔铣】对话框里，单击【生成】按钮，系统计算出刀路，如图 6-31 所示。单击【确定】按钮。

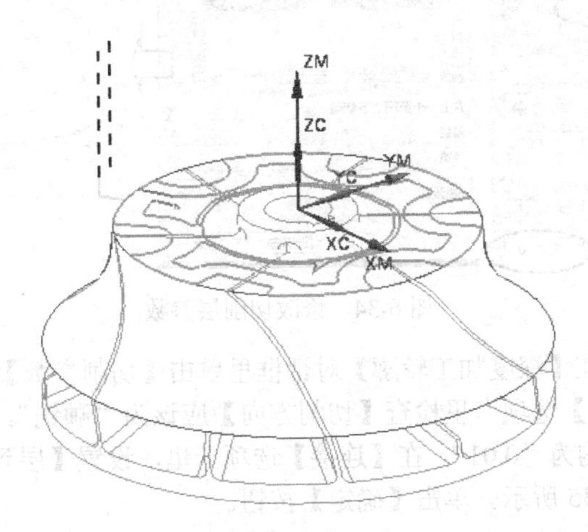

图 6-31　生成刀路

（2）创建轮毂上部精加工刀路

方法：采用深度加工轮廓铣（也叫等高铣）。

① 设置工序参数　在操作导航器中选取 KA06B 程序组，右击鼠标在弹出的快捷菜单里选【刀片】|【工序】命令，系统进入【创建工序】对话框，在【类型】选 mill_contour，【工序子类型】选 ZLEVEL_PROFILE（深度加工轮廓铣）】按钮，【位置】中参数按图 6-32 所示设置。单击【确定】按钮。

② 设置边界线参数　双击刚复制出的刀路，系统弹出【深度加工轮廓】对话框，单击【指定修剪边界】按钮，在弹出的【修剪边界】对话框里，在【主要】选项卡，选取【曲线边界线】选项，再在【修剪侧】栏选取【内部】选项，在图形上选取如图 6-33 所示的边界线。2 次单击【确

定】按钮。

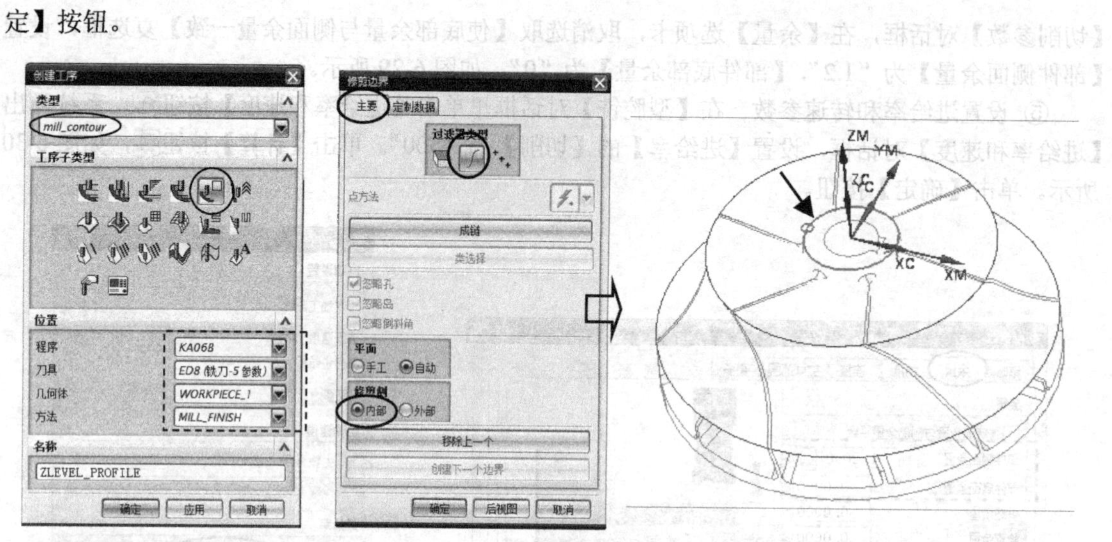

图 6-32 设置工序参数　　　　图 6-33 选取边界线

③ 设置切削层参数　在【深度加工轮廓】对话框里单击【切削层】按钮，在系统弹出的【切削层】对话框里修改层深参数【最大距离】为“0.1”，单击【范围定义】按钮，修改【范围深度】为“2.1”，如图 6-34 所示。单击【确定】按钮。

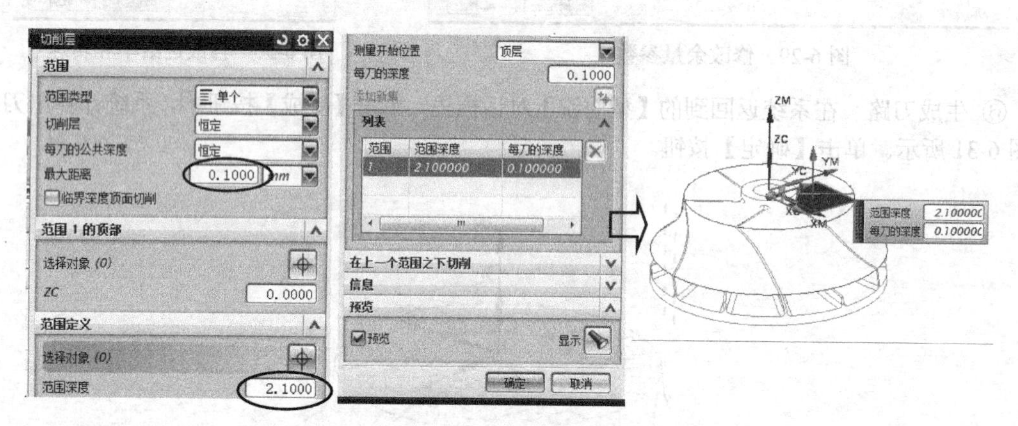

图 6-34 修改切削层参数

④ 设置切削参数　在【深度加工轮廓】对话框里单击【切削参数】按钮，系统弹出【切削参数】对话框，在【策略】选项卡里检查【切削方向】应该为“顺铣”。在【余量】选项卡，设置【内公差】和【外公差】均为“0.01”。在【连接】选项卡里，设置【层到层】为“沿部件斜进刀”，【斜坡角】为 1°，如图 6-35 所示。单击【确定】按钮。

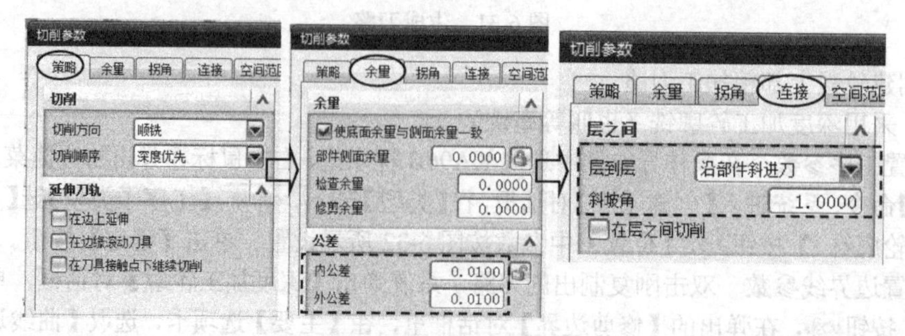

图 6-35 设置切削参数

⑤ 设置非切削参数　在【深度加工轮廓】对话框里，单击【非切削移动】按钮▣，系统弹出【非切削移动】对话框，在【进刀】选项卡里，设置【开放区域】的【进刀类型】为“与开放区域相同”，如图 6-36 所示。单击【确定】按钮。

⑥ 设置进给率和转速参数　在【深度加工轮廓】对话框里单击【进给率和速度】按钮▣，系统弹出【进给率和速度】对话框，设置【主轴速度（rpm）】为“2500”，【进给率】的【切削】为“1000”。单击【计算】按钮▣，如图 6-37 所示。单击【确定】按钮。

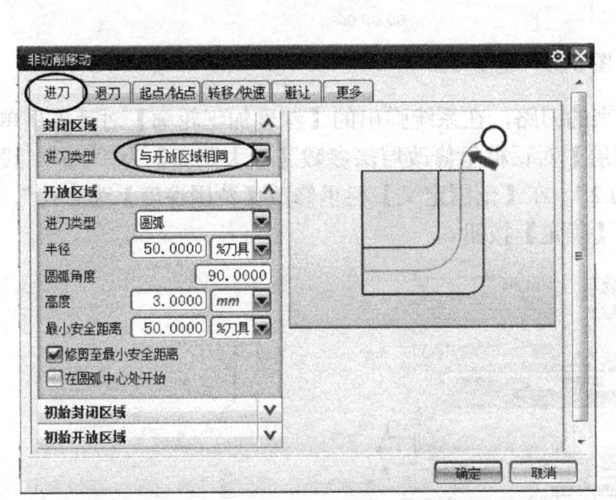

图 6-36　设置非切削移动参数

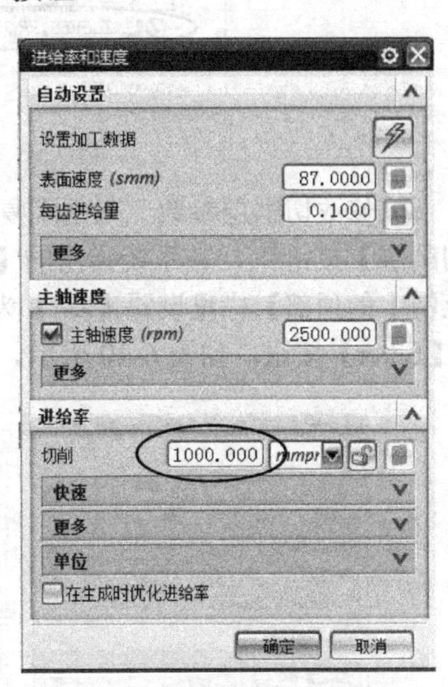

图 6-37　修改进给率和转速

⑦ 生成刀路　在系统返回到的【深度加工轮廓】对话框里单击【生成】按钮▣，系统计算出刀路，如图 6-38 所示。单击【确定】按钮。

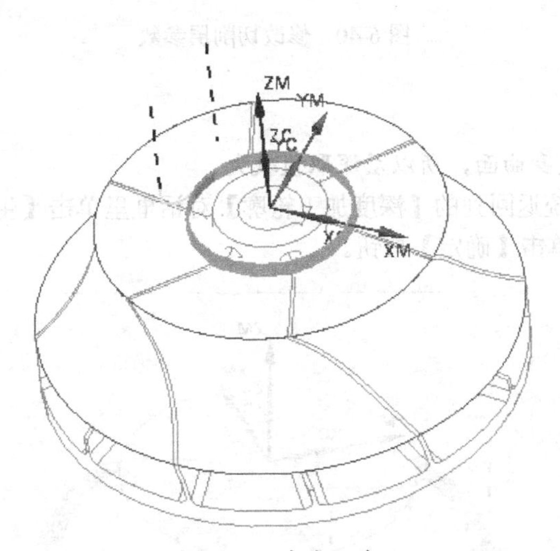

图 6-38　生成刀路

（3）创建叶形最大外形精加工

方法：复制等高铣刀路并修改参数。

① 复制刀路　在导航器里右击刚生成的刀路，在弹出的快捷菜单里选取 复制，选取 KA06B 程序组再次右击鼠标，在弹出的快捷菜单里选取【内部粘贴】命令，生成了新刀路，如图 6-39 所示。

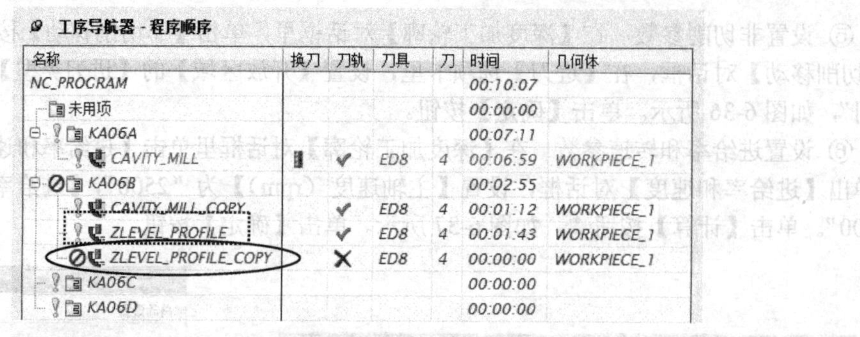
工序导航器 - 程序顺序

名称	换刀	刀轨	刀具	刀	时间	几何体
NC_PROGRAM					00:10:07	
未用项					00:00:00	
KA06A					00:07:11	
CAVITY_MILL		✔	ED8	4	00:06:59	WORKPIECE_1
KA06B					00:02:55	
CAVITY_MILL_COPY		✔	ED8	4	00:01:12	WORKPIECE_1
ZLEVEL_PROFILE		✔	ED8	4	00:01:43	WORKPIECE_1
ZLEVEL_PROFILE_COPY		✘	ED8	4	00:00:00	WORKPIECE_1
KA06C					00:00:00	
KA06D					00:00:00	

图 6-39 复制刀路

② 修改切削层参数 双击刚复制出来的刀路，在系统弹出的【深度加工轮廓】对话框里单击【切削层】按钮，在系统弹出的【切削层】对话框里修改层深参数【最大距离】为“0.5”，设置【范围 1 的顶部】栏里设置【ZC】为“–0.2”，在【范围定义】栏里修改【范围深度】为“10”，单击【Enter】按钮，如图 6-40 所示。单击【确定】按钮。

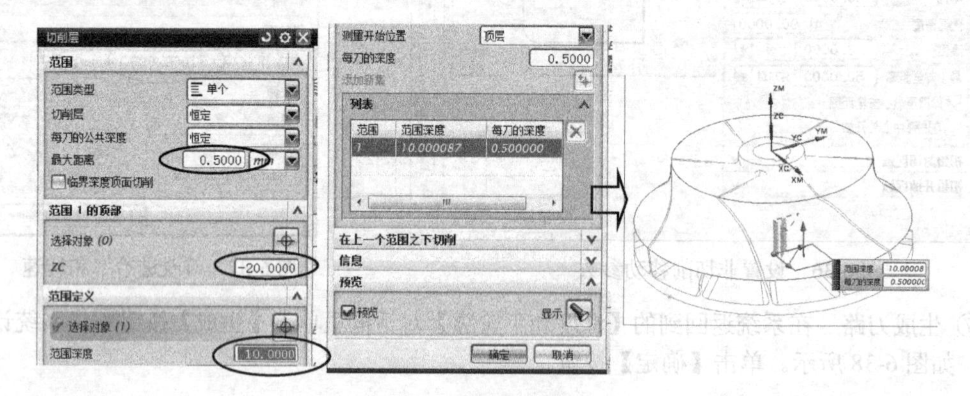

图 6-40 修改切削层参数

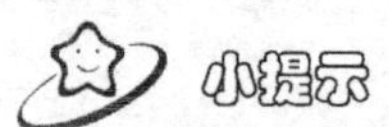
小提示

此处由于加工面为直身曲面，所以层深取值较大。

③ 生成刀路 在系统返回到的【深度加工轮廓】对话框里单击【生成】按钮，系统计算出刀路，如图 6-41 所示。单击【确定】按钮。

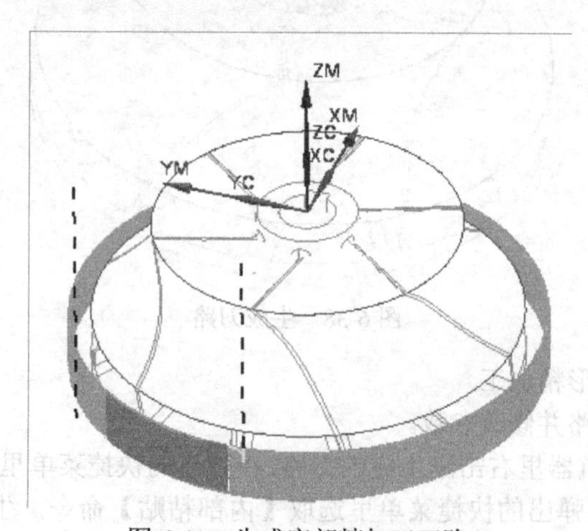

图 6-41 生成底部精加工刀路

本节讲课视频

以上操作视频文件为：\ch06\03-video\03-创建叶轮外形精加工刀路 KA06B.exe。

6.3.6 创建叶形包裹面精加工刀路 KA06C

本节任务：创建三轴等高铣刀路。

方法是：复制刀路并修改参数。

（1）复制刀路

在导航器里右击刚生成的刀路，在弹出的快捷菜单里选取 复制，选取 KA06C 程序组再次右击鼠标，在弹出的快捷菜单里选取【内部粘帖】命令，生成了新刀路，如图 6-42 所示。

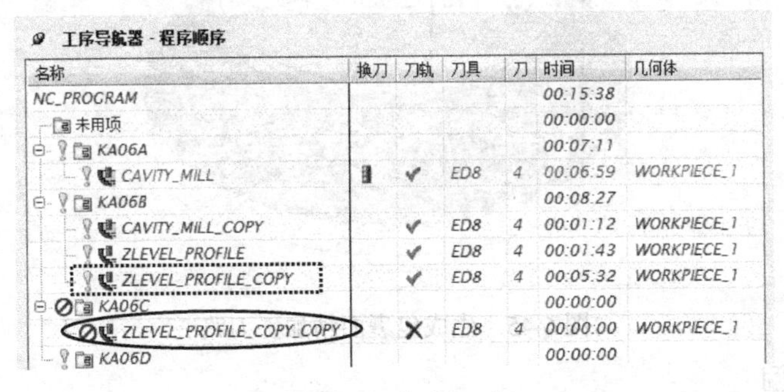

图 6-42 复制刀路

（2）修改刀具

双击刚复制出来的刀路，在系统弹出的【深度加工轮廓】对话框里展开【刀具】栏，单击右侧的下三角符号，在弹出的快捷菜单里选取刀具 BD6R3 (铣刀-球头铣)，如图 6-43 所示。

图 6-43 修改刀具

（3）修改切削层参数

双击刚复制出来的刀路，在系统弹出的【深度加工轮廓】对话框里单击【切削层】按钮，在系统弹出的【切削层】对话框里修改层深参数【最大距离】为“0.3”，在【范围 1 的顶部】栏里设置【ZC】为“–2.3”，在【范围定义】栏里修改【范围深度】为“17.9”，单击【Enter】按钮，如图 6-44 所示。单击【确定】按钮。

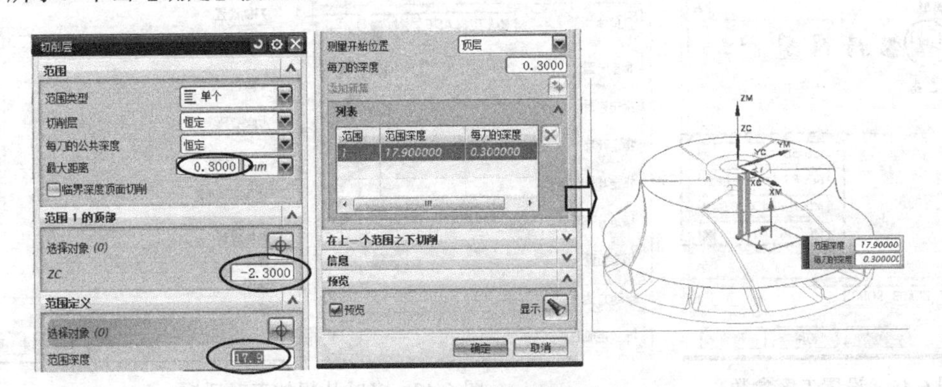

图 6-44 修改切削层参数

小提示

此处层深是根据BD6R3球刀加工时留下的残留高度为0.01来计算的。

（4）生成刀路

在系统返回到的【深度加工轮廓】对话框里单击【生成】按钮，系统计算出刀路，如图6-45所示。单击【确定】按钮。

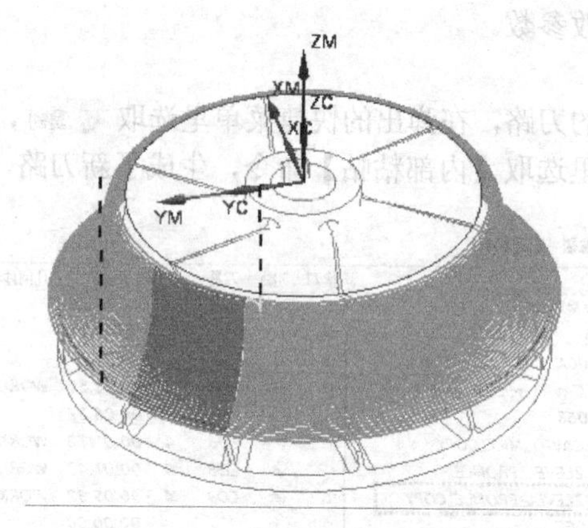

图6-45 生成包裹面精加工刀路

本节讲课视频

以上操作视频文件为：\ch06\03-video\04-创建叶形包裹面精加工刀路KA06C.exe。

6.3.7 创建叶形精加工刀路KA06D

本节任务：创建7部分刀路，①创建叶形开粗刀路；②创建分流叶片的叶冠部分精加工刀路；③创建对轮毂精加工；④创建对大叶片精加工刀路；⑤创建对分流小叶片精加工刀路；⑥对大叶片与轮毂之间的倒圆角进行精加工刀路；⑦创建对分流小叶片与叶毂之间倒圆角进行精加工刀路。

（1）创建叶形开粗刀路

① 设置工序参数 在操作导航器中选取程序组KA06D，右击鼠标在弹出的快捷菜单里选【刀片】|【工序】命令，系统进入【创建工序】对话框，在【类型】选mill_multi_blade，【工序子类型】选【MULTI_BLADE_ROUGH】（多叶片粗加工）】按钮，【位置】中的参数按图6-46所示设置。

单击【确定】按钮，系统弹出【多叶片粗加工】对话框，如图6-47所示。

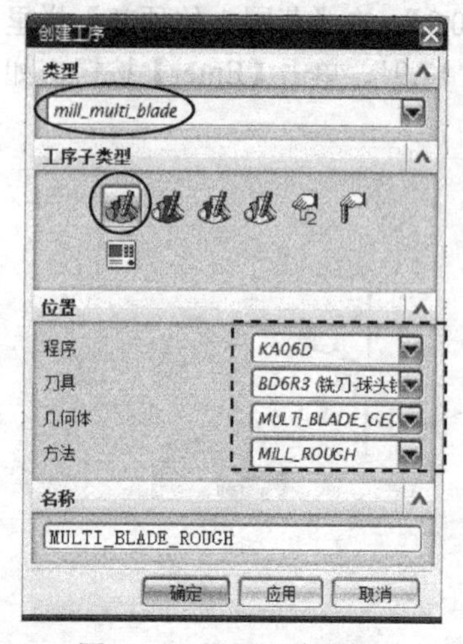

图6-46 设置工序参数

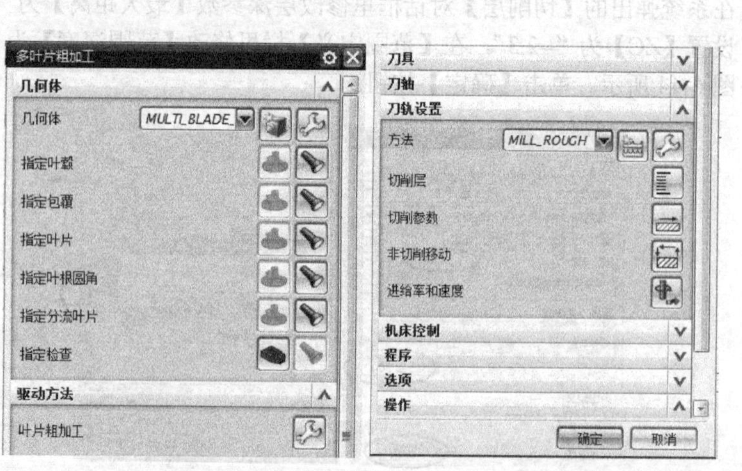

图6-47 多叶片粗加工对话框

② 设置驱动方法 在【多叶片粗加工】对话框里，在【驱动方法】栏里单击【叶片精加工】按钮，系统弹出【叶片精加工驱动方法】对话框，设置【径向延伸】为刀具直径的50%。在【驱动设置】栏里，设置【最大距离】为“1”，如图6-48所示。单击【确定】按钮。

③ 设置刀轴参数 在系统返回到的【多叶片粗加工】对话框里，展开【刀轴】栏，系统已经默认设置【轴】为“自动”，单击【编辑】按钮，系统弹出【自动】对话框，设置【旋转所绕对象】为“叶片”，如图6-49所示。单击【确定】按钮。

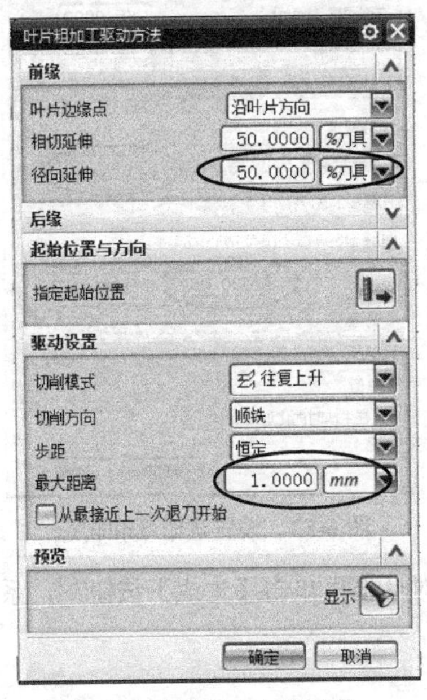

图6-48 设置驱动方法参数

图6-49 定义刀轴参数

④ 设置切削层参数 在系统返回到的【多叶片粗加工】对话框里，单击【切削层】按钮，系统弹出【切削层】对话框，按照图6-50所示设置，层深实际数值为1.8mm。单击【确定】按钮。

⑤ 设置切削参数 在系统返回到的【多叶片粗加工】对话框里单击【切削参数】按钮，系统弹出【切削参数】对话框。在【余量】选项卡，设置【叶片余量】为“1.0”，【叶毂余量】为“1.0”，【内公差】和【外公差】为“0.08”，如图6-51所示。单击【确定】按钮。

图6-50 设置切削层参数

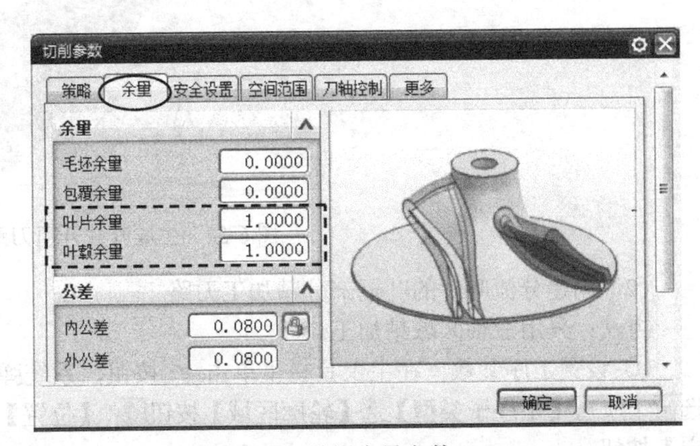

图6-51 设置余量参数

⑥ 设置非切削移动参数 在系统返回到的【多叶片粗加工】对话框里单击【非切削移动】按钮，系统弹出【非切削移动】对话框，选取【进刀】选项卡，按图6-52所示设置参数。单击【确定】按钮。

⑦ 设置进给率和转速参数 在系统返回到的【多叶片粗加工】对话框里单击【进给率和速度】按钮，系统弹出【进给率和速度】对话框，设置【主轴速度（rpm）】为“3500”，【进给率】的【切削】为“2500”，单击【计算】按钮，如图6-53所示。单击【确定】按钮。

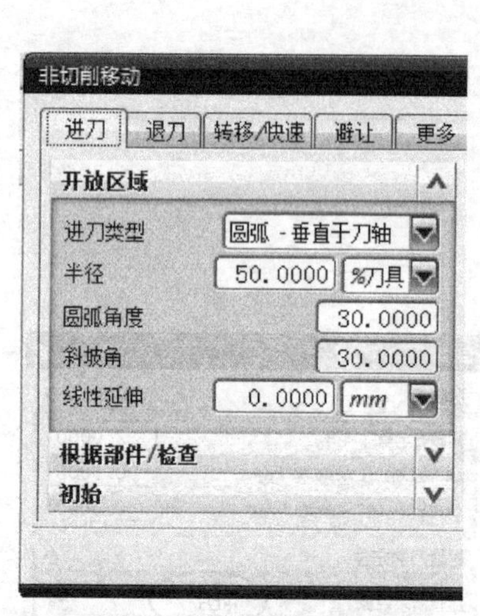

图6-52 检查非切削参数

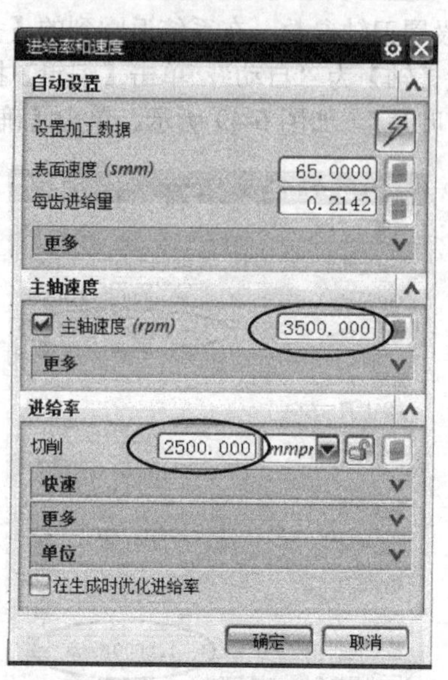

图6-53 设置进给率和转速

⑧ 生成刀路 在系统返回到的【多叶片粗加工】对话框里单击【生成】按钮，系统计算出刀路，如图6-54所示。单击【确定】按钮。

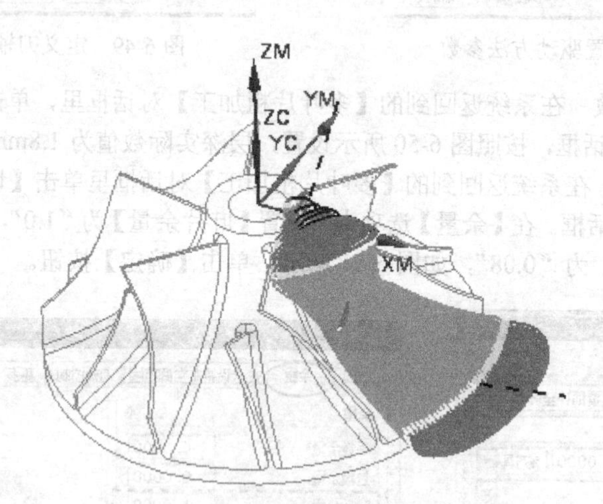

图6-54 生成叶片开粗刀路

（2）创建分流叶片的叶冠部分精加工刀路

方法：采用三轴区域精加工。

① 设置工序参数 在主工具栏里单击按钮，系统弹出【创建工序】对话框，在【类型】选mill_contour，【工序子类型】选【轮廓区域】按钮，【位置】中参数按图6-55所示设置。单击【确定】按钮。

② 选取加工曲面 在【轮廓区域】对话框里单击【指定切削区域】按钮，系统弹出【切削区域】对话框，在图形上选取分流叶片的叶冠部分曲面，如图6-56所示。单击【确定】按钮。

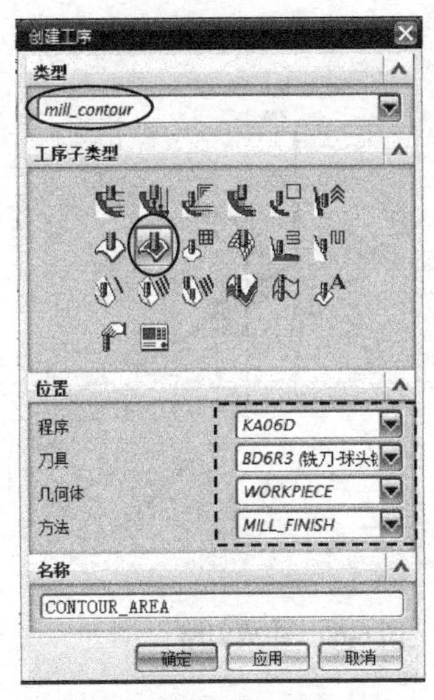

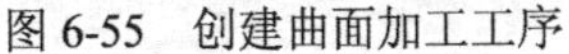

图 6-55 创建曲面加工工序

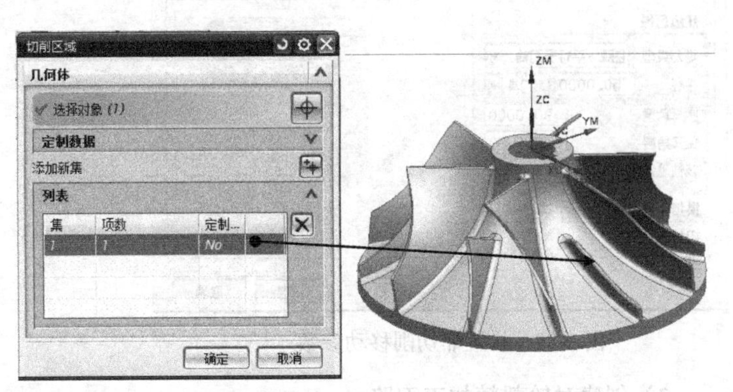

图 6-56 选取加工曲面

③ 设置驱动方法参数 在【轮廓区域】对话框的【驱动方法】栏里单击【编辑】按钮，系统弹出【区域铣削驱动方法】对话框，设置【切削模式】为 跟随周边，设置【步距】为“残余高度”，【最大残余高度】设置为“0.001”，【步距已应用】为“在部件上”，如图 6-57 所示。

④ 设置切削参数 在【轮廓区域】对话框里，先检查【刀轴】方向应该为“+*ZM*”方向。这是系统默认的刀轴方向。

单击【切削参数】按钮，系统弹出【切削参数】对话框，在【余量】选项卡，设置【部件余量】为“0”，【内公差】和【外公差】均为“0.01”，如图 6-58 所示。单击【确定】按钮。

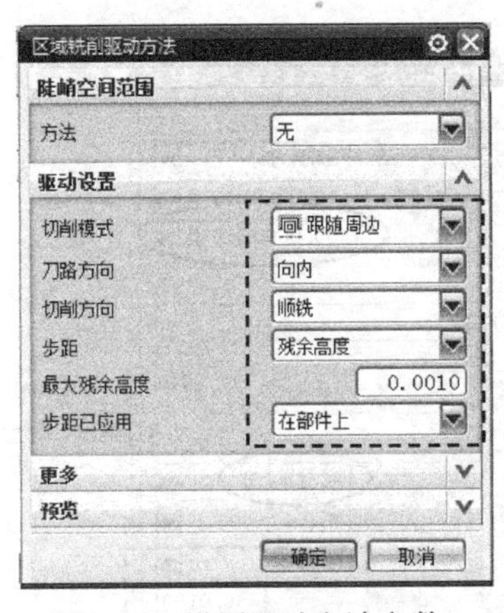

图 6-57 设置驱动方法参数

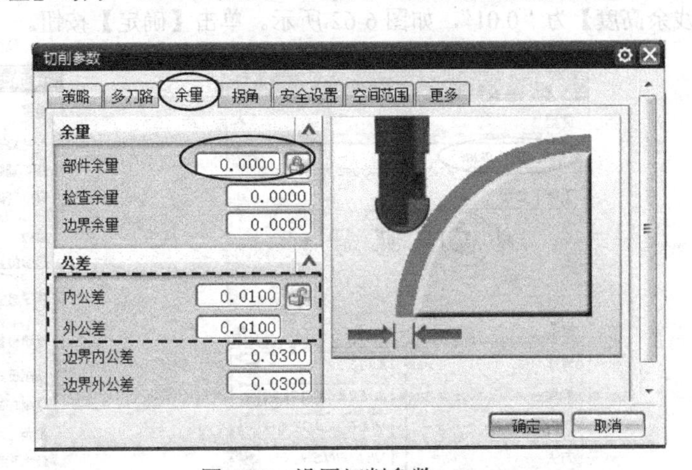

图 6-58 设置切削参数

⑤ 设置非切削参数 在系统弹出的【轮廓区域】对话框里，单击【非切削移动】按钮，系统弹出【非切削移动】对话框，在【进刀】选项卡里，设置【开放区域】的【进刀类型】为“圆弧-平行于刀轴”，【圆弧角度】为 90°，如图 6-59 所示。单击【确定】按钮。

⑥ 设置进给率和转速参数 在【轮廓区域】对话框里单击【进给率和速度】按钮，系统弹出【进给率和速度】对话框，设置【主轴速度（rpm）】为“3500”，【进给率】的【切削】为“2500”，单击【计算】按钮，与图 6-53 所示相同。单击【确定】按钮。

⑦ 生成刀路 在系统返回到的【轮廓区域】对话框里单击【生成】按钮，系统计算出刀路，

如图 6-60 所示。单击【确定】按钮。

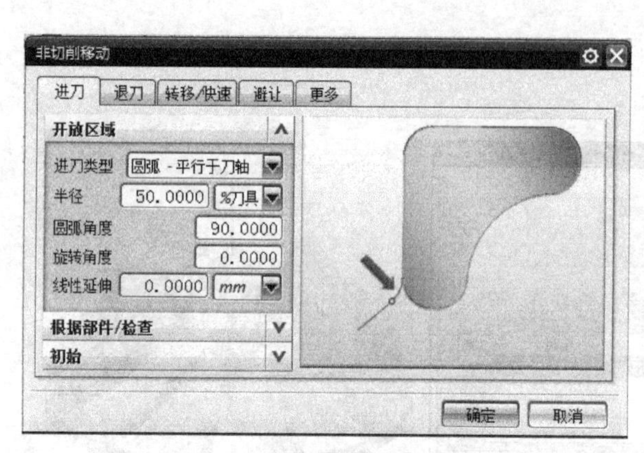

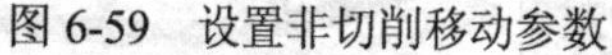
图 6-59 设置非切削移动参数

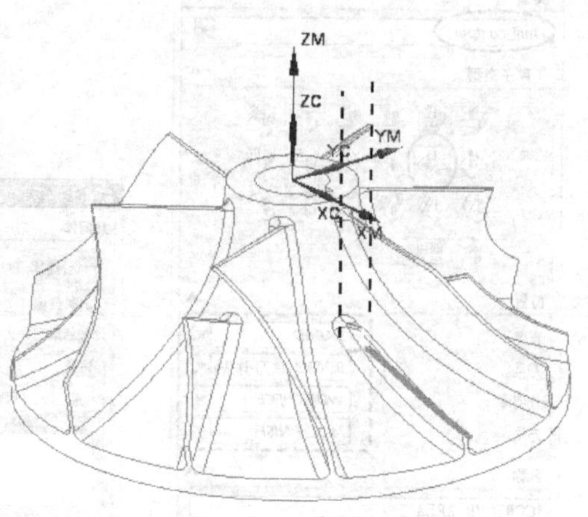

图 6-60 生成刀路

（3）创建对轮毂精加工刀路

① 设置工序参数 在操作导航器中选取程序组 KA06D，右击鼠标在弹出的快捷菜单里选【刀片】|【工序】命令，系统进入【创建工序】对话框，在【类型】选 mill_multi_blade，【工序子类型】选【 HUB_FINISH （叶毂精加工）】按钮，【位置】中参数按图 6-61 所示设置。单击【确定】按钮。

② 设置驱动方法 在【叶毂精加工】对话框里，在【驱动方法】栏里单击【叶片精加工】按钮，系统弹出【叶毂精加工驱动方法】对话框。设置【相切延伸】为刀具直径的 50%，【径向延伸】为刀具直径的 50%。

再设置【切削模式】为“往复上升”，【切削方向】为“混合”，【步距】为“残余高度”，【最大残余高度】为“0.01”，如图 6-62 所示。单击【确定】按钮。

图 6-61 设置工序参数

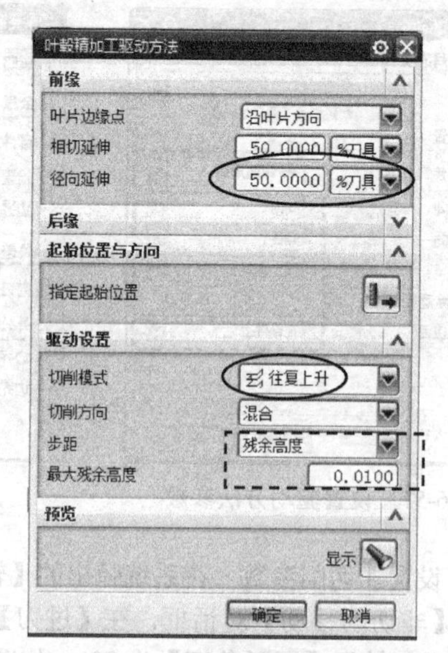

图 6-62 设置驱动参数

③ 检查刀轴参数 在系统返回到的【叶毂精加工】对话框里，展开【刀轴】栏，系统已经默认设置【轴】为“插补矢量”，单击【编辑】按钮，系统弹出【插补矢量】对话框，按图 6-63 修改第 3 和第 4 个矢量的数值，【侧倾安全角】为 2°。单击【确定】按钮。

修改矢量的方法是：先在【插补矢量】对话框选取第3矢量，再单击【矢量对话框】按钮，在弹出的【矢量】对话框里选取 按系数，然后输入 *IJK* 数值为（0.919，−0.352，0.178）。同理修改第4个矢量的数值为（0.64，−0.327，0.695）。

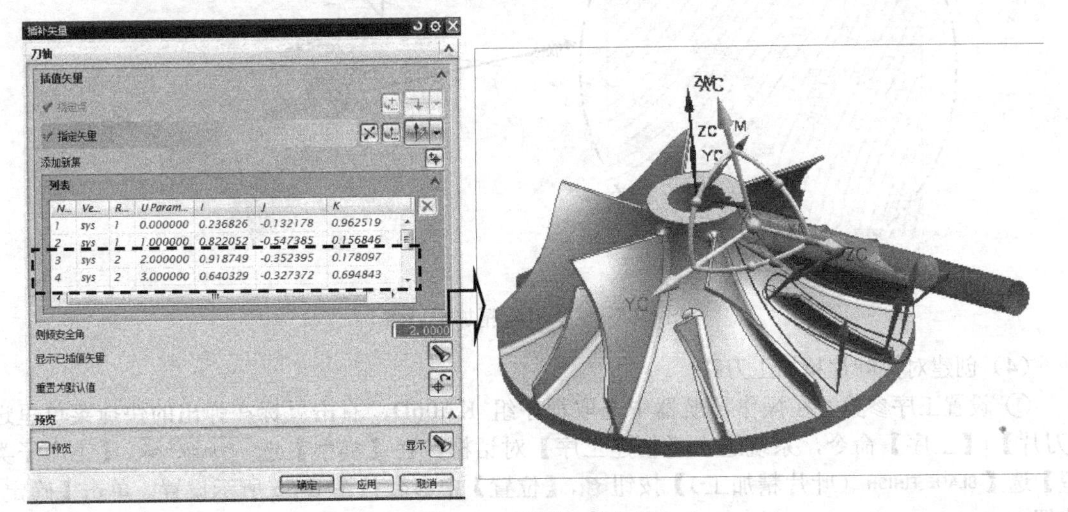

图6-63 设置刀轴参数

小提示

除了上述矢量修改方法以外，还可以直接在图形上选取矢量箭头的旋转控制点，旋转刀具方向箭头，使刀轴不要碰伤叶片，这个方法比较直观。

④ 设置切削参数 在系统返回到的【叶毂精加工】对话框里单击【切削参数】按钮，系统弹出【切削参数】对话框。在【余量】选项卡，设置【叶片余量】为“0”，【叶毂余量】为“0”，【内公差】和【外公差】为“0.01”，如图6-64所示。单击【确定】按钮。

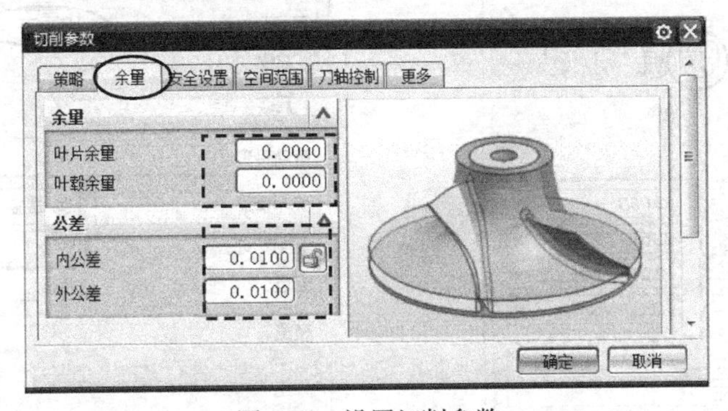

图6-64 设置切削参数

⑤ 设置非切削移动参数 在系统返回到的【叶毂精加工】对话框里单击【非切削移动】按钮，系统弹出【非切削移动】对话框，选取【进刀】选项卡，设置参数与图6-52所示相同。单击【确定】按钮。

⑥ 设置进给率和转速参数 在系统返回到的【叶片精加工】对话框里单击【进给率和速度】按钮，系统弹出【进给率和速度】对话框，设置【主轴速度（rpm）】为“3500”，【进给率】的【切削】为“2500”，单击【计算】按钮，与图6-53所示相同。单击【确定】按钮。

⑦ 生成刀路 在系统返回到的【叶片精加工】对话框里单击【生成】按钮，系统计算出刀路，如图6-65所示。单击【确定】按钮。

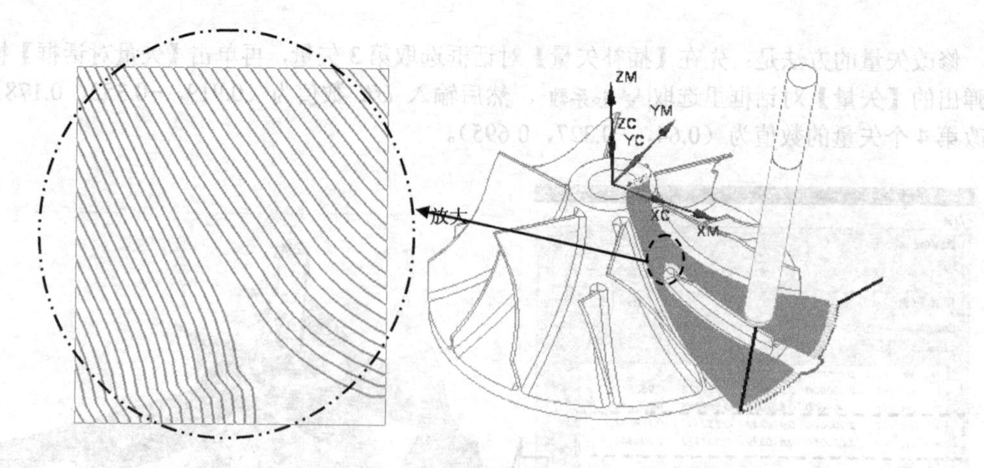

图 6-65 生成叶毂精加工刀路

（4）创建对大叶片精加工刀路

① 设置工序参数 在操作导航器中选取程序组 KA06D，右击鼠标在弹出的快捷菜单里选【刀片】|【工序】命令，系统进入【创建工序】对话框，在【类型】选 mill_multi_blade，【工序子类型】选【BLADE_FINISH（叶片精加工）】按钮，【位置】中参数按图 6-66 所示设置。单击【确定】按钮。

② 设置驱动方法 在系统弹出【叶片精加工】对话框里，在【驱动方法】栏里单击【叶片精加工】按钮，系统弹出【叶片精加工驱动方法】对话框，设置【要切削的面】为“所有面”。在【驱动设置】栏里，设置【切削模式】为 螺旋，【切削方向】为“顺铣”，如图 6-67 所示。单击【确定】按钮。

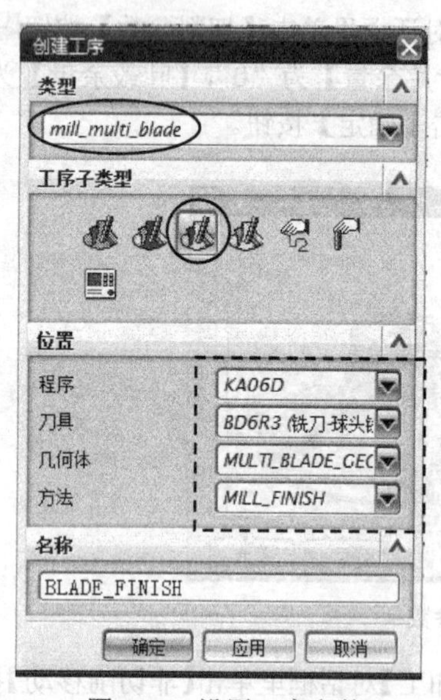

图 6-66 设置工序参数

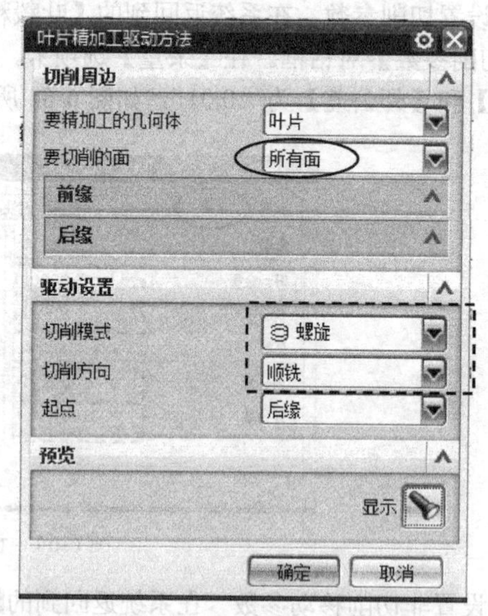

图 6-67 设置叶片精加工驱动方法参数

③ 检查刀轴参数 在系统返回到的【叶片精加工】对话框里，展开【刀轴】栏，系统已经默认设置【轴】为“自动”，单击【编辑】按钮，系统弹出【自动】对话框，如图 6-68 所示。单击【确定】按钮。

④ 设置切削层参数 在系统返回到的【叶片精加工】对话框里，单击【切削层】按钮，系统弹出【切削层】对话框，设置【每刀的深度】为“残余高度”，【残余高度】为“0.01”，如图 6-69 所示。单击【确定】按钮。

图 6-68 检查刀轴参数

图 6-69 设置切削层参数

⑤ 设置切削参数 在系统返回到的【叶片精加工】对话框里单击【切削参数】按钮，系统弹出【切削参数】对话框。在【余量】选项卡，设置【叶片余量】为“0”，【叶毂余量】为“0”，【内公差】和【外公差】为“0.01”，如图 6-70 所示。单击【确定】按钮。

⑥ 设置非切削移动参数 在系统返回到的【叶片精加工】对话框里单击【非切削移动】按钮，系统弹出【非切削移动】对话框，选取【进刀】选项卡，按图 6-71 所示设置参数。单击【确定】按钮。

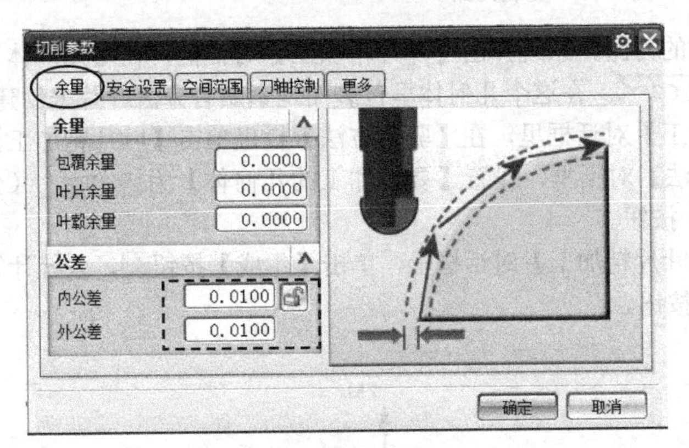

图 6-70 设置切削参数

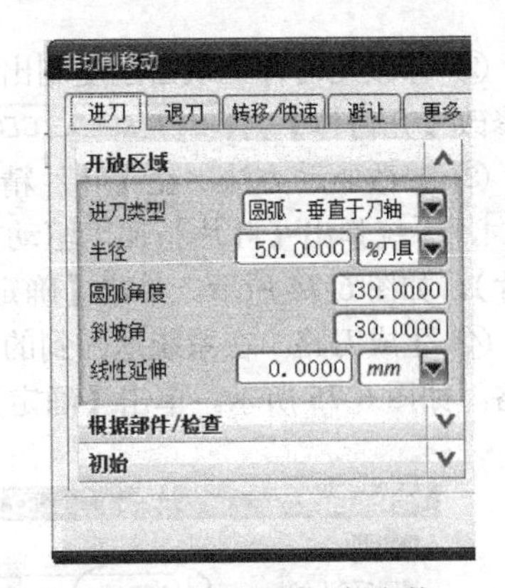

图 6-71 检查非切削参数

⑦ 设置进给率和转速参数 在系统返回到的【叶片精加工】对话框里单击【进给率和速度】按钮，系统弹出【进给率和速度】对话框，设置【主轴速度（rpm）】为“3500”，【进给率】的【切削】为“2500”。单击【计算】按钮，与图 6-53 所示相同。单击【确定】按钮。

⑧ 生成刀路 在系统返回到的【叶片精加工】对话框里单击【生成】按钮，系统计算出刀路，如图 6-72 所示。单击【确定】按钮。

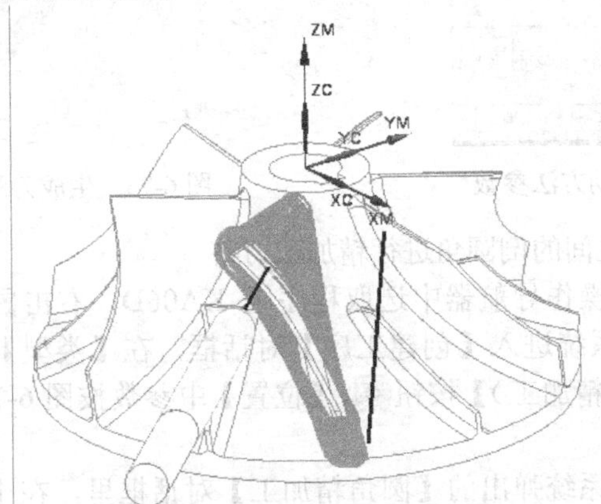

图 6-72 生成刀路

（5）创建对分流小叶片精加工刀路

方法：复制叶片精加工刀路，修改参数。

① 复制刀路 在导航器里右击刚生成的刀路，在弹出的快捷菜单里选取 复制，选取 KA06D 程序组再次右击鼠标，在弹出的快捷菜单里选取【内部粘帖】命令，生成了新刀路，如图 6-73 所示。

工序导航器 - 程序顺序

名称	换刀	刀轨	刀具	刀	时间	几何体	方法
NC_PROGRAM					00:38:33		
未用项					00:00:00		
KA06A					00:07:09		
KA06B					00:08:27		
KA06C					00:12:18		
KA06D					00:10:39		
MULTI_BLADE_ROUGH		✔	BD6R3	23	00:07:58	MULTI_BLADE_GEOM	MILL_ROUGH
CONTOUR_AREA		✔	BD6R3	23	00:00:03	WORKPIECE	MILL_FINISH
HUB_FINISH		✔	BD6R3	23	00:01:41	MULTI_BLADE_GEOM	MILL_FINISH
BLADE_FINISH		✔	BD6R3	23	00:00:56	MULTI_BLADE_GEOM	MILL_FINISH
BLADE_FINISH_COPY		✕	BD6R3	23	00:00:00	MULTI_BLADE_GEOM	MILL_FINISH

图 6-73 复制刀路

② 修改几何体 双击刚复制出来的刀路，系统弹出【叶片精加工】对话框，在【几何体】栏里修改【几何体】为 MULTI_BLADE_GEOM_COPY。在这个几何体里包裹面是紧贴者分流叶片来创建的。

③ 修改驱动方法 在【叶片精加工】对话框里，在【驱动方法】栏里单击【叶片精加工】按钮，系统弹出【叶片精加工驱动方法】对话框，设置【要精加工的几何体】为 Splitter 1（分流叶片），如图 6-74 所示。单击【确定】按钮。

④ 生成刀路 在系统返回到的【叶片精加工】对话框里，单击【生成】按钮，系统计算出刀路，如图 6-75 所示。单击【确定】按钮。

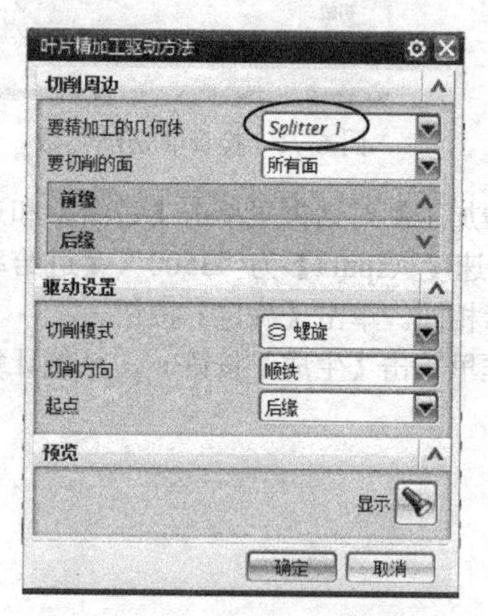

图 6-74 设置驱动方法参数

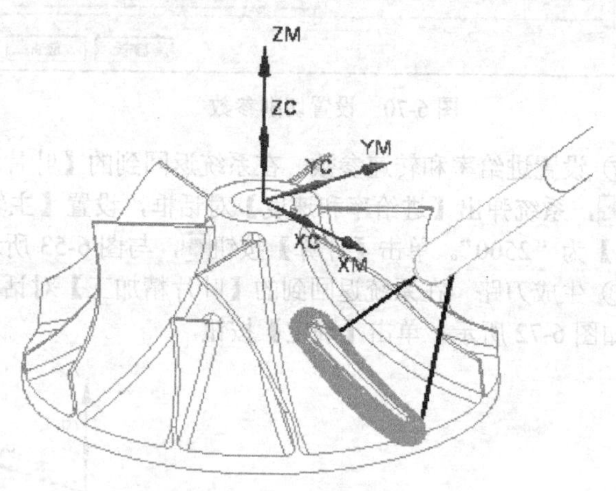

图 6-75 生成刀路

（6）对大叶片与轮毂之间的倒圆角进行精加工刀路

① 设置工序参数 在操作导航器中选取程序组 KA06D，右击鼠标在弹出的快捷菜单里选【刀片】|【工序】命令，系统进入【创建工序】对话框，在【类型】选 mill_multi_blade，【工序子类型】选【 BLEND_FINISH（圆角精加工）】按钮，【位置】中参数按图 6-76 所示设置。单击【确定】按钮。

② 设置驱动方法 在系统弹出的【圆角精加工】对话框里，在【驱动方法】栏里单击【圆角精加工】按钮，系统弹出【圆角精加工驱动方法】对话框，设置【要切削的面】为“左面、

右面、前缘”，步距为“残余高度”，【最大残余高度】为“0.01”，【切削模式】为单向，如图 6-77 所示。单击【确定】按钮。

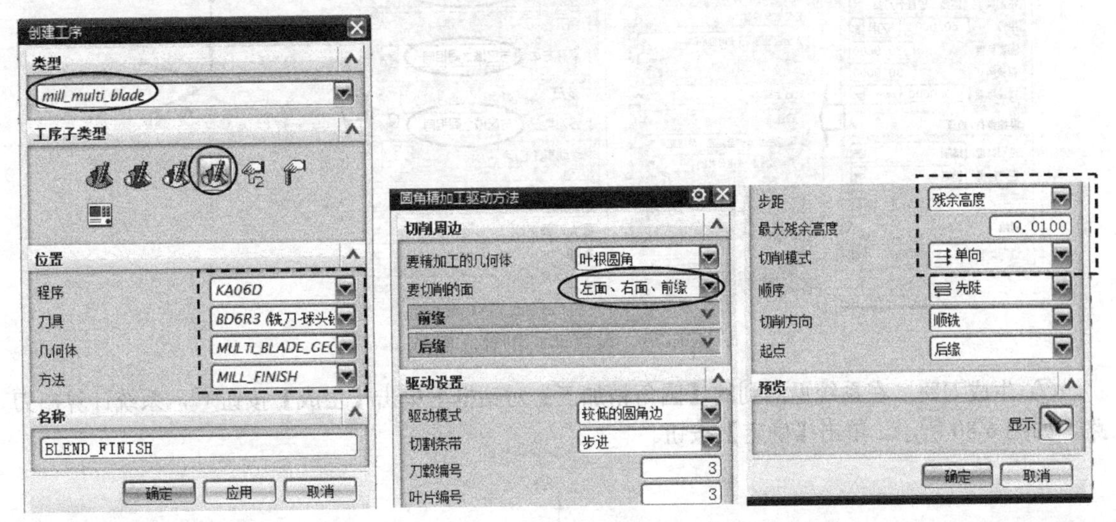

图 6-76 设置工序参数　　　　图 6-77 设置驱动参数

③ 检查刀轴参数　在系统返回到的【圆角精加工】对话框里，展开【刀轴】栏，系统已经默认设置【轴】为“自动”，单击【编辑】按钮，系统弹出【自动】对话框，与图 6-68 所示相同。单击【确定】按钮。

④ 设置切削参数　在系统返回到的【圆角精加工】对话框里单击【切削参数】按钮，系统弹出【切削参数】对话框。在【余量】选项卡，设置【叶片余量】为“0”，【叶毂余量】为“0”，【内公差】和【外公差】为“0.01”，如图 6-78 所示。单击【确定】按钮。

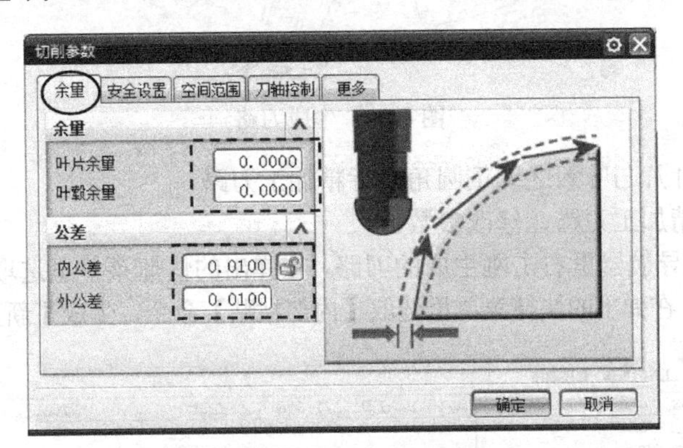

图 6-78 设置切削参数

⑤ 设置非切削移动参数　在系统返回到的【圆角精加工】对话框里单击【非切削移动】按钮，系统弹出【非切削移动】对话框，选取【进刀】选项卡，设置【进刀类型】为“圆弧-垂直于刀轴”。

选取【转移/快速】选项卡，在【区域内】栏里设置【逼近方法】、【离开方法】以及【移刀类型】均为“与区域之间相同”。而区域之间的移刀方法为“安全距离-最短距离”，安全设置为“使用继承的”，也就是球形，如图 6-79 所示。单击【确定】按钮。这样设置的目的是确保移刀时对叶片产生过切。

⑥ 设置进给率和转速参数　在系统返回到的【圆角精加工】对话框里单击【进给率和速度】按钮，系统弹出【进给率和速度】对话框，设置【主轴速度（rpm）】为“3500”，【进给率】的【切削】为“2500”，单击计算按钮，与图 6-53 所示相同。单击【确定】按钮。

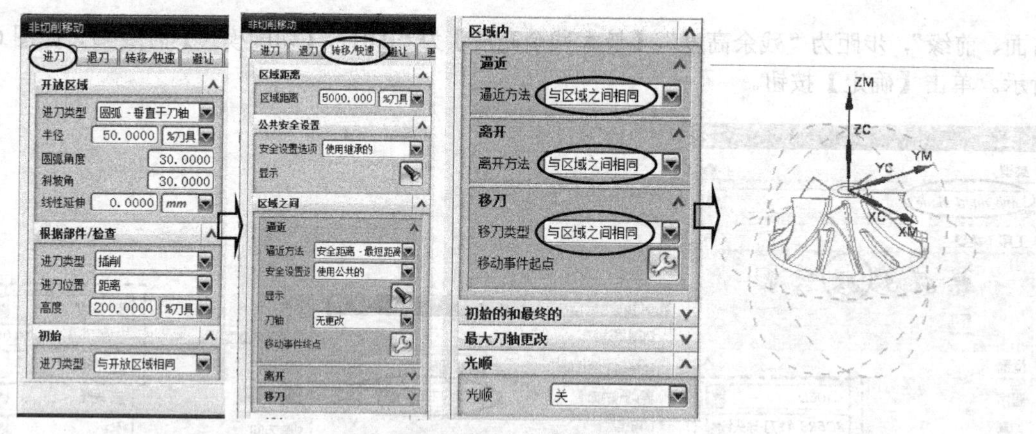

图 6-79 设置非切削移动参数

⑦ 生成刀路 在系统返回到的【圆角精加工】对话框里单击【生成】按钮，系统计算出刀路，如图 6-80 所示。单击【确定】按钮。

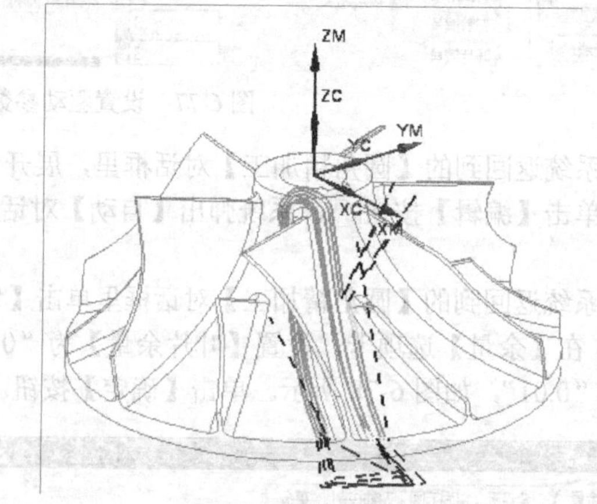

图 6-80 生成刀路

（7）创建对分流叶片与叶毂之间倒圆角进行精加工刀路

方法：复制叶片精加工刀路，修改参数。

① 复制刀路 在导航器里右击刚生成的刀路，在弹出的快捷菜单里选取 复制，选取 KA06D 程序组再次右击鼠标，在弹出的快捷菜单里选取【内部粘贴】命令，生成了新刀路，如图 6-81 所示。

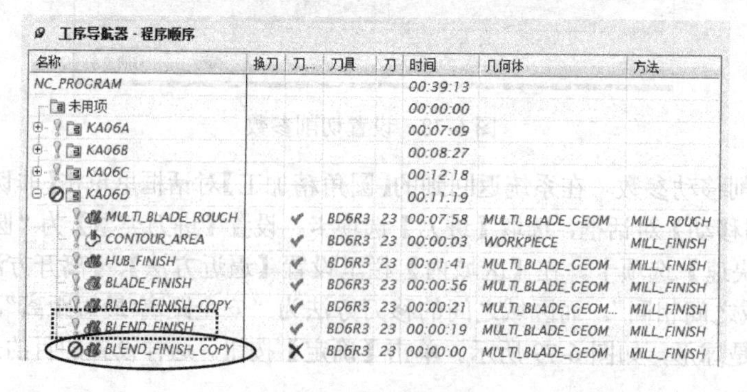

工序导航器 - 程序顺序

名称	换刀	刀...	刀具	刀	时间	几何体	方法
NC_PROGRAM					00:39:13		
未用项					00:00:00		
KA06A					00:07:09		
KA06B					00:08:27		
KA06C					00:12:18		
KA06D					00:11:19		
MULTI_BLADE_ROUGH		✔	BD6R3	23	00:07:58	MULTI_BLADE_GEOM	MILL_ROUGH
CONTOUR_AREA		✔	BD6R3	23	00:00:03	WORKPIECE	MILL_FINISH
HUB_FINISH		✔	BD6R3	23	00:01:41	MULTI_BLADE_GEOM	MILL_FINISH
BLADE_FINISH		✔	BD6R3	23	00:00:56	MULTI_BLADE_GEOM	MILL_FINISH
BLADE_FINISH_COPY		✔	BD6R3	23	00:00:21	MULTI_BLADE_GEOM...	MILL_FINISH
BLEND_FINISH		✔	BD6R3	23	00:00:19	MULTI_BLADE_GEOM	MILL_FINISH
BLEND_FINISH_COPY		✘	BD6R3	23	00:00:00	MULTI_BLADE_GEOM	MILL_FINISH

图 6-81 复制刀路

② 修改驱动方法 双击刚复制出来的刀路，在【圆角精加工】对话框里，在【驱动方法】栏里单击【叶片精加工】按钮，系统弹出【叶片精加工驱动方法】对话框，设置【要精加工的几

何体】为 Splitter 1 Blend（分流叶片圆角），如图 6-82 所示。单击【确定】按钮。

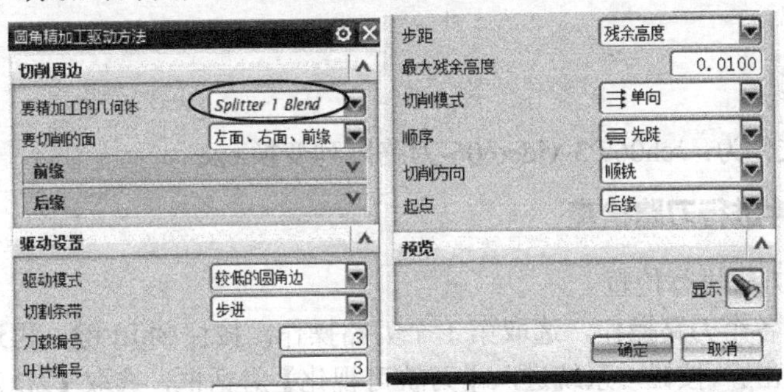

图 6-82　修改驱动参数

③ 生成刀路　在系统返回到的【圆角精加工】对话框里，单击【生成】按钮，系统计算出刀路，如图 6-83 所示。单击【确定】按钮。

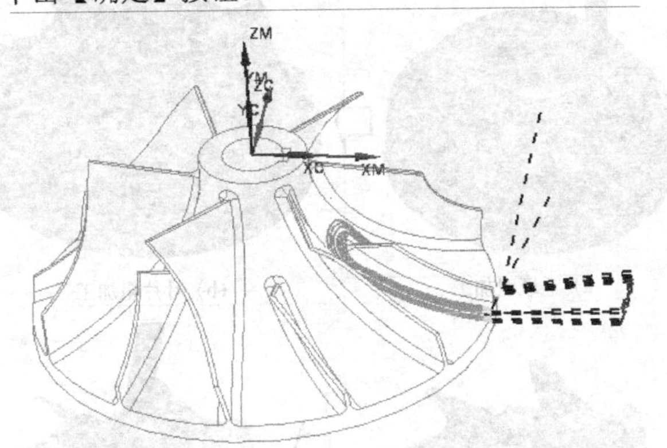

图 6-83　生成分流叶片圆角精加工刀路

本节讲课视频

以上操作视频文件为：\ch06\03-video\05-创建叶形精加工刀路 KA06D-1.exe 及 05-创建叶形精加工刀路 KA06D-2.exe。

6.3.8 刀路阵列变换

在导航器里选取程序组【KA06D】里的第一个刀路，右击鼠标，在弹出的快捷菜单里选取【对象】|【变换】命令，系统弹出【变换】对话框，选取【类型】为 绕直线旋转，设置直线为 Z 轴，即通过点（0，0，0）的朝向 Z 正方向，按图 6-84 所示设置参数。单击【确定】按钮 2 次。

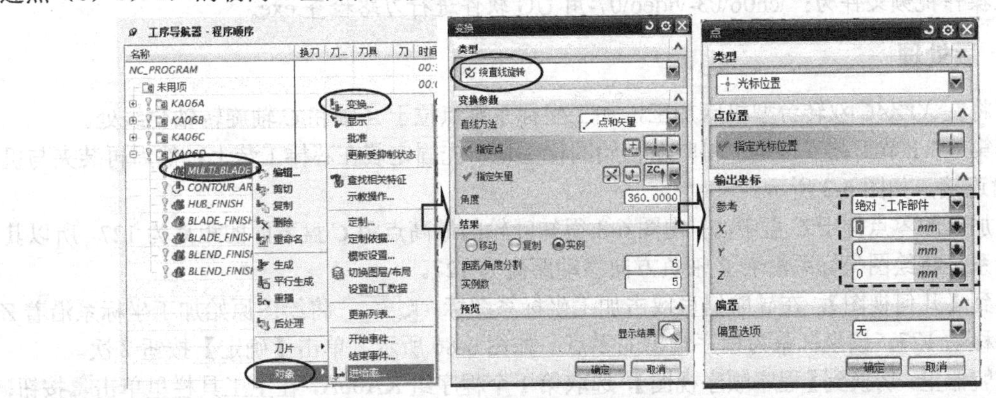

图 6-84　设置刀路旋转参数

同理，对其他刀路分别进行刀路阵列变换，但是要注意排列好加工刀路的顺序，使相同加工内容的刀路排列在一起。

以上操作视频文件为：\ch06\03-video\06-刀路阵列变换.exe。

6.3.9 用 UG 软件进行刀路检查

本例用 2D 动态方式进行检查。

在导航器里展开各个刀路操作，选取第 1 个刀路操作，按住 Shift 键，再选取最后一个刀路操作。在主工具栏里单击 按钮，系统进入【刀轨可视化】对话框，选取【2D 动态】选项卡，单击【播放】按钮 。模拟过程如图 6-85 所示。

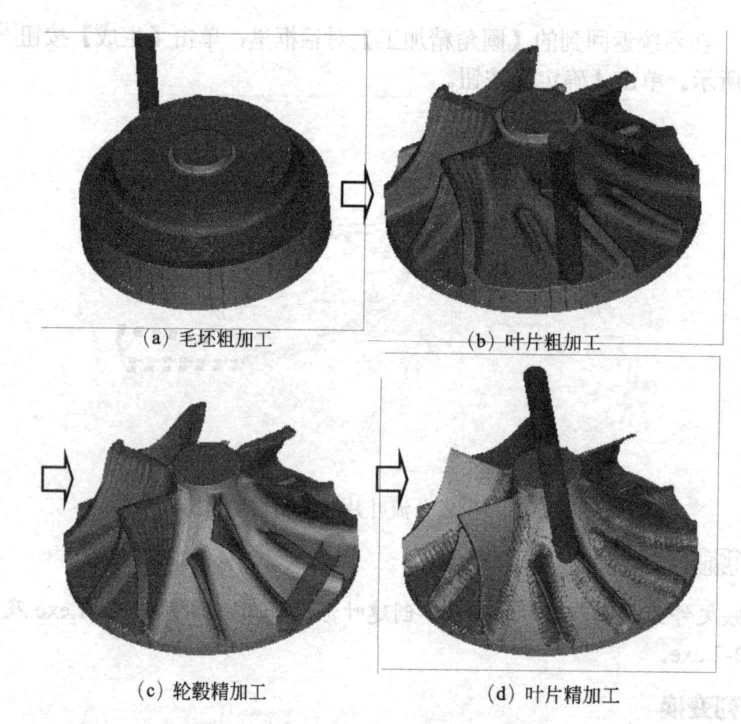

（a）毛坯粗加工　（b）叶片粗加工

（c）轮毂精加工　（d）叶片精加工

图 6-85　叶轮加工检查

本节讲课视频

以上操作视频文件为：\ch06\03-video\07-用 UG 软件进行刀路检查.exe。

6.3.10 后处理

本例将在 *XYZAC* 双转台型机床加工，加工坐标系零点位于 *A* 轴和 *C* 轴旋转轴交线处。

根据第 6.3.1 节工艺安排是：将叶轮初始圆棒毛坯料先固定装在芯棒工装上，然后再装夹与机床的 *C* 盘连接，如图 6-3 所示。

因为加工的零点位于 *C* 盘中心，由图 6-3 得知叶轮的最高点距 *C* 盘表面的距离为 127，所以其加工坐标系是将绘图坐标系沿着 *Z* 轴负方向移动距离为 127。

切换到【几何视图】，在导航器里双击加工坐标系图标 MCS，将绘图原始加工坐标系沿着 *Z* 轴负方向移动 127，该坐标系为程序输出的零点，如图 6-86 所示。单击【确定】按钮 2 次。

在导航器里，切换到【程序顺序视图】，选取第 1 个程序组 KA06A，在主工具栏里单击 按钮，系统弹出【后处理】对话框，选取后处理器 ugbook5axis，在【文件名】栏里输入“D:\KA06A”，

单击【应用】按钮，如图 6-87 所示，

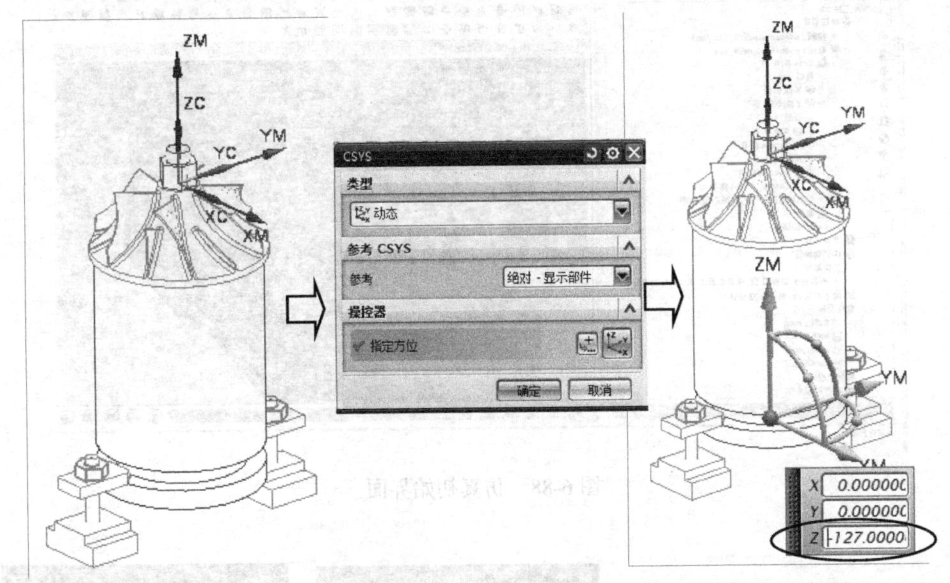

图 6-86 创建加工坐标系

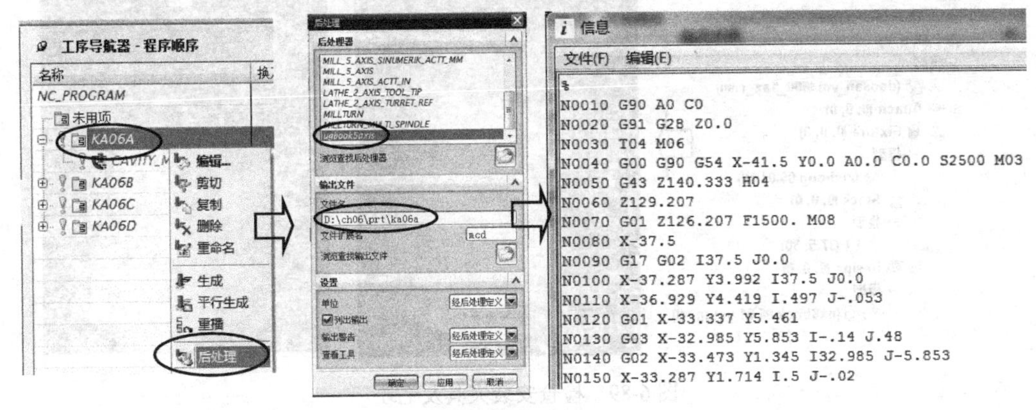

图 6-87 后处理

同理，对其他程序组进行后处理。单击【取消】按钮。

在主工具栏里单击【保存】按钮，将图形文件存盘。

以上操作视频文件为：\ch06\03-video\08-后处理.exe。

6.3.11 使用 VERICUT 进行加工仿真检查及纠错

复制配书光盘的目录 ch06\01-sample\mach 等机床文件到本地机 D：\ch06\mach 中，再把上一节已经完成的数控程序文件复制到 D:\ch06\NC 中。

启动 VERICUT V7.1 软件，在主菜单里执行【文件】|【打开】命令，在系统弹出的【打开项目】对话框里，选取 D:\ch06\mach\ nx8book-06-01.vcproject，单击【打开】按钮，如图 6-88 所示。

（1）检查附件

在左侧的目录树里，展开 *C* 盘的节点 C (0, 0, 0)，本例初始项目已经安装了芯棒、螺母等夹具，并且安装定义了毛坯。另外为了进行自动分析检查，还安装了设计模型，如图 6-89 所示。

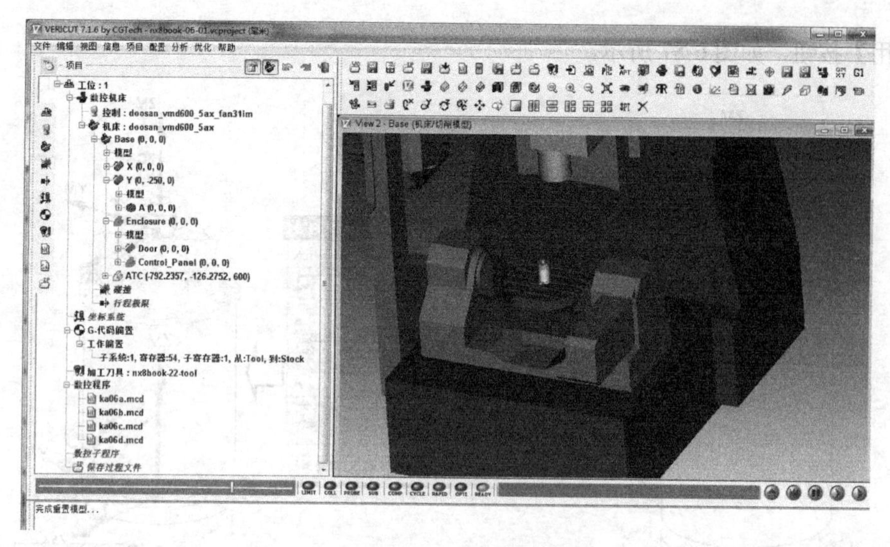

图 6-88 仿真初始界面

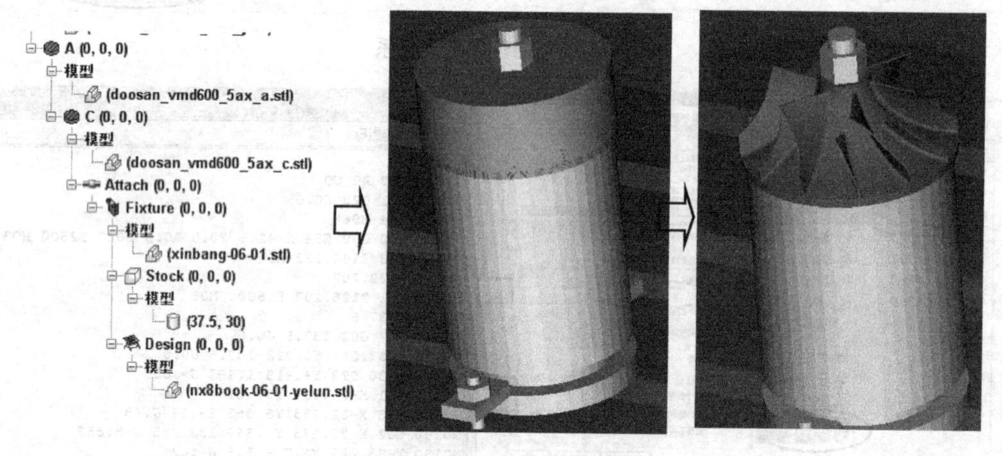

图 6-89 检查安装夹具及毛坯

（2）添加数控程序

在左侧目录树里单击**数控程序**按钮，再单击【添加数控程序文件】按钮，在系统弹出的【数控程序】对话框里，选取数控程序 KA06A、KA06B、KA06C 及 KA06D 等，单击添加文件按钮到对话框右侧栏，如图 6-90 所示。

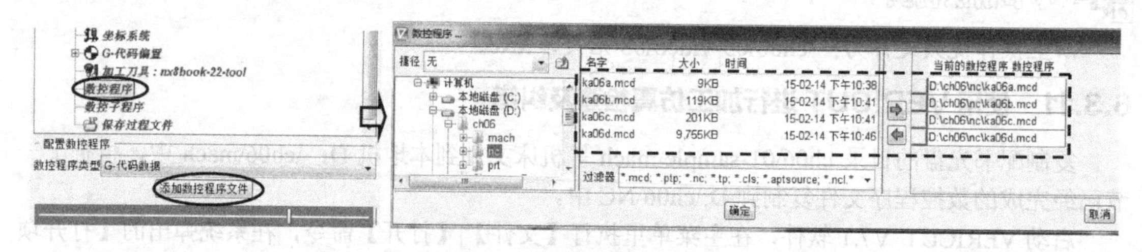

图 6-90 添加数控程序

（3）检查对刀参数

在左侧目录树里单击 **G-代码偏置** 前的加号展开树枝，检查参数，坐标代码【寄存器】为“54”，如图 6-91 所示。

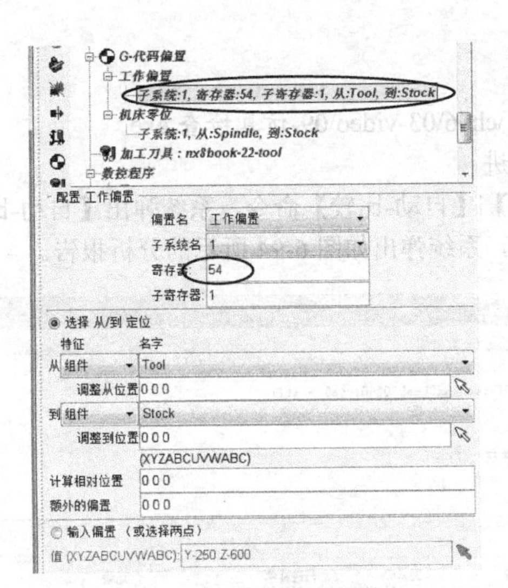

图 6-91 检查对刀参数

（4）检查刀具长度

本例所用的 ED8 刀具刀号码为 4#，BD6R3 刀具刀号为 23#。

在左侧目录树里双击 加工刀具 : nx8book-22-tool，系统弹出【刀具管理器】对话框，展开 4#刀具，双击 Holder1，系统弹出【刀具 ID：4】对话框，从中可以看到刀柄位于刀尖以上 70 的位置，也就是装刀的刀具伸长部分的刀长为 70。也可以通过修改【从】及【到】的参数来调整刀长，如图 6-92 所示。同理检查 23#刀的参数为 70。单击【关闭】按钮，返回到主画面。

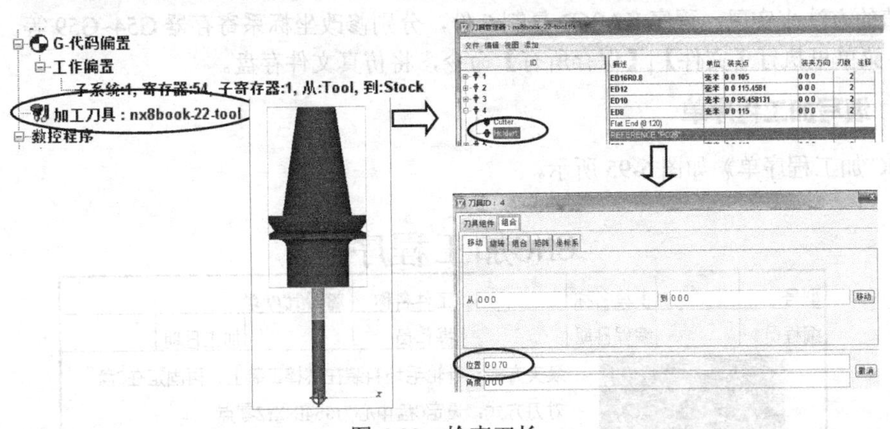

图 6-92 检查刀长

（5）播放仿真

在图形窗口底部单击【仿真到末端】按钮就可以观察到机床开始对数控程序进行仿真。仿真结果如图 6-93 所示。

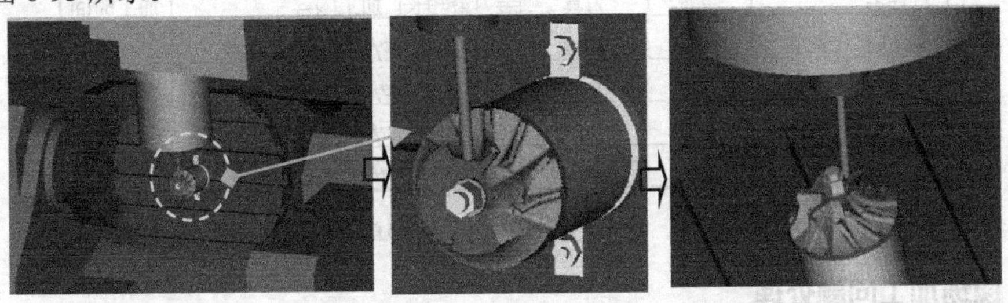

（a）粗加工　　（b）精加工

图 6-93 仿真加工过程

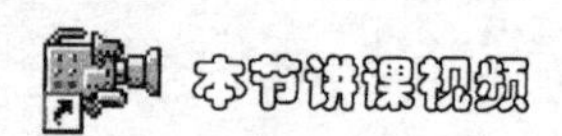

以上操作视频文件为：\ch06\03-video\09-仿真检查.exe。

（6）仿真结果分析及改进

在主菜单里执行【分析】|【自动-比较】命令，系统弹出【自动-比较】对话框，单击【比较】按钮，再单击【报告】按钮，系统弹出如图 6-94 所示的分析报告。

自动-比较报告

文件

组件类型：设计

模型类型：SIL (D:\ch06\mach\nx8book-06-01-yelun.stl)

概要：

最大残留 5.939981 发生在 177140

残留数：2453

记录编号	偏差	刀具ID	数控程序	记录
116	5.35463	4	ka06b.mcd	N1150 G02 X-14.16 Y0.0 I5.202 J2.901
121	0.36170	4	ka06b.mcd	N1200 X7.003 Y12.333 I.887 J-5.992
955	4.67026	4	ka06b.mcd	N9540 G02 X-10.038 Y8.172 I11.698 J-5.5...
956	0.79864	4	ka06b.mcd	N9550 X-7.994 Y10.393 I5.285 J-2.812
958	4.61948	4	ka06b.mcd	N9570 X1.996 Y12.783 I6.86 J-10.906

图 6-94 分析报告

根据分析结果提出以下改进方法：

① 利用软件计算刀具的长度，实际加工时再适当加长，确保刀具加工刚度；

② 实际加工时 KA06D 只生成一个叶片的数控程序，加工其他叶片采取修改 G54、G55~G59 的 *C* 数值的方法来实现。程序 KA06D 复制 5 份，分别修改坐标系寄存器 G54~G59 等。

在主菜单里执行【文件】|【保存所有】命令，将仿真文件存盘。

6.3.12 填写加工程序单

《CNC 加工程序单》如图 6-95 所示。

CNC加工程序单

型号		模具名称		工件名称	涡轮式叶轮
编程员		编程日期		操作员	加工日期

装夹方式：叶轮毛坯料装在芯棒工装上，再固定在C盘

对刀方式：设定C盘中心为G54的XYZ零点

图形名： ugnx8book-06-01.prt

材料号： 铝

材料大小:圆柱棒料 Φ72×40

程序名	余量	刀具	装刀最短长	加工内容	加工时间
KA06A .MCD	1	ED8	50	叶轮外开粗刀路	
KA06B .MCD	0.3	ED8	70	叶轮外形精加工	
KA06C .MCD	0.2	BD6R3	70	叶形包裹面精加工	
KA06D .MCD	0	BD6R3	70	叶形全部精加工	

图 6-95 CNC 加工程序单

6.3.13 现场加工问题处理

① 由于本例是在芯棒装夹，所以要特别留意刀具的长度，如果刀长过小，那么刀具加工时极

可能碰伤夹具，导致加工事故。

② 叶轮类零件加工的后处理很重要，在UG里模拟好像没有问题，实际加工很难保证不出错，尤其是采用不合适的后处理。所以要特别重视VERICUT里仿真。

③ 虽然在电脑里模拟没有问题，实际加工条件和实际情况可能还有不吻合的地方，所以还是要在实际加工中，密切关注加工情况，尤其是快速回刀有无碰伤夹具。

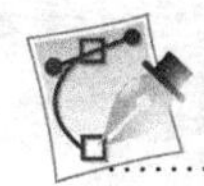

6.4 本章总结及思考练习

本章通过涡轮式叶轮实例，讲解了完整加工类似零件的方法。

① 首先要制定周密的加工工艺，设计必要的工装夹具。本例书中的压板只是一个大概的示意图，实际加工时要选用与机床配套的压板。

② 尽可能减少*A*轴的偏摆量，尤其是大于大角度情况。必要时必须在现场用刀具比划。但是为了安全起见及受软件功能的限制，必要的*A*轴偏摆也是必需的。

思考练习

1. 如果KA06D程序只编制了一个叶形，如何在VERICUT里设置坐标系参数加工其他叶形？

2. 如果本例加工时，如何进一步提高加工效率？

参考答案

1. 答：在VERICUT里选取目录树的【工作偏置】，在下方的【配置工作偏置】栏里单击【添加】，输入【寄存器】为“55”，再选取【输入偏置】选项，对于本例来说，在【值】栏输入“X0 Y-250 Z-600 A0 C60”，G56 输入C为120，其他依次增加60°。

2. 答：（1）利用软件计算最佳刀具长度，保证加工刚度的前提下，尽可能提高转速和进给速度。（2）对于加工中心来说，尽可能利用刀库，但是要密切关注加工过程中有无断刀现象发生。（3）尽可能利用高速切削机床来加工。（4）选用耐用度及线速度大的优质刀具。

第 7 章　UG 五轴后处理器制作

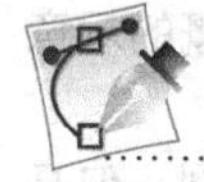

7.1　本章要点和学习方法

本章主要讲述如何利用 Post Builder 制作五轴加工中心的后处理器，学习时请注意以下问题：

① 五轴联动机床后处理器的工作原理；

② 五轴后处理器的制作步骤；

③ 后处理器测试；

④ 本章没有讲解视频。

本章重点介绍制作方法和步骤，具体应用时要联系实际机床的特点，灵活处理类似问题。

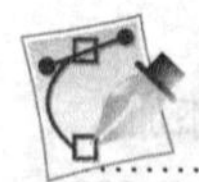

7.2　五轴后处理器概述

7.2.1　五轴联动后处理器的工作原理

在第 6 章所编的数控程序 KA06D.MCD 里，存在着 *X*、*Y*、*Z* 以及 *A* 轴、*C* 轴等信息的语句，而 UG 的 PRT 文件里没有直接这样的数据，系统是通过前置处理，将刀路轨迹存储为 APT 格式，如直线语句的 GOTO 语句后跟着由三个实数表示的三维坐标数值，以及后面紧跟着由三个实数表示的刀具矢量数值。将这些 GOTO 数据转化为机床能识别的 NC 数控程序的工具软件就是五轴后处理器。原始的三维坐标点经过五轴后处理器处理成 NC 程序的 *XYZ* 数值语句后发生了很大的变化，同时在 NC 中出现了以 *A* 和 *C* 表示的刀具姿态特征的信息，取代了以三个实数表示的刀具矢量。

一般来说，对于双转台五轴机床来说，*Z* 轴的方向始终是垂直的，只要把原始 PRT 文件里初步计算的，倾斜的刀具姿态先通过 *C* 轴旋转，再通过 *A* 轴旋转就会变为垂直的姿态，同时 *X*、*Y*、*Z* 也跟着发生坐标变化。后处理器的任务就是把这些变化过程用高等解析几何的数学公式进行计算，把计算结果输出为机床能够执行的 NC 程序语句。早期的科技人员就是根据这个原理，用高级语言如 Fortran、C 等来编写后处理程序，这对编程员的素质要求很高。

UG NX8 常用的后处理器是用 Post Builder 软件制作的三个文件，其扩展名分别为 def、tcl 以及 pui。

7.2.2　五轴后处理器难点

由于五轴机床的类型很多，而且结构大部分没有标准化，所以各个厂家生产的五轴机床的后处理器通用性很差。即使是同一类型的五轴机床，由于各个机床结构件的设计及装配公差也不尽相同也不能直接用，必须进行必要的变通，例如同是双转台机床，由于 *A* 轴和 *C* 轴的偏差可能就不同，后处理器就不能直接使用。由于各个旋转台的特性不同，如果没有充分地根据本机床来修改调整相应参数，在加工过程中可能出现刀具碰撞到旋转台，或者过切工件等异常现象。

尽管五轴机床存在着多样性、互换性差的特点，对于用户来说，最好是针对各自具体的机床制作合适的后处理器。制作时可以参考同类后处理器的制作原理和参数，只需要做一些必要的修改就可以达到目的。

本章以双转台 *ZYZAC* 加工中心为例，介绍制作五轴后处理器的制作要点，五轴机床后处理器千差万别，本章内容只是起到了抛砖引玉的作用。读者可以根据这个思路，针对自己的机床，制作后处理器。必要时要研读机床的说明书，利用机械运动学的原理及 Post Builer 系统的 TCL 语言编写适合自己机床的后处理器。

7.3　双转台五轴后处理器制作

本节任务：根据机床特点制作后处理器。步骤是：①机床调研；②线性轴行程设定；③旋转轴设定；④旋转轴超限处理；⑤后处理器测试。

7.3.1　机床参数调研

本例机床具有 X、Y、Z、A、C 双转台、立式、五轴联动加工中心。X 行程为 $-450 \leqslant X \leqslant 450$，$Y$ 行程是 $-250 \leqslant Y \leqslant 350$，$Z$ 行程是 $-600 \leqslant Z \leqslant 0$。

A 轴的轴线和 C 轴的轴线偏距为 0，A 轴的旋转范围为 $-120° \leqslant A \leqslant 30°$，$C$ 轴旋转范围为 $-999999° \leqslant C \leqslant 999999°$。$A$ 轴的轴线在 C 旋转台的台面，C 轴和 A 轴为线性方式。控制系统为 FANUC-31im 系列。

7.3.2　设定机床线性行程

（1）进入 Post Bulider 系统

在 Windows7 起始界面中，执行屏幕左下角的【开始】|【所有程序】|【Siemens NX8】|【加工】|【后处理构造器】命令， 启动 Post Builder 软件，如图 7-1 所示。

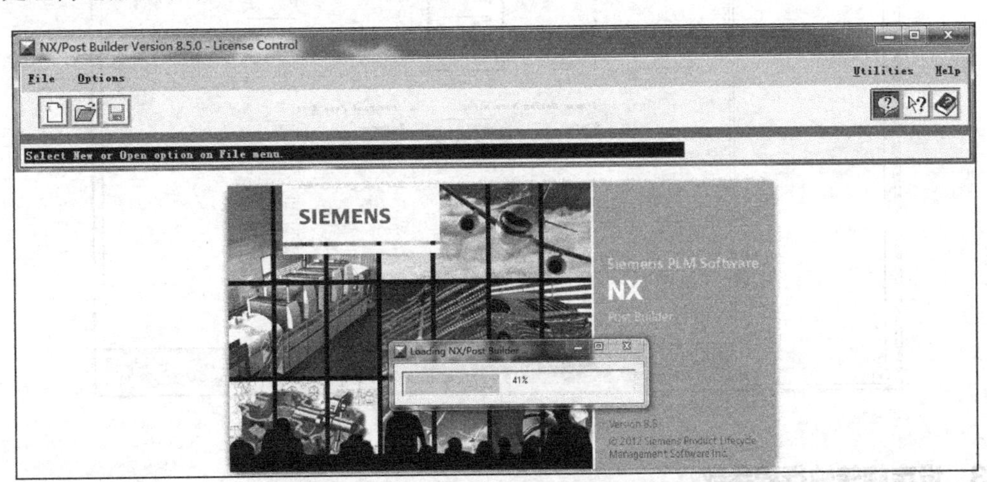

图 7-1　启动软件

（2）建立新文件

在主菜单里执行【File】|【New】命令，系统弹出【Create New Post Processor】（生成新后处理器）对话框，在【Post Name】栏里输入后处理文件名为“ugbook5axis”，设定单位为毫米，系统默

认为3轴后处理器，单击【3-Axis】按钮，在弹出的选项里选取【5-Axis with Dual Rotary Tables】（五轴双转台）选项，如图7-2所示。

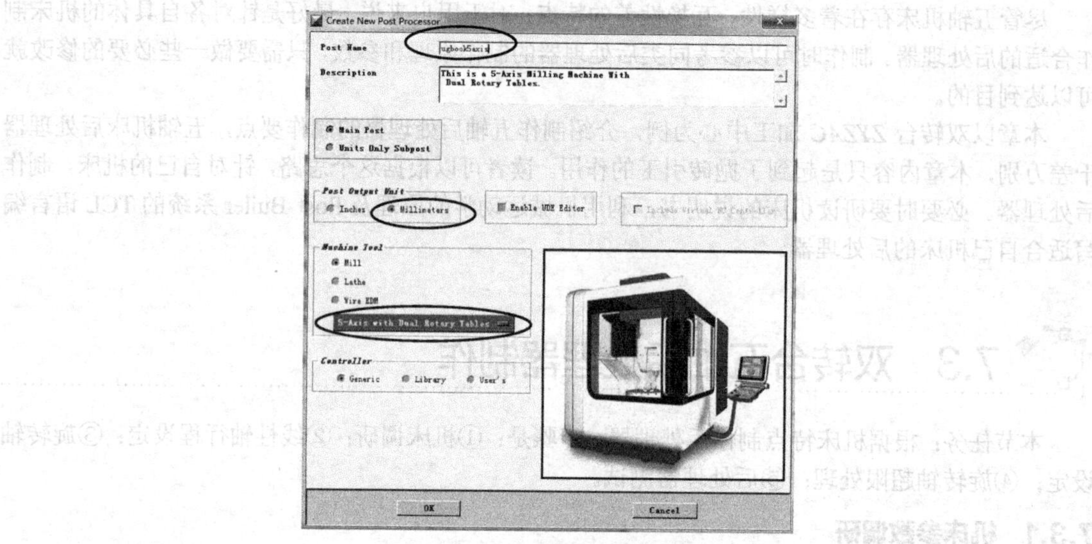

图7-2 设定初始参数

（3）设定线性轴行程

在图7-2所示的对话框里单击【OK】按钮，系统自动选取了【Machine Tool】（机床参数）选项卡界面，在【General Parameters】（通用参数）选项中，设定圆弧输出方式，设定*XYZ*的行程，如图7-3所示。

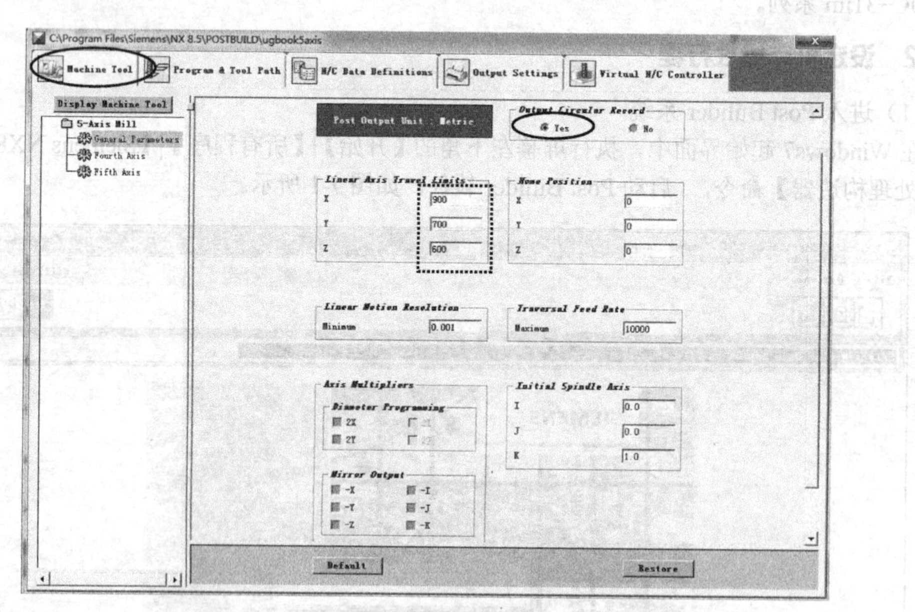

图7-3 设定行程参数

7.3.3 设定旋转轴行程参数

（1）设定第4轴旋转范围

在图7-3所示的对话框里，选取【Fourth Axis】(第4轴)选项卡，在【Axis Limits（Deg）】（轴极限）栏里，设定【Maxium】（最大）参数为“30”，【Minium】（最小）参数为“-120”。如图7-4所示。

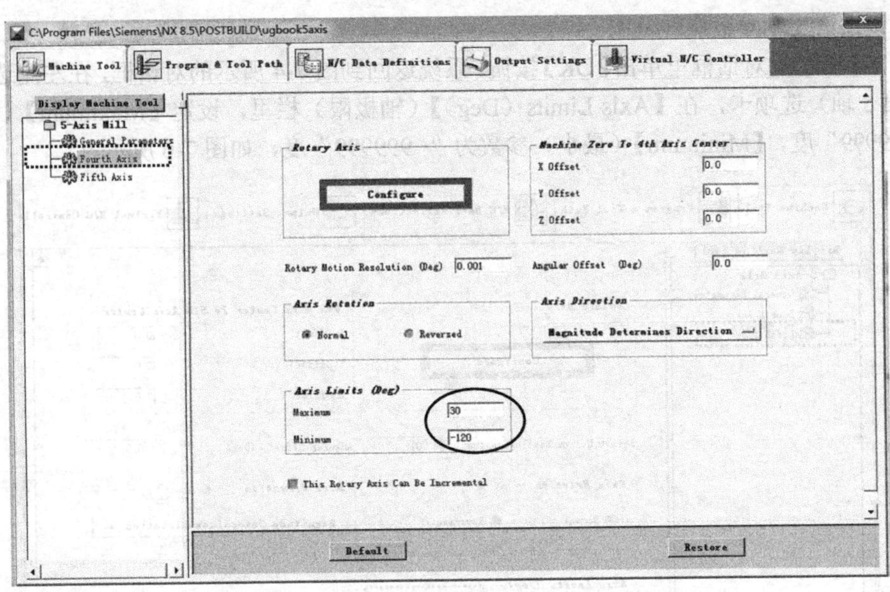

图 7-4　设定第 4 轴参数

（2）配置第 4 轴参数

在图 7-4 所示的对话框里，单击【Configure】(配置)按钮，系统弹出【Rotary Axis Configure】（旋转轴配置）对话框，在【5th Axis】栏里，单击【Plane of Rotation】(旋转平面)右侧的按钮 ZX，在弹出的选项里选取 XY，修改【Word Leader】（旋转轴数字符号字头）为“C”，设定【Max Feed Rate (Deg/Min)】（最大旋转速度）为“1000”。在【Axis Limit Violation Handling】（旋转轴超过极限的处理方法）栏里，选取“Retract / Re-Engage”，该参数含义是:刀具先退刀到安全区域，旋转轴旋转回到可加工范围内的同一位置后，再进刀。这个退刀动作需要用户在后处理器自己定义，后续内容将介绍，这也是五轴后处理器的关键所在，如图 7-5 所示。单击【OK】按钮。

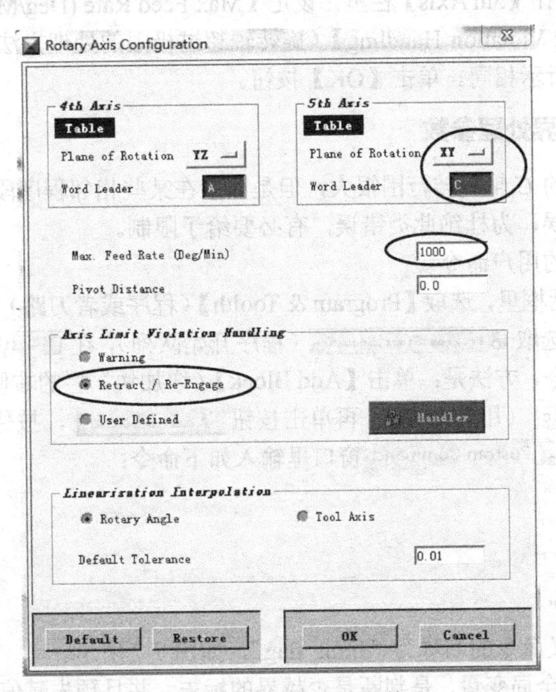

图 7-5　配置旋转轴参数

（3）设定第 5 轴参数旋转范围

在图 7-5 所示的对话框里单击【OK】按钮，系统返回到图 7-4 所示的对话框，在左侧选取【Fifth Axis】（第 5 轴）选项卡，在【Axis Limits（Deg）】（轴极限）栏里，设定【Maximum】（最大）参数为“999999”度，【Minimum】（最小）参数为“-999999”度，如图 7-6 所示。

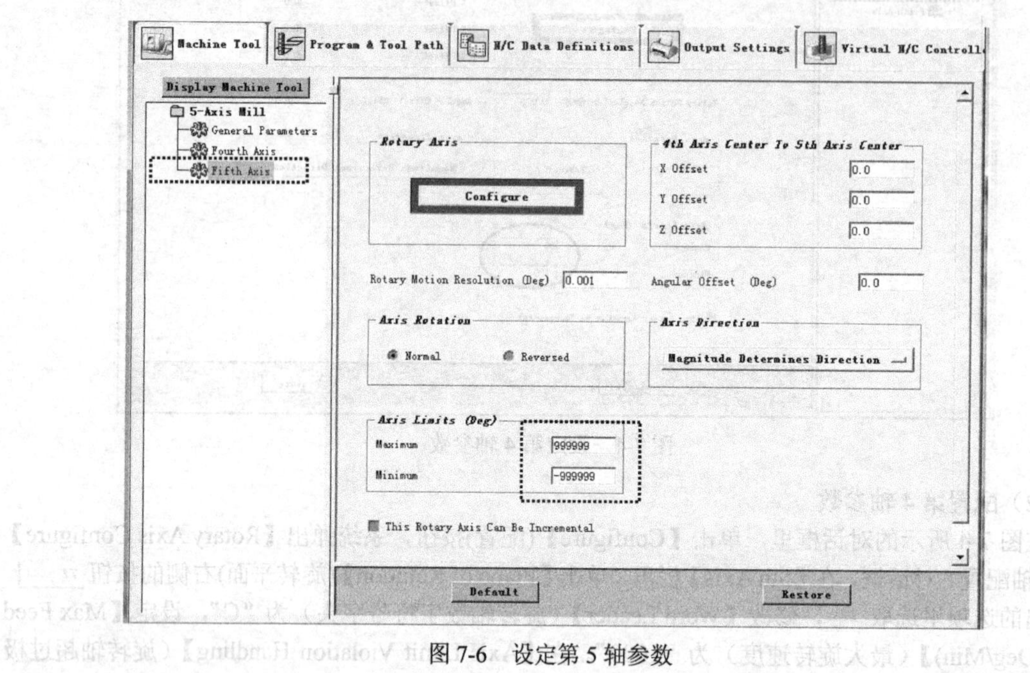

图 7-6 设定第 5 轴参数

（4）配置第 5 轴参数

在图 7-6 所示的对话框里，单击【Configure】(配置)按钮，系统弹出【Rotary Axis Configure】（旋转轴配置）对话框，在【5th Axis】栏里，设定【Max Feed Rate (Deg/Min)】（最大旋转速度）为“1000”。在【Axis Limit Violation Handling】（旋转轴超过极限的处理方法）栏里，选取“Retract / Re-Engage”。与图 7-5 所示相同。单击【OK】按钮。

7.3.4 设定旋转轴越界处理参数

尽管本例所述机床的 *C* 轴旋转范围很大，但是如果在某些相邻程序段的 *C* 轴旋转角度差值过大，有时可能会出现错误，为杜绝此类错误，有必要给予限制。

（1）定义越界判断的用户命令

在图 7-6 所示的对话框里，选取【Program & Toolth】（程序或者刀路）页面，再选取【program】（程序）选项卡，在左侧选取 Program Start Sequence（程序开始队列），在 Start of Program（程序开头）中创建一个新的用户命令，方法是：单击【Add Block】（增加块）栏的右侧按钮，在弹出的下拉菜单里选取 Custom Command（用户命令），再单击按钮 Add Block，按住左键，将这个按钮拖到第 2 行，在系统弹出的 Custom Command 窗口里输入如下命令：

```
global limit_flag
global retract_dis
set limit_flag "0"
set retract_dis "150.0"
```

同时，修改用户定义命令的名称为“limit_flag”，如图 7-7 所示。

这里的 limit_flag 是全局变量，是判断是否越界的标志，并且预先赋值为“0”，表示没有越界，在后续的运行中，如果被赋值为“1”则表示越界。Set 相对于高级编程语言的赋值，例如，set limit_flag

"0"的含义是把数值 0 赋予变量 limit_flag。同理，变量 retract_dis 被赋予数值“150.0”，这个数据还可以根据加工情况适当调整。单击【OK】按钮。如果需要再次编辑这个命令，可以双击用户命令 

系统又再次弹出窗口。

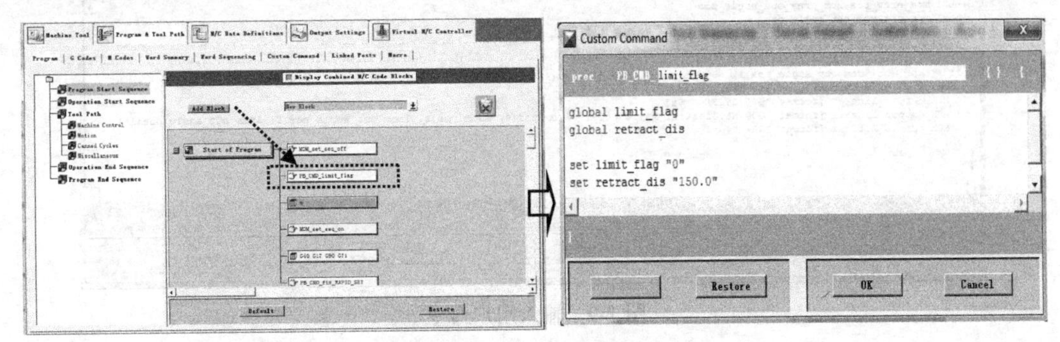

图 7-7　定义界限判断命令

小提示

注意这些命令要在纯文本状态下输入，尤其是引号不能是中文输入方法中的引号。

（2）定义退刀用户命令

在图 7-7 所示的对话框里，选取【Motion】（运动）选项，单击 Linear Move (线性运动)系统弹出 Event : Linear Move （事件：直线运动）对话框，如图 7-8 所示。

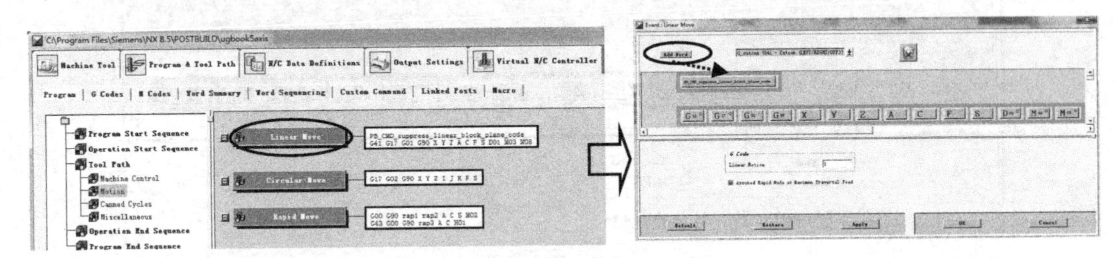

图 7-8　增加用户命令

单击【Add　Word】(增加字符)栏的右侧按钮，在弹出的下拉菜单里选取 Command　Custom Command ，再单击按钮 Add Word ，按住左键，将这个按钮拖到第 1 行，在系统弹出的 Custom Command 窗口里输入如下命令：

```
global mom_prev_pos mom_prev_out_angle_pos
global mom_pos mom_out_angle_pos
global limit_flag retract_dis
if [info exists mom_prev_out_angle_pos] {
if {$limit_flag == "0"} {
  if {[expr abs($mom_out_angle_pos(1) - $mom_prev_out_angle_pos(1))] > 150} {
    set z [expr $mom_prev_pos(2) + $retract_dis]
    MOM_output_literal [format "G00 Z%.3f " $z]
    MOM_output_literal [format "G00 X%.3f Y%.3f A%.3f C%.3f" $mom_pos(0)
$mom_pos(1) $mom_out_angle_pos(0) $mom_out_angle_pos(1)]
  MOM_output_literal [format "G01"]
    }
  }
  }
```

同时，修改用户定义命令的名称为“rot_limit”，如图7-9所示。

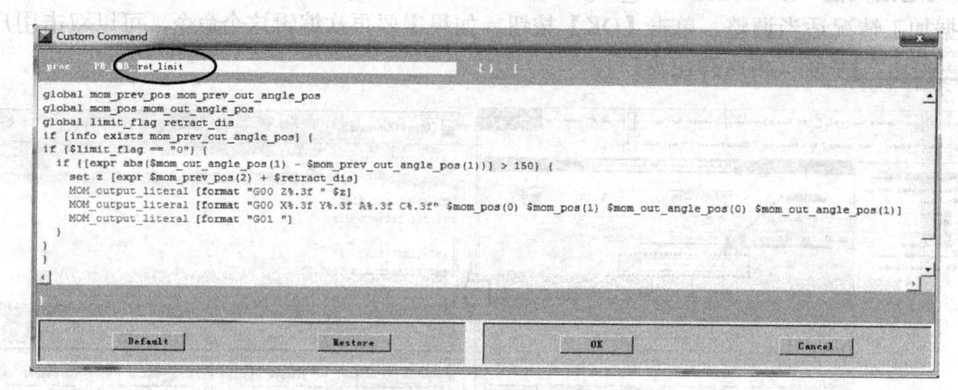

图7-9 输入用户命令

单击【OK】按钮，系统返回到如图7-10所示的对话框。如果右击 PB_CMD_rot_limit 在弹出的快捷菜单里选取 **Edit** (编辑)可以对该用户命令进行编辑。单击【OK】按钮。

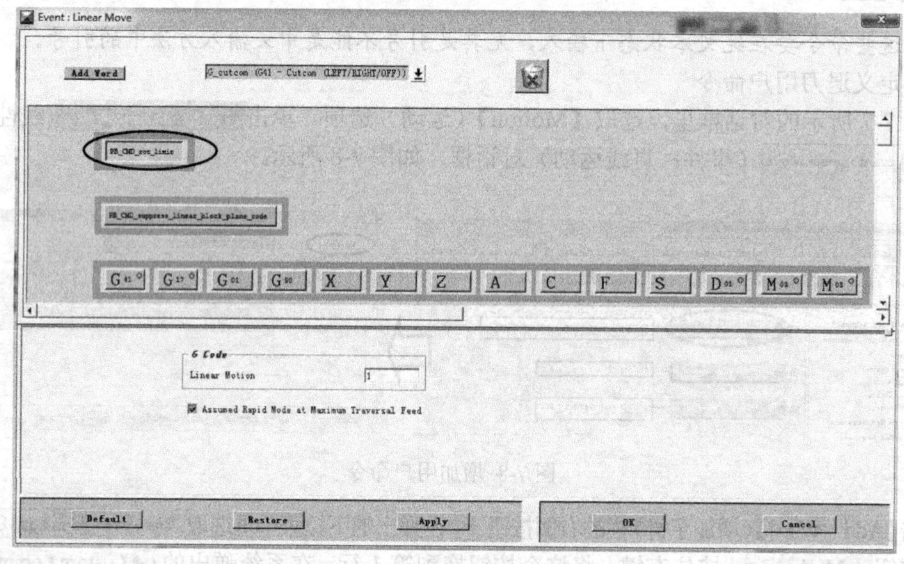

图7-10 定义退刀命令

（3）修改线性运动命令

在图7-8所示的对话框里，选取 **Custom Command**（用户命令）选项卡，单击 PB_CMD_linear_move，系统弹出编辑窗口，首先在 MOM_do_template linear_move 前加入#号，将这句屏蔽，然后输入如下命令：

```
global limit_flag retract_dis
 if {$limit_flag == "1" } {
  MOM_suppress once Z
  MOM_do_template rapid_traverse
  MOM_do_template linear_move
  set limit_flag "0"
 } else {
  MOM_do_template linear_move
}
```

如图7-11所示。

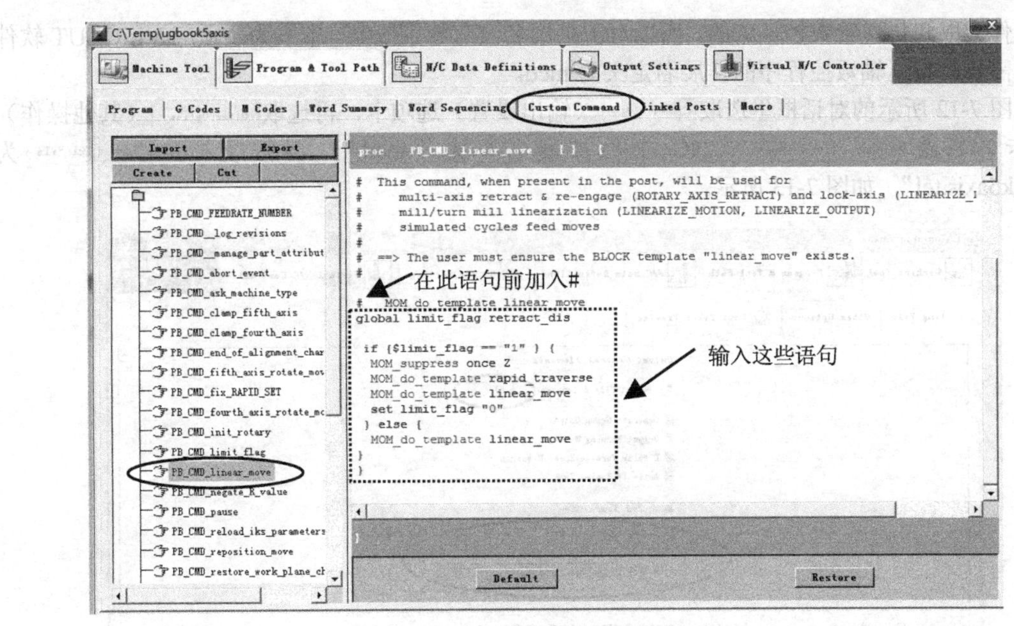

图 7-11　修改线性运动命令

（4）修改快速提刀运动命令

在图 7-11 的对话框里，选取 **Custom Command**（用户命令）选项卡，单击 PB_CMD_retract_move，系统弹出编辑窗口，然后输入如下命令：

```
global mom_pos limit_flag retract_dis
    set mom_pos(2) [expr $mom_pos(2) + $retract_dis]
    set limit_flag "1"
    MOM_do_template linear_move
```

如图 7-12 所示。

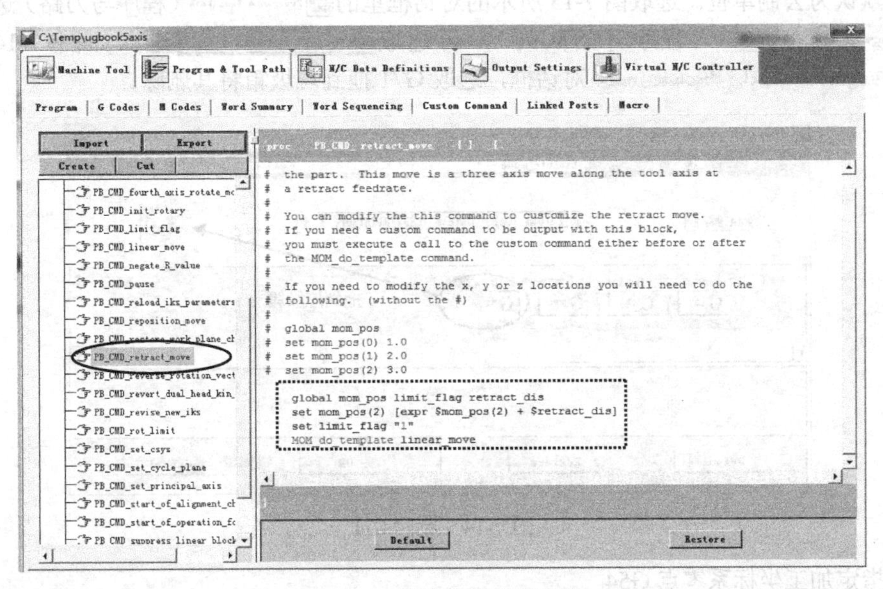

图 7-12　修改快速提刀命令

7.3.5　修改输出数控程序的扩展名

UG 生成的 NC 文件的扩展文件名默认为 ptp。由于 NC 文件是文本文件，实际工作中是被其他编辑软件读取和传送给数控机床的，所以对于扩展名没有特别限制。本书为了适应VERICUT软件仿真的需要，将五轴数控程序的扩展名定义为mcd。

在图7-12所示的对话框里选取 Output Settings（输出设置）选项卡，再选取 Other Options（其他操作）选项卡，修改 N/C Output File Extension（NC文件扩展名）为"mcd"，再修改 Source User's Tcl File 为"ugbook5axis.tcl"，如图7-13所示。

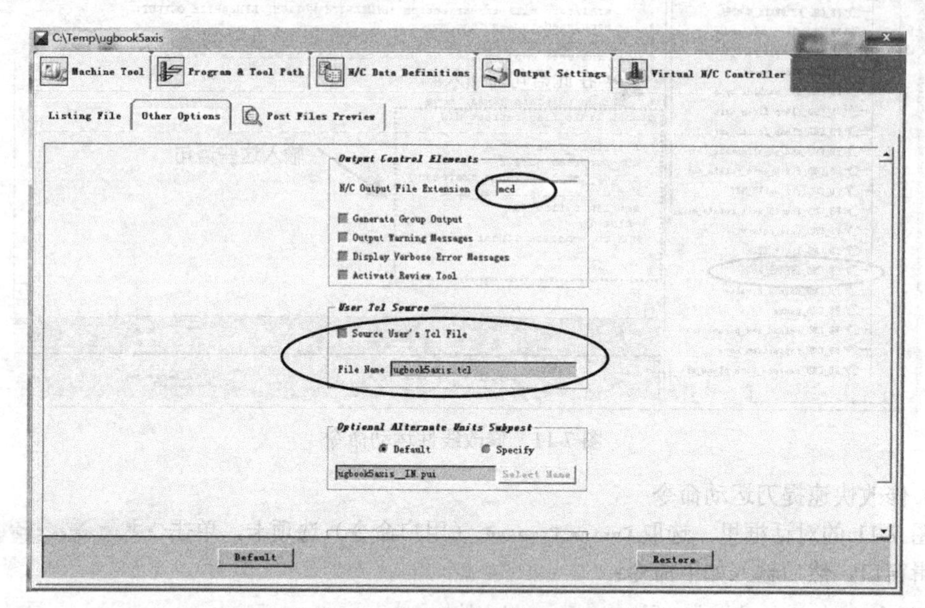

图7-13 修改数控文件的扩展名

7.3.6 修改后处理器的其他参数

（1）修改公制输出指令

机床默认为公制单位。选取图7-13所示的对话框里的 Program & Tool Path（程序与刀路）选项卡，再选取 Program Start Sequence（程序开始队列），再选取 G40 G17 G90 G71 进入如图7-14所示的 Start of Program - Block : absolute_mode 对话框，选取G71拖到垃圾箱将其删除。

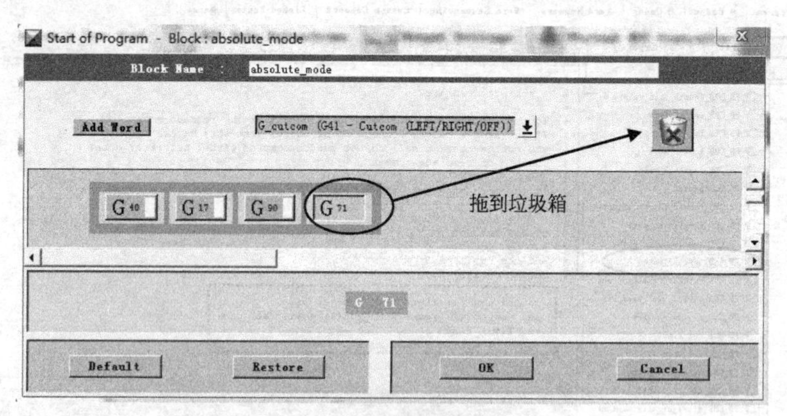

图7-14 删除G71

（2）指定加工坐标系零点G54

单击 Motion（运动），再单击 Rapid Move（快速移动），系统弹出 Event : Rapid Move（事件：快速移动）对话框。单击【Add Block】（增加块）栏的右侧按钮，在其弹出的下拉菜单里选取 G 命令，在其弹出的下一级下拉菜单里选取 G-MCS Fixture Offset (54 ~ 59)（*G*坐标系夹具偏移），再单击按钮 Add Block ，按住左键，将这个按钮拖到程序第 1 行里。结果如图 7-15 所示。单击【OK】按钮。

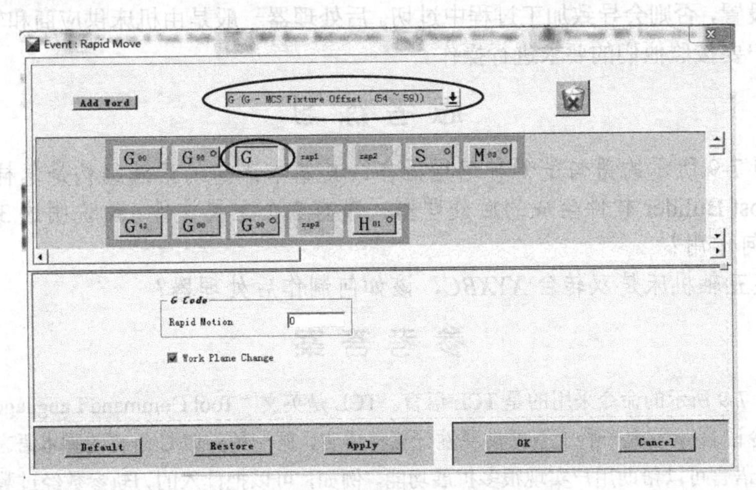

图 7-15　增加坐标系指令

（3）加入提刀指令

在每个操作结束处加入指令 End of Path G91 G28 Z0.。

（4）后处理器文件存盘

在主菜单执行【File】|【Save As】命令，在弹出的【Select A License】对话框里单击【OK】按钮，在系统弹出的【Save As】对话框里选取 UG 后处理器的系统目录 C:\Program Files\Siemens\NX 7.5\MACH\resource\postprocessor，单击【确定】按钮，如图 7-16 所示。

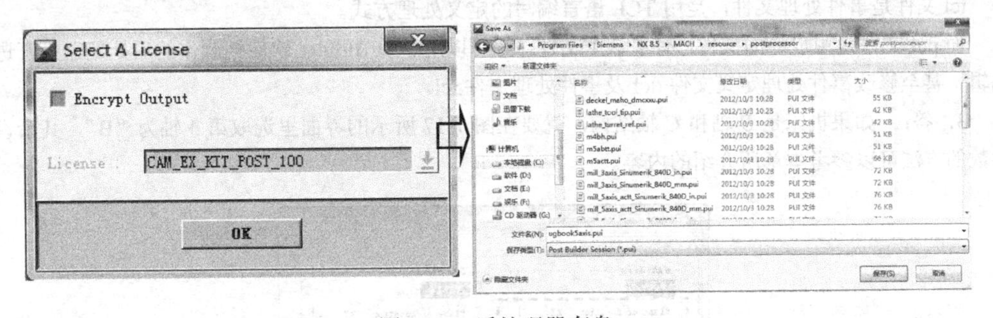

图 7-16　后处理器存盘

7.3.7　五轴后处理器的测试

后处理器制作完成以后，必须进行测试，没有错误以后才可以正式用于生产。

可以利用 UG 提供的虚拟机床的仿真功能对后处理器测试。除此之外，用户还可以采取第 6 章第 6.3 节和第 6.5 节的方法进行。有条件的还可以在对应的机床上加工一些试件。本章五轴后处理器已经过了测试，证明可以适用于双转台的旋转轴偏差为 0 的五轴联动数控加工中心。

需要注意的问题是：加工零件的编程坐标系要与机床的 *C* 转台上表面圆心重合，与加工坐标系一致。有些机床还有一些特殊的代码要根据实际加入。

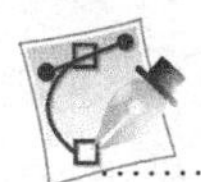

7.4　本章总结及思考练习

本章主要以双转台（*XYZAC*）而且旋转轴为零偏差的五轴机床的后处理器制作为例，对五轴机床的后处理器制作进行了描述性介绍，目的是为大家介绍一些五轴机床后处理器制作的思路。在实际工作中，有些机床还有一些特殊的指令，还要结合具体的机床说明书进行设置，尤其是要处理好旋转轴超界的设置，否则会导致加工过程中过切。后处理器一般是由机床供应商和软件供应商提供给用户的，用户要按照他们的要求进行操作。

思考练习

1. 叙述图7-9所示的语句是哪种编程语言？其基本语句的语法结构是怎样的？

2. 使用Post Bulider软件生成的后处理器一般有3个主要文件，请说明这3个文件的扩展名是什么，有何作用？

3. 如果某五轴机床是双转台*XYXBC*，该如何制作后处理器？

参考答案

1. 答：图7-9所示的命令采用的是TCL语言。TCL是英文“Tool Command Language”的缩写，意思是“工具命令语言”，它是一种交互式解释性计算机语言，是一种类似C语言的脚本语言。Post Builder软件利用TCL语言可以帮助用户实现很多扩展功能，例如，可以把读入的刀轨参数经过数学运算，输出成为更能符合用户意图的数控程序。本章五轴后处理器就是大量利用 TCL 语言实现了到位点的坐标转化、超程处理、输出刀具信息等功能。

TCL语句的基本语法结构是：“命令 选项 参数”，它们之间用空格隔开。根据这个规律读者可以试着分析图7-9所示语句的含义。

2. 答： Post Builder软件制作的后处理器，通常包含扩展名分别为def、tcl以及pui的三个文件。其中，def文件是事件定义文件，它定义了事件输出的格式。这里所说的“事件”可以理解为机床的每个动作，如换刀、工作台的线性移动、旋转台的旋转、打开冷却液开关、关闭冷却液开关、刀具夹头夹紧等动作。

tcl文件是事件处理文件，是用TCL语言编写的定义处理方式。

而pui文件是用户界面文件，有了这个文件，就可以用Post Builder软件把制作的后处理器打开进行编辑，甚至修改事件处理定义文件def及事件处理文件tcl。

3. 答： 如果机床是*B*轴和*C*轴结构，就要在图7-17所示的界面里选取第4轴为“B”，其余设置参数的方法可以参考本章所介绍的内容。

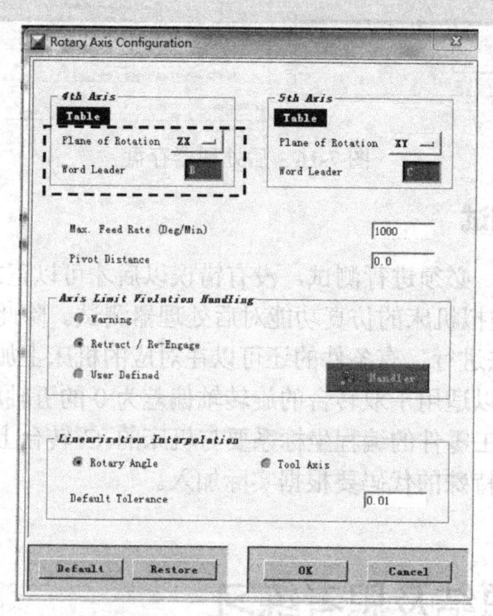

图7-17 设置第4轴参数

第8章　VERICUT 刀路仿真

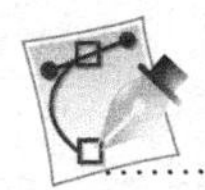

8.1　本章要点和学习方法

本章主要讲述如何利用 VERICUT 软件对事先编好的五轴数控程序进行仿真检验。学习时请注意以下问题：

① 五轴机床模型的建立步骤；

② 毛坯定义；

③ 夹具安装；

④ 刀具定义；

⑤ 对刀方法；

⑥ 数控程序输入；

⑦ 本章所述的“右击”除了直接单击鼠标右键选取外，还可以先用鼠标左键选取，再单击鼠标右键。

前 7 章里也用到的 VERICUT 仿真，但是为了方便初学者学习，前面章节里已经给大家提供了机床模型、刀库并输入了数控程序。本章是对这些技术环节的进一步介绍。

8.2　数控程序 VERICUT 仿真

五轴编程的难点在于，有时从编程图形上看刀路好像很正常，由于后处理器的复杂性，实际机床在切削时却发生了过切或者撞刀，这时就需要编程员具有足够的经验来预防错误。五轴数控编程完成以后，一般要在 VERICUT 数控仿真软件上进行检查。过程如下：①先根据真实机床的结构参数、运动参数以及控制系统来建立一个虚拟机床模型；②定义毛坯及装夹毛坯；③定义刀具；④数控程序输入；⑤运行仿真；⑥分析仿真结果。

经过仿真，如果发现错误就要及时分析原因并且纠正，无误后才可以发出程序工作单，交由操作员在指定类型的机床上加工工件。操作员必须要严格按照数控程序工作单的装夹方案来装夹工件和刀具，加工中合理给定进给参数和转速，执行完成所有程序，工件经过检查，合格以后才可以拆下，清理机床，准备完成其他工作。

8.2.1　五轴机床仿真模型的建立

本节任务：根据已经提供的机床结构件组装构建五轴机床的模型。五轴机床的构建步骤是：①建立虚拟的 X、Y、Z 轴及 A、C 轴结构节点，同时向各个节点添加结构件模型文件；②添加主轴、刀具虚拟节点；③设定控制系统；④设定机床行程；⑤设定其他部件。

（1）建立机床的节点

① 进入系统界面 首先将本书所配光盘提供的文件夹\01-sample 的文件目录复制到 D：\ch08 文件夹里。

启动 VERICUT V7.1 软件，在主菜单里执行【文件】|【工作目录】命令，在系统弹出的【工作目录】对话框里选取 D:\ch08 为工作目录，单击【确定】按钮。再在主菜单里执行【文件】|【新项目】命令，系统弹出【新的 VERICUT 项目】对话框，输入文件名为“ugbook-5ax.vcproject”，单击【确定】按钮，进入仿真软件工作界面，如图 8-1 所示。关闭左侧的零件窗口，将右侧机床窗口最大化。

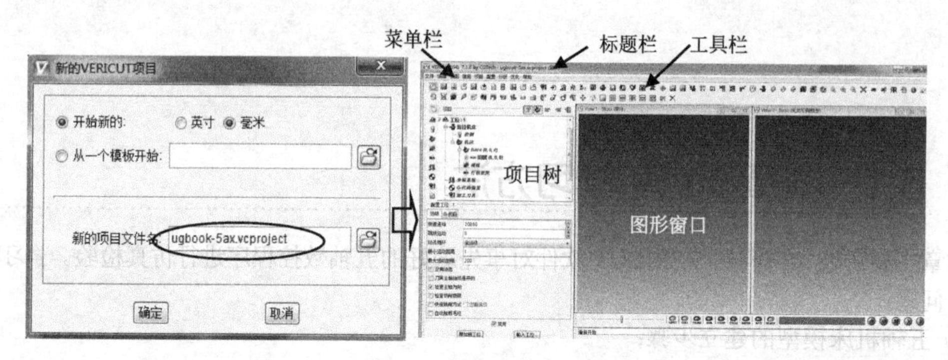

图 8-1 输入项目名称

② 装配 *X* 轴虚拟节点及模型 在项目树里，右击节点 Base (0, 0, 0)，在弹出的快捷菜单里选取【添加】|【X 线性】命令，观察项目树中已经增加了 X (0, 0, 0)，选取这个节点，在项目树底部显示出的【配置组件】对话框底部，单击【添加模型】按钮右侧的下三角符号，在弹出的选项里选取【模型文件】，在系统弹出的【打开】对话框里选取模型文件“doosan_vmd600_5ax_x.stl”单击【确定】按钮。结果如图 8-2 所示。

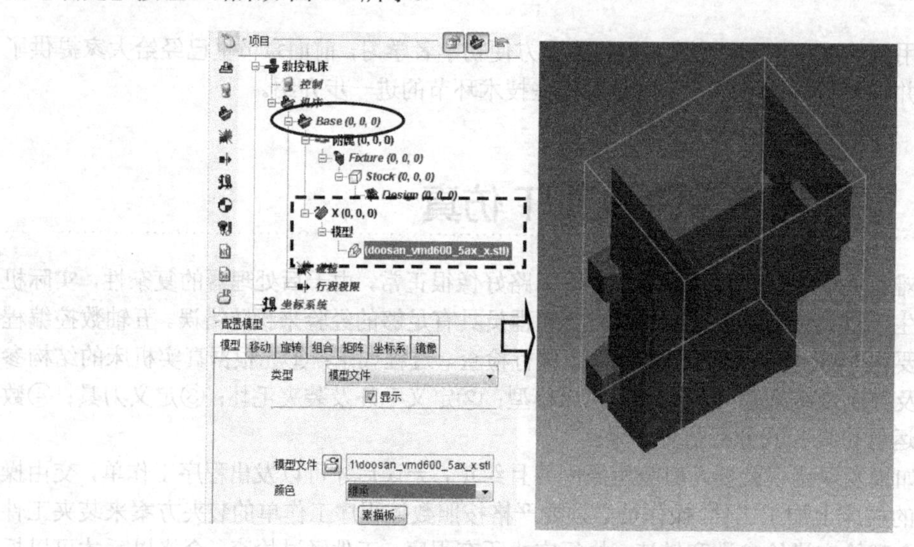

图 8-2 装配 *X* 轴组件

单击 X (0, 0, 0) 下方的 模型，在项目树下方的【配置】窗口的底部，单击【添加模型】按钮右侧的下三角符号，在弹出的选项里选取【方块】选项，在项目树下方的【配置模型】对话框的【模型】选项卡里输入 *X* 为 672、*Y* 为 555、*Z* 为 5。再切换到【移动】选项卡里，单击【到】右侧的坐标值输入区，输入“–336 –142 1921”，单击【移动】按钮，如图 8-3 所示。

③ 在 *X* 轴节点下装配 *Z* 轴虚拟节点及模型文件 在项目树里，右击节点 X (0, 0, 0)，在弹出的快捷菜单里选取【添加】|【Z 线性】命令，观察项目树中已经增加了 Z (0, 0, 0)，选取这个节点，

在【配置组件】对话框，切换到【移动】选项卡里，单击【到】右侧的坐标值，输入“0　0　600”，单击【移动】按钮。观察项目树中 Z 变为 Z (0, 0, 600)。

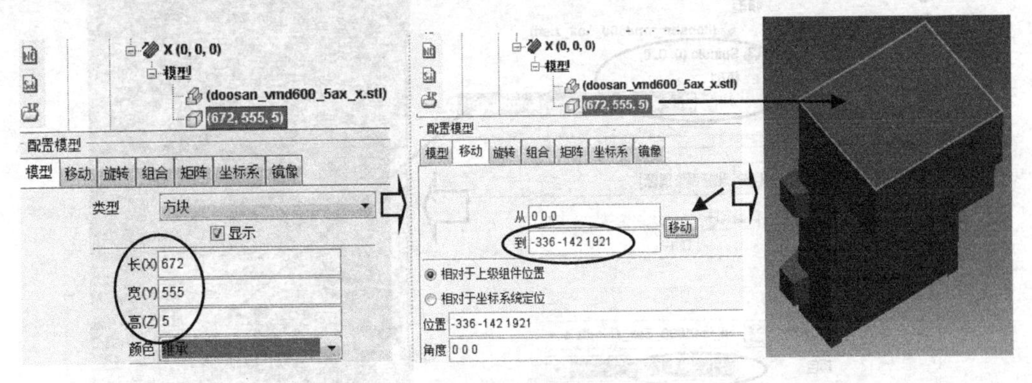

图 8-3　添加铁板

选取这个节点 Z (0, 0, 600)，在项目树底部显示出的【配置组件】对话框底部，单击【添加模型】按钮右侧的下三角符号，在弹出的选项里选取【模型文件】，在系统弹出的【打开】对话框里选取模型文件“doosan_vmd600_5ax_z.stl”单击【确定】按钮。切换到【模型】选项卡里，单击【颜色】右侧的下三角符号，在弹出的选项里选取 3 号颜色 3:Navajo White，如图 8-4 所示。

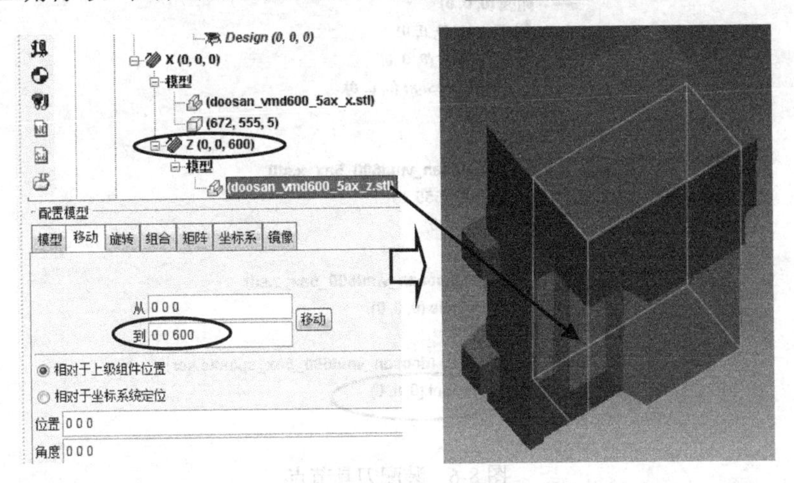

图 8-4　装配 Z 轴组件

要注意

此处要在 X 节点 X (0, 0, 0) 以下安装 Z 节点，这样就使 Z 轴依附于 X 轴，并且注意选取 Z 节点，将其平移 Z (0, 0, 0) 成为 Z (0, 0, 600)，而不要对模型文件进行平移。

④ 在 Z 轴节点下装配主轴及模型文件　在项目树里，右击节点 Z (0, 0, 600)，在弹出的快捷菜单里选取【添加】|【主轴】命令，观察项目树中已经增加了 Spindle (0, 0, 0)。选取这个节点，在项目树底部显示出的【配置组件】对话框底部，单击【添加模型】按钮右侧的下三角符号，在弹出的选项里选取【模型文件】，在系统弹出的【打开】对话框里选取模型文件“doosan_vmd600_5ax_spindle.sor”，单击【确定】按钮。切换到【模型】选项卡里，单击【颜色】右侧的下三角符号，在弹出的选项里选取 4 号颜色 4:Sienna，如图 8-85 所示。

⑤ 在主轴节点下装配刀具节点　在项目树里，右击节点 Spindle (0, 0, 0)，在弹出的快捷菜单里选取【添加】|【刀具】命令，观察项目树中已经增加了 Tool (0, 0, 0)，如图 8-6 所示。

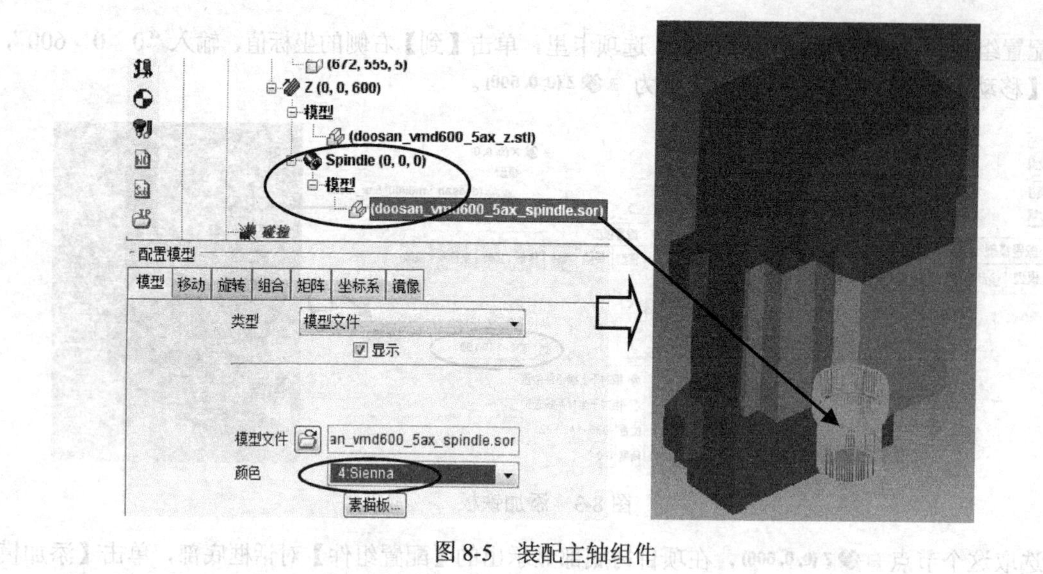

图 8-5 装配主轴组件

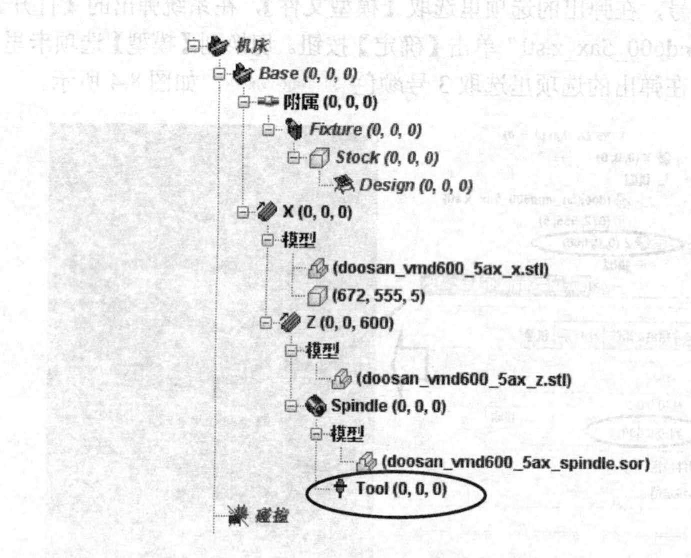

图 8-6 装配刀具节点

⑥ 装配 Y 轴虚拟节点及模型 在项目树里，右击节点 Base (0, 0, 0)，在弹出的快捷菜单里选取【添加】|【Y 线性】命令，观察项目树中的 Base (0, 0, 0) 下已经增加了 Y (0, 0, 0)，选取这个节点，在【配置组件】对话框里切换到【移动】选项卡，单击【到】右侧的坐标值，输入“0 –250 0”，单击【移动】按钮。观察项目树中 Z 变为 Y (0, -250, 0)。

在项目树底部显示出的【配置组件】对话框底部，单击【添加模型】按钮右侧的下三角符号，在弹出的选项里选取【模型文件】，在系统弹出的【打开】对话框里选取模型文件“doosan_vmd600_5ax_y.stl”单击【确定】按钮。切换到【模型】选项卡里，单击【颜色】右侧的下三角符号，在弹出的选项里选取 5 号颜色 5:Dim Gray，如图 8-7 所示。

⑦ 在 Y 轴节点下装配 A 旋转轴及模型文件 在项目树里，右击节点 Y (0, -250, 0)，在弹出的快捷菜单里选取【添加】|【A 旋转】命令，观察项目树中已经增加了 A (0, 0, 0)，选取这个节点，在项目树底部显示出的【配置组件】对话框底部，单击【添加模型】按钮右侧的下三角符号，在弹出的选项里选取【模型文件】，在系统弹出的【打开】对话框里选取模型文件“doosan_vmd600_5ax_a.stl”，单击【确定】按钮，如图 8-8 所示。

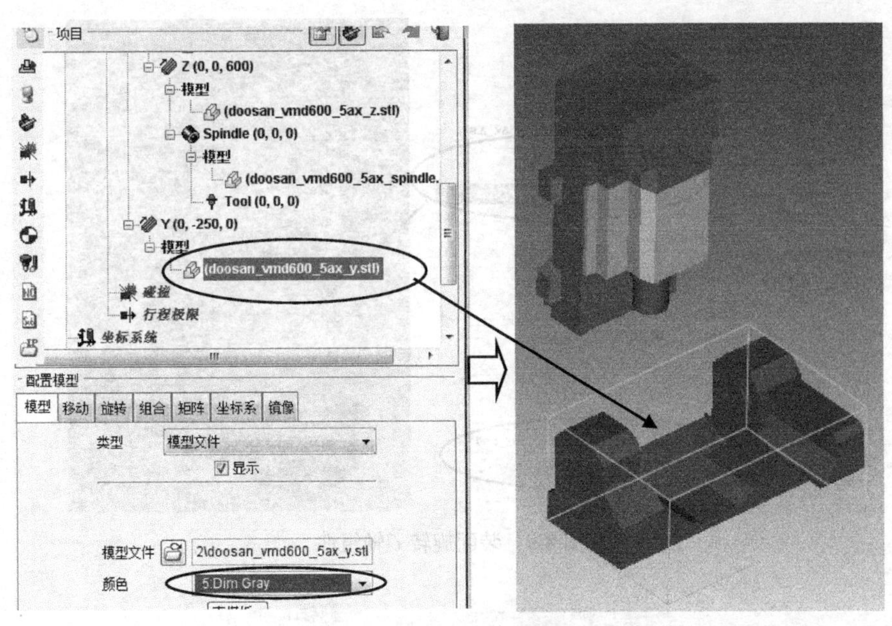

图 8-7　装配 *Y* 轴组件

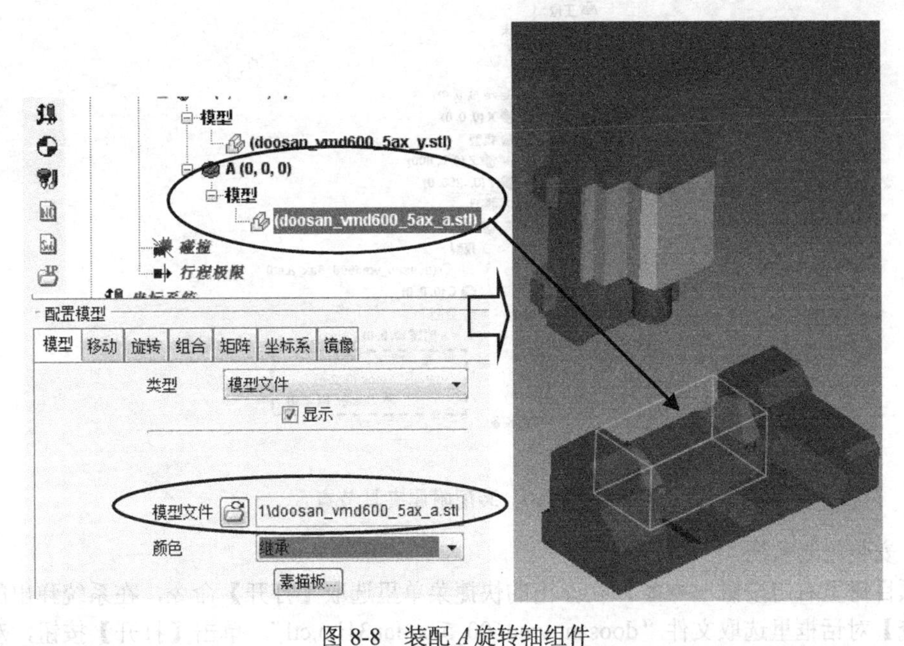

图 8-8　装配 *A* 旋转轴组件

⑧ 在 *A* 旋转轴节点下装配 *C* 旋转轴及模型文件　在项目树里，右击节点 A (0, 0, 0)，在弹出的快捷菜单里选取【添加】|【C 旋转】命令，观察项目树中已经增加了 C (0, 0, 0)，选取这个节点，在项目树底部显示出的【配置组件】对话框底部，单击【添加模型】按钮右侧的下三角符号，在弹出的选项里选取【模型文件】，在系统弹出的【打开】对话框里选取模型文件“doosan_vmd600_5ax_c.stl”，单击【确定】按钮。切换到【模型】选项卡里，单击【颜色】右侧的下三角符号，在弹出的选项里选取 6 号颜色 6:Gold ，如图 8-9 所示。

⑨ 在 *C* 旋转轴节点下装配附属夹具　在项目树里，右击节点 附属 (0, 0, 0)，在弹出的快捷菜单里选取【剪切】命令，再右击 C (0, 0, 0)，在弹出的快捷菜单里选取【粘贴】命令，将附属夹具节点移动到 *C* 节点以下形成逻辑依附关系，也就是说，将来安装的夹具及在夹具上安装的毛坯会随着 *C* 轴的运动而运动，如图 8-10 所示。

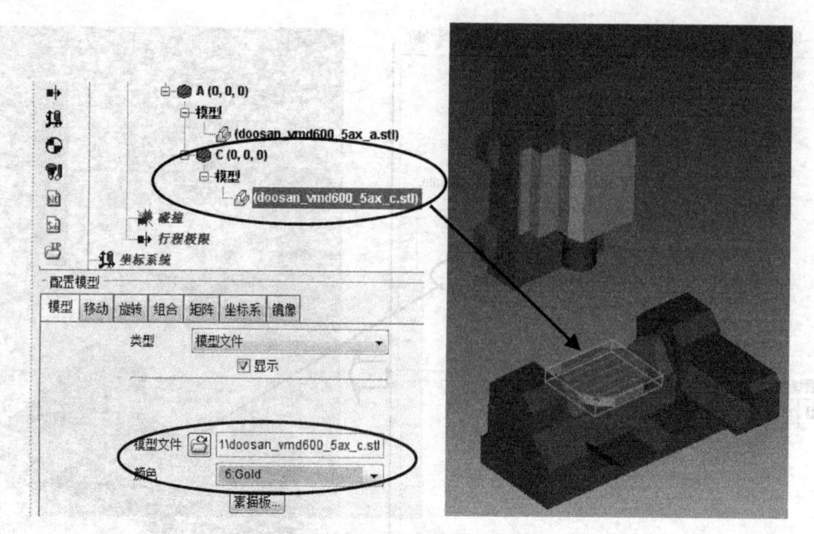

图 8-9 装配旋转 C 轴组件

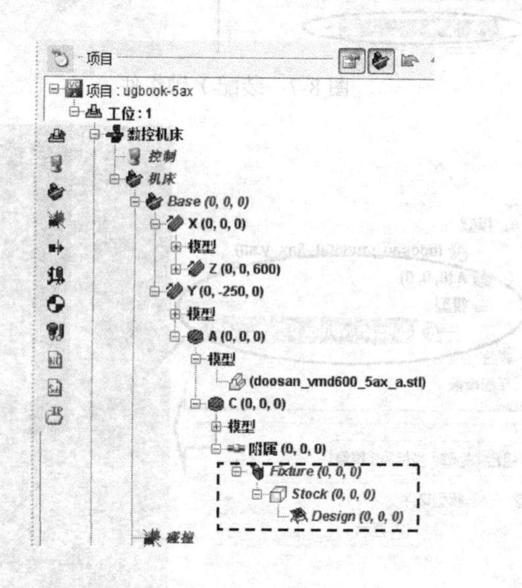

图 8-10 装配附属夹具节点

（2）安装控制系统

在项目树里右击按钮 *控制*，在弹出的快捷菜单里选取【打开】命令，在系统弹出的【打开控制系统】对话框里选取文件“doosan_vmd600_5ax_fan31im.ctl”，单击【打开】按钮，观察项目树的变化，如图 8-11 所示。

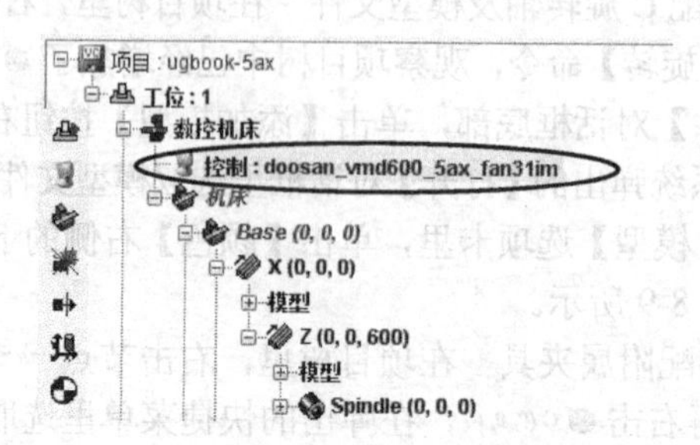

图 8-11 安装控制系统

（3）检查控制参数

在主菜单里执行【配置】|【控制设定】命令，系统弹出【控制设定】对话框，选取【旋转】选项卡，检查参数【A-轴旋转台型】及【C-轴旋转台型】为“线性”，【绝对旋转式方向】为“正量—>逆时针”。如图 8-12 所示。

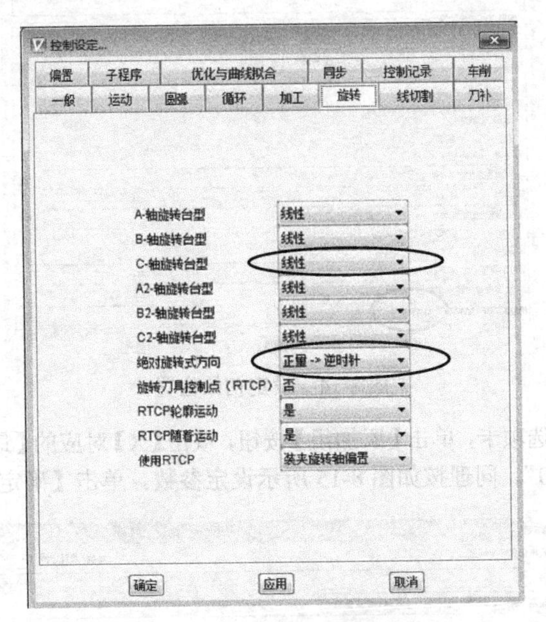

图 8-12 检查旋转轴设定

小提示

如果这些参数有修改就需要及时将控制系统文件存盘，方法是在项目树里右击 控制 : doosan_vmd600_5ax_fan31im，在弹出的快捷菜单里选取【保存】按钮。实际工作中一定要结合具体的机床说明书来设定。

（4）设定机床参数

在主菜单里执行【配置】|【机床设定】命令，系统弹出【机床设定】对话框，选取【碰撞检测】选项卡，单击【添加】按钮，单击系统出现的【BASE】按钮，在弹出的下拉菜单里选取【Z】，再勾选右侧方框次组件。同理设定其他参数，如图 8-13 所示。

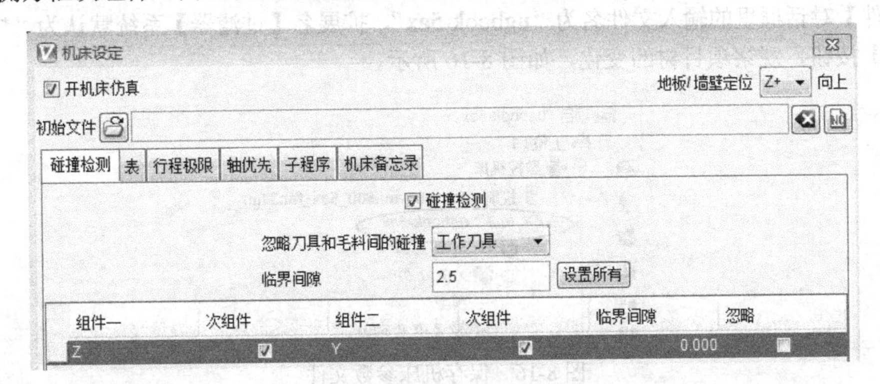

图 8-13 设定碰撞检测

选取【表】选项卡，选取【机床台面】选项，【位置名】选取“初始机床位置”，单击【添加】按钮，在【值】栏输入“U-1000”。如图 8-14 所示。

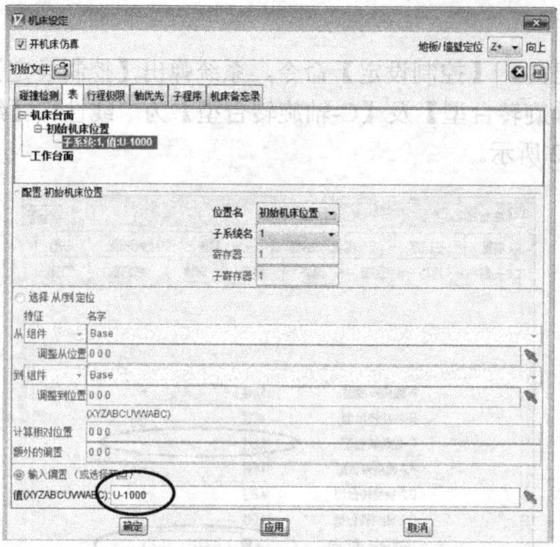

图 8-14 设定初始位置

切换到【行程极限】选项卡，单击【添加组】按钮，双击【X】对应的【最小值】栏，输入“–450”，【最大值】栏，输入“450”。同理按如图 8-15 所示设定参数。单击【确定】按钮。

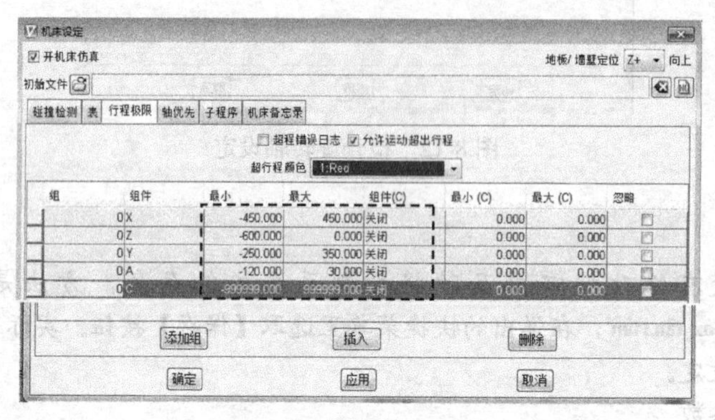

图 8-15 设定机床行程

（5）机床参数存盘

在项目树里右击按钮 *机床*，在弹出的快捷菜单里选取【另存为】命令，在系统弹出的【保存机床文件】对话框里的输入文件名为“ugbook-5ax”，扩展名【过滤器】系统默认为“*mch”，单击【保存】按钮，观察项目树的变化，如图 8-16 所示。

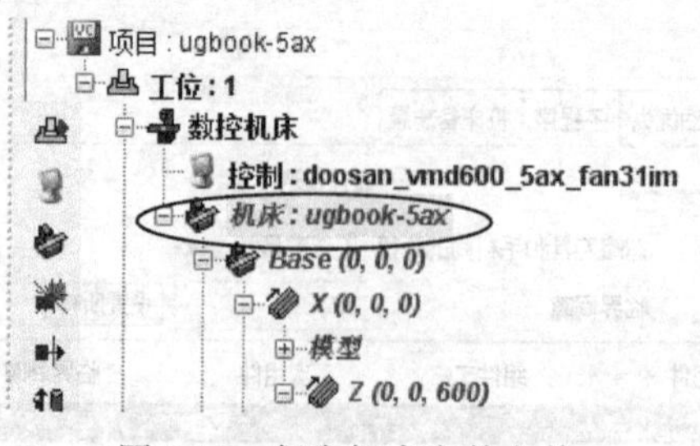

图 8-16 保存机床参数文件

（6）装配其他部件

可以按照以上的思路装配机床刀库、外罩及其他附件，因为这些对于本章的程序检查影响不大，为了简化，此处就不安装了。有兴趣的读者可以自行安装，必要时可以双击 机床 : ugbook-5ax，打开软件自带的完整机床文件进行练习。

五轴机床的各个部件模型文件可以根据真实机床外形尺寸，事先在UG软件绘制好，然后按照统一的坐标系（该坐标系就是机床坐标系）输出为stl文件。在VERICUT软件里装配机床要首先了解机床*XYZAC*的运动依附关系，如本例在机床机体 Base (0, 0, 0) 下装配*X*轴和*Y*轴，然后在*X*轴节点以下装配*Z*轴，在*Z*轴下装配*A*轴，在*A*轴下装配*C*轴。有些机床的*AC*轴线有偏移的还需要设置偏移参数。

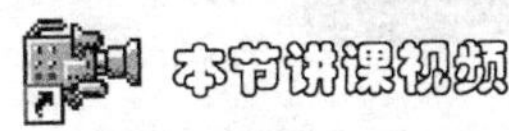

以上操作视频文件为：\ch08\03-video\01-五轴机床仿真模型的建立.exe。

8.2.2 定义毛坯

VERICUT里定义毛坯的方法有两种：其一，用软件提供的标准形体如方块、圆柱、圆锥来等定义，用户只需要输入相应的几何形体参数；其二，事先在UG或者其他3D绘图软件绘制模型文件转化为stl文件，然后输入Vericut环境。

在项目树里展开 附属 (0, 0, 0) 节点各个节点，单击 Stock (0, 0, 0) ，在项目树底部显示出的【配置组件】对话框底部，单击【添加模型】按钮右侧的下三角符号，在弹出的选项里选取【模型文件】，在系统弹出的【打开】对话框里选取模型文件“ugbook-08-01-mp.stl”单击【确定】按钮。切换到【模型】选项卡里，单击【颜色】右侧的下三角符号，在弹出的选项里选取13号颜色 13:Cyan ，如图8-17所示。

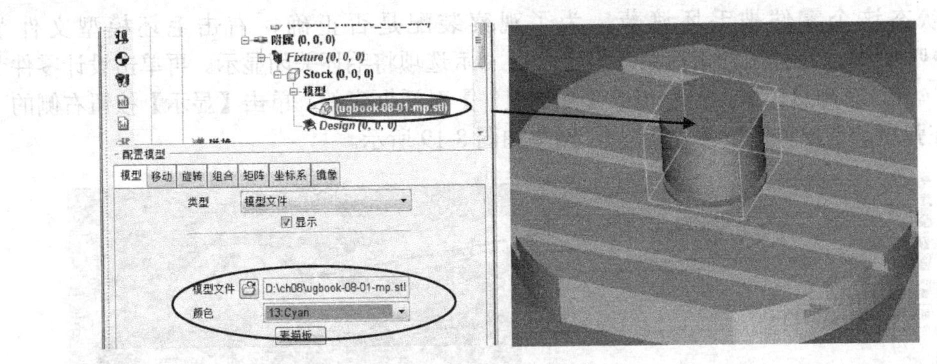

图8-17 装配毛坯

本节讲课视频

以上操作视频文件为：\ch08\03-video\02-定义毛坯.exe。

8.2.3 定义夹具

定义夹具的目的是为了更直观地检查数控程序是否安全。设计装夹方案要切合机床工作台和所配夹具的实际情况，以及加工零件的特点。这项工作对于刀具轴线摆动比较大的五轴加工很重要。如果通过仿真检查，发现刀具与夹具有碰撞，就需要检查程序和装夹方案是否合理，必要时和操作员协商更好的装夹方案。装夹方案一旦确定，就需要在数控程序工作单里清晰说明，以便操作员能严格遵守。本例已经事先绘制了压板夹具。

单击 Fixture (0, 0, 0)，在项目树底部显示出的【配置组件】对话框底部，单击【添加模型】按钮右侧的下三角符号，在弹出的选项里选取【模型文件】，在系统弹出的【打开】对话框里选取模型文件“ugbook-08-01-jiaju.stl”，单击【确定】按钮，如图8-18所示。

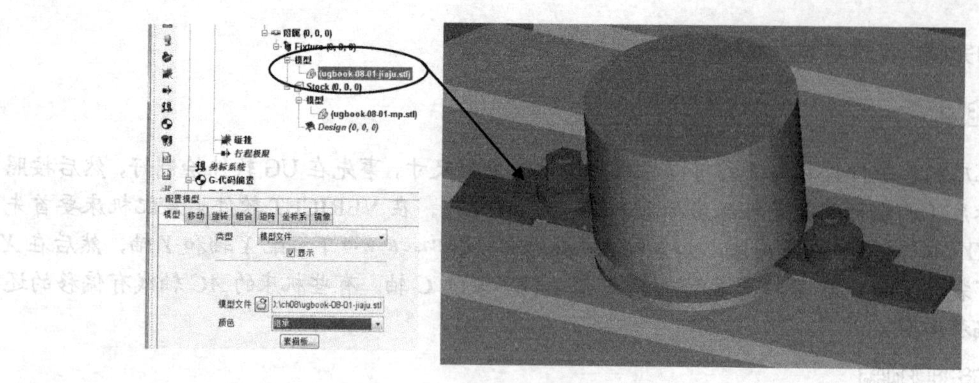

图8-18 装配夹具

以上操作视频文件为：\ch08\03-video\03-定义夹具.exe。

8.2.4 装配设计零件

此处装配设计零件目的是为了在仿真完成以后将切削的毛坯形状和设计零件比较，分析检查是否有过切和漏切等现象，以便检查数控程序的安全性和正确性。设计零件可以将编程图形按照加工坐标系转化为stl文件。

单击 Design (0, 0, 0)，在项目树底部显示出的【配置组件】对话框底部，单击【添加模型】按钮右侧的下三角符号，在弹出的选项里选取【模型文件】，在系统弹出的【打开】对话框里选取模型文件“ugbook-08-01-design.stl”，单击【确定】按钮。

初始状态这个零件被毛坯遮蔽，为了观察装配是否正确，右击毛坯模型文件节点 (ugbook-08-01-mp.stl)，在弹出的快捷菜单里选取 显示 选项将毛坯关闭显示。再单击设计零件节点 Design (0, 0, 0)，在项目树底部显示出的【配置组件】对话框底部，单击【显示】按钮右侧的下三角符号，在弹出的选项里选取【双视图】，结果如图8-19所示。

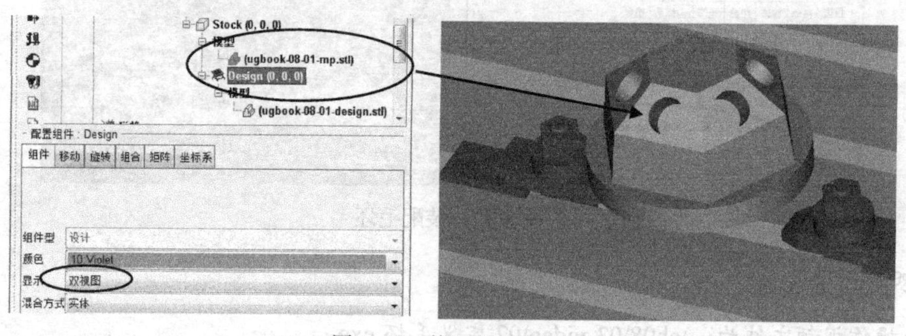

图8-19 装配设计零件

单击设计零件节点 Design (0, 0, 0)，在图8-19所示的对话框里，单击【显示】按钮右侧的下三角符号，在弹出的选项里选取【空白】选项。在目录树里，右击毛坯模型文件节点 (ugbook-08-01-mp.stl)，在弹出的快捷菜单里选取 显示 选项将毛坯显示。这样就回复显示原来状态。

本节讲课视频

以上操作视频文件为：\ch08\03-video\04-装配设计零件.exe。

8.2.5 定义刀具

VERICUT软件提供了功能强大且灵活的刀库建立功能。用户可以根据自己车间刀具的具体实际情况，建立全新的刀库文件；为了简化，也可以根据软件自带或者已经有的刀库文件进行修改，成为自己的刀库。本例介绍刀库文件的修改方法。

（1）刀具调查

本例所使用的刀具测量尺寸如下。

1 号刀：名称 ED12，全长为 100，刀刃长为 38，全直身，即刀夹持部分直径也是 $\Phi12$，夹持长度为 25。

2 号刀：名称 ED8，全长为 100，刀刃长为 20，全直身，即刀夹持部分直径也是 $\Phi8$，夹持长度为 25。

刀柄均采用 BT40，小头直径为 $\Phi40$。

（2）刀库修改

① 修改刀具参数　在项目树里单击 ***加工刀具***，在项目树底部显示出的【配置组件】对话框，单击打开刀库文件按钮，在系统弹出的【打开】对话框里选取工作目录为 D：\ch08，选取本书配套光盘提供的刀库文件"ugbook-08-01-tool.tls"，单击【打开】按钮，观察目录树的刀具节点变为 **加工刀具：ugbook-08-01-tool**。右击该节点，在弹出的快捷菜单里选取 **刀具管理器...** 命令，系统弹出【刀具管理器】对话框。展开 1 号刀和 2 号刀的项目，如图 8-20 所示。

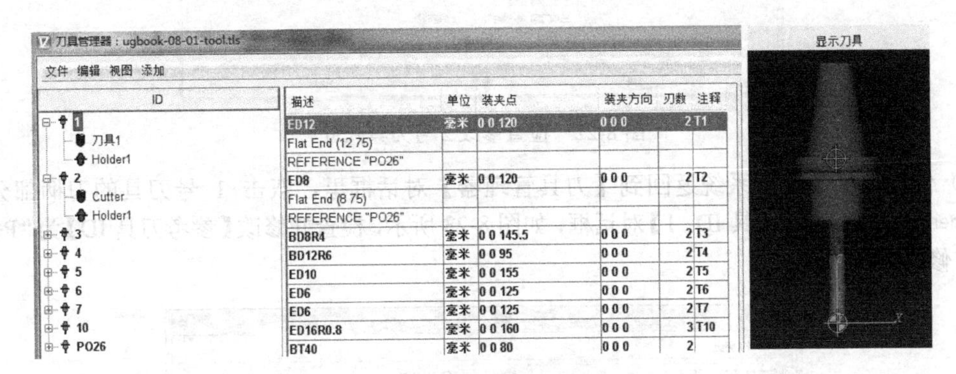

图 8-20　刀具管理器对话框

双击 1 号刀具的切削部分按钮 刀具1 ，系统弹出【刀具 ID：1】对话框，按图 8-21 所示检查并修改刀具尺寸。单击【修改】按钮，再单击【关闭】按钮。

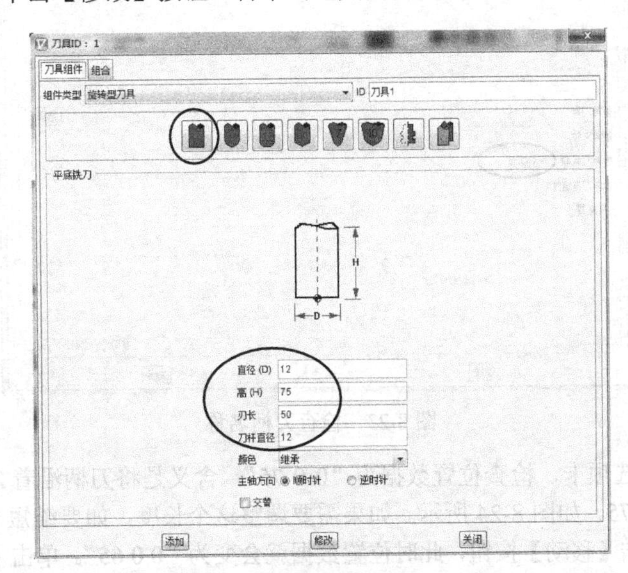

图 8-21　检查修改 1 号刀具尺寸

系统返回到【刀具管理器】对话框里，双击 2 号刀具的切削部分按钮 Cutter，系统弹出【刀具 ID：2】对话框，按图 8-22 所示检查并修改刀具尺寸。单击【修改】按钮，再单击【关闭】按钮。

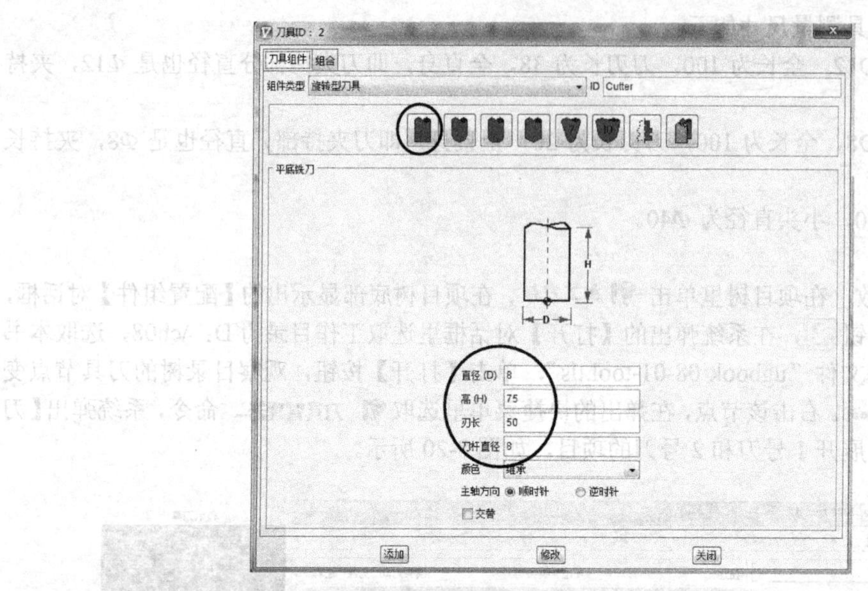

图 8-22 检查修改 2 号刀具尺寸

② 修改刀柄参数 系统返回到【刀具管理器】对话框里，双击 1 号刀具的刀柄部分按钮 Holder1，系统弹出【刀具 ID：1】对话框，如图 8-23 所示，检查并修改【参考刀具 ID】为“PO26”。单击【修改】按钮。

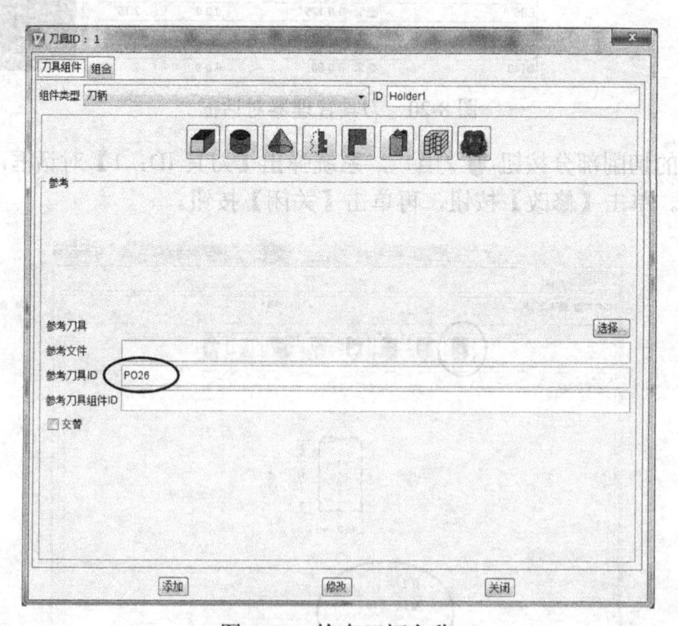

图 8-23 检查刀柄名称

切换到【组合】选项卡，检查位置数据为“0 0 75”，含义是将刀柄沿着 Z 轴平移 75，这样就使所夹持的刀具露出 75，如图 8-24 所示。如果需要调整这个长度，如要缩短 10，可以在【到】栏里输入“0 0 10”，单击【移动】按钮，此时位置数据就会变为“0 0 65”。单击【关闭】按钮。同理，检查 2 号刀具刀柄也是参考 PO26。

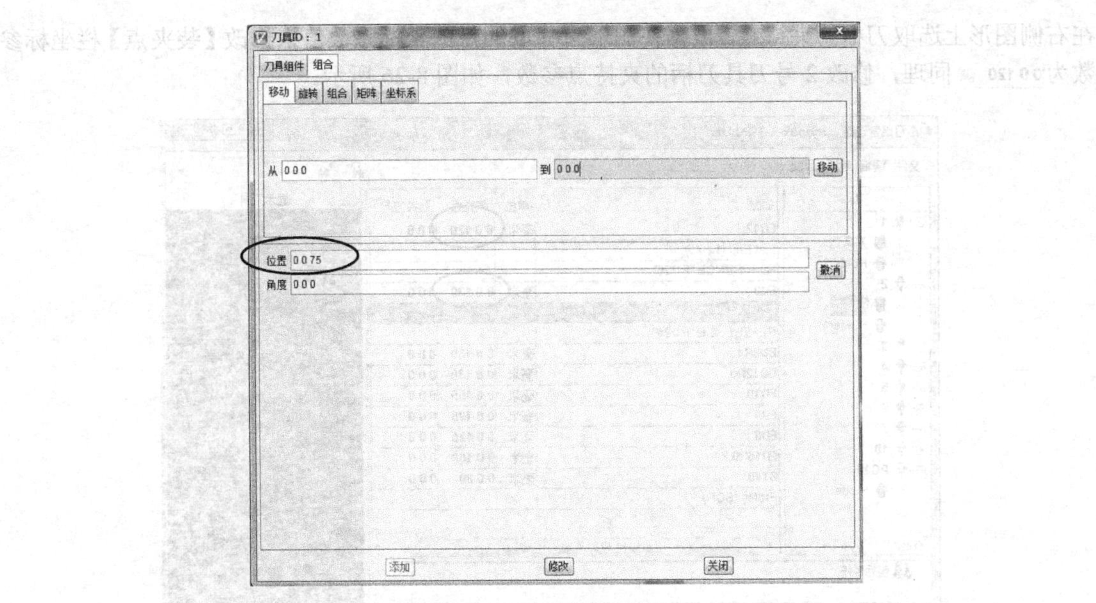

图 8-24　调整装刀长度

系统返回到【刀具管理器】对话框里，展开 PO26，双击刀柄部分按钮 Holder1，系统弹出【刀具 ID：PO26】对话框，按图 8-25 所示，检查并修改刀柄轮廓参数。单击【修改】按钮，再单击【关闭】按钮。

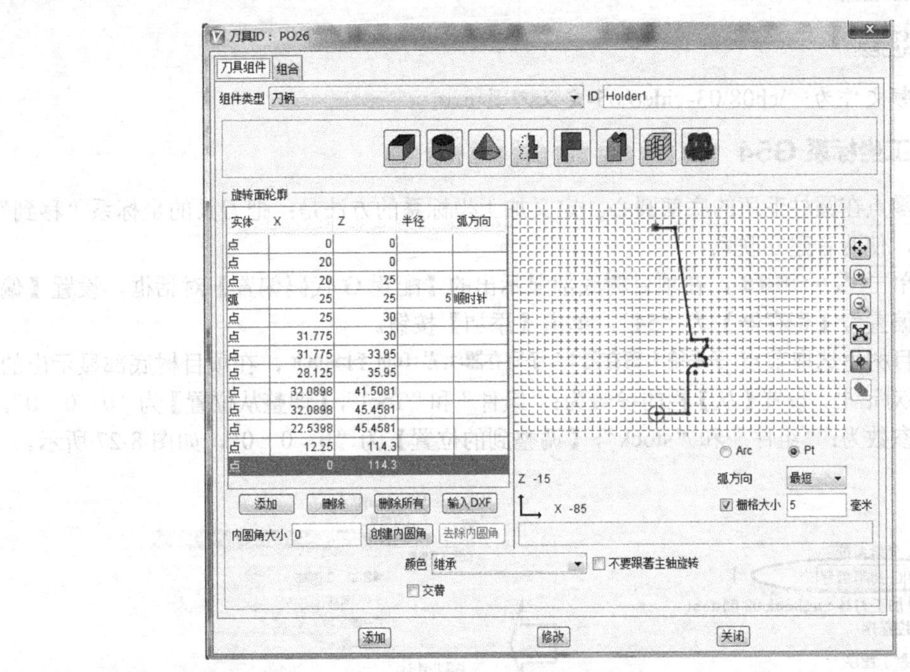

图 8-25　设置刀柄轮廓

同理，对其他刀具进行修改。如要创建新刀具，可以采取复制然后再修改参数的方法。方法是：在【刀具管理器】对话框里，右击刀具如 3，在弹出的快捷菜单里选取【拷贝】命令，再次单击鼠标右键，在弹出的快捷菜单里选取【粘贴】命令，按照以上方法对刀具参数进行修改。

③ 修改装夹点参数　正确定义装夹点可以确保换刀到机床主轴的正确位置。它是以刀具的刀尖点为坐标系零点进行度量的，一般取与主轴接触的圆的中心。

系统返回到【刀具管理器】对话框里，双击 1 号刀具的【装夹点】栏坐标参数0 0 155，然后在右侧图形上选取刀柄的夹持点，根据在图形上抓取的点的坐标系数值来修改【装夹点】栏坐标参数为 0 0 120 。同理，修改2号刀具刀柄的夹持点参数，如图8-26所示。

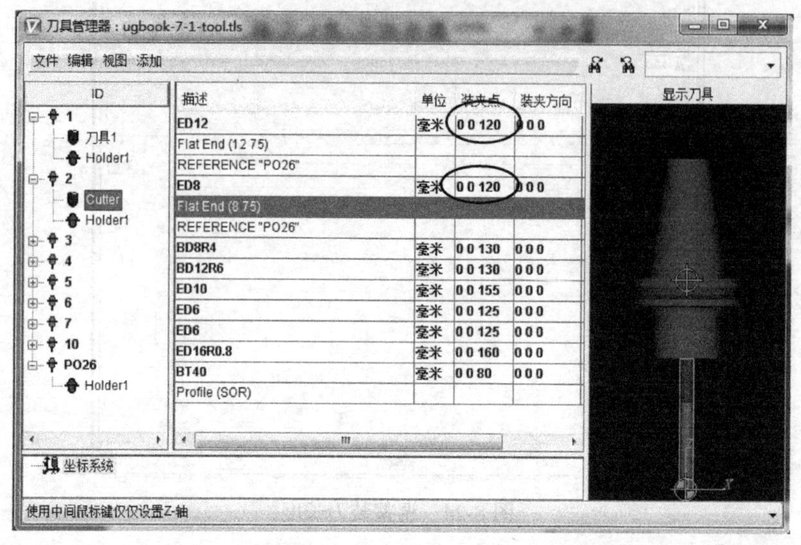

图8-26 检查修改夹持点

④ 刀库文件存盘 在【刀具管理器】里执行【文件】|【保存】命令，再执行【文件】|【关闭】命令，退出刀具管理器。

以上操作视频文件为：\ch08\03-video\05-定义刀具.exe。

8.2.6 定义加工坐标系 G54

本例的编程零点在圆柱毛坯的底部圆心。定义加工坐标系的方法是：把刀具的坐标系"移到"毛坯底部圆心点，使两者建立联系。

在项目树里单击 G-代码偏置，在项目树底部显示出的【配置G代码偏置】对话框，设置【偏置名】为"工作偏置"，【寄存器】为"54"，单击【添加】按钮。

注意，在项目树里选取节点 子系统:1, 寄存器:54, 子寄存器:1, 从:Tool, 到:Stock ，在项目树底部显示出的【配置工作偏置】对话框，设置【从】栏的参数为："组件"和"Tool"，【调整从位置】为"0 0 0"。设置【到】栏的参数为："组件"和"stock"，【调整到的位置】为"0 0 0"，如图8-27所示。

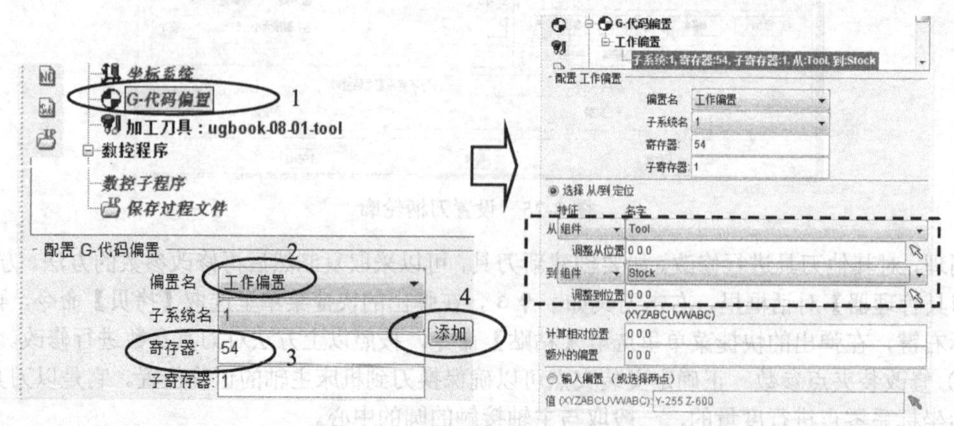

图8-27 定义G54

以上操作视频文件为：\ch08\03-video\06-定义加工坐标系 G54.exe。

8.2.7 数控程序的输入

本例所要验证的数控程序是 G 代码程序。将 k7a.mcd、k7b.mcd、k7c.mcd、k7a.mcd 等 4 个文件复制到仿真工作目录 D：\ch08 之中。

在项目树里单击 *数控程序*，在项目树底部显示出的【配置数控程序】对话框，单击【添加数控程序文件】按钮，系统弹出【数控程序】对话框，选取工作目录“捷径”为 D：\ch08，再选取 k7a.mcd、k7b.mcd、k7c.mcd、k7a.mcd 等四个数控文件，单击添加按钮，如图 8-28 所示。单击【确定】按钮。

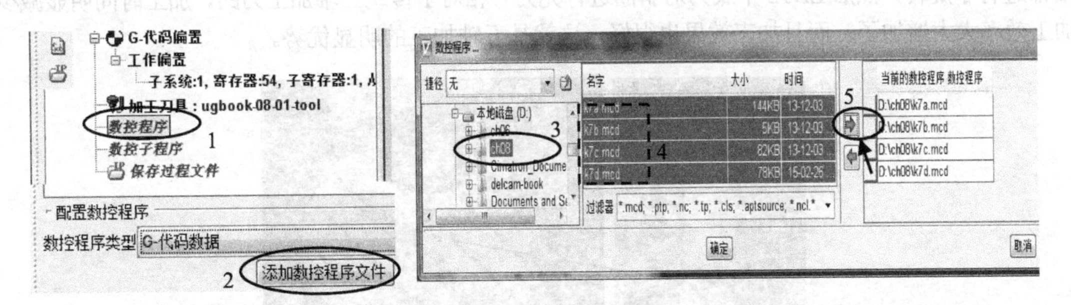

图 8-28 添加数控程序

分别打开各个数控文件进行检查。方法是：在项目树里右击 **k7a.mcd**，在弹出的快捷菜单里，选取【编辑】命令，系统显示出数控程序的编辑窗口，可以在此对数控程序进行修改，然后存盘。本例数控程序刀具为 T01，长度补偿为 H01，符合要求，不需要再次修改。执行【文件】|【退出】命令，如图 8-29 所示。

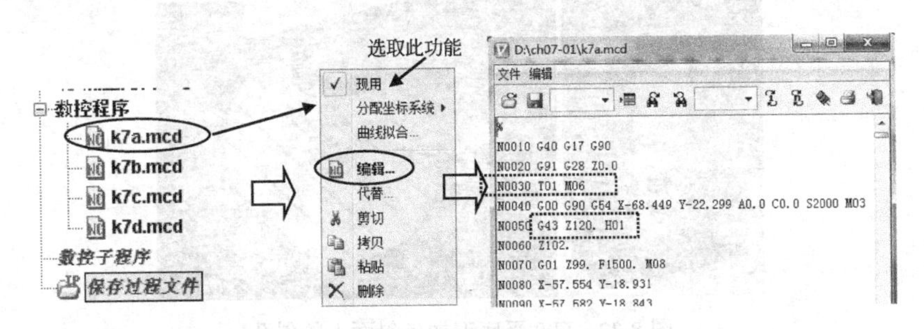

图 8-29 检查数控程序

同理，对其他数控程序进行检查，同时将这些数控程序都设置为【现用】。

以上操作视频文件为：\ch08\03-video\07-数控程序的输入.exe。

8.2.8 运行仿真

检查以上步骤没有错误以后，就可以对数控程序进行仿真。

在图形窗口底部单击仿真到末端按钮就可以观察到机床开始对数控程序进行仿真。图 8-30 所示为开粗程序的仿真过程。仿真过程中可以随时单击暂停按钮，也可以单击单步按钮使程序在执行一条程序后就暂停。拖动左侧的滑块可以调节仿真速度。单击重置模型按钮可以从头再来进行仿真。

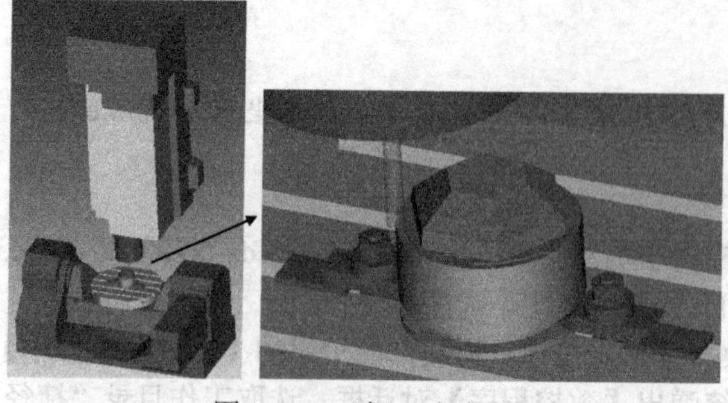

图 8-30 开粗刀路仿真

图 8-31 所示为数控程序 k7b.mcd，使用平底刀 ED12 对斜面进行五轴加工，注意观察 *C* 轴和 *A* 轴都进行了旋转，然后 ED12 平底刀对斜面进行光刀。相对于传统三轴加工刀路，加工时间明显减少，加工效率大大增加了，而且加工效果也很好，这就是五轴加工的明显优势。

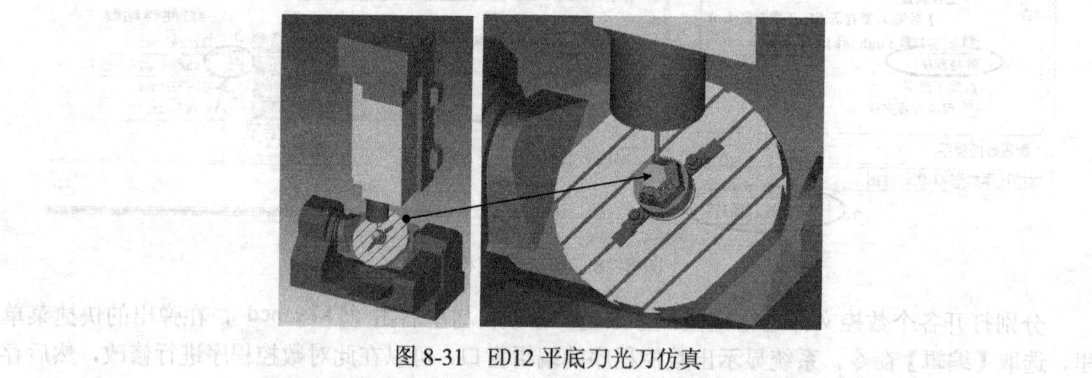

图 8-31 ED12 平底刀光刀仿真

图 8-32 所示为数控程序 k7c.mcd，使用平底刀 ED8 对斜面进行孔开粗的五轴加工。

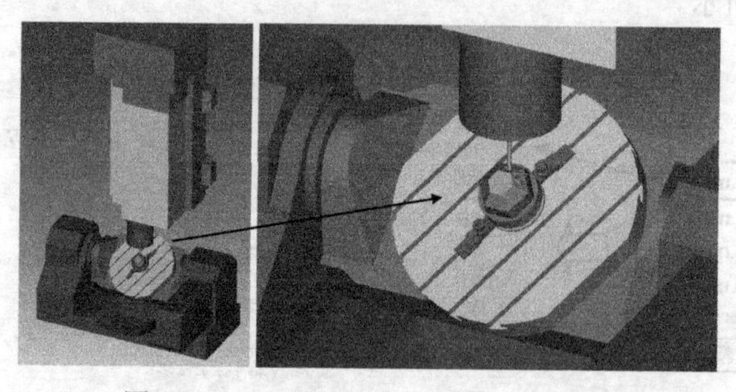

图 8-32 ED8 平底刀加工斜面上的斜孔

图 8-33 所示为数控程序 k7d.mcd，使用平底刀 ED8 对斜面进行五轴精加工。

图 8-33 ED8 平底刀精加工斜面

图 8-34 所示为全部数控程序仿真的最终结果。

图 8-34 全部数控程序的仿真结果

以上操作视频文件为：\ch08\03-video\08-运行仿真.exe。

8.2.9 分析仿真结果

在图形区，单击鼠标左键，拖动鼠标将旋转图形，从不同的视角观察仿真结果。另外还可以滚动鼠标滚轮，或者左手按住 Ctrl 键，右手按住鼠标左键，拖动鼠标将图形放大缩小。还可以左手按住 Shift 键，右手按住鼠标左键，拖动鼠标将图形平移。这样对加工结果进行全方位的初步检查。还可以从主菜单执行【分析】|【测量】命令对加工结果进行测量。

除此之外，VERICUT 软件还提供了依据设计图形与仿真结果比较的功能，可以利用该功能对加工结果进行精确检查。从主菜单里执行【分析】| 自动-比较... 命令，系统弹出【自动-比较】对话框，对各个选项卡的参数进行设置，单击【比较】按钮，如图 8-35 所示。

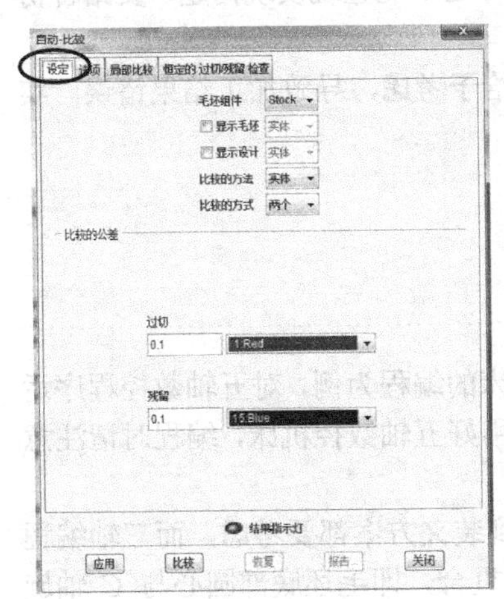

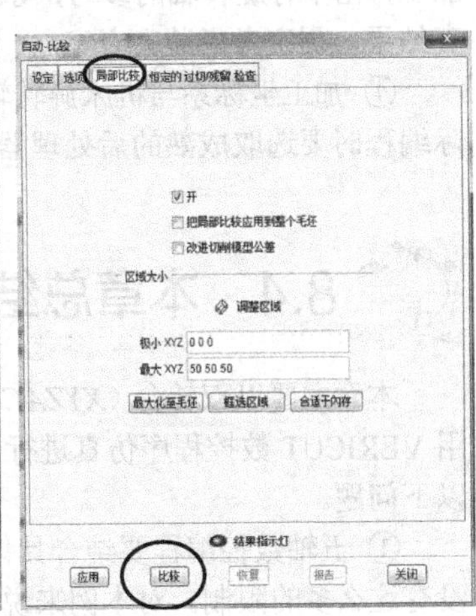

图 8-35 自动比较对话框

在【自动-比较】对话框，单击【报告】按钮，系统弹出【自动-比较报告】对话框，如图 8-36 所示。报告结果显示本例数控程序正确。单击关闭按钮，将对话框关闭返回仿真界面。

在主工具栏里单击保存项目按钮将项目存盘。

以上操作视频文件为：\ch08\03-video\09-分析仿真结果.exe。

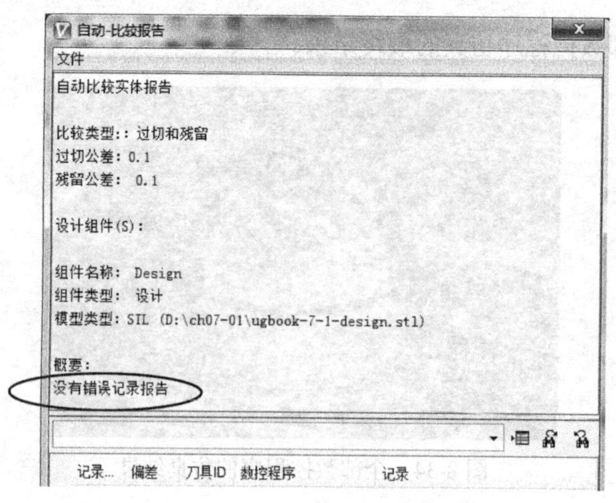

图 8-36 比较结果

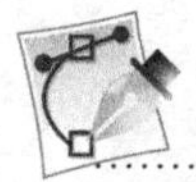

8.3 过切及撞刀的预防

五轴编程中常会出现以下错误。

① 安全高度设置不合理，导致刀具在回刀时过切工件。对于具有旋转特点的工件最好设置球形安全区域。

② 加工时 *C* 轴旋转异常导致过切。原因是五轴后处理器在处理旋转轴超程时不合理。应该根据具体机床的特点来制作后处理器及仿真模型将错误及时处理。

③ 实际加工时夹具设置不合理，导致机床加工时刀具碰撞夹具，碰撞旋转台。对于五轴数控加工，由于有旋转轴的参与，导致运动很复杂，单单从刀路上有时还不能直观发现问题。要结合仿真结果，周密考虑装夹方案。

④ 加工坐标系与机床旋转轴线有偏差。而后处理器却没有给予考虑，导致加工结果错误。实际编程时要选取成熟的后处理器。

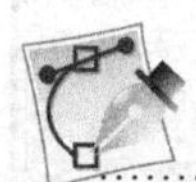

8.4 本章总结及思考练习

本章主要以双转台（*XYZAC*）而且旋转轴为零偏差的五轴机床的编程为例，对五轴数控程序运用 VERICUT 数控程序仿真进行了全过程的讲解。为了更好地应用好五轴数控机床，编程时请注意以下问题。

① 五轴数控编程要结合具体的机床，从加工坐标系的确定到装夹方案都要考虑，而三轴编程没有这么多的限制。对本例来说，加工坐标系要与旋转轴的交点重合，即毛坯底部圆心与 *C* 轴旋转台的圆心重合。

② 在可能的情况下，要依据实际机床制作仿真模型，编程完成后再进行仿真检查。

③ 本章内容实践性很强，而且五轴机床结构多种多样，要善于将本章的思路灵活用于工作实际，而不要死搬硬套，在实践中提高应用水平。

思考练习

1. 对于本例，如果操作员没有按照数控程序工作单的要求，所安装刀具过短，可能会出现什么问题？

2. 请叙述旋转轴 ABC 代码的含义。

参考答案

1. 答：如果刀具过短可能会碰到旋转台或者夹具，在实际工作中应该特别注意这个问题。

2. 答：假设工件不动刀具运动，用右手握住 X 轴，大拇指指向正方向，四指弯曲的方向就是刀具绕 X 轴旋转的 A 轴的正方向。同理，刀具绕 Y 轴旋转的是 B 轴正方向，绕 Z 轴旋转的称为 C 轴正方向。旋转台运动方向与上述判断正好相反。